改訂新版 コンピュータアーキテクチャの基礎

柴山 潔 著

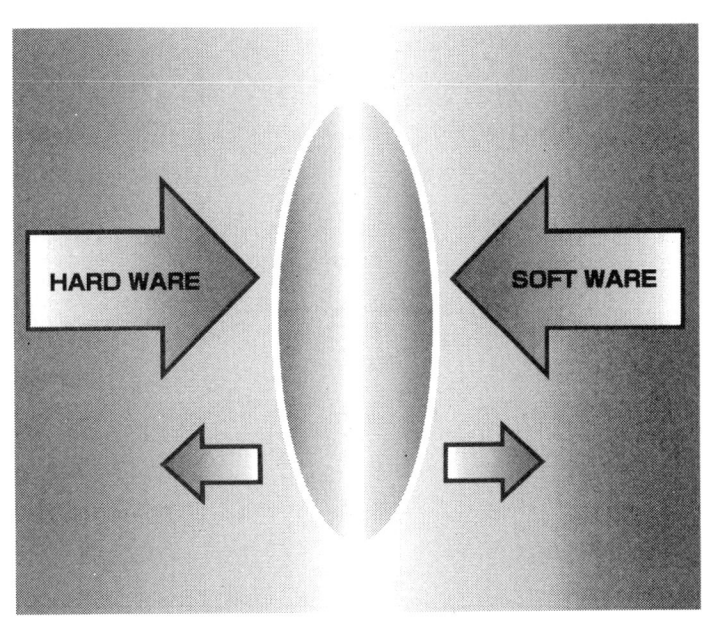

近代科学社

・本書の複製権・翻訳権・譲渡権は株式会社近代科学社が保有します．
・JCOPY ＜(社)出版者著作権管理機構 委託出版物＞
本書の無断複写は著作権法上での例外を除き禁じられています．
複写される場合は，そのつど事前に(社)出版者著作権管理機構
(https://www.jcopy.or.jp, e-mail: info@jcopy.or.jp) の許諾を得てください．

まえがき

　本書は，大学，高等専門学校，専修学校等の理工系情報系専門分野用教科書として好評を頂いた"コンピュータアーキテクチャの基礎"を全面改訂し新版としたものである。

　初版を出版してから約10年（コンピュータの世代としては1世代）が過ぎた。この間のコンピュータシステムの要素技術の進歩は著しいが，"コンピュータアーキテクチャの基礎"すなわち"フォンノイマン型（以下，"ノイマン型"という）コンピュータの原理"は変わっていない。したがって，この改訂新版では，ノイマン型コンピュータアーキテクチャを実現するためのハードウェアおよびソフトウェアの両要素技術についての記述を，この10年間（コンピュータの1世代）の技術革新に合わせて，全面改訂している。

　また，初版については，この10年間に，教育現場や読者諸氏からいろいろなご意見やご批評を頂いている。加除修正が簡単な個所については増刷のたびに"局所的な"修正として対処してきたが，この改訂新版では"広域的な"修正を行い，これらのご意見などに根本的にも対処している。さらには，日本語の磨き直しも全ページに渡って行っている。

　具体的な改訂方針の骨子は次の3点である。
- ノイマン型コンピュータの代表例を"メインフレームコンピュータ"から読者の身近にある"パソコン"や"ワークステーション"としている。
- 種々の実例を現況に合わせ直している。特に，技術革新の著しいメモリアーキテクチャ（第7章），入出力アーキテクチャ（第8章），通信アーキテクチャ（第9章）についてはほぼ新規に書き下ろしている。
- アーキテクチャおよびそれを実現するソフトウェアとハードウェアの各要素技術について，現況に合わせてまた今後を展望しつつ加除修正している。

　現代のコンピュータシステムはハードウェアとソフトウェアの両機能によって構成する。本書では，"コンピュータシステムにおけるハードウェアとソフトウェアの機能分担方式"を"コンピュータアーキテクチャ"と定義し，その

基本的な設計手順や構成方法について明らかにする。

まず，コンピュータシステムを構成する際の基本的なハードウェア機構やソフトウェア機能，さらにはその組み合わせ方法について分類・整理することによって，コンピュータアーキテクチャの基本について明らかにする。次に，基本ハードウェア機構である論理回路，および，ソフトウェア機能の実現の際に必要となるコンピュータ内部における数の表現方式について，実際のコンピュータシステムに即して述べる。

以上の学習によって得る基本的かつ概括的知識をもとに，さらに，コンピュータシステムを構成する制御，演算，メモリ，入出力，通信（各々を○○とする）の各機能の実現方式について，ハードウェアとソフトウェアの機能分担方式の観点から具体的に詳述する。これらの各章では，①○○機能の実現におけるハードウェアとソフトウェアの機能分担方式，②○○用ソフトウェア機能を実現する際に必要となる○○用ハードウェア機構，③○○用ハードウェア機構を動作させるために必要となる○○用ソフトウェア機能，④他の機能や機構との境界線（インタフェース）としての○○機能や○○機構の実現方式，という意味での"○○アーキテクチャ"の基礎について詳しく学ぶ。

本書の特徴は，既成書に多く見られる"ハードウェア機構についての説明書"ではなく，"ハードウェアとソフトウェアの機能分担方式の分類・整理を切り口とするコンピュータシステム機構の構成方式についての教科書"である点にある。したがって，本書はコンピュータの機能部品（装置）のハードウェア機構にとどまらず，その上に実現するソフトウェア機能（特に，コンパイラやオペレーティングシステム）との境界（インタフェース）までを広くカバーしている。

本書は，"本書を読破することでコンピュータアーキテクチャについての一通りの知識が得られる教科書になるように"と心がけて書き下ろしたために思わぬ大部となった。しかし，本書にはコンピュータアーキテクチャ学への入門的学習において欠かせない事項が詰め込んであり，読者諸氏には時間の許す限り全般を万遍なく通読されることを著者として勧めたい。コンピュータアーキテクチャの基本について学ぶための教科書として本書を手にされた読者諸氏のために，本書の構成とその利用法についてまとめておこう。

---"改訂新版 コンピュータアーキテクチャの基礎"の構成---
1. コンピュータアーキテクチャとは
2. 基本アーキテクチャ

> 3. コンピュータにおける数表現
> 4. 論理回路
> 5. 制御アーキテクチャ
> 6. 演算アーキテクチャ
> 7. メモリアーキテクチャ
> 8. 入出力アーキテクチャ
> 9. 通信アーキテクチャ

　この章立てをコンピュータシステムの構成図上にマッピングすると次図のようになる。この図は本書の論旨展開のフローチャートともなっている。この図に沿って本書を教科書とするコンピュータアーキテクチャについての学習法の典型例を示してみよう。▧は"コンピュータアーキテクチャの基礎"としての必修事項である。

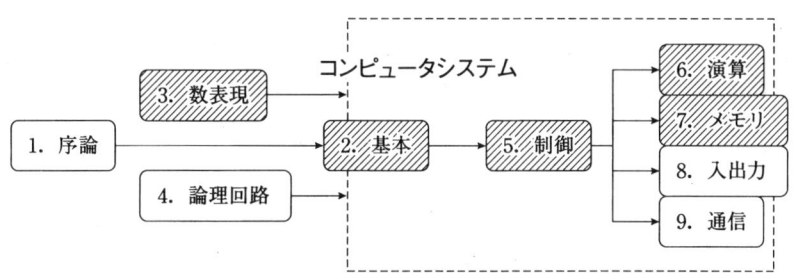

コンピュータシステムと本書の構成との関係図（フローチャート）

▧ "コンピュータアーキテクチャの基礎"の学習法

　① **第1章**では，"コンピュータアーキテクチャ"という術語の意味やコンピュータ技術におけるアーキテクチャの位置付けについての知識を養い，アーキテクチャについて学習する意義や本書の狙いを明らかにする。また，コンピュータの誕生から現代までのコンピュータ技術の歴史について，主としてアーキテクチャの変遷史の観点に立って整理し直す。

　② **第2章**では，現代のコンピュータの構成原理となっているノイマン型コンピュータの基本ハードウェア構成について学ぶ。また，コンピュータシステムにおけるハードウェア機構とソフトウェア機能の境界線（インタフェース）を"コンピュータアーキテクチャ"ととらえ，ノイマン型コンピュータの基本アーキテクチャとして，各種の命令形式やデータ形式などから成る命令セット

を構成する手法について分類・整理する。

③**第3章**と**第4章**では，第5章以降で述べる各機能部品（装置や機構）のアーキテクチャの説明を理解するために必要となる基礎的な知識を養う。すなわち，アーキテクチャについての学習に欠かせない知識であるコンピュータにおける数表現と論理回路について，アーキテクチャ設計学の立場から見直す。数表現はソフトウェア機能の，論理回路はハードウェア機構の，それぞれ基本である。

④**第5章**では，第6～9章の各章で述べるコンピュータの各機能部品（演算，メモリ，入出力，通信の各装置や機構）に指令を送り，それらを制御・管理する機能部品である制御機構のアーキテクチャについて明らかにする。

⑤**第6～9章**では，第1～5章の各章の読破によって得る知識をもとに，ノイマン型コンピュータを構成する主な機能部品である演算（第6章），メモリ（第7章），入出力（第8章），通信（第9章）の各装置や機構のアーキテクチャについての理解を深める。

また，各章ごとに演習問題を付けてあるので，学習進度や理解度のチェックはこれによって行ってほしい。演習問題の解答は本書のどこかに必ず書いてある。本書を独習する読者のために"答がどこに書いてあるのか"を"演習問題のヒント"として各巻末にまとめて示してある。

コンピュータアーキテクチャについての基礎知識を得ようとする読者は第1～4章，特に第2章を熟読してほしい。一方，アーキテクチャについての一通りの基礎知識のある読者は第5～9章の各機能部分（装置）アーキテクチャを学習することによって，コンピュータアーキテクチャについてのより詳細な知識を身につけられる。

本書は週1コマ（1.5時間）の講義を1年（32コマ，48時間程度）行って，コンピュータアーキテクチャの基本についての学習を修了できるペースでの講義用教科書として構成してある。もし，半年分（16コマ，24時間程度）しか学習時間を割り振れない場合には，第2（基本），第3（数表現），第5（制御），第6（演算），第7（メモリ）の各章（フローチャート参照）を選択的に学習するだけで"コンピュータアーキテクチャの基礎"に関する必修事項を身につけられる。

本書は，大学理工系学部情報系学科の学生諸君のみならず，将来のコンピュータ技術者や情報技術者をめざして，高等専門学校や専修学校で情報技術について学んでいる人々の教科書にもなるように心がけて書き下ろした。また，コ

ンピュータアーキテクチャはハードウェアとソフトウェアの両機能に密接に関連するものであり，コンピュータ技術者だけではなくユーザとしてコンピュータの利用を試みる人々にとっては必須の知識である．本書がそのような人々の指針にもなれば著者として望外の喜びである．

　この改訂新版についてのご意見やご批評は著者 (kiyoshi-s@h9.dion.ne.jp) へのEメールで下さい．適切なコメントに対しては，今後の増刷や改訂時に反映します．また，それらの修正を行うたびに，その情報を著者の公式ホームページ (http://shibayam.sakura.ne.jp/) で公開します．

　同僚である平田博章博士には，改訂にあたって種々の有益なコメントを頂いた．ここに深謝いたします．

　最後に，楽しく明るい家庭を構成してくれるファミリーアーキテクトである妻・真木子，4人の子どもたち，風野，すみれ，ののみ，蒼宙，にいつものことながら心から"ありがとう"．

2003年初春　京都にて

柴　山　　潔

目 次

1. **コンピュータアーキテクチャとは** ……………………………………… 1
   1.1 コンピュータシステムにおけるハードウェアとソフトウェア
       の機能分担 ………………………………………………………… 1
       1.1.1 コンピュータシステム ……………………………………… 1
       1.1.2 コンピュータシステムにおける種々のトレードオフ …… 2
       1.1.3 コンピュータシステムによる情報処理の階層構造 ……… 4
       1.1.4 コンピュータアーキテクチャ ……………………………… 5
   1.2 コンピュータ技術の歴史とコンピュータアーキテクチャ ……… 8
       1.2.1 コンピュータ技術とコンピュータアーキテクチャ ……… 8
       1.2.2 コンピュータの世代 ………………………………………… 9
   演習問題 …………………………………………………………………… 28

2. **基本アーキテクチャ** …………………………………………………… 29
   2.1 ノイマン型コンピュータの基本ハードウェア構成 ……………… 29
       2.1.1 ノイマン型コンピュータの原理と特徴 …………………… 29
       2.1.2 コンピュータの基本ハードウェア構成 …………………… 31
   2.2 基本命令セットアーキテクチャ ………………………………… 35
       2.2.1 ソフトウェアの構成要素 …………………………………… 35
       2.2.2 命令形式 ……………………………………………………… 38
       2.2.3 アドレス指定モード ………………………………………… 43
       2.2.4 データ形式 …………………………………………………… 53
       2.2.5 命令実行サイクル …………………………………………… 55
       2.2.6 基本命令セット ……………………………………………… 58
       2.2.7 ハードウェアとシステムプログラム ……………………… 64
   演習問題 …………………………………………………………………… 71

3. コンピュータにおける数表現 ... 73
3.1 2進数 ... 73
- 3.1.1 10進数と2進数 ... 73
- 3.1.2 数値の表現 ... 74
- 3.1.3 基数変換 ... 76

3.2 数値データの数表現 ... 79
- 3.2.1 固定小数点数表現 ... 79
- 3.2.2 浮動小数点数表現 ... 87

3.3 文字の表現 ... 92
- 3.3.1 10進数の2進コード表現 ... 92
- 3.3.2 文字の2進コード表現 ... 94

演習問題 ... 97

4. 論理回路 ... 99
4.1 組み合わせ論理回路 ... 99
- 4.1.1 基本論理演算と演算素子 ... 99
- 4.1.2 組み合わせ回路の構成 ... 102
- 4.1.3 組み合わせ回路による基本ハードウェア機構の構成例 ... 104

4.2 順序回路 ... 107
- 4.2.1 順序回路の構成 ... 107
- 4.2.2 フリップフロップ ... 108
- 4.2.3 カウンタ ... 111
- 4.2.4 順序回路による基本ハードウェア機構の構成例 ... 114

4.3 プログラム可能論理回路 ... 117
- 4.3.1 メモリによる組み合わせ回路の構成 ... 117
- 4.3.2 プログラム可能論理素子 ... 119

演習問題 ... 122

5. 制御アーキテクチャ ... 123
5.1 制御アーキテクチャ ... 123
- 5.1.1 制御方式 ... 123
- 5.1.2 マシン命令の実行と制御 ... 125
- 5.1.3 制御機構 ... 127

            5.1.4　マイクログラム制御 …………………………………129
    5.2　命令実行順序制御…………………………………………133
            5.2.1　命令実行順序制御機構 …………………………133
            5.2.2　命令パイプライン処理 …………………………135
            5.2.3　制御機構とオペレーティングシステム …………142
    5.3　割り込み…………………………………………………149
            5.3.1　割り込みとは ……………………………………150
            5.3.2　割り込み処理機構 …………………………………160
    演習問題 ……………………………………………………………162

6. **演算アーキテクチャ** ……………………………………………**164**
    6.1　固定小数点数の算術演算装置………………………………164
            6.1.1　固定小数点数の加減算 …………………………164
            6.1.2　固定小数点数の加減算機構 ……………………172
            6.1.3　固定小数点数の乗算機構 ………………………180
            6.1.4　固定小数点数の除算機構 ………………………189
    6.2　浮動小数点数の算術演算装置………………………………202
            6.2.1　浮動小数点数の算術演算 ………………………203
            6.2.2　浮動小数点数の演算機構 ………………………205
    6.3　その他の演算装置…………………………………………209
            6.3.1　論理演算器 ………………………………………209
            6.3.2　シフタ ……………………………………………210
    6.4　ALUアーキテクチャ………………………………………212
            6.4.1　ALUのハードウェア構成 ………………………212
            6.4.2　演算の高速化手法 ………………………………216
    演習問題 ……………………………………………………………219

7. **メモリアーキテクチャ** …………………………………………**222**
    7.1　メモリ装置とメモリアーキテクチャ………………………222
            7.1.1　メモリアーキテクチャ …………………………222
            7.1.2　メモリ装置の種類 ………………………………224
            7.1.3　メモリ階層 ………………………………………226
            7.1.4　メインメモリ ……………………………………229

7.1.5　ファイル装置 …………………………………………………236
　　　7.1.6　そのほかのメモリ機構 …………………………………………241
　7.2　仮想メモリ ……………………………………………………………246
　　　7.2.1　仮想メモリとは …………………………………………………246
　　　7.2.2　仮想メモリ機構 …………………………………………………249
　　　7.2.3　アドレス変換 ……………………………………………………252
　　　7.2.4　ブロック置換 ……………………………………………………261
　7.3　キャッシュ ……………………………………………………………264
　　　7.3.1　メモリ階層とキャッシュ ………………………………………264
　　　7.3.2　キャッシュ機構 …………………………………………………266
　　　7.3.3　キャッシュアーキテクチャ ……………………………………269
　演習問題 ……………………………………………………………………283

8. 入出力アーキテクチャ …………………………………………………285
　8.1　入出力機能 ……………………………………………………………285
　　　8.1.1　入出力と入出力制御 ……………………………………………285
　　　8.1.2　入出力装置 ………………………………………………………289
　8.2　入出力制御 ……………………………………………………………294
　　　8.2.1　入出力制御機能 …………………………………………………294
　　　8.2.2　入出力コントローラ ……………………………………………300
　　　8.2.3　内部装置と入出力制御 …………………………………………305
　　　8.2.4　入出力バス ………………………………………………………312
　演習問題 ……………………………………………………………………320

9. 通信アーキテクチャ ……………………………………………………322
　9.1　通信機能 ………………………………………………………………322
　　　9.1.1　通信と通信制御 …………………………………………………322
　　　9.1.2　通信装置 …………………………………………………………327
　9.2　通信制御 ………………………………………………………………338
　　　9.2.1　通信制御の標準化 ………………………………………………338
　　　9.2.2　通信制御機能 ……………………………………………………341
　　　9.2.3　データリンク層プロトコル ……………………………………351
　9.3　ネットワークアーキテクチャ ………………………………………354

　　　　9.3.1　コンピュータネットワーク ……………………………354
　　　　9.3.2　ローカルエリアネットワーク(LAN) ………………357
　　　　9.3.3　ワイドエリアネットワーク(WAN) ………………373
　　演習問題 ………………………………………………………………382

演習問題のヒント ……………………………………………………385
索　　引 ………………………………………………………………391

コンピュータアーキテクチャとは

　本章では，本書のタイトルである"コンピュータアーキテクチャ"の意味について明らかにする。また，コンピュータの歴史を世代ごとに概観することによって，コンピュータアーキテクチャの移り変わりについてまとめてみよう。

1.1　コンピュータシステムにおけるハードウェアとソフトウェアの機能分担

1.1.1　コンピュータシステム
（a）　コンピュータアーキテクチャ

　コンピュータを中心とするシステム（**コンピュータシステム**(computer system) という）を構成する場合，そのシステムの全体機能を実現するために種々の処理機構を組み合わせる。コンピュータシステムは部分的な機構をある設計思想のもとに組み合わせて複雑な機構を実現した一種の"建築物(architecture；アーキテクチャ)"である。この建築物の機能的価値や芸術的価値を左右するのはその設計思想である。したがって，**コンピュータアーキテクチャ**(computer architecture)とはコンピュータという建築物を設計する際にまず第一に打ち立てるべき指針，すなわち設計思想である。

　本書では，このコンピュータの設計思想としての"コンピュータアーキテクチャ"について，コンピュータを設計する際に指針とすべき技術項目を中心に具体的に分類整理し，コンピュータを構成する部分的な機構すなわちコンピュータの仕組みについて機能部分ごとに系統立てて説明することを目標とする。

（b）　ハードウェアとソフトウェアによる機能分担

　コンピュータシステムは，**ハードウェア**(hardware)によって実現している機能と**ソフトウェア**(software)によって実現している機能とで構成する。

コンピュータハードウェアとは，電子部品や電子回路で構成している機能や機構のことである。ハードウェアは"かた(硬，固，堅)い製品"という意味であり，一度構成したハードウェア機能は簡単には変更できない。一方，**コンピュータソフトウェア**とは，コンピュータに与える命令やデータ，すなわちプログラムによって実現している機能や機構のことである。ソフトウェアは文字通り"柔らかい製品"という意味であり，ソフトウェア機能を変更するのは比較的容易である。

(c)　物理的機構と論理的機能

本書では，コンピュータシステムの機能の実現において，"主としてハードウェアによって実現した機能"を**物理的機構**あるいは単に**機構**といい，逆に"主としてソフトウェアによって実現した機能"を**論理的機能**あるいは単に**機能**という。したがって，物理的機構とは"論理的機能の物理的な(ハードウェアによる)実現"である。

1.1.2　コンピュータシステムにおける種々のトレードオフ

(a)　コンピュータシステムにおけるトレードオフ

コンピュータシステムを構築する場合の最終目標は"対象とする応用分野における種々の問題をコンピュータによって高速処理する"ことである。この"問題解決の高速化"は"そのコンピュータシステムの特定応用分野向けの**専用化**"である。すなわち，コンピュータシステムの高速化や専用化を追求すればするほど，そのシステムは**柔軟性**を失い，応用分野が限定されるようになる。これとは逆に，応用分野をできる限り広く考えてコンピュータシステムの**汎用化**を図ると，今度は専用システムの長所である**高速性**が損なわれることになる。

このような"あちら立てればこちら立たず"あるいは"こちらを踏めばあちらが上がる"というような両立しない関係を**トレードオフ**(tradeoff)という。また，ある機構や機能の実現において顕在化する競合関係を設計目標に合わせ

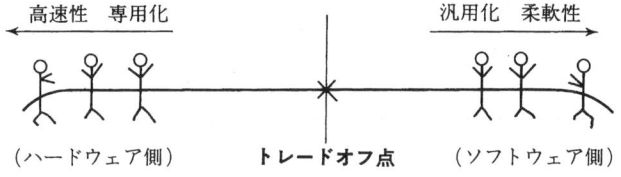

図1.1　コンピュータシステムにおけるトレードオフ(綱引きのたとえ)

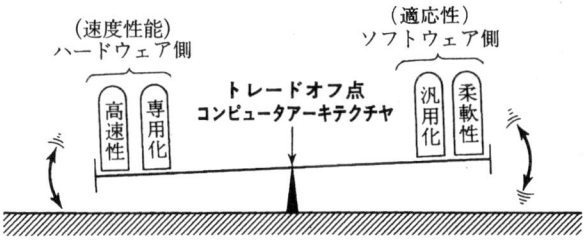

図 1.2 コンピュータシステムにおけるトレードオフ（シーソーのたとえ）

て調停し，適切につり合わせることを"トレードオフを定める"という。また，適切に定めたバランス状態を特に"トレードオフ点"ということもある。

コンピュータシステムにおけるトレードオフとは，図 1.1 や図 1.2 に示すような"綱引き"や"シーソ"にたとえられる。両立しない関係を上手に調停しなければたちまちシステムとしてのバランスが崩れてしまう。"コンピュータシステムを設計する"こととは"設計目標の実現のためにコンピュータシステムにおける種々のトレードオフを上手に定めてやる"ことでもある。

（b） ハードウェアとソフトウェアのトレードオフ

コンピュータシステムにおけるトレードオフとしては前の (a) で述べた高速性対柔軟性，専用化対汎用化，が代表的である。これらは，図 1.1 や図 1.2 に示すように，コンピュータシステムの**速度性能対適応性のトレードオフ**である。そして，これらの代表的なトレードオフのもととなっているものがコンピュータシステムにおけるハードウェアとソフトウェアの機能分担の割合である。すなわち，コンピュータシステムにおいてはハードウェア機能とソフトウェア機能との分担割合が他の色々なトレードオフ関係を生み出している。いいかえると，コンピュータシステムの構築において解決せねばならない種々のトレードオフはハードウェア機能とソフトウェア機能を適切にバランスさせることによって一挙に定まってしまうのである。

"性能向上要因としてのハードウェア機能と適応性向上要因としてのソフトウェア機能"，あるいはそれに起因する"高速性と柔軟性"および"専用化と汎用化"はコンピュータシステムにおける最も基本的な"両立しない効能書き"すなわち"トレードオフ"である。コンピュータシステムを構築する作業とは"ある設計思想や設計指針のもとで目標の実現のために，これらの基本的なハードウェアとソフトウェアのトレードオフすなわちそれらの機能分担方式や割合を適切に定めてやる"ことだと考えてよい。

1.1.3 コンピュータシステムによる情報処理の階層構造

（a） コンピュータシステムにおけるハードウェア/ソフトウェア・トレードオフ

1.1.2項(b)で述べたように，コンピュータシステムのトレードオフを具体的に決定するものは，コンピュータの機能の実現におけるハードウェアとソフトウェアの機能分担の割合や方式である．本書で特に断わりなく"トレードオフ"という用語を使用した場合には，この**"コンピュータシステムにおけるハードウェアとソフトウェアの機能分担方式"**のことを示している．特に，これを他のトレードオフと区別する必要のある場合や強調すべきところでは**ハードウェア/ソフトウェア・トレードオフ**という．

コンピュータシステムの機能を実現する具体的な処理方式や処理機構の設計や選択においては，必ずハードウェア/ソフトウェア・トレードオフを決定しなければならない．部分的なトレードオフを決めなければシステム全体の機能は実現できないし，また逆に部分的な機能を実現する際にシステム全体のトレードオフにも配慮せねばならない．

（b） 情報処理の階層構造

コンピュータシステムによる情報処理過程は，図1.3に示すように，処理の機能レベルによって階層化できる．そして，応用問題の機能レベルとコンピュータハードウェアで実現している機能レベルとには大きな差がある．この機能差のことを**セマンティックギャップ**(semantic gap)という．応用問題がコンピュータハードウェア上で実行されるまでには，次に掲げるようなセマンティックギャップを埋める機能を実現しなければならない．

（1） 応用問題を**アルゴリズム**(algorithm)化する．すなわち，コンピュータ上で問題を解決する計算(処理)手順としてのアルゴリズムを開発する．この過程を実現する機能は**プログラミングパラダイム**(programming paradigm；プログラミング方法の枠組み)とか**計算モデル**という．

（2） アルゴリズムを**プログラム**(program)化する．すなわち，**プログラミング**(programming)する(プログラムを作る)．この過程の機能は**プログラミング言語**(programming language)によって実現する．

（3） プログラムを処理してコンピュータハードウェア上で実行可能な**マシン語**(machine language)(コンピュータが理解できる言語，**マシン命令**ともいう)に翻訳する．この機能は，1.1.4項(c)で述べる言語処理プログラムやオペレーティングシステム(OS)などの**システムプログラム**(system program)

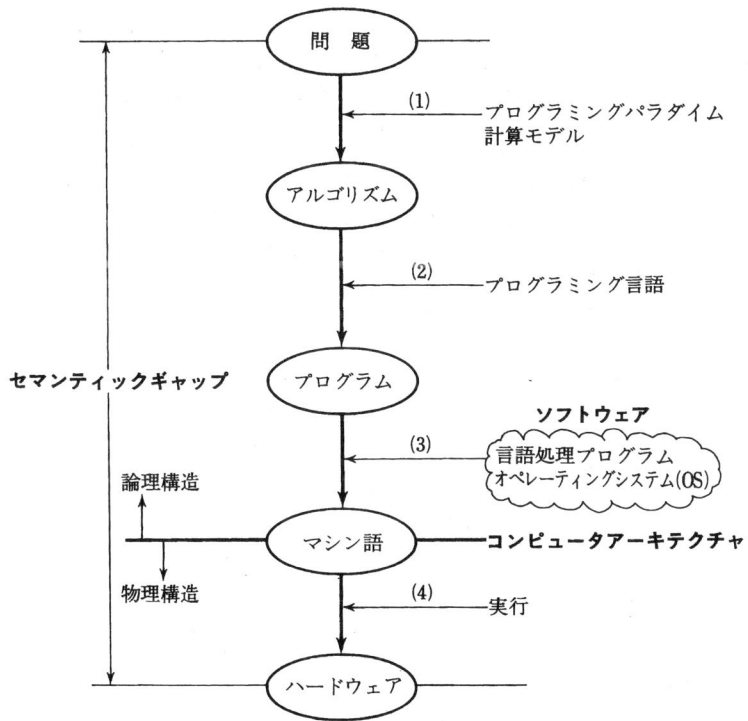

図 1.3 コンピュータシステムにおける情報処理過程

と呼ぶ基本ソフトウェアが表現する。

（4） マシン命令をコンピュータ上で実行する。これは**ハードウェア**機構で実現する。

このうち(3)と(4)がコンピュータシステムによって実現する機能であり，トレードオフとなる。コンピュータシステムにおけるハードウェア/ソフトウェア・トレードオフを定める場合には，上記の(3),(4)を中心とする(1)～(4)の各機能レベルすなわち境界線を決めてやる必要がある。この操作は，具体的には，"使用する計算モデル，プログラミング言語，基本ソフトウェア機能，ハードウェア機構をそれぞれ選択し，それらの分担の割合を定めてやる"ことにあたる。

1.1.4 コンピュータアーキテクチャ

1.1.1項(a)で，"コンピュータシステムの設計思想や設計指針"とした"コ

ンピュータアーキテクチャ"を，本項では，具体的に定義してみよう。

（a）コンピュータアーキテクチャの定義

前の1.1.3項(b)で述べた情報処理の階層構造における(3)と(4)の境界すなわちマシン語によって実現(提供)している機能レベルが，コンピュータシステムにおける論理的構造を決めるソフトウェアと物理的構造を決めるハードウェアの役割分担の境界線(トレードオフ点)である。"コンピュータシステムのハードウェア機能とソフトウェア機能の分担の割合(ハードウェア/ソフトウェア・トレードオフ)を定める"ことが"建築物(アーキテクチャ)としてのコンピュータシステムを設計する"ことである。したがって，このハードウェア/ソフトウェア・トレードオフ点を定めているマシン語の機能レベルを**コンピュータアーキテクチャ**と定義できる。

（b）セマンティックギャップ

コンピュータシステムにおけるハードウェアとソフトウェアのトレードオフについては，図1.4のような概念図によって説明することもできる。"応用と基本ソフトウェア(システムプログラム)の接点"が**プログラミング言語**であり，"基本ソフトウェアとハードウェアの接点"が**マシン語**あるいは**コンピュータアーキテクチャ**である。そして，プログラミング言語とマシン語の機能レベルの差を狭義の**セマンティックギャップ**という。図1.4のたとえで説明すると，"セマンティックギャップ"が"川"であり，"マシン語"や"コンピュータアーキテクチャ"を"こちらの川岸"とすると"向こう岸"が"プログラミング言語"というわけである。

セマンティックギャップは，プログラミング言語とマシン語をどのように定

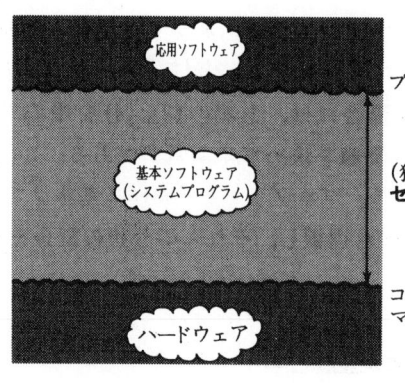

図1.4 セマンティックギャップ(川と岸のたとえ)

めるかによって，その幅(機能差)が決まる．たとえば，プログラミング言語の機能レベルを高レベル(高級)にすればするほどセマンティックギャップは広がる．一方，マシン語すなわちコンピュータアーキテクチャの機能レベルを高くすればするほどセマンティックギャップは狭まる．したがって，コンピュータアーキテクチャを設計する際には，セマンティックギャップを埋める機能やプログラミング言語に配慮する必要がある．

(c) **セマンティックギャップを埋める機能**

プログラミング言語とマシン語(コンピュータアーキテクチャ)とのセマンティックギャップは，普通ソフトウェア機能によって埋める．具体的には，プログラムをマシン語列に翻訳(コンパイル)する**コンパイラ**(compiler)や，そのプログラムの実行時にコンピュータハードウェア機能を効率よく利用するための**オペレーティングシステム**(OS, Operating System)，といった**システムプログラム**あるいは**システムソフトウェア**というコンピュータシステムに装備されている基本ソフトウェア機能である．"コンピュータアーキテクチャを設計する"こととは，"このシステムプログラムとコンピュータハードウェアとの機能分担の割合や方式を設計することによってマシン語の機能レベルを定める"ことでもある．

(d) **命令セットアーキテクチャ**

また，ハードウェア/ソフトウェア・トレードオフ点であるコンピュータアーキテクチャは，そのコンピュータのマシン命令(マシン語)セットの機能レベルそのものであるところから，これを**命令セットアーキテクチャ**(ISA, Instruction-Set Architecture)ともいう．

命令セットアーキテクチャはシステムプログラムなどのソフトウェア機能を作成する際に意識するハードウェア機構やハードウェア構成方式である．

(e) **ハードウェア/ソフトウェア・トレードオフ点としてのコンピュータアーキテクチャ**

コンピュータシステムの構築においては，図1.5に示すように，コンピュータハードウェアの高速処理機構と，コンピュータソフトウェアの柔軟な問題適応機能とのバランスを，そのコンピュータシステムの設計目標に合わせて，適切に定めることが必要である．すなわち，設定したハードウェア/ソフトウェア・トレードオフ点としてのコンピュータアーキテクチャによって，そのコンピュータシステム全体の機能とその性格が決まる．

本書では，コンピュータシステムを構築する際の基本的なハードウェア機構

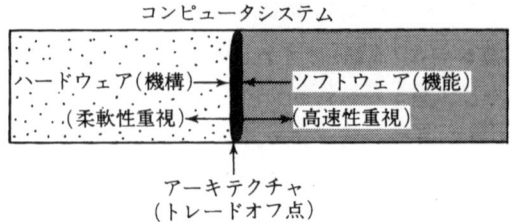

図 1.5 ハードウェア/ソフトウェア・トレードオフ(機能分担の割合)

やソフトウェア機能,さらにはその組み合わせ方法について分類・整理することによってコンピュータアーキテクチャの基本について説明する。

1.2 コンピュータ技術の歴史とコンピュータアーキテクチャ

1.2.1 コンピュータ技術とコンピュータアーキテクチャ

(a) コンピュータアーキテクチャとその設計手法の移り変わり

"コンピュータアーキテクチャの設計者"すなわち**コンピュータアーキテクト**(computer architect)は,アーキテクチャ設計に要する期間を考慮に入れて,ハードウェア技術やソフトウェア技術の現状と将来を的確に分析し,対象とすべき応用問題に最適なトレードオフを定めることが必要である。すなわち,同じ応用分野を対象としていても,その時代のハードウェア技術やソフトウェア技術によって最適なコンピュータアーキテクチャは変わり得る。

また,コンピュータアーキテクチャは"ハードウェアとソフトウェアの機能分担"として示されるので,ハードウェア機構とソフトウェア機能のそれぞれの設計手法の進歩がコンピュータアーキテクチャの設計手法に影響を与える。

(b) コンピュータ技術の歴史とトレードオフ論争

コンピュータ技術はコンピュータが誕生してから時代とともに変遷し,著しい進歩を遂げてきている。1940年代に現代のコンピュータの原形となるものが誕生してから現代までに,コンピュータ構成方式は5世代を経ており,いま第6世代へ入りつつあるという状況である。

ハンガリー生まれの数学者フォンノイマン(von Neumann)が,現在のコンピュータアーキテクチャの原理となっているコンピュータ構成方式を提示してから,ハードウェア/ソフトウェア・トレードオフ点としてのコンピュータアーキテクチャは,世代ごとに大きく揺れ動いてきている。その間,命令セット

アーキテクチャのあり方や，命令セットを実現するためのハードウェア機能の大きさに関する論争は，絶え間なく繰り広げられている。これらのハードウェア/ソフトウェア・トレードオフに関する論争がコンピュータアーキテクチャやコンピュータシステム技術の進展を支えている。

1.2.2 コンピュータの世代

（a） コンピュータの世代とハードウェア/ソフトウェア・トレードオフ

コンピュータの誕生以来現代に至るまで，ハードウェアやソフトウェアの個々のコンピュータ技術は進歩してきている。一方で，現在のコンピュータ構成原理はフォンノイマンらの提示したものと同じである。すなわち，その時代ごとに，ハードウェアあるいはソフトウェアそれぞれの基盤技術が変遷するために，ハードウェア機能あるいはソフトウェア機能の役割が変わっている。それによってハードウェア/ソフトウェア・トレードオフ点（コンピュータアーキテクチャ）が振れているだけであり，コンピュータシステム全体としての機能を実現する仕組みが大きく変わったというわけではない。

（b） コンピュータの世代を特徴付ける指標

コンピュータの世代（generation）を特徴付けているのは，次に示すような具体的な基盤技術であり，これらがコンピュータシステムのトレードオフ点を世代ごとに左右に振りながら，コンピュータ技術の進展を支えてきている。

（1） **論理素子**：コンピュータの処理機構を実現する電子式スイッチの（本書で扱う範囲での）最小単位機構。

（2） **メモリ素子**：コンピュータのメモリ（memory）機構を実現する（本書で扱う範囲での）最小単位機構。

（3） **プログラミング言語**：種々のソフトウェア（プログラム）を開発する際に使用する人工言語。

（4） **オペレーティングシステム（OS）**：プログラム（ソフトウェア）をハードウェア機構上で実行する際に必要なコンピュータシステム管理用システムプログラム。

（1），（2）がハードウェア機構を，（3），（4）がソフトウェア機能を，それぞれその時代の最先端技術として実現するために必要な基盤技術となる。

このほかにも，次のような観点からコンピュータの各世代の特徴や世代間の相違を説明することもできる。

（5） 代表的な応用分野

1. コンピュータアーキテクチャとは

表1.1 コンピュータの世代とコンピュータアーキテクチャ

年代	世代	ハードウェア	アーキテクチャ	ソフトウェア
1950	1	真空管　ENIAC トランジスタ UNIVAC 磁気ドラム 磁気コア TRADIC		マシン語 アセンブリ言語 アセンブラ アセンブリプログラミング OS
1960	2	IC 磁気ディスク 磁気テープ 入出力チャネル NCR304 System360	浮動小数点 仮想メモリ 多重プログラミング パイプライン処理	FORTRAN バッチ処理 コンパイラ 　　　　ALGOL 　　　　COBOL
1970	3	LSI　PDP-8 半導体メモリ System370 VLSI	キャッシュ マルチタスキング ミニコン マイクロプロセッサ マイクロプログラム	TSS 　　　　BASIC データベース
1980	4	フロッピーディスク イーサネット LAN ASIC ダウンサイジング	高級言語マシン パソコン スーパコンピュータ ワークステーション 並列処理 RISC 第5世代コンピュータ 命令レベル並列処理	C UNIX AI GUI 　　　　C++ オブジェクト指向
1990	5	インターネット 光 System390 CD-ROM FDDI PCカード FPGA 無線	超並列コンピュータ 分散処理 マルチプロセッサ スーパスカラ VLIW	マルチメディア WWW TCP/IP Windows 　　　　Java マルチメディアUI
2000	6	低消費電力 DVD ブロードバンド 無線LAN	システムLSI PCクラスタ マルチスレッド	IT ユビキタスコンピューティング グリッドコンピューティング

（6）代表的なコンピュータの命令サイクル時間（1マシン命令の実行時間）オーダ，処理性能（IPS：Instruction Per Second：1秒間に何マシン命令実行できるかを示す指標）

（7）実例（メーカ，モデル名など）

（8）その他のアーキテクチャを特徴付ける重要な概念

次項から，各世代ごとに上記の(1)～(8)の各項目について整理してみよう。また，これらの基盤技術で特徴付けた各世代とコンピュータ技術史における重要事項との関連は表1.1にまとめてある。また，表1.1にはコンピュータアーキテクチャに関連する重要事項も併記してある。次の(c)～(h)では，後述する専門用語を説明なしに使用している。したがって，本書をすべて学習した後本節へ戻り，コンピュータの歴史をたどりながらコンピュータアーキテクチャの専門用語について復習してみることを勧める。

なお，(c)～(h)の各世代の項題には，その世代を特徴付ける代表的キーワードでその世代を「○○時代」と命名したものを添えてある。

（c） 第1世代（1940年代～1950年代）：真空管時代

（1）論理素子としてリレーを用いる機械式計算機の原理をもとに，リレーの代わりに**真空管**を用いる電子式計算機械が提示され，現在のコンピュータの原型ができている。現代では，この電子式計算機を**コンピュータ**（computer）という。

（2）最初のコンピュータのメモリ素子としては，**陰極線管**や**水銀遅延線**がある。その後，メモリ媒体として磁性体を用いた**磁気コアメモリ**や回転型メモリ装置である**磁気ドラム**が開発されている。これらによって実現しているメモリ装置の容量は1～4K[†1]バイト（Byte；＝8ビット[†2]）程度である。

（3）プログラミング言語はまだ出現しておらず，マシン命令を直接書き下す**マシン語プログラミング**やマシン命令に1対1対応する記号表現（**アセンブリ言語**（assembly language）という）による**アセンブリプログラミング**（1952年）が主である。アセンブリ言語で書いたプログラムをマシン命令に変換するソフトウェア機能を**アセンブラ**（assembler），変換することを"アセンブル（assemble）"という。

（4）コンピュータシステムを構成する各種のハードウェア機構やソフト

[†1] K（キロ）：1K＝10³，千。

[†2] ビット（bit）：2進数の1桁あるいは1個の2進数。コンピュータにおける大きさや長さなどの量を示す最小単位。

ウェア機能部品の共有や多重化がまだ行われておらず，一人のユーザ (user；利用者) や単一のプログラムがシステムを占有することによって逐次・不連続処理を行う利用形態である。したがって，OS は不要である (図 1.6 参照)。

図 1.6　第 1 世代のコンピュータシステム

（5）　科学技術計算，給与計算，記録データ管理などである。

（6）　ミリ秒，2 K IPS。

（7）　① "最初のコンピュータ"といわれているのは Mauchly と Eckert が設計した **ENIAC** (1943 年) である。ENIAC は真空管 1 万 8 千本，抵抗 7 万個およびコンデンサ 1 万個を用いて構成しており，10 進数演算器と 20 個のレジスタを装備している。ENIAC は 100 KHz のクロックで 500 加算/秒あるいは 300 乗算/秒の性能を示している。

② EDSAC (1949 年) と EDVAC (1952 年) は **フォン ノイマン** (von Neumann) らが設計し，現在のコンピュータ構成方式の原形として初めて**プログラム内蔵** (stored program) 方式と **2 進数演算** (binary operation) 方式を採用したコンピュータである。これ以降現代に至るまでのコンピュータの大半はこれらの方式を踏襲しており，これを**ノイマン型コンピュータ** (von Neumann-type computer) という (2.1.1 項参照)。

③ Mauchly と Eckert が設計した UNIVAC (1951 年) はプログラム内蔵型ディジタルコンピュータ (すなわちノイマン型コンピュータ) の最初の商用化である。UNIVAC のメモリ素子は水銀遅延線である。

④ 現代でも世界有数のコンピュータメーカである IBM がこの頃すでに設立されており，パンチカードによる入出力やプラグボードによるプログラミングを行う 604 (1948 年)，並列 2 進数算術演算方式を採用した科学技術計算用コンピュータである 701 (1951 年)，事務処理用コンピュータである 702 (1955 年) などを相次いで商用化している。

（8）　第 1 世代のコンピュータの最大の問題は電子式スイッチ (論理素子) を真空管によって実現していることに起因する熱の処理と信頼性の低さである。

（d） **第2世代（1950年代～1960年代）：トランジスタ時代**
（1） 1948年に発明された**トランジスタ**およびダイオードが第1世代の真空管に取って代わっている。
（2） メモリ装置は第1世代の後半に出現した**磁気コアメモリ**が主となっている。また，メモリ装置の容量も4～32Kバイト程度に拡大している。
（3） IBMが科学技術計算用として開発した**FORTRAN**（1957年），同じく科学技術計算用の**ALGOL**（1960年），事務計算用の**COBOL**（1961年）などの現代でも主要なプログラミング言語として利用している**高レベル（高級）プログラミング言語**（high-level programming language）がこの世代ですでに開発されている。
（4） 複数の仕事をいったん預かり順次それを処理していく**バッチ**（batch；一括）**処理**専用のOSが主である（図1.7参照）。

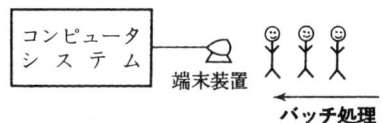

図1.7 第2世代のコンピュータシステム

（5） バッチ処理を指向する応用が主である。
（6） マイクロ秒，1M† IPS（100万命令/秒）。
（7） ① Bell研究所のTRADIC（1954年）はトランジスタによって構成する最初のコンピュータである。
② NCR 304（1958年）はトランジスタによって構成する最初の商用コンピュータである。
（8） ① 高速で入出力を実行できる**補助メモリ**として**磁気テープ**や**磁気ディスク**を使用するようになっている。
② **入出力チャネル**や**浮動小数点数算術演算機構**および**インデックスレジスタ**などのハードウェア機構が開発されている。
③ **仮想メモリ**方式が開発され，**多重（マルチ）プログラミング**，**メモリインタリーブ**，**実効アドレス**などの概念が形成されている。
④ 高レベル（高級）プログラミング言語によるプログラミングが主流となるとともに**コンパイラ**や**サブルーチン（分岐）**などの重要なソフトウェア機能が

---

† M（メガ）：1M=10⁶，100万。

出現している。

⑤ 命令のフェッチ（取り出し）と命令の実行をオーバラップさせる**パイプライン処理**方式の原形が開発されている。

⑥ 命令セットやアドレス指定モードが豊富になり，データ転送，固定小数点数/浮動小数点数算術演算，論理演算，インデックスアドレス指定，無条件/条件分岐，入出力などの命令が利用できるようになっている。

⑦ 実装サイズが縮小され，熱の発散量も大幅に減少している。

（e） 第3世代（1960年代～1970年代）：IC時代

（1） トランジスタを半導体チップ上に集積・搭載した IC (Integrated Circuit；**集積回路**) になり，一段と小型化が進んでいる。ICの規模も当初の小規模IC (Small Scale IC；SSI) から中規模IC (Middle Scale IC；MSI) へと発展し，この第3世代の後期には 10^3〜10^5（数千〜数十万）トランジスタを1チップ上に搭載した大規模IC (Large Scale IC；**LSI**) も登場している。このLSIが論理素子の主流となった時代を特に**第3.5世代**ということもある。多数個のICを搭載し，それらを多層基板面上にプリント（印刷）した信号線で相互接続する**多層プリント基板**もこの時代に開発されており，コンピュータの実装技術が大きく進展している。

（2） 1960年代後半に，**メインメモリ**を構成するメモリ素子が磁気コアから**半導体 (IC) メモリ**となり，メインメモリ容量も32K〜数Mバイトと劇的に大きくなっている。

（3） 科学技術用プログラミング言語としてFORTRAN，事務計算用プログラミング言語としてCOBOLが生き残っている。この両言語はその後も機能の強化や改版を繰り返しながら現代に至るまで使用されている。

（4） より複雑なバッチ処理指向のOSのほかに，1960年代後半からは，1台の大型コンピュータ（**ホストコンピュータ** (host computer) という）にスター (star；星) 状に接続した**端末装置**がそのホストコンピュータを時分割（使用時間を細かく分割して順番にその時間割り当てを受ける）利用する **TSS処理用OS** が出現している（図1.8参照）

（5） 切符予約システムや共用データベース (database) 処理などのTSS処理の応用が進展している。

（6） 数百ナノ†秒，10 M IPS。

---

† ナノ (nano；n)：1 n＝10^{-9}。

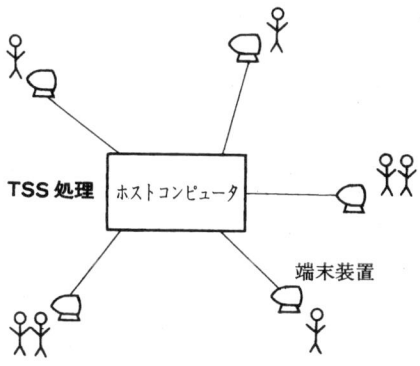

図1.8 第3世代のコンピュータシステム

(7) ① 現在の**メインフレームコンピュータ**(mainframe computer；汎用の大型コンピュータ)のアーキテクチャの原型であるIBMのSystem 360アーキテクチャ(1964年)が発表されている。商用コンピュータで初めて"アーキテクチャ"という言葉が使われている。引き続いて**マイクロプログラム制御**方式を採用したSystem 370アーキテクチャ(1970年)が発表され，同じアーキテクチャを採用し開発コストによって性能と価格に差をつけたメインフレームコンピュータのシリーズ化あるいはファミリ化が始まっている。

② コンピュータの小型化(ダウンサイジング(downsizing))も始まり**ミニコンピュータ**(mini-computer，**ミニコン**)の元祖としてDECのPDP-8(1965年)が商用化されている。

(8) ① 補助メモリ装置の主流は**磁気ディスク**である。

② 大半の商用コンピュータが**マイクロプログラム制御**方式となり，マイクロプログラム技術の種々の応用が試みられている。

③ CDCのメインフレームコンピュータで採用された**パイプライン処理**方式，および**多重プログラミング**や**多重(マルチ)タスキング**(multi-tasking)といった資源の多重化技術が成熟している。

④ ハードウェアおよびソフトウェア資源の共有やメモリ装置の有効利用が進んでいる。

⑤ 共用データとしての**データベース**(database)という概念が形成されている。

⑥ 仮想メモリやキャッシュ(cache)といったメインメモリの高機能化技術が発展している。

⑦　商用のメインフレームコンピュータのシリーズ化およびファミリ化に伴い，**互換性**(compatibility)が重視されるようになっている。

　⑧　通信線を介してコンピュータを遠隔から操作する**リモート(遠隔)TSS端末装置**が出現している。

(f)　第4世代(1970年代〜1980年代)：マイクロプロセッサ時代

　(1)　ICも高集積化が進み，$10^5 \sim 10^6$(数十万〜数百万)個のトランジスタを搭載する超大規模IC(Very LSI；**VLSI**)が出現している。VLSI技術は高集積化だけではなく高速化も達成し，1チップ上にコンピュータの基本機能を搭載した最初の**マイクロプロセッサ**としてIntelの4004(1971年)が登場している。

　(2)　メモリIC素子の高集積化によってメインメモリ容量も数Mバイト以上が普通となっている。

　(3)　パソコン((7)の③で後述)用の会話型プログラミング言語として**BASIC**が採用され，その後ワークステーション((7)の⑤で後述)用プログラミング言語として**C**が普及している。

　(4)　パソコン用OS(たとえばMS-DOS)やワークステーション用OSとしての**UNIX**が登場している。

　(5)　シミュレーション，各種設計支援，教育支援，非数値処理などに応用が広がっている。

　(6)　数十ナノ秒，100 M IPS〜1 G† IPS。

　(7)　①　**マイクロプロセッサ**(microprocessor；マイクロコンピュータ，マイコン)が次々と開発されている。たとえば，Intelの8008(1972年)/8080(1974年)/8086(1978年)/8088(1979年)，ZilogのZ-80(1976年)/Z-8000(1978年)，Motorolaの6800(1974年)/68000(1979年)などである。マイクロプロセッサの処理データ幅は8ビットから16ビット，さらには32ビットへと拡大し，100万個以上のトランジスタを搭載し，数十MHzのクロックで動く32ビットマイクロプロセッサが普通となっている。市販された最初の32ビットマイクロプロセッサはNational SemiconductorのNS 32000(1983年)であり，代表例はIntelの80386(1985年)とMotorolaの68020(1984年)である。

　②　VLSI技術の進展を背景として，ハードウェア/ソフトウェア・トレードオフの見値しが行われ，**RISC**(2.2.7項(h)参照)が出現している。

---

†　G(ギガ)：$1G = 10^9$，10億。

③ 個人用の小型コンピュータとしてマイクロプロセッサを使用した**パソコン**(personal computer；パーソナルコンピュータ)が各社より商用化されている。たとえば，IBM PC (1981 年)，Apple Macintosh，日本電気 PC-9800 シリーズである。

④ 科学技術計算専用コンピュータとしてパイプライン処理方式を活用する**スーパコンピュータ**(supercomputer)が出現し，20 M FLOPS (浮動小数点数演算/秒)の性能を示している。また，パイプライン処理から1つの問題を部分に分割して複数個のプロセッサで並列に(同時に，並行して)処理する**並列処理**(parallel processing)へと，スーパコンピュータの多重処理方式も多様になっている。

⑤ 高性能マイクロプロセッサを核とする**ワークステーション**(workstation)が普及している。

⑥ **ASIC**(Application Specific IC)という各種応用向きの専用チップが手軽に作れるようになり，各種の専用コンピュータが開発されている。

(8) ① 建物内や構内などの限定した地域のコンピュータ間を結合する**ローカルエリアネットワーク**(Local Area Network；**LAN**)が普及し，多様な**分散処理**が行われるようになっている(図1.9 参照)。

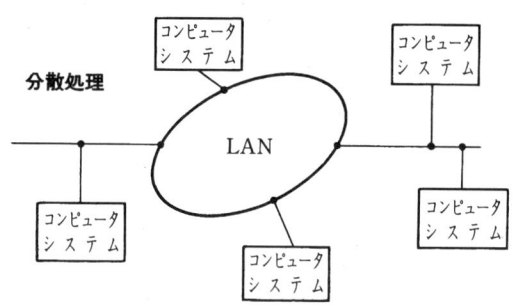

図 1.9　第4世代のコンピュータシステム

② マイクロプロセッサの進化がコンピュータの大きさや価格を大幅に低下させる**ダウンサイジング**が本格化し，商用コンピュータの主流がメインフレームコンピュータからワークステーションやパソコンに移っている。

③ ワークステーションやパソコンでは，**キーボード**(keyboard)や**マウス**(mouse)などの入力装置と**グラフィックディスプレイ**(graphic display)によるユーザとコンピュータシステムとのインタフェース(**ユーザインタフェース**

18　1. コンピュータアーキテクチャとは

(user interface；UI))が普通となっている。また，それらを駆使する**ウィンドウズシステム**(windows system)と呼ぶ図式的(グラフィック)な機能をユーザインタフェースとするOSが普及している。

④　スーパコンピュータの普及とともにベクトル化/並列化コンパイラの役割が重要となっている。

⑤　情報伝達の媒体(メディア)が多様化(**マルチメディア**(multimedia)という)し，多種多様な入出力装置が開発されている。

⑥　ソフトウェアの大規模化と高機能化が進んでいる。

⑦　種々のメモリ素子やメモリ装置が開発され，メモリ階層の多層化も進んでいる。

(g)　第5世代(1980年代〜1990年代)：インターネット時代

(1)　10^6個以上(数百万個)のトランジスタを1チップ上に集積したVLSIによって32ビットマイクロプロセッサを構成するようになっている。これらの32ビットマイクロプロセッサのクロック周波数は数百MHzに達している。また，最高性能ワークステーションのプロセッサ用に64ビットマイクロプロセッサも出現している。また，VLSIの半導体レベルでの実現技術もバイポーラ(bipolar)からCMOS(Complementary Metal Oxide Semiconductor)中心へ移っている。

(2)　"ICの集積度は18月(1.5年)で2倍になる(年率で40%増)"という**ムーアの法則**(Moore's law)の通りに，メインメモリのメモリ素子である**DRAM**(Dynamic Random Access Memory)の集積度が向上している。メインメモリも，パソコンでも数十Mバイト以上，高性能ワークステーションやメインフレームコンピュータでは数Gバイト以上を装備するのがごく普通となっている。

(3)　Cがパソコンやワークステーション用プログラミング言語としての地位を不動のものとしている。一方で，メインフレームコンピュータ向けとしては，第2世代に生まれたCOBOLやFORTRANが依然として主流である。**オブジェクト指向プログラミング**(object-oriented programming)というプログラミングパラダイムが提唱され，Cのオブジェクト指向版であるC++(1985年)をはじめとする各種のオブジェクト指向型プログラミング言語が開発されている。

(4)　ワークステーション用のOSとして**UNIX**が，パソコン用のOSとして**Windows**が，それぞれ代表的地位を固めている。いずれも，ユーザの使

いやすさを重視し，"ウィンドウ(window)"と呼ぶ仮想画面上のアイコン(icon)やメニュー(menu)をマウスなどのポインティング(pointing)装置によって指定する操作を中心とする図式的なUI(グラフィカルユーザインタフェース(**GUI**；Graphical User Interface))を備えている。また，これらのOSは公衆電話回線やLANを介してのコンピュータネットワークへの接続機能を標準装備しており，パソコンのユーザを中心とするコンピュータの利用範囲の拡大を支えている。UNIXは，LANで接続したワークステーション群で機能分担・協調処理する**分散処理**や分散処理システム用OSとしても，盛んに利用されている。一方で，メインフレームコンピュータのOSはバッチ処理用として整備されている。

（5）タイマー制御用の**マイクロコンピュータ**(microcomputer；超小型コンピュータ，**マイコン**ともいう)からディジタル信号処理用高性能マイクロプロセッサまでの様々なコンピュータがほとんどの電子機器に組み込まれ，電化製品のディジタル化が一挙に進んだ。一方で，スーパコンピュータによって大規模かつ高速なシミュレーションが可能となり，"計算科学(computational science)"と呼ぶ学問分野が切り開かれている。コンピュータの高性能化は科学技術計算や事務計算以外にもコンピュータの応用を拡大している。非数値処理，トランザクション(transaction；1つの意味のある応答処理)処理，大規模データベース管理，高信頼応用などである。また，ワークステーションやパソコンの普及およびインターネットの構築はコンピュータのユーザと応用を質量ともに劇的に拡大している。これらが処理対象とする情報の媒体(メディア(media))は，従来の文字を中心とするものから図形(2次元から3次元へ)，画像(静止画像から動画像へ)や音声などへ広がり，コンピュータで扱うこれらの多様な情報媒体を**マルチメディア**(multimedia)と呼んでいる。さらに，インターネットを活用して世界中に散らばる種々のマルチメディア情報を取得，発信，検索するワールドワイドウェブ(World Wide Web；**WWW**，単に"ウェブ(Web)"ともいう)が，コンピュータを単なる"計算する機械"から"人間の生活やコミュニケーションに必須の情報機器"へと劇的に進化させている。特に，組織や機関だけでなく個人も，WWWを介して様々な情報を(受信だけではなく)発信し始め，インターネットによる情報流通革命が起きている。

（6）数ナノ秒，数百M IPS～数G IPS。コンピュータの性能は，プロセッサ性能だけではなく，そのほかのハードウェア機構やOSなどの基本ソフ

トウェア機能を含んだコンピュータシステムの総合的な性能で表すことが適切になり，IPS は，コンピュータ全体ではなく，プロセッサの，それもその性能のごく一部を示す指標になっている．

（7）① **マイクロプロセッサ**：32 ビットマイクロプロセッサがパソコンやワークステーションのプロセッサとして定着している．この世代の当初は Intel の 86 系（通称 "x 86 アーキテクチャ"，Intel は "IA-32" と呼んでいる）と Motorola の 68 系（通称 "M 68 K アーキテクチャ"）が 32 ビットマイクロプロセッサ市場での覇権争いを繰り広げている．その結果，Intel の 86 系である 80486（1987 年），Pentium（1991 年），Pentium II（1994 年）がパソコン用を中心に 32 ビットマイクロプロセッサ市場での事実上の標準となっている．AMD などが Intel の 86 系マイクロプロセッサとの互換マイクロプロセッサチップを市販している．一方で，ワークステーション用 32 ビットマイクロプロセッサを中心に 86 系と非互換の **RISC** と呼ぶマイクロプロセッサも続々と市場に出てきている．DEC の Alpha，IBM の PowerPC，Hewlett-Packard (HP) の PA-RISC，MIPS の R シリーズ，Sun Microsystems の SPARC などである．DEC は 200 MHz のクロック周波数で動作する 64 ビットマイクロプロセッサとして Alpha 21064（1992 年）を市販している．

② **パソコン**：マイクロプロセッサの出現によるダウンサイジングの象徴であるパソコンはそれまでにはない新しいユーザ層と適用分野を作り出し，主として価格と性能によってランク付けする多種多様なモデルが市販されている．当初はデスクトップ（desktop；机上使用）型が主であったが，周辺装置を巻き込んだダウンサイジングの進展に伴って，本体と入出力装置を一体にして持ち運び可能（**モバイル**（mobile））にしたラップトップ（laptop；ひざ上使用）型（"ノート（型）パソコン" ともいう）も多品種が市販されている．これらのパソコンは，Apple の Macintosh シリーズを除く大半が，Intel の 86 系かその互換チップのプロセッサと Microsoft の Windows OS とをセットにして実装しており，パソコン市場での事実上の標準となっている．また，Windows を OS とするパソコンがコンピュータネットワークへの接続ハードウェア機構やそれを利用するソフトウェア機能を標準装備していることも，幅広いユーザ層によるパソコンやインターネットの活用を推進している．

③ **ワークステーション**：UNIX 系の OS，代表的なプログラミング言語としての C，RISC アーキテクチャのマイクロプロセッサ，LAN 接続機構などを標準装備するワークステーションが種々商用化されている．これらは C で

記述したUNIX OSや応用プログラムをソースプログラムや仕様として公開する方法(**オープンシステム**(open system))で普及している。LAN接続した複数のワークステーション群を計算(処理)，ファイル管理，通信，入出力などの機能(サービス)ごとにそれらを専用に提供する高性能ワークステーション(**サーバ**(server))とそれらのサーバからのサービスを受ける一般的な低価格ワークステーション(**クライアント**(client))とに分けてそれぞれの役割を分担する**サーバ-クライアントシステム**(server-client system)と呼ぶ分散処理システムが定着している。

④ **メインフレームコンピュータ**：科学技術計算と事務計算の2大適用分野をもっていたが，科学技術計算は高性能ワークステーションや⑤で述べるスーパコンピュータで主に行うようになり，メインフレームコンピュータの適用が過去のソフトウェア資産の運用管理業務のためのバッチ処理やトランザクション処理の事務計算を中心とする分野に徐々に限定されてきている。代表的なメインフレームコンピュータのメーカ(**メインフレーマ**(mainframer))として，日本では富士通，日立製作所，日本電気などが，米国ではIBM，Unisys，NCRなどがある。いずれのメインフレームコンピュータも独自仕様の(カスタム(custom))LSIプロセッサ，バッチ処理用OS，FORTRANとCOBOLのプログラミング言語を採用している。

⑤ **スーパコンピュータ**：大量均質データをパイプライン処理する方式の**ベクトルコンピュータ**(vector computer)と呼ぶスーパコンピュータが成熟する一方で，複数個のプロセッサによって大量データ(不均質でもよい)を並列処理する**並列コンピュータ**(parallel computer)が商用化されている。中には，数万個以上のプロセッサが同時に稼働する**超並列コンピュータ**(massively parallel computer)も商用スーパコンピュータとして市場に現れている。

(8) ① LANの中心は**イーサネット**(Ethernet)であり，10Mあるいは

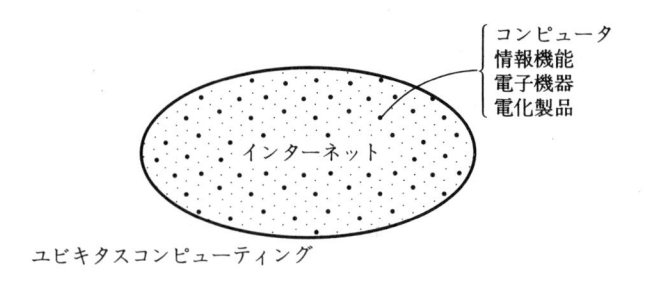

図1.10 第5世代以降のコンピュータシステム

100 M ビット/秒の伝送速度によって主として UNIX ワークステーションを相互接続している．そして，UNIX ワークステーション群による分散システムを構成していた LAN どうしがあちこちで接続され，またたくまにコンピュータネットワークの輪が全世界に広がっている．**インターネット** (the Internet) の出現である（図 1.10 参照）．新たなかつ大勢力となったパソコンユーザは，電子メール（E メール）の送受や WWW（ウェブ）の閲覧を中心に，コンピュータとインターネットを人間どうしのコミュニケーションに利用し始めている．

② "プロバイダ(provider)" と呼ぶインターネットへの接続サービス事業者が現れて，パソコンとインターネットとの接続は主としてユーザがプロバイダに公衆回線を介して電話する（ダイヤルアップ接続）方式で行われている．当初，日本では，**モデム** (modem；アナログ信号⇔ディジタル信号変換装置) を経由して既設のアナログ電話回線によってプロバイダに接続する形態が多かったが，ディジタル化された電話機が増えるとともに，ISDN (Integrated Service Digital Network；総合ディジタル通信網) などのディジタル電話回線を直接利用する方式も普及している．

③ 仮想メモリ方式を支えるメモリ階層である**ファイル装置**の高機能化（大容量化が中心）と多様化が進んでいる．**フロッピーディスク**は，直径が 5 インチから 3.5 インチと小型に，1 枚当たりの容量は 1.44 M バイトと大きくなっている．ソフトウェアの流通を支えたのは 1 枚当たりの容量が約 600 M バイトの**光ディスク**媒体である **CD-ROM** (Compact Disc-Read Only Memory) であり，市販ソフトウェアの大半は CD-ROM で提供されるようになっている．書き換え可能かつ可換（交換可能）なバックアップ用のファイル装置として**光磁気ディスク** (**MO**；Magneto-Optical disc) 装置（媒体 1 枚の容量：最大 数 G バイト）がある．一方で，小型かつ大容量になったハードディスク装置（容量：数十 M～数 G バイト）が主要なファイル装置としての地位を固めている．

④ 電気信号の伝送媒体として光が利用されるようになり，特に，光ファイバケーブルを用いた LAN である **FDDI** (Fiber Distributed Data Interface) が高速**バックボーン LAN** (backbone LAN；幹線 LAN) の主流となっている．

⑤ 拡張性に乏しいノート型パソコンを対象に，クレジットカード大の周辺装置あるいは周辺装置とのインタフェースである **PC カード** (Personal Computer card) として多種多様なものが出現している．PC カードは，**SRAM** (Static RAM)，**フラッシュメモリ** (flash memory)，ハードディスクなどのメ

モリ系と，モデム，**SCSI**（Small Computer System Interface；スカジー），ネットワーク接続などの入出力インタフェース系との，大きく2種類に分類できる。

⑥ 赤外線や電波を介してコンピュータどうしあるいはコンピュータ本体と周辺装置との接続を無線（wireless；ワイヤレス）化することが始まり，携帯電話の普及とともに，ネットワークの無線化の端緒となっている。

⑦ マシン命令の時間的多重処理（実行）であるパイプライン処理と複数のマシン命令を同時実行する空間的な多重処理（実行）を組み合わせた**命令レベル並列処理**の採用が（マイクロ）プロセッサアーキテクチャとして主流となっている。

⑧ 特定用途向き LSI である **ASIC**（Application Specific IC）が種々開発され，高機能な汎用マイクロプロセッサとは別の市場を築いている。ほとんどの電子機器には機器制御用の特定プログラムをあらかじめチップ上に実装した ASIC プロセッサが組み込まれ，これらの ASIC プロセッサを"組み込みプロセッサ（embedded processor）"，"マイクロコントローラ（microcontroller）"あるいは"1チップマイコン"などという。

⑨ コンピュータの誕生以来その応用分野として注目されてきた **AI**（Artificial Intelligence；人工知能）がコンピュータ性能の高度化にしたがって再びブームとなり，AI 技術の可能性と限界を精力的にチェックしている。日本では，"第5世代コンピュータ"と呼ぶ AI 向きコンピュータシステムの国家的開発プロジェクト（1981～1992年）も推進されている。

（h） **第6世代（1990年代～2000年代）：ユビキタス時代**

（1） 32ビットあるいは64ビットマイクロプロセッサを構成する VLSI には，10^7 個以上（数千万個）のトランジスタを1チップ上に集積するものも現れている。これら最高性能マイクロプロセッサのクロック周波数は数 GHz に達している。また，VLSI チップ上にプロセッサのほかにメインメモリとしての DRAM なども混載する**システム LSI**（**システムオンチップ**（system on chip）ともいう）も出現している。一方で，パソコンや電子機器のモバイル利用が広がるにつれ，それらの主要ハードウェア部品であるマイクロプロセッサの要件に**低消費電力**が加わり，性能と消費電力とのトレードオフもコンピュータアーキテクチャ設計における重要な評価指標になっている。

（2） DRAM の集積度についてはムーアの法則が依然として有効であり，DRAM で構成するメインメモリの実装容量も，高性能ワークステーションや

メインフレームでは数十〜数百 G バイト，パソコンでも数百 M バイト以上が標準となっている。一方で，プロセッサから見たメインメモリの動作速度の相対的な遅さが問題（"メモリ障壁(memory wall)"と呼んでいる）となっている。このため，DRAM を搭載する基板に補助的なハードウェア機構を付加することによって高速動作させる **SDRAM** (Synchronous DRAM) などのメインメモリが普通となっている。

（3）インターネットへ発信する情報を記述するためのオブジェクト指向プログラミング言語として **Java** (1995 年) が普及している。Java はインタプリタ (interpreter；言語処理を行いつつ実行を進める) による言語処理（解釈）・実行を想定しており，Java で記述したプログラムは OS やハードウェアに依存せずに実行可能である。この特徴を活用して，WWW への発信情報の記述のほかにも，電子機器に組み込むコンピュータシステム（**組み込みシステム** (embedded system)）のプログラミングなど，その適用範囲が拡大している。

（4）インターネット接続が当たり前となったコンピュータ群では，コンピュータと人間（ユーザ）との対話よりもコンピュータを道具として行う人間どうしのコミュニケーションが主となっている。このため，ユーザはコンピュータとネットワークあるいはコンピュータどうしの接続やそれを制御するOS をほとんど意識しなく（シームレス (seamless) 化：外形やそれらの境目が見えなくなったり見なくなる）なっている。UNIX や Windows の GUI がアニメーションや動画像あるいは音声などを取り入れた**マルチメディア UI** に進化したことも OS の隠ぺいあるいはコンピュータやインターネットのシームレス化を後押ししている。また，メインフレームコンピュータでも，科学技術計算用途を中心に，インターネットへの接続や分散処理を指向して UNIX を採用するものが多くなっている。

（5）WWW による情報流通が，音楽や映像のリアルタイム (realtime；即時) 配信，電子商取引，仮想社会などの様々な産業を創出している。また，WWW 上の膨大な情報から必要な情報を発掘したり，新しい情報を創成したりする技術が重要となっている。ワークステーションやパソコンだけではなく通信機器や電子機器もインターネットに接続できるようになり，コンピュータやインターネットをユーザが意識しなくなるシームレス化が進んでいる。それとともに，ワープロ，E メール，WWW 閲覧を中心にコンピュータとインターネットを道具として使いこなす **IT** (Information Technology；情報技術) が情報社会を生きる人間の読み書き能力（リテラシ (literacy)）として必須と

なっている。また，科学技術へのコンピュータの応用では，インターネットで接続された複数のコンピュータによって計算サービス，ライブラリ提供，データベース管理などの機能を分担しつつ協調処理する**グリッドコンピューティング** (grid computing) を物質創成や自然現象の予測や解析へ適用することも始まっている。グリッドコンピューティングの究極の目標は，電気やガスなどと同様に，"利用者がグリッド(網)に見立てたインターネット上のコンピュータに置いてある種々の情報やその処理機能を情報コンセントに接続するだけで自由に引き出し使える"ことである。

（6）プロセッサで，数百ピコ秒[†]，数〜数十 G IPS。

（7）① パソコン用マイクロプロセッサ市場を中心に Intel の 86 系 (IA-32) とその互換チップの独占状態が続いている。Intel の Pentium III (1998年)，Pentium 4 (2001年)，Xeon (2001年)，AMD の K 6 (1998年)，K 6-III (1999年)，Athlon (1999年)，Athlon XP (2001年) などである。32 ビットマイクロプロセッサの開発ではクロック周波数の向上が第一義とされ，これらの最高性能モデルのクロック周波数は 1 GHz を越えている。また，価格や消費電力を抑えた 86 系 32 ビットマイクロプロセッサとして，Intel の Celeron (1999年)，AMD の K 6-2 (1999年)，Duron (1999年)，Transmata の Crusoe (2000年) などが主としてノートパソコン用途で市場に出ている。高性能ワークステーション用の 64 ビットマイクロプロセッサとしては，Intel の Itanium (2001年，アーキテクチャは "IA-64" と呼ぶ)，DEC の Alpha 21164 (1995年) Alpha 21264 (1998年) などがある。

② パソコンとワークステーション：高性能 Windows パソコンと安価な UNIX ワークステーションの市場が競合し，もはや，パソコンとワークステーションとの相違点は搭載してある OS の違いくらいになっている。しかし，いずれの OS もインターネット経由での接続プロトコル (protocol；通信規約) は **TCP/IP** (Transmission Control Protocol/Internet Protocol) を事実上の標準としており，インターネット上では OS の違いをユーザは意識する必要がなく (ネットワーク透明性) なっている。また，安価なワークステーションやパソコンを既設の LAN あるいはインターネットで接続した分散処理環境で並列処理を実現する **PC クラスタ** (PC cluster) と呼ぶ高い性能対価格比を誇る (安価で高性能な) 並列処理システムも出現している。

[†] ピコ (pico)：1 p=10^{-12}。

③ メインフレームコンピュータ：OS に UNIX 系を採用する，プロセッサに CMOS VLSI あるいは市販のマイクロプロセッサを使用する，複数個のプロセッサによって並列処理する**マルチプロセッサ** (multiprocessor) 型とする，などの方式によってサーバ分野での高性能ワークステーションの代替を図るモデルも出現している．IBM のメインフレームコンピュータは System 390 (S/390) アーキテクチャにしたがう高性能カスタムマイクロプロセッサ複数個で構成する並列処理サーバとなっている．

④ スーパコンピュータ：商用機では，ベクトルコンピュータのパイプライン処理と並列コンピュータの並列処理とを融合したアーキテクチャが多くなっている．また，商用の並列コンピュータでは性能対価格比が重要な要件となり，超多数の高価なカスタムプロセッサを実装する超並列コンピュータよりも，複数個の安価なマイクロプロセッサによって並列処理するマルチプロセッサ型の高性能ワークステーションや PC クラスタの方が商用並列コンピュータの主流となっている．

(8) ① 携帯電話や無線 LAN の普及とともに情報機器だけでなく電化製品の中に組み込まれたコンピュータもインターネット接続機能を標準装備するようになり，人間がコンピュータを意識することなくインターネットを利用し始めている．"コンピュータやインターネットをいつでもどこでも利用できる"ことを**ユビキタスコンピューティング** (ubiquitous computing) という．コンピュータ内部（ハードウェアやソフトウェア）はもちろんのこと，コンピュータやネットワークさらにはコンピュータとネットワークの境界を有形無形ともに意識する必要がないシームレス化がユビキタスコンピューティングを推進している．コンピュータやインターネットのシームレス化やユビキタス化は"コンピュータのユーザ"を死語にしている．

② 代表的な情報機器となったインターネットの利用では，パソコンを自宅や外出先で公衆電話回線によってプロバイダへダイヤルアップ接続する方法が主である．プロバイダも，E メールや WWW 情報の配信を中心に，高速回線接続，常時接続，携帯電話（無線）接続などの多様なサービスを競い合っている．インターネット接続用の公衆回線も，既設のアナログ電話網を流用する **ADSL** (Asymmetric Digital Subscriber Line)，**CATV** (cable television；有線テレビ) 網の利用，光ファイバによる専用網などによって高速化され，これらの数 M ビット/秒以上の最大伝送速度を誇るインターネット接続回線を**ブロードバンド** (broadband；広帯域) と呼んでいる．自宅からブロードバンド

接続したインターネットを活用して在宅勤務したり小規模事業を行う"SOHO (Small Office Home Office)"と呼ぶユーザ層も出現している．また，モバイル利用のユーザは爆発的に普及した携帯電話によってインターネット接続していることもユビキタスコンピューティングを促進している．

③ 携帯電話がディジタル化され，インターネットへの接続端末となる機能（日本での**iモード**）を装備する機種も現れ，ユビキタスコンピューティングが活性化する一端を担っている．

④ インターネットを構成するLANも高速になっている．非同期転送方式の**ATM** (Asynchronous Transfer Mode) やイーサネットの高速（数Gビット/秒）版である**ギガビットイーサネット** (Gigabit Ethernet) である．また，伝送速度が十数～数十Mビット/秒の**無線LAN**の利用も本格化している．

⑤ コンピュータやインターネットの利用範囲が拡大するにつれ，それらが扱う情報に対して種々の安全性を保障する**情報セキュリティ** (security) 技術が重要となっている．

⑥ プロセッサアーキテクチャとして大半のマイクロプロセッサで採用されている命令レベル並列処理が多様になっている．個々のマシン命令単位で複数個のマシン命令を並列実行する**スーパスカラ** (superscaler) や **VLIW** (Very Long Instruction Word) のほかに，"スレッド (thread)"と呼ぶ動的なマシン命令列である実行単位を複数個同時に並列実行する**マルチスレッド** (multi-thread) アーキテクチャも出現している．また，命令レベル並列処理アーキテクチャを中心にハードウェアとシステムプログラム（特に，OSとコンパイラ）とのトレードオフが見直され，プロセッサやキャッシュなどのハードウェアを直接制御するコードを自動生成したり，実行時にコード変換（コンパイルの一種）などの言語処理を行う，高機能コンパイラも実用的になっている．

⑦ 光ディスク装置が，消去できないが追記できる**CD-R** (CD-recordable) や何度でも読み書きできる**CD-RW** (CD-ReWritable) という書き込み可能な (writable) 装置の出現で，多様化している．光ディスク媒体もCDのほかに**DVD** (Digital Versatile Disc) という大容量（CDの6～8倍，最大片面あたり数Gバイト）が現れ，多種多様な光ディスク装置がそれぞれの特徴（読み出し専用/追記可能/書き換え可能）に応じた用途で使われている．ハードディスク装置の進化もとどまらず，単体容量で数百Gバイトを突破し，ノート型パソコンでも数十Gバイトの小型ハードディスク装置を搭載するのが普通になっている．

⑧ 回路情報をプログラムで記述しておき，プログラムを書き換えることによってその論理回路を変更できる **FPGA** (Field Programmable Logic Array) が高速化および大容量化され，高速性を失わずに広い問題適応性を備えた"プログラム可能なハードウェア"として活用されている。

演 習 問 題

1.1 コンピュータシステムにおけるハードウェア/ソフトウェア・トレードオフについて，分かりやすい一般例(たとえ)を用いて説明せよ。

1.2 コンピュータシステムにおける種々のトレードオフを列挙し，それをハードウェア機能側とソフトウェア機能側とに分けよ。もし，いずれの側にも分類できない項目があるならば，その理由を明らかにせよ。

1.3 コンピュータの世代を特徴付ける指標を列挙せよ。特にその中でも重要な指標を抜き出し，それらについてハードウェア/ソフトウェア・トレードオフの観点から各世代ごとに述べよ。

1.4 "現世代コンピュータ"のアーキテクチャの設計に大きな影響を与えているハードウェア技術とソフトウェア技術について述べよ。

2 基本アーキテクチャ

本章では，"ノイマン型コンピュータ"という現代のコンピュータの原理とその基本的なアーキテクチャについて述べる。

2.1 ノイマン型コンピュータの基本ハードウェア構成

2.1.1 ノイマン型コンピュータの原理と特徴
（a）ノイマン型コンピュータの原理

1.2.2項(c)で述べた第1世代コンピュータとして，フォンノイマンらが最初に提示したコンピュータの仕組みの原型が，現代の大半のコンピュータに引き継がれている。ノイマンらが提示したコンピュータの構成方式に従うコンピュータを**ノイマン型コンピュータ**(von Neumann-type computer)という。

ノイマン型コンピュータの原理は次の2点である。
- **2進数演算**：ノイマン型コンピュータの内部では，命令もデータもすべて2進数(binary)(3.1節で詳述)で表現する。したがって，"0"と"1"の2種類の数字によって数を表現する2進数表現を物理的に実現すれば，コンピュータのハードウェア機構ができる。
- **プログラム内蔵**：ノイマン型コンピュータでは，実行するプログラム(命令)や処理するデータをあらかじめメモリに格納しておく。このように，システムプログラムからユーザプログラムまでのプログラムの大半をコンピュータ内部のメモリの中にあらかじめ内蔵(格納)しておき，実行時に必要なプログラムを読み出す方式を**プログラム内蔵**(stored program)という。

（b）ノイマン型コンピュータアーキテクチャの特徴

（a）で述べた2種類の原理に基づいて構成するノイマン型コンピュータについて，コンピュータアーキテクチャの観点から見た場合の特徴を列挙し，順次その項目ごとに簡単に説明してみよう。

（1） **プロセッサとメモリとの機能分担**：ノイマン型コンピュータのハードウェア機構として，情報を処理(加工)する**プロセッサ**(processor)と情報を格納(記憶)する**メモリ**(memory)とが独立してある．これらはそれぞれの役割を明確に分担し，協調動作する．

（2） **制御フローによる逐次実行**：ノイマン型コンピュータでは，明示的に(プログラムなどではっきり示す)あるいは暗黙的に(プログラムなどには明示しないが約束ごととしてあらかじめ決めておく)指定した順序によって命令の実行順序が定まる．実行中の命令(プログラム)が存在するメモリ中の場所(アドレス)は**プログラムカウンタ**(Program Counter；**PC**)という命令アドレスの格納装置によって指定する．PCは普通単一であり，実行中に作られる命令の流れ("命令ストリーム(instruction stream)"という)は単一である．この命令実行方式をとるコンピュータを**逐次コンピュータ**(sequential computer)という．また，PCはプログラム(命令)の実行順序を制御しているので，ノイマン型コンピュータの命令ストリームを**制御フロー**(control flow)ともいう．

（3） **基本命令セット**：ノイマン型コンピュータの基本的なマシン命令の組(**命令セット**(instruction set)という)はおおよそ同じである(2.2節で詳述)．ノイマン型コンピュータが備えるべき最低限の機能があり，それを核としてそれに種々の機能を追加することによってコンピュータは進化してきている．

（4） **線形メモリ**：ノイマン型コンピュータのメモリには1次元(線形)にアドレスを付けている．したがって，PCをカウントアップするだけで，メモリに格納した命令を格納順に実行できる．

（c） **フォンノイマンボトルネック**

前の(b)の(1)で述べたように，ノイマン型コンピュータではプロセッサ(処理装置)とメモリ(格納装置)を分離して実装している．命令もデータもメモリに格納しておき，プロセッサが必要時にメモリにアクセス(access；読み出し(read)と書き込み(write)の総称)する．したがって，図2.1に示すように，プロセッサ-メモリ間のアクセス要求やそれに基づくデータ転送が競合(衝突)し，この部分の性能がコンピュータ全体の性能を左右することが多い．"この『ノイマン型コンピュータのプロセッサ-メモリ間の転送路の混雑や性能がコンピュータ全体の性能を左右する』という構造的な問題点"を**フォンノイマンボトルネック**(von Neumann bottleneck)という．

ノイマン型コンピュータアーキテクチャの歴史はこのボトルネックとの戦いの歴史である．

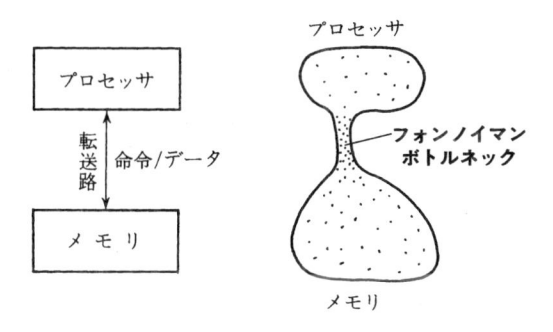

図 2.1　フォンノイマンボトルネック

2.1.2　コンピュータの基本ハードウェア構成

（a）　基本ハードウェア機構

図 2.2 に示すように，ノイマン型コンピュータは次の 3 種類の基本的なハードウェア機構によって構成する．

（1）　**プロセッサ**
（2）　**メインメモリ**
（3）　**入出力装置 (I/O)**

(1), (2) を**内部装置**あるいはコンピュータ**本体**，(3) を**外部装置**あるいは**周辺装置**というように区別する場合もある（図 2.2 参照）．

（b）　プロセッサ

プロセッサ (processer) は **CPU** (Central Processing Unit；中央処理装置) と

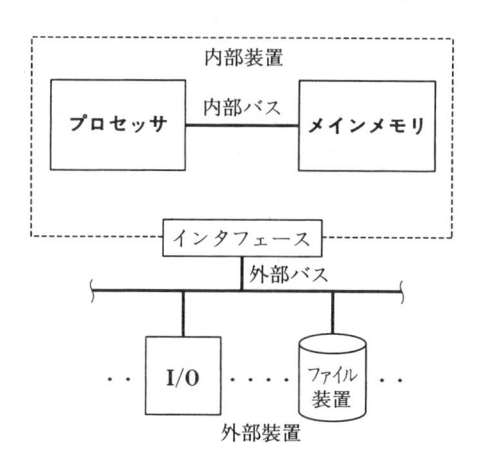

図 2.2　ノイマン型コンピュータの基本ハードウェア構成

もいい，情報の処理(加工，操作，演算)を分担するハードウェア装置である。

プロセッサはさらに細かく次のようなハードウェア機構で構成する(図2.3参照)．

(1) **レジスタ**(register)：プロセッサ内部にある情報の格納装置である．"データだけ"を格納する．"汎用レジスタ"ともいう．レジスタは次の(c)で述べるメインメモリに比べると"少量の"かつ"一時的な"データ専用の格納装置として利用する．レジスタはプロセッサ内部にあるので，容量(個数)を大きくしたり，変えたりすることはできないが，(プロセッサとは別装置の)メインメモリよりも高速にアクセスできる．したがって，一連のマシン命令によってアクセス頻度の高いデータをレジスタに保持しておけば，メインメモリへのアクセス(フォンノイマンボトルネック経由)を減らすことができる．

(2) **ALU** (Arithmetic and Logic Unit ; **算術論理演算装置**)：情報の処理あるいは演算装置である．演算操作(operation)や演算の対象となる情報(データ)によってALUの種類も種々ある(2.2節で詳述)．

(3) **制御機構**(controller ; コントローラ)：情報処理を制御(control)する機構である．特に，命令の実行順序(sequence)を制御する装置を**順序制御機構**(sequencer ; シーケンサ)という．制御機構は制御対象や制御機能の違いに応じてプロセッサ内部の各所に分散配置する(5.1.3項で詳述)．

(c) **メインメモリ**

コンピュータの主要な情報格納装置を**メインメモリ**(main memory ; 主メモリ)あるいは単に**メモリ**という．上記(b)の(1)で示しているプロセッサ内部の情報格納装置であるレジスタと比較すると，メインメモリは相対的に"大容量"かつ"長期間"の情報格納装置という特徴がある(第7章で詳述)．メインメモリには"命令もデータも"格納し，ノイマン型コンピュータの基本原理である"プログラム内蔵"を実現する．

(d) **入出力装置**

私たち人間(コンピュータのユーザ)が内部装置(プロセッサとメインメモリ)に情報を与えたり(**入力**(input))，内部装置から情報を取り出したり(**出力**(output))するハードウェア装置を**入出力**(**I/O**)**装置**という．コンピュータ外部(にある装置)との情報授受を行う**通信装置**を含めて"広義の入出力装置"とすることもある．

本書では，通信装置を除いた狭義の入出力装置やそのアーキテクチャ(入出力アーキテクチャ)については8章で，通信装置やそのアーキテクチャ(通信

アーキテクチャ）については9章で，それぞれ詳述する．

（e） ファイル装置

メインメモリを補助し，メインメモリよりも格段に大容量の情報格納装置を**ファイル装置**（ファイル装置に格納しておく大量の情報の論理的なひとかたまりが"ファイル(file)"である）という．ファイル装置はメモリ装置でかつ外部（周辺）装置でもあり，**外部メモリ**ともいう．一方で，内部装置（プロセッサとメインメモリ）とのインタフェースは他の入出力装置と共用するのが普通であり，広義の入出力装置に含めることもある．

ファイル装置のメモリ装置としての位置付けやそのアーキテクチャについては7章（特に7.1.5項）で，入出力装置としてみた場合のファイル装置の制御方式については8.2節で，それぞれ詳述する．

（f） バスとインタフェース

上記の(b)～(e)の各装置間を結ぶ通信路として特に各装置によって共用するデータや制御信号などの転送路（物理的には信号線）を**バス**(bus)という．図2.2に示すように，バスは各ハードウェア機構間の境界線（接点）となる"**インタフェース**(interface)"でもある．また，バスやそれらを結ぶ各ハードウェア装置間には，転送する情報（実際には電気信号）の相互変換や一時蓄積（"**バッファリング**(buffering)"，一時蓄積装置を**バッファ**(buffer)という）を行う専用インタフェース機構を設けることもある．

対となる内部装置であるプロセッサとメインメモリを主として結ぶバスを**内部バス**（"プロセッサ-メモリバス"，"プロセッサバス"，"メモリバス"など）という．内部バスはフォンノイマンボトルネックを引き起こす主因であるので，外部バスに比べると高い速度性能が必要となる．

一方，内部バスあるいは内部装置（プロセッサとメインメモリ）そのものと外部装置とを結ぶバスを**外部バス**（"入出力バス"，"拡張バス"など）という．

プロセッサ内部のハードウェア装置であるレジスタやALUなどは，①**データバス**：主としてデータを転送する；②**命令バス**：主として命令を転送する；③**アドレスバス**：メインメモリに置いてある命令やデータのアドレスを転送する；などのようなプロセッサ内部の種々のバスで命令やデータを転送する（図2.3参照）．また，ハードウェア機構の節約のために通信路の多重化を図り，1種類のバスを命令用とデータ用とであるいはデータ用とアドレス用とでそれぞれ共用するなどの構成方式もある．

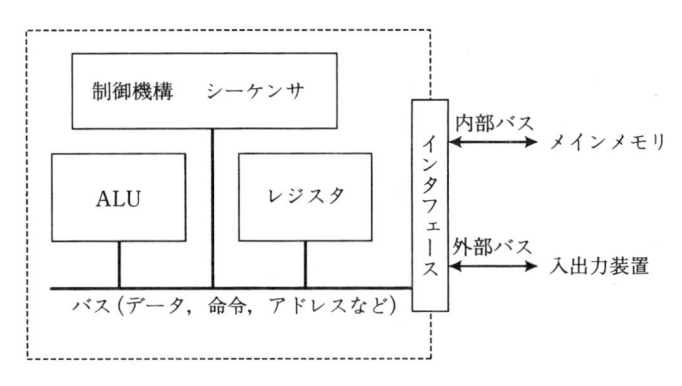

図 2.3 プロセッサの基本ハードウェア構成

(g) **ハードウェア装置とそのアーキテクチャ**

1.1.4項(d)で述べたように,"狭義のコンピュータアーキテクチャ"は"ソフトウェア機能を作成する際に意識するハードウェア構成方式"である。この定義にしたがって,本項の(a)で述べたノイマン型コンピュータの基本ハードウェア機構とノイマン型コンピュータの基本アーキテクチャを対応付けてみよう(図2.2参照)。

(1) **プロセッサアーキテクチャ**:プロセッサのハードウェア構成方式。さらに,① **制御アーキテクチャ**:制御機構のハードウェア構成方式,② **演算アーキテクチャ**:演算装置のハードウェア構成方式,に細分できる。本書の5章で制御アーキテクチャ,6章で演算アーキテクチャについて詳述する。

(2) **メモリアーキテクチャ**:メモリ装置のハードウェア構成方式。本書では,メモリ装置を内部装置であるメインメモリに限らずに,外部装置としてのファイル装置を含めて考える。メモリアーキテクチャについては7章で詳述する。

(3) **入出力アーキテクチャ**:入出力装置(外部装置)のハードウェア構成方式。さらに,① **入出力アーキテクチャ**:広義の(ファイル装置や通信装置を含めた)入出力装置やそれと内部装置とのインタフェースのハードウェア構成方式,② **通信アーキテクチャ**:通信装置やそれと内部装置とのインタフェースのハードウェア構成方式,とに細分できる。8章で入出力アーキテクチャ,9章で通信アーキテクチャについて詳述する。

本書でいう"○○アーキテクチャ"とは,① ○○機能あるいは○○機構の実現におけるハードウェアとソフトウェアの機能分担の割合(ハードウェア/ソフトウェア・トレードオフ);② ソフトウェアから見える○○装置あるいは○

○機構のハードウェア構成方式（ハードウェア機構）；③ ハードウェアから見える○○用ソフトウェアの機能；④ 他の装置や機構から見える○○機能実現におけるソフトウェア機能やハードウェア機構あるいはその機能分担の割合；という意味をもっている。

本書の目標は，5章以降で順次(1)～(3)の各アーキテクチャについて詳述し，ノイマン型コンピュータの基本的なアーキテクチャについて理解を深めることである。

2.2 基本命令セットアーキテクチャ

物理的なハードウェア機構と論理的なソフトウェア機能によるコンピュータシステム全体の機能の分担割合としてのコンピュータアーキテクチャは，具体的にはハードウェア機構とソフトウェア機能とのインタフェースとして示すことができる。このインタフェースとはマシン命令の機能であり，アーキテクチャとして具体的にユーザやプログラマに提示されるマシン命令の一覧を**マシン命令セット**(machine instruction set)あるいは単に**命令セット**(instruction set)という。したがって，マシン命令セットは狭義のコンピュータアーキテクチャと考えられ，これを**命令セットアーキテクチャ**(**ISA**, Instruction Set Architecture)という。本節では，ノイマン型コンピュータの基本的かつ代表的な命令セットアーキテクチャについて述べる。

2.2.1 ソフトウェアの構成要素

（a） ディジタル情報

情報を**量**として取り扱うために数値を使う。"量としての取り扱い"とは，"量の表現，計測，計算，生成あるいは消費，変換"などを指す。人間が扱う量とコンピュータが扱う量とは次のような相違がある。

（1） **アナログ**(analog)：私たち人間のまわりにある自然な量やそれを取り扱うために使う数値のほとんどは，図2.4の(1)に示すように，時間経過とともに連続して変化する。時間的に連続する量を**アナログ**あるいは**アナログ量**と，ある量を連続的に変化し得る数値で表現することを"アナログ表現"と，それぞれいう。また，アナログ表現した情報を"アナログ情報"という。人間の五官（目・耳・鼻・舌・皮膚）で感じたり，人間や自然が生成する情報のほとんどはアナログ量として取り扱うアナログ情報である。アナログ量は**連続量**な

ので，時間などの範囲を限っても，限られた範囲に存在するアナログ量は無数にある．

（２）**ディジタル**(digital)：一方，コンピュータの物理的なサイズ(size)は有限であらかじめ決まっている．有限サイズのコンピュータで取り扱える量は有限であり，無数にある(無限の)アナログ量をそのまま取り扱うのは難しい．そこで，図2.4の(2)に示すように，① **標本化**：ある一定の周期ごとの独立した不連続な量として読みとる，**サンプリング**(sampling)ともいう；② **量子化**：これらの各量を数値化して，その数値を有限個の数字や記号(コード，2.2.4項(h)参照)で表現する；という２つの操作で，限られた範囲(時間)に存在するアナログ量を有限個にする．そうすると，限られた(有限の)サイズのコンピュータなどの人工物でもアナログ(量)を取り扱えるようになる．①と②の操作で得る量を**ディジタル**あるいは**ディジタル量**と，ある量をこれら２つの操作で得る数値で表現することを"ディジタル表現"と，それぞれいう．ディジタル量は一定の時間的な切れ目がある不連続量であり，これを**離散量**ともいう．連続量として示されるアナログ情報を，①の標本化によって離散量とし，その離散量を②の量子化を行った数値で表現することを"ディジタル化"という．ディジタル化した情報あるいはディジタル表現した情報を"ディジタル情報"という．

(1) アナログ　　(2) ディジタル

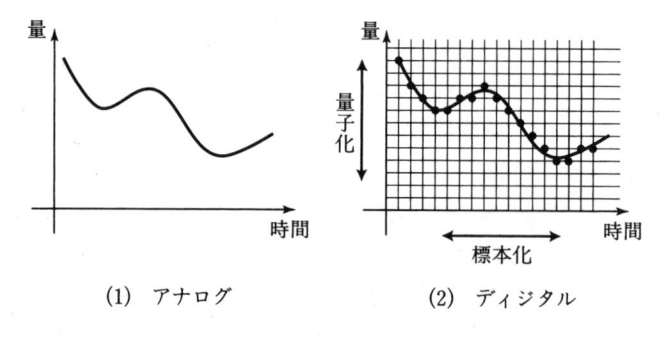

図2.4 アナログとディジタル

(b) ２ 進 数

コンピュータは"0"と"1"だけを使用する**２進数**(**バイナリ**(binary))という数字列で表わしたディジタル量やディジタル情報を処理する．いいかえると，人間が自然に取り扱うアナログ情報をコンピュータによって処理するには，まず，標本化と量子化によって，２進数で表現したディジタル情報に変換

(ディジタル化)しなければならない。

また,音声や画像などの自然なメディアを介して得るアナログ情報をそのままの形で処理対象としていた電話,レコーダ,カメラなどの情報機器もコンピュータ(マイクロプロセッサ)を装備するようになり,現代の各機器内部では,アナログ情報をディジタル化して得るディジタル情報をコンピュータで処理するようになっている。

コンピュータは2進数で表したディジタル情報を処理する道具である。

(c) コンピュータ内部での容量の単位

コンピュータ内部における容量(大きさ,長さ,サイズ)の単位には,次のようなものがある。

- **ビット** (bit):1個の2進数,2進数1桁,1個の論理値。
- **バイト** (byte, B):1バイト=8ビット。
- **ワード** (word;語):コンピュータ内部における容量の基本単位としてあらかじめ決めておくサイズ。コンピュータアーキテクチャによって異なる場合がある。

(例) 1ワード=4バイト(=32ビット)

(d) 命令とデータ

プログラム内蔵方式を特徴とするノイマン型コンピュータのメインメモリに格納する情報は論理的には(ソフトウェアとしては)次の2種類に分類できる(図2.5参照)。

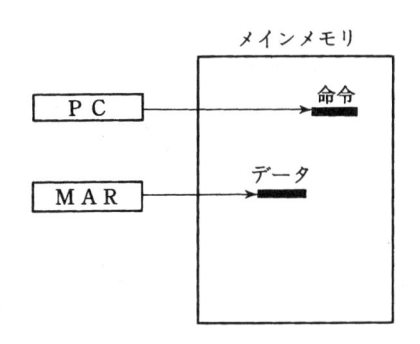

図2.5 メインメモリ内の命令とデータ

(1) **命令** (instruction):**マシン命令** (machine instruction)である。コンピュータによる情報の処理方法を指示する情報であり,マシン命令列を狭義の**プログラム** (program)という。(今実行している)命令のメインメモリアドレ

スを格納しておく装置が**プログラムカウンタ**(PC)である。

(2) **データ**(data)：計算や処理の対象となる情報である。データのメインメモリアドレスを格納しておく装置は PC とは別に備えられており，**メモリアドレスレジスタ**(Memory Address Register；MAR)という。

(1)の命令と(2)のデータとを論理的に区別する必要がない場合には，両方を併せて"(広義の)データ"あるいは"(広義の)プログラム"ということもある。

2.2.2 命令形式
(a) 命令語の構成要素

コンピュータの命令はコンピュータ内部のバス幅などに合わせて数バイトで表す。典型的な命令1個を**命令語**(**命令ワード**)という。たとえば，現代の代表的なマイクロプロセッサでは，1命令語を4バイト(32ビット)で表現している。

| 命令コード | オペランド | オペランド | オペランド |

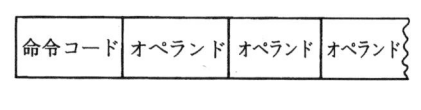

図 2.6 命令語

命令語は，図2.6に示すように，① 命令の種類を示す**命令コード**(operation code；**オペレーションコード**)；② 命令で使用するデータの格納場所(アドレス)を示す**オペランド**(operand)；によって構成する。

命令コードは"演算コード"，"OPコード(オプコード，オペコード)"ともいう。命令コードは1命令語に1個だけ備える。

オペランドは，命令コードにしたがって，1命令語に0個以上を備える。

(b) オペランド

オペランドには，図2.7に示すように，① 命令実行によって処理(演算)するデータの格納元(アドレスなど)を示す**ソースオペランド**(source operand)；② 命令実行によって処理した結果データの格納先(アドレスなど)を示す**デスティネーションオペランド**(destination operand)がある。

たとえば，四則演算(加減乗除)などの2項演算を指示する命令語では，2個のソースオペランドと1個のデスティネーションオペランドを指定する必要がある。

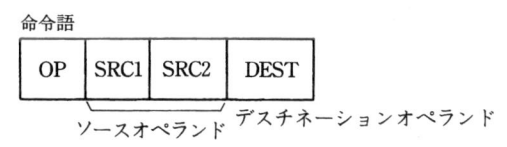

図 2.7 命令語の意味

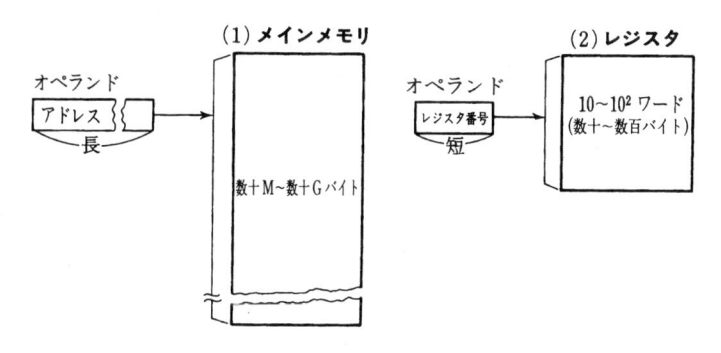

図 2.8 格納装置とオペランド長

(c) オペランドによる指定対象となる格納装置

命令のオペランドで指定するデータの格納元や格納先となる格納装置には次の2種類があり，それぞれの特徴に応じて使い分ける（図2.8参照）．

（1）**メインメモリ**：(2)のレジスタに比べると，大容量であるが動作は低速である．実行対象の命令や処理対象のデータを格納する．大量の格納アドレス（バイドごとに付ける）を識別するためには，長いオペランド長を必要とする．たとえば，16 M バイトのアドレスをすべて識別するためには24ビット長のオペランドが必要である．

（2）**レジスタ**：(1)のメインメモリに比べると，小容量であるが高速動作する．（処理中の）データだけを一時的に格納する．少量のアドレス（レジスタ番号）を識別できればよいので，オペランド長は短くてすむ．たとえば，32個（ワード）のレジスタは5ビット長のオペランドですべて識別できる．

メインメモリのアドレスによって示すオペランドを**メモリオペランド**，レジスタ番号によって示すオペランドを**レジスタオペランド**という。

(d) オペランド数による命令形式の分類

命令形式は代表的な命令が備えるオペランドの個数によって分類できる。命令種類の中でも特に代表的な2項演算では，1命令の実行に2個のソースオペランドと1個のデスティネーションオペランドを必要とする。"限られた長さの命令語の中にこの3個のオペランドをどのようにして埋め込むのか"を定めるのが**命令形式**(instruction format)である。次に述べるそれぞれの命令形式にはコンピュータアーキテクチャを左右する特徴があり，アーキテクチャの設計者は自分の設計思想に基づいて適切な命令形式を選択する。

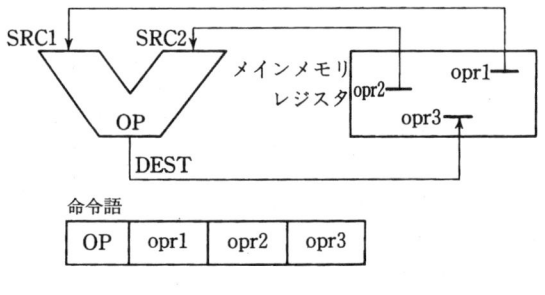

図2.9 3アドレス形式

(1) **3アドレス形式**(図2.9参照)：2個のソースオペランドと1個のデスティネーションオペランドとを別々に指定できる。命令や演算の対象データの選択に柔軟性を与えるが，命令語長は長くなる。3個のオペランドすべてをレジスタオペランドにすれば，"命令語長が長くなる"という欠点をなくすことができる。3アドレス形式で3オペランド(SRC1-SRC2-DESTの順)がすべて

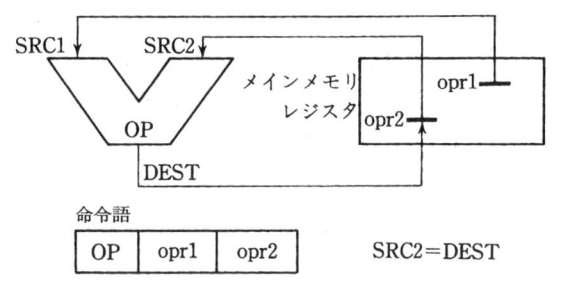

図2.10 2アドレス形式

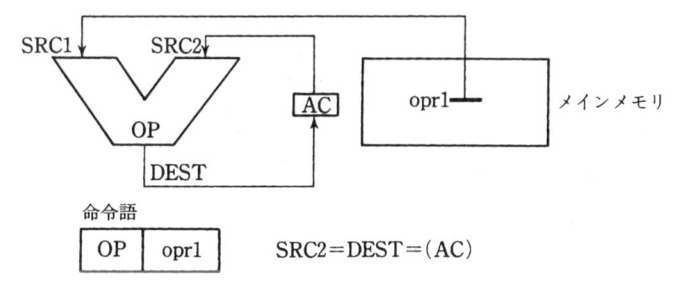

```
  SRC1   SRC2
    ↓     ↓
     \ V /      ┌───┐        ┌──────────┐
      OP        │AC │   opr1─┤          │ メインメモリ
     / \        └───┘        │          │
    DEST                     └──────────┘

  命令語
  ┌──┬────┐
  │OP│opr1│     SRC2=DEST=(AC)
  └──┴────┘
```

図2.11 1アドレス形式

レジスタオペランドである命令形式を **R-R-R 形式**という。

（2） **2アドレス形式**（図2.10参照）：2個のうちどちらかのソースオペランドと1個のデスチネーションオペランドを兼用することによって，2個のオペランドで1命令語を構成する。2個のオペランド（SRC1-SRC2（=DEST）の順）をメモリオペランドかレジスタオペランドのいずれにするかによって，① **M-M 形式**；② **R-M 形式**か **M-R 形式**；③ **R-R 形式**；の3種類に細分できる。

（3） **1アドレス形式**（図2.11参照）：レジスタの代りとして**アキュミュレータ**（accumulator；累算器，AC）という1ワードの特別な格納装置をオペランドとしてあらかじめ暗黙的に決めておき，命令語でのオペランドの明示的な指定を省略する。命令語中では1個のオペランド（SRC1）だけを明示する。1個のソースオペランドとデスチネーションオペランドをアキュミュレータとし，もう1個のソースオペランドのみを命令内で指定する命令形式を指すのが普通である。1アドレス形式を採用したコンピュータを"アキュミュレータマシン"という。

（4） **1・1/2アドレス形式**（図2.12参照）：2アドレス命令形式において，片方のオペランドがレジスタオペランドである場合を特にいう。レジスタオペランドはメモリオペランドよりも短くてすむので，(2)の2アドレス形式の欠点が目立たない。1個しかない AC の代りに，複数個あるうちの1個のレジスタを指定するので，(3)の1アドレス形式に比べてオペランド指定の柔軟性は増す。(2)と(3)の命令形式の融合方式である。(2)の2アドレス形式のうちの **R-M 形式**（opr 1 がレジスタオペランド，opr 2 がメモリオペランド，図2.12の場合）と **M-R 形式**（opr 1 がメモリオペランド，opr 2 がレジスタオペランド）がこの1・1/2アドレス形式にあたる。

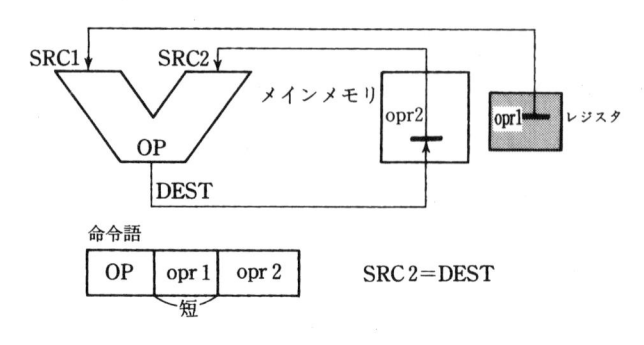

図2.12 1·1/2 アドレス形式（R-M 形式）

（5）**0アドレス形式**（図2.13参照）：オペランドを"スタック(stack)(7.1.6項(a)参照)"という一方向のみからアクセスする特殊な格納装置として暗黙指定しておくことによって，オペランドを明示する必要がない命令形式である．

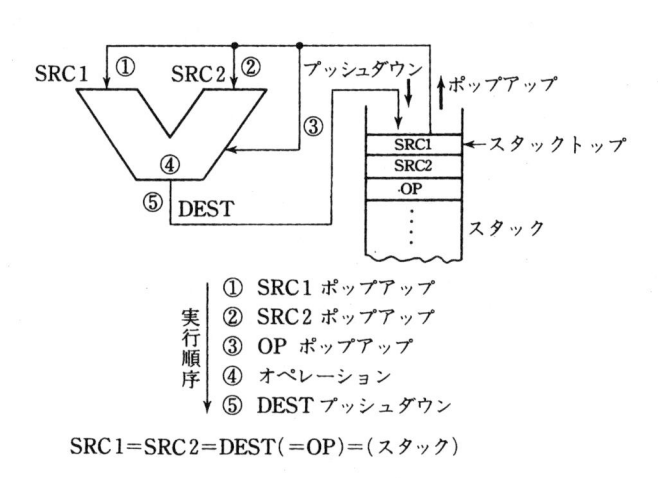

図2.13 0アドレス形式

スタックの唯一のアクセスポート（読み出しと書き込み口）であるスタックトップ(top)からソースオペランドを読み出し（ポップアップ(pop-up)），命令実行後の結果をスタックトップに格納（プッシュダウン(push-down)）する．"オペランドはすべてスタックトップにある"という暗黙指定である．オペランドだけでなく OP コードもスタック内に格納する場合（図2.13の例）もある．0アドレス形式を採用したコンピュータを"スタックマシン"という．

(1)〜(5)の命令形式では，次に実行する命令(次命令)を"実行中の命令に引き続く直後の命令"と暗黙指定することで，命令語から次命令アドレス指定を省いている。"メインメモリが線形アドレスをもつ"と"原則として，命令はメインメモリ内にアドレス順に格納しておき，それを順に(並び順で)実行する"という2つの特徴を命令形式の設計に活用している。この原則からはずれる順序制御命令(プログラム制御命令あるいは分岐命令，2.2.6項(e)で詳述)では，次命令アドレスをオペランドとして明示指定する。

(e) 固定長命令と可変長命令

命令語長と1命令語中のオペランド数を固定するか可変にするかによって，命令形式を分類できる。

(1) **命令語長固定・オペランド数固定**：命令デコードステージ(2.2.5項(b)参照)の高速化や順序制御用ハードウェアの簡素化などが図れる。

(2) **命令語長可変・オペランド数固定**：ハードウェアコストをある程度抑えながら命令種類の多種多様化が図れる。

(3) **命令語長可変・オペランド数可変**：多種多様な高機能命令を実現するための柔軟性を確保できる。

(1)は**単一命令形式**であり，マイクロプロセッサの大半が採用している。(2)と(3)は**複数命令形式**であり，メインフレームコンピュータやマイクロプロセッサの一部が採用している。

2.2.3 アドレス指定モード

(a) メインメモリのアドレスとオペランド

命令そのものやオペランドとして指定するデータは主としてメインメモリ内に格納してある。命令やデータの格納場所を指定するためにメインメモリを**アドレス付け**(**アドレッシング**(addressing))する。アドレス付けした格納装置の範囲を**アドレス空間**(address space)という。メインメモリのアドレス空間(**メインメモリ空間**あるいは単に**メモリ空間**という)では，アドレス(**メモリアドレス**という)によってアクセスする場所が一意に定まる。なお，メインメモリのアドレス付けはバイト単位で行うので，メモリアドレスを**バイトアドレス**(byte address)ということがある。

2.2.2項(c)の(1)で述べた例によると，16Mバイトのメインメモリにバイトごとにアドレス付けすると，そのアドレス空間へアクセスするためのアドレスは24ビットの長さが必要である。さらに，個々のコンピュータに実装する

メインメモリ容量はまちまちである。したがって，メインメモリ空間のアドレス(**メモリアドレス**)は，"① 長くて，その長さは可変である"という要件をまず満たす必要がある。また，1次元(線形)にアドレス付けするメインメモリ空間上のアクセス場所をマシン命令では柔軟に指定したいことがある。"柔軟にメモリアドレスを指定する"具体例は，ⓐ メモリアドレスを実行(アクセス)時に変更したい(メモリアドレスをデータとして扱いたい)；ⓑ 同一マシン命令の繰り返し実行ごとに，等間隔にアドレス付けして並べてあるデータに順々にアクセスしたい；ⓒ 各マシン命令で指定するメモリアドレスどうしの相対的な関係を保持したまま，マシン命令列(プログラム)をメインメモリ空間内の他の場所へ移動したい；などである。これらのメモリアドレス指定の種々はメモリアドレスに，"② 実行時に変更するあるいは変更できる"という要件を課する。

一方，2.2.2項(d)(e)で述べたように，命令やそれに埋め込むオペランドの長さや種類は採用する命令形式にしたがっていくつかに限り，命令セットアーキテクチャとする。そして，決定した命令セットアーキテクチャに合わせてオペランドを処理するハードウェア機構を構成する。したがって，オペランド処理機構をプロセッサ(ハードウェア)に実装した後は，命令語長やオペランド長を長くしたり変更することはできない。また，いったんメインメモリ上に置いた("ロード(load)"という)マシン命令のオペランドを書き直すには，再コンパイル・再ロードしなければならない。このことから，**メモリオペランド**に関する要件は，"① 短くて，その長さは固定である"，"② 実行時に変更できない"の2点となり，前述したメモリアドレスの要件と①②の両方の点で相反することになる。

そこで，マシン命令中にはメモリオペランドとして，メモリアドレスそのものではなく，"メモリアドレスを生成するための情報"を埋め込む。このように，メモリオペランドを"(メイン)メモリアドレスを生成するもととなるアドレス情報"とすることで，メモリアドレスとメモリオペランドのそれぞれの相反する要件①②を満たせる。

(b) **アドレス指定モードの機能**

"メモリオペランドはメモリアドレスを生成するための情報"とする方法によって，マシン命令のメモリオペランドはメインメモリアドレスとは独立に指定できる。メモリオペランドとメモリアドレスとの対応付けの方法を**アドレス指定モード**(**アドレッシングモード**(addressing mode)，**アドレス修飾**)とい

い，あらかじめ命令セットアーキテクチャとして決めておく．そして，(a)で述べた ⓐ〜ⓒ を実現できる種々のアドレス指定モードをアーキテクチャとして実現して，特に ② の実行時の可変性に関する相反する要件の両立を図る．

"メモリオペランドとメモリアドレスとの対応付けだけを行って，それらを互いに独立して付ける"方法は 7.2 節で詳述する**仮想メモリ**によっても実現している．現代のコンピュータでは，プロセッサアーキテクチャとしてのアドレス指定モードとメモリアーキテクチャとしての仮想メモリとの両方によって，プロセッサで指定するメモリオペランドとメインメモリに付けたメモリアドレスとで相反する要件となっている ①②((a) 参照) を解決している．

メモリオペランドをもとに生成したメインメモリ空間のアドレス (メモリアドレス) を**実効アドレス** (effective address) という．アドレス指定モードは"命令語中のオペランド (アドレス情報) から実効アドレス (メモリアドレス) を生成 (計算) する方法"でもある．

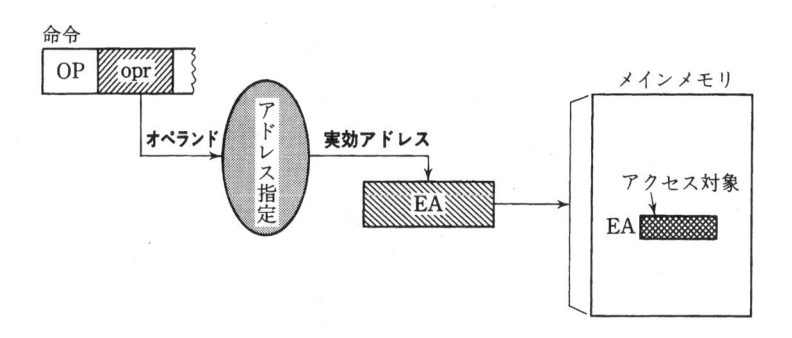

図 2.14　アドレス指定モードによる実効アドレスの生成

図 2.14 に示すように，アドレス指定モードを実現するために，オペランド (opr) から実効アドレス (EA) を生成するアドレス指定機能をハードウェア機構 (アドレス指定機構) として備える．アドレス指定モードは，① 命令語中で明示指定する；② 命令種類や命令形式ごとに特定の方式 (モード) をあらかじめ決めておく (暗黙指定)；などによる．また，実際には，ほとんどのコンピュータがメモリアーキテクチャとして仮想メモリ方式 (7.2 節参照) を採用しており，アドレス指定機構は仮想メモリを実現する機構の前段に置く．

アドレス指定モードが有効であるメインメモリ (メモリオペランド) に比べると，レジスタのアドレス空間 (個数) は小さく固定であるので，レジスタオペランドはアドレス指定モードによらずに直接レジスタ番号として指定する．

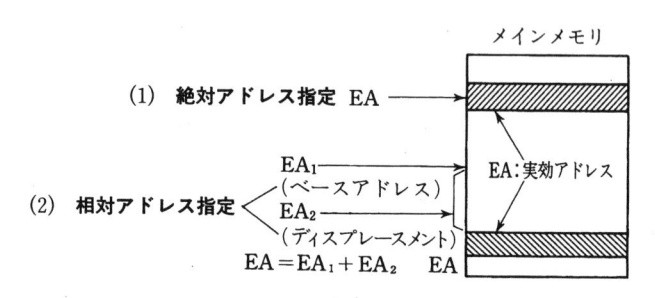

（c） 絶対アドレス指定と相対アドレス指定

アドレス指定モード（アドレッシングモード）は次の2種類に大別できる（図2.15参照）。

```
(1)  絶対アドレス指定  EA ──→ ┌──────┐
                              │▓▓▓▓▓▓│
                              │      │↑
                        EA₁   │      ││
                      (ベースアドレス) │EA:実効アドレス
(2)  相対アドレス指定 ─┤       │      ││
                        EA₂   │      │↓
                      (ディスプレースメント)│▓▓▓▓▓▓│
                      EA＝EA₁＋EA₂  EA└──────┘
                                    メインメモリ
```

図 2.15　絶対アドレス指定と相対アドレス指定

（1）**絶対アドレス指定**（absolute addressing）：1個のオペランドから1個の実効アドレス（**絶対アドレス**という）を求めて，それによってアクセス対象を決定する。

（2）**相対アドレス指定**（relative addressing）：1個のオペランドを2分割してそれぞれからアドレス情報を求め，それらを加算することによって1個の実効アドレスを決める。この方式では，一方のアドレス情報によってアクセス対象のアドレス空間の基準点（原点）（**ベースアドレス**という）を定め，他方のアドレス情報をベースアドレスからの相対的な変化値（**ディスプレースメント**(displacement)とか**オフセット**(offset)という）とし，両者を加算することによって実効アドレス（**相対アドレス**という）を求める。図2.16に示すように，ベースアドレスは実効アドレスの上位ビットを生成し，広い範囲のアドレス空

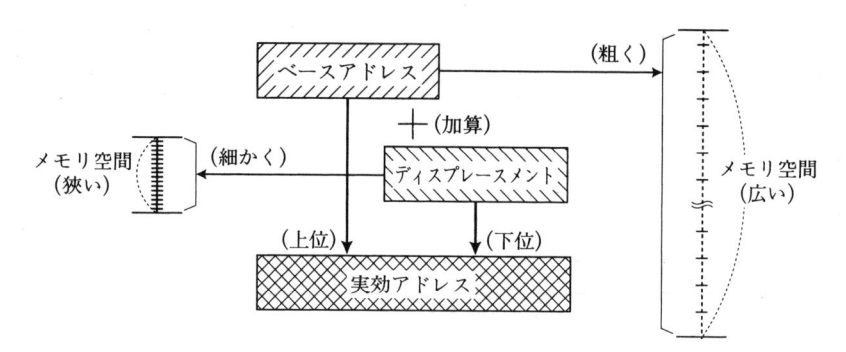

図 2.16　ベースアドレスとディスプレースメントの役割

間に粗くふったアドレスを決める。一方，ディスプレースメントは実効アドレスの下位ビットを生成し，狭い範囲のアドレス空間に細かくふったアドレスを決める。ベースアドレスとディスプレースメントの組み合わせによって各種のアドレス指定モードが実現できる。

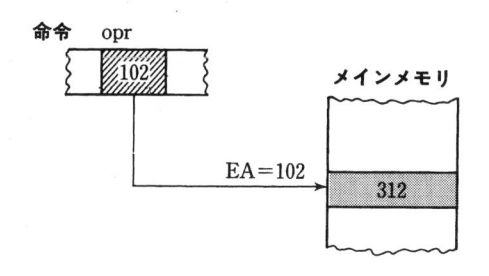

（d） 直接アドレス指定と間接アドレス指定

この(d)と(e)では，種々のアドレス指定モードについて説明する。これらの説明では，実効アドレスをEA，命令語中のオペランドをopr，バイトアドレスによって指定するメインメモリ中の命令やデータをMem[アドレス]，レジスタ番号によって直接指定するレジスタ中のデータをReg[レジスタ番号]というように表している。また，ここで示す例では，最終的に"312"というデータにアクセスする場合を示している。

まず，オペランドとそれをもとに生成する実効アドレスとの関係によって，次の(1)〜(3)の3種類のアドレス指定モードに大別できる。

（1） **直接**(direct；**ダイレクト，絶対**)：オペランド（**直接アドレス**という）を直接実効アドレスとする（図2.17参照）。2.2.2項(c)で述べたように，このオペランドを**メモリオペランド**という。

図2.17 直接アドレス指定

$$\text{アクセス対象} = \text{Mem}[\text{EA}], \quad \text{EA} = \text{opr}$$

アドレス指定機構では特に複雑な操作を行う必要はないので，高速アクセスが可能である。一方，アクセス対象（実効アドレス）を変えたい場合には，オペランドを書き換える（すなわちコンパイルし直す）必要がある。また，メインメモリの一部のアドレスに入出力装置や制御機構の識別番号を割り付けることによって入出力装置や制御機構へのアクセスをメインメモリへのアクセスに見せかける方式（メモリマップ入出力方式，8.2.3項(c)参照）の実現で使う。

（2） **間接**(indirect；**インダイレクト，絶対間接**)：オペランド（**間接アドレ**

ス という) で指定してまず読み出したデータを実際の実効アドレスとする (図 2.18 参照)。

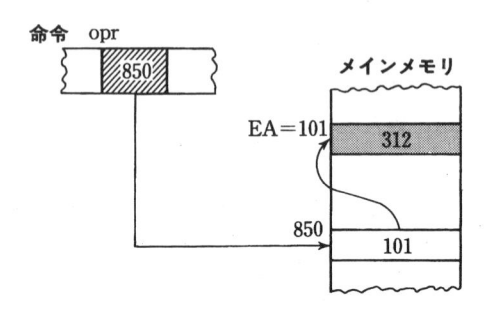

図 2.18 間接アドレス指定

$$\text{アクセス対象} = \text{Mem}[EA], \quad EA = \text{Mem}[opr]$$

格納装置へのアクセスが 2 回必要となるのでアクセス時間は長くなる。一方，メインメモリのアクセス幅 (ワード幅) すべてを実効アドレスとして活用できる。また，データとして格納してある実効アドレスを実行時に (プログラムによって) 操作することができるので，オペランドを書き換えなくても (再コンパイルしなくても) アクセス対象 (実効アドレス) を変えることができる。間接アドレス指定は (a) で述べたメモリアドレス指定例の ⓐ を実現する。

（3） **イミーディエート** (immediate，即値)：オペランドそのものをアクセス対象のデータとする (図 2.19 参照)。

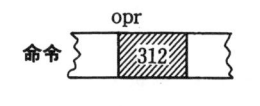

図 2.19 イミーディエート

$$\text{アクセス対象} = opr$$

命令語を読み出すだけで，アドレス指定機構を経由することなく直ちにその命令で処理するデータを取り出せる。一方，データを変えたい場合には，再コンパイルしなければならない。したがって，値の小さな定数などの短データ長のソースオペランドをコンパイル時に (静的に) 命令語中にイミーディエートとして埋め込む場合などに使う。たとえば，シフト命令 (2.2.6 項 (d) で詳述) のシフト量指定などに使用できる。

（e） **各種のアドレス指定モード**

次の(1)(2)は**絶対アドレス指定**である。

（1） **レジスタ（レジスタ直接）**：前の(d)で述べた直接アドレス指定において，オペランドが指定するアクセス対象をメインメモリではなくレジスタとする場合である（図2.20参照）．2.2.2項(c)で述べたように，このオペランドを**レジスタオペランド**という．

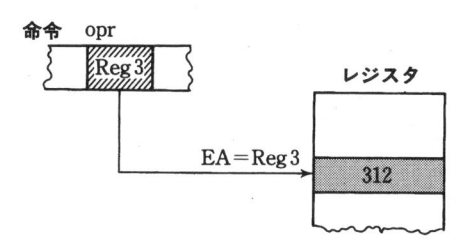

図2.20　レジスタアドレス指定

$$\text{アクセス対象}=\text{Reg}[\text{EA}],\quad \text{EA}=\text{opr}$$

レジスタオペランドは短くてすみ，また直接レジスタ番号を指定するので高速アクセスが可能である．特に，レジスタが1個だけの場合，このレジスタを**アキュミュレータ**（AC；累算器）という．アキュミュレータへのアクセスは命令中にオペランドとして明示する必要がない（2.2.2項(d)の(3)の1アドレス形式）．

（2） **レジスタ間接**：前の(d)で述べた間接アドレス指定において，オペランドで指定して最初に読み出す実効アドレスがメインメモリではなくレジスタにある場合である（図2.21参照）．

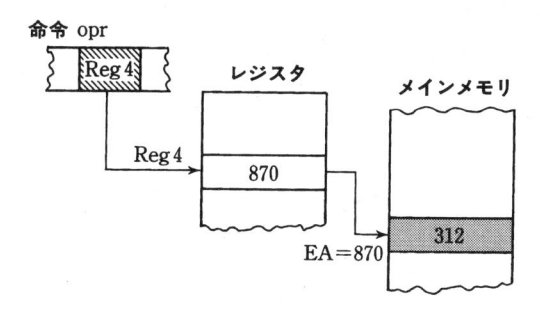

図2.21　レジスタ間接アドレス指定

アクセス対象＝Mem[EA]，EA＝Reg[opr]

命令を書き換える(再コンパイルする)ことなく，レジスタ内容をプログラムで操作することによって実行時に(動的に)実効アドレスを変えることができる．また，1回目の実効アドレスの読み出しが(メインメモリではなく)レジスタへのアクセスとなるので，間接アドレス指定の短所である長いアクセス時間を短縮できる．

次の(3)～(6)は**相対アドレス指定**である．

(3) **インデックス**：ベースアドレスとしてオペランド(opr B)を直接使用し，ディスプレースメントをオペランド(opr D)によって指定したレジスタにある値とする(レジスタ間接)相対アドレス指定モードである(図2.22参照)．

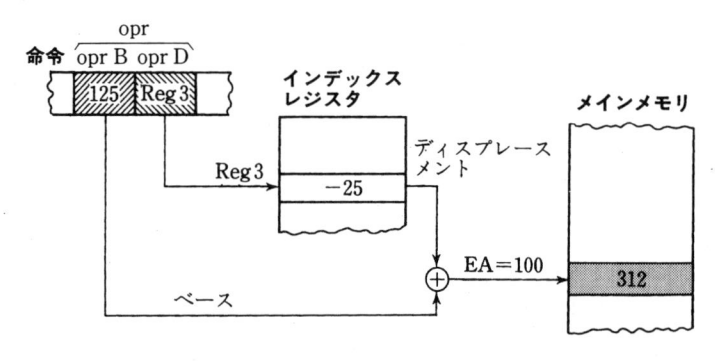

図 2.22 インデックスアドレス指定

アクセス対象＝Mem[EA]，EA＝opr B＋Reg[opr D]

静的(コンパイル時)に決める固定ベースアドレスと，動的(実行時)に計算・変更できる可変ディスプレースメントによる相対アドレス指定を行う．均質(同一属性)データの集まり(データブロック)の各データ要素への順次アクセスに**インデックス**(index；添字)を利用するので，ディスプレースメントを格納するレジスタを**インデックスレジスタ**という．インデックスレジスタには命令実行ごとにインデックスを指定数(普通はデータ長のバイト数)だけ増減する自動インクリメント(increment)/デクリメント(decrement)機能を装備する．① 汎用レジスタ(2.1.2項(b)の(1)参照)をインデックスレジスタとして流用する；② 汎用レジスタとは別に専用のインデックスレジスタを設ける；の2方式がある．図2.23に示すように，同一マシン命令をくり返し実行するたびに，等間隔に置いた均質データを順次オペランドとして指定できる．

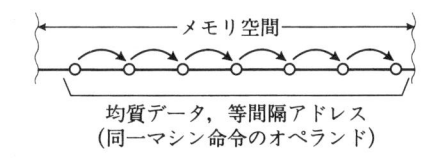

図 2.23 インデックスアドレス指定の利用

インデックスアドレス指定は (a) で述べたメモリアドレス指定例の ⓑ を実現する.

（4）**ベース**：(3) のインデックスアドレス指定におけるレジスタの役割（ディスプレースメントの格納）をベースアドレスの格納に変えたアドレス指定である（図 2.24 参照）.

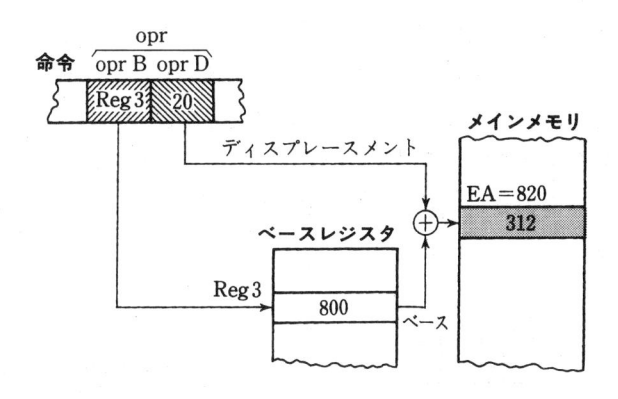

図 2.24 ベースアドレス指定

アクセス対象＝Mem[EA], EA＝Reg[opr B]＋opr D

ベースアドレスが可変となり，ディスプレースメントは固定となる．ベースアドレスを格納するレジスタを**ベースレジスタ**という．ベースレジスタの構成にも，① 汎用レジスタを流用する；② 専用のベースレジスタを設ける；の 2 方式がある．ベースアドレス指定は，図 2.25 に示すように，① **リロケーション** (relocation) というプログラムの再配置（配置変え，プログラムのメインメモリ上での格納場所を移動すること）；② ブロック内のデータ個々の相対アドレスはコンパイル時に決まるが，データブロックのベースアドレスは実行時に決まる場合，たとえば現在実行中の手続きや関数が使用しているメモリブロックの指定；などの機能の実現に利用できる．ベースアドレス指定は (a) で述べた

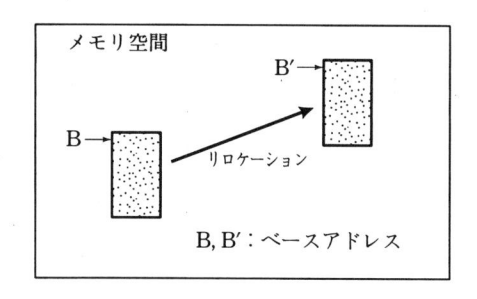

図 2.25 ベースアドレス指定の利用（リロケーション）

メモリアドレス指定例の ⓒ を実現する。

（5）**ベースインデックス**：(3) のインデックスアドレス指定と (4) のベースアドレス指定を融合したアドレス指定モードである。ベースアドレスはベースレジスタから，ディスプレースメントはインデックスレジスタから，それぞれ読み出し，それらを加算することによって実効アドレスを求める。ベースアドレスもディスプレースメントも実行時に可変である。

（6）**プログラムカウンタ (PC) 相対** (PC ベース)：(4) でベースレジスタの代わりにプログラムカウンタ (PC) を用いるベースアドレス指定の変形である（図 2.26 参照）。

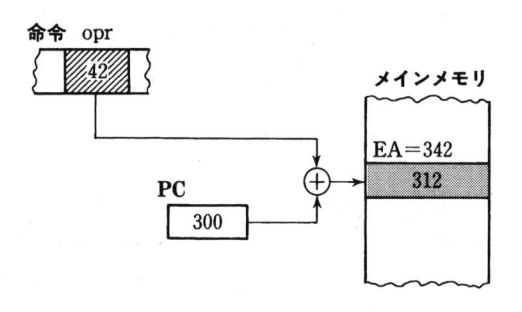

図 2.26 PC 相対アドレス指定

アクセス対象＝Mem[EA]，EA＝PC＋opr

PC は単一で暗黙指定できるのでオペランドをベースアドレスとディスプレースメントに2分割しなくてもよい相対アドレッシングである。① プログラミング言語の順序制御機能を実現するための分岐命令；② コード変換テーブルなどの各種テーブルを引く操作；などで活用できる。

2.2.4 データ形式

(a) デ ー タ

コンピュータの内部で扱う情報には，2.2.2項で述べた命令のほかに，命令が処理する**データ** (data) がある。

データは次の2種類に大別できる。

(1) ユーザ(プログラマ)が定義するデータ：ユーザやプログラマがプログラム中で宣言し，コンパイルした後，オペレーティングシステム (Operating System ; OS) が実行時にメインメモリに割り付ける。

(2) コンピュータシステム自身が生成するデータ：コンピュータシステム(ハードウェアあるいはシステムプログラム)が生成するデータであり，OSだけが使用するものが多い。

(b) データの属性とその指標

データの種々の属性(性質)を決める指標には次のようなものがある。

- 領域 (domain)：同じ属性を持ち相互に識別可能なデータの種類を表す指標であり，**範囲** (range) という。そのデータがとれるデータ値の個数や種類で示すのが普通である。(d)で詳述する数値データでは，**精度** (precision) という引き続くデータ値間の距離も領域の指標となる。
- 演算 (operation ; 操作)：そのデータに対して適用できる処理機能である。
- 格納(内部表現)方式：データをレジスタやメインメモリなどのハードウェア機構上で表現する方法である。(d)〜(h)の各データ種類の格納方式の詳細については3章で述べる。

(c) 基本データ型

同じような属性をもつデータの集まりに対して付ける呼び名を**データ型** (data type) という。コンピュータ内部で処理対象となるデータ型として次のものが代表的であり，これらを**基本データ型**という。

(1) **数値** (numeric)：① **整数** (integer) ((d)で詳述)；② **実数** (real) ((e)で詳述)；が代表的である。大半のコンピュータでは，整数と実数の2種類の数値データ処理用ハードウェア機構を装備し，それを操作(演算)する命令セットを持つ。

(2) **論理値** (Boolean) ((f)(g)で詳述)

(3) **2進コード** (binary code) ((h)で詳述)

(1)に対して(2)，(3)を**非数値型**という。

（d）整　数

数直線上に精度"1"で存在する**離散値**である．数直線上で範囲を限ると，その中に存在する整数は有限個である．

- 演算…算術演算（2.2.6項（b）で詳述）を適用する．
- 格納形式…整数は範囲を限ると有限個であることを利用し，限られた範囲（個数）の数値を表現できる**固定小数点数表現**（3.2.1項参照）が普通である．

（e）実　数

数直線上のあらゆる点に存在する**連続値**である．数直線上で範囲を限っても，その中に存在する実数は無数に（無限個）ある．

- 演算…整数と同様に，算術演算（2.2.6項（b）で詳述）を適用する．
- 格納形式…領域が無限であるので，これらを有限のハードウェア機構で取り扱うための工夫が必要となる．したがって，主として，**浮動小数点数表現**（3.2.2項参照）を用いる．

（f）論　理　値

真（true，"1"）あるいは偽（false，"0"）の2種類すなわち2値である．

- 演算…ブール代数（論理代数）にしたがう論理演算（2.2.6項（c）と4.1.1項（a）で詳述）を適用する．
- 格納形式…1ビットですむが，ハードウェアの有効利用のためにバイトやワードに複数個の論理値をパック（pack；詰め込む）し，次に述べる"ビット列"として格納あるいは処理するのが普通である．

（g）ビット列

論理値の集まり（列）を**ビット列**（bit string）という．2.2.1項（a）で述べたように，図形，画像，音声などのマルチメディア情報はディジタル化したディジタル情報としてコンピュータでは取り扱う．ディジタル情報は量子化によってビット列や2進数値（2進数表現した数値）になっている．

- 演算…ビット列は独立した論理値の集まりであり論理演算を適用する．また，各ビットごとに独立した論理演算を適用することも可能である．

1個の論理値は"0"と"1"の2値のいずれかであるから"1ビットの2進数"ともいえる．一方，2進数値から1ビット（桁）だけを取り出すと，これも"0"と"1"のいずれかであり，1個の論理値と見分けがつかない．逆に，論理値も何ビットか連結して"ビット列"として示すと，"0"か"1"のいずれかが並び，2進数値と見かけ上区別がつかない．

しかし，両者には明確な違いがある．ビット列と2進数値とを比較してみよ

う。

（1） **ビット列**
- ビット列は論理値の集まりであり，各ビットが独立した1個の論理値である。
- 演算…論理演算を適用する。

（2） **2進数値**
- 2進数値として示すビット列全体で1個の数値として意味を持っている。すなわち，2進数値の各ビットに相異なる2のべき乗の重みがあり，したがって，2進数値の並び順がその2進数の数値を決める（3.1節で詳述）。
- 演算…算術演算を適用する。したがって，2進数値の隣接ビット間に，上位と下位，あるいは，演算での桁上げや借り，などの依存関係がある。

ハードウェアの最小単位である論理素子（4.1.1項(b)で詳述）は1ビットの論理演算を行う機構である。したがって，1個の論理値に対して行う1ビット論理演算機構は，対応する論理素子1個をあてるだけで実現できる。しかし，連結した複数ビットで意味を持つ2進数値に対して行う算術演算機能は複数個の論理素子を組み合わせて構成する論理回路として実現する必要がある（6章で詳述）。

（h） **2進コード**

有限個の均質要素から成る数値や文字の集合を別の記号列の集合（**コード**（code）という）に変換することを**エンコード**（encode；**符号化**，コード化），コードを元のデータ型に戻すことを**デコード**（decode；**復号**）という。コードを（原則として）長さの等しい2進数やビット列で表現するとき，このコードを**2進コード**（binary code）と，また，2進コードにエンコードすることを**2進コード化**と，それぞれいう。

2進コード化の対象となるデータ型は，① **10進数**；② **文字**；が代表的である。また，②の文字を連結したデータ型を**文字列**（**ストリング**（string））という。

これら2進コードの格納形式については3.3節で詳述する。

2.2.5　命令実行サイクル

マシン命令は次に述べるようないくつかの部分過程（**ステージ**（stage））を経て実行する。1マシン命令についての一連のステージを**命令実行サイクル**という。一連のステージから成る命令実行サイクルをくり返すことによって，メイ

ンメモリに格納してあるマシン命令列を順次実行する。命令実行サイクルにおける各ステージの役割について図2.27に沿って説明してみよう。図2.27では，左側にハードウェア構成の概略を示してあり，右側に命令実行サイクルの各ステージと各ステージが主として使用するハードウェア機構とを併記してある。

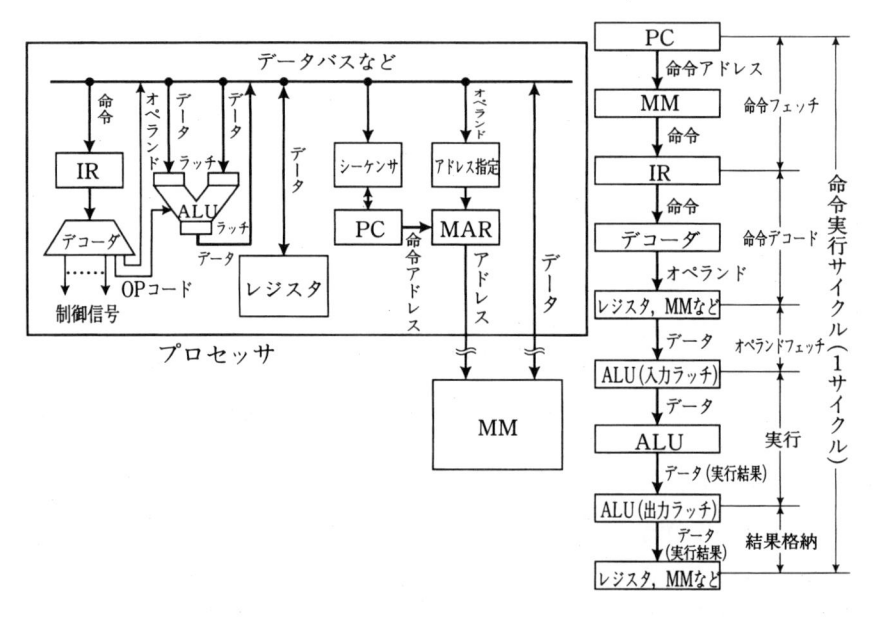

図2.27 命令実行サイクルとハードウェア構成例

（a）命令フェッチ

プログラムカウンタ（PC）に置いた命令アドレスをメモリアドレスレジスタ（MAR）に設定し，命令の読み出しをメインメモリ（MM）に指令する。読み出した命令が命令レジスタ（IR）に設定されるまでのステージである。

"命令をメインメモリより読み出し，プロセッサ内のIRに格納する"ことを**命令フェッチ**（fetch；取り出し）という。

（b）命令デコード

フェッチした命令は命令形式にしたがって符号化（エンコード）してあるので，それをデコード回路（デコーダ）によって復号（デコード）することでOPコードとオペランドの抽出さらには制御信号の生成などを行うステージである。

命令形式が複雑であるとこのステージに要する時間が長くなる。

（c） オペランドフェッチ

ソースオペランドにしたがって命令の実行に使用するデータをレジスタやメインメモリなどから読み出す。レジスタオペランドの場合には、ソースオペランドをそのままレジスタ番号として対象レジスタからデータを読み出す。メモリオペランドの場合には、デコードしたソースオペランドをメモリアドレスに変換しMARに設定する。そして、メインメモリにデータの読み出しを指令する。読み出したデータはALUの入力ラッチ（latch；一時的保持機構）に置く。

複雑なアドレス指定モードのメモリオペランドやオペランド個数が多い命令形式の場合には、このステージに要する時間が長くなる。ソースオペランド（データ）をレジスタやメインメモリからプロセッサ内のラッチに読み出すことを**オペランドフェッチ**あるいは**データフェッチ**という。

ソースオペランドの個数だけオペランドフェッチを行う必要があるが、十分なハードウェア機構を装備していれば、複数のオペランドフェッチを同時に行うことができる。

（d） 実　行

フェッチしたソースオペランド（データ）を用いてALUが命令機能（演算）を実行する。実行結果はALUの出力ラッチに置く。

（e） 結　果　格　納

命令の実行結果をデスチネーションオペランドにしたがってレジスタやメインメモリなどへ格納する。メインメモリへの格納が必要な場合には、メモリオペランドから得たメモリアドレスをMARに設定し、メインメモリに実行結果の書き込みを指令する。

（a）〜（e）はこの順で実行する1命令実行サイクルの一連のステージである。

（f） 次命令アドレス決定

現在実行している命令の次に実行するべき命令（次命令）のアドレスは現在実行している命令の機能として暗黙的に（たとえば引き続くアドレスの命令）あるいは明示的に（たとえば分岐命令によって）指定する。それをPCへ設定するステージである。現在実行している命令の実行結果をコンディションとして使用する条件分岐命令（次の2.2.6項（e）で詳述）以外においては、（a）〜（e）とは独立したステージにできる。

2.2.6 基本命令セット

どのコンピュータも備えている代表的なマシン命令セットを**基本命令セット**という。基本命令セットをその命令の処理対象によって分類すると次のようになる。

（1） **データ操作（演算）命令**：データを処理・操作（演算）する命令。

（2） **プログラム制御（順序制御）命令**：命令の実行順序を明示的に制御・処理する命令。

（3） OSだけが使用する命令：① 入出力装置を制御する；② 割り込み(5.3節参照)を発生する；③ 命令実行サイクルを消費するだけで"実際には何もしない(無操作)"(no operation, NOP)；などの(一般的なユーザやプログラマではなく)主としてOSだけが使用する命令。

（a） **データ操作命令**

図2.28に示すように，演算対象データを処理・操作（演算ともいう）することによって**結果データ**とそれに付随する**派生データ**(side effect；**副次効果**,

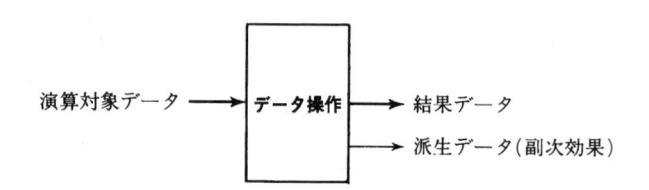

図2.28　データ操作命令の機能

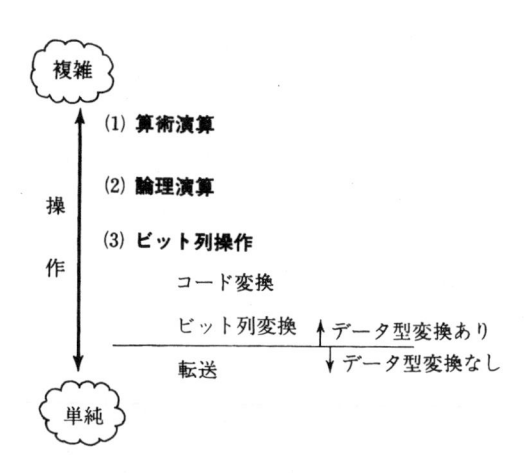

図2.29　データ操作命令機能の複雑さ

コンディション，条件）を生成する命令を**データ操作命令**という。

データ操作命令は処理対象とするデータ型によって次のように大別できる。

（1）　**算術演算**（arithmetic operation）：数値データに対する演算命令である。（(b) で詳述）

（2）　**論理演算**（logical operation）：論理値データに対する演算命令である。（(c) で詳述）

（3）　**ビット列操作**：各種のデータ（数値，論理値，2進コード）をビット列として操作する命令である。（(d) で詳述）

データ操作命令の機能は，図 2.29 に示すように，(1)の算術演算が最も複雑であり，以下 (2) の論理演算，(3) のビット列操作となるにしたがって単純になる。

（b）　算術演算命令

算術演算命令は演算対象データの個数と結果データのデータ型によって図 2.30 と次に示すように細分できる。これらの説明では，数式の記述やプログラミング言語で使用する代表的な演算記号をカッコ内に添える。

また，数値のコンピュータ内部での表現（格納形式）の違いから，整数（コンピュータ内部では固定小数点数表現）と実数（コンピュータ内部では浮動小数点数表現）とでは演算機構（演算アーキテクチャ）が異なる（6 章で詳述）。したがって，整数用と実数用とで独立した算術演算命令セットとする。

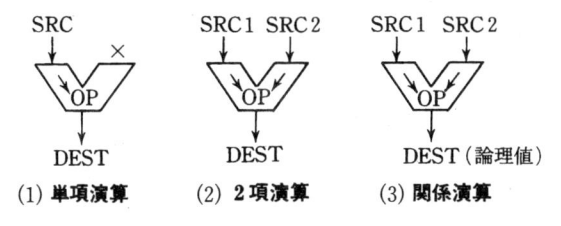

図 2.30　算術演算命令

（1）　**単項**（unary）**算術演算**：単一の数値データに対して演算を実行し，単一の結果データ（数値）を生成する。(例) 符号反転（−），平方根（sqrt）。

（2）　**2項**（binary）**算術演算**：2個の数値データに対して演算を実行し，単一の結果データ（数値）を生成する。代表的な算術演算である。(例) 加算（＋），減算（−），乗算（×, ＊），除算（÷, ／），剰余（mod）など。

(1) や (2) では，結果データは数値データである。また，ほとんどの算術演

算では，結果データは演算対象データ(整数か実数)と同じデータ型である。ただし，演算対象データが整数であっても，結果データが実数となることを許す演算(たとえば除算)もある。

（3） **関係演算**：2個の数値データに対して演算を実行し，単一の結果データを生成する2項演算の一種である。ただし，結果データが数値ではなく論理値データとなる演算である。(例) 等($=$)，不等($\neq$)，大小比較($<, >, \leqq, \geqq$) など。

（c） 論理演算命令

演算対象データも結果データも論理値である。① **論理積**($\wedge, \cdot, \&,$ and)；② **論理和**($\vee, +, |,$ or)；③ **否定**($\neg, ^-, ^\sim,$ not, complement)；④ **排他的論理和**($\oplus,$ exclusive-or, compare)；などがある。このうち，③の否定は単項演算であるが，そのほかは2項演算である。論理演算はビット独立の演算である。

論理演算とハードウェア機構との関係については4.1.1～4.1.2項で詳述する。

（d） ビット列操作命令

処理対象とするビット列の意味や形式によって次の3種類に分類できる(図2.29参照)。

（1） **コード変換**：ビット列の意味と形式の両方を2進数や2進コードとして考慮し，2進数や2進コードで表現する意味を保存しつつコードを変換する命令である。変換前と変換後のコードの意味や形式によって，① 数値(2進数)⇔2進コード(10進数，文字)などの相異なるデータ型間の変換；② 数値の格納形式(内部表現，3.2節参照)である固定小数点数表現⇔浮動小数点数表現間の変換；③ 10進数や文字の内部表現である各種2進コード(3.3節参照)間の変換；などに細分できる。

（2） **ビット列変換**：ビット列そのものを操作する命令である。

① **シフト**(shift)：図2.31に示すように，命令コードの一部やオペランドとして与える方向(左/右)ビット，およびビット列の意味の配慮をもとに対象ビット列をずらす(**シフト**(shift)する)命令である。左(右)シフトの場合には，最下(上)位(最右(左))ビットから新たに"0"を補充する。また，最上(下)位(最左(右))ビットからビット列の**あふれ**(**オーバフロー**(overflow)，最下位(最右)ビットからのあふれを"アンダフロー(underflow)"として区別することもある)が生じる。対象ビット列全体はワードなどの単位でデータ型

図 2.31 シフト

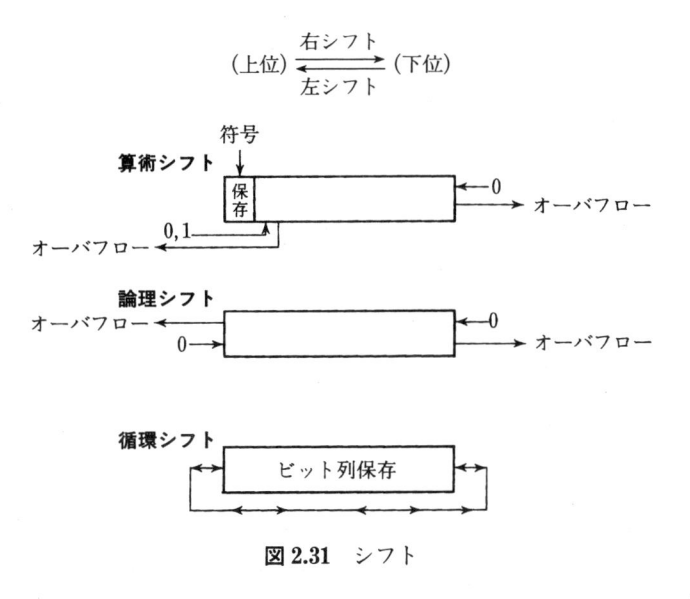

をもっているデータである場合が多い．ビット列の意味の配慮すなわち対象ビット列のデータ型によって，次のように細分できる．

- **算術シフト**：数値データを対象とし，符号（ビット）を保存しつつシフトする．したがって，結果データも数値である．n ビット算術シフトは元の数値に 2^n を乗じる（左シフト）あるいは除する（右シフト）整数演算と同じ結果を与える．負数の右シフト（除算）の場合には，負数の内部表現形式（3.2.1 項で詳述）によっては，（符号ビットを除く）最上位（最左）ビットから "0" ではなく "1" を補充しなければならない（6.1.1 項 (g) で詳述）．
- **論理シフト**：論理値データを対象とし，対象データすべてを独立した論理値からなるビット列データとして操作する．結果データも論理値データである．
- **循環シフト**：論理値データを対象とする論理シフトの一種であるが，シフト操作によってもシフト対象となるビット列情報を失わない．すなわち，最上

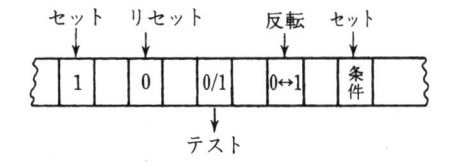

図 2.32 ビット列操作

(下)位(最左(右))ビットからのあふれは順に最下(上)位(最右(左))ビットへ補充する。

② **ビット列操作**：対象となるデータは任意長のビット列である。図2.32に示すように，1ビット単位でのセット(set)/クリア(clear)/テスト(test)/反転(complement, change)，ビット列を対象とする抽出/削除/挿入，種々のコンディション(条件，(f)参照)のビットとしての代入(セット)/テストなどがある。

(3) **転送**(move；移動)：レジスタやメインメモリにあるデータの格納場所を移動する命令である。普通，転送先にあったデータは上書きされ，また転送するデータそのものに対する操作は行わない。

① 同一ハードウェア装置間(レジスタ間かメインメモリ内)で格納場所を動かすだけの転送や異種ハードウェア装置(レジスタ⇔メインメモリ)間での転送；② 単一データの転送や複数データ(ブロック)の一括転送；③ 転送元と転送先のデータを交換する**入れ替え**(exchange, swap)；などがある。特に，レジスタ⇔メインメモリ間転送については，① **ロード**(load)：メインメモリからレジスタ(プロセッサ内)への転送；② **ストア**(store)：レジスタ(プロセッサ内)からメインメモリへの転送；という。

転送元や転送先のアドレス，さらには，転送量("バイト"で示すのが一般的)はオペランドとして指定する。

(e) **プログラム制御命令**

マシン命令(プログラム)は，原則として，メインメモリへの格納順(並び順，アドレス順)に実行する。この原則にしたがって命令を実行する限り，命令語での次命令アドレス指定は不要である。1マシン命令の実行ごとにそのマシン命令語(の長さ)だけPCをカウントアップ(インクリメント)すればよい。

これに対して，マシン命令(プログラム)を並び順で実行したくないときには，オペランドとして次命令アドレスを明示指定する必要がある。マシン命令(プログラム)の実行順序を直接制御する命令を**プログラム制御命令**あるいは**分岐**(branch, jump)**命令**という。分岐命令ではオペランドによってメインメモリ内のアドレスを分岐先(次命令アドレス)として指定する。

主なプログラム制御(分岐)命令には次のようなものがある(図2.33参照)。

まず，分岐命令は分岐先(アドレス)を決める際にコンディション(条件，次の(f)参照)を考慮するかしないかによって次のように大別できる。

(1) **無条件分岐**(unconditional branch)：コンディションを使用せずに

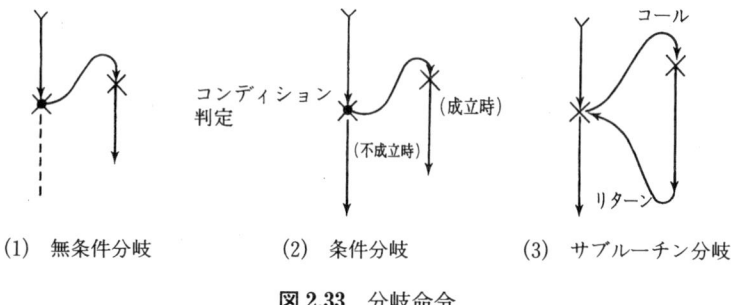

```
        コール
(1) 無条件分岐    (2) 条件分岐    (3) サブルーチン分岐
```
(図中ラベル: コンディション判定、(成立時)、(不成立時)、リターン)

図 2.33　分岐命令

(無条件で)，並び順ではなく，オペランドに対応するアドレスにある命令の実行に移る（分岐する）．

（2）**条件分岐** (conditional branch)：コンディションを使用して分岐先（アドレス）を決める．コンディションが成立する場合と不成立の場合とで分岐先が異なる．コンディション成立(不成立)の場合にはオペランドで指定するアドレスを分岐先とし，不成立(成立)の場合には暗黙指定によって引き続く（並び順での）命令を次に実行すべき命令とする．コンディションの成立/不成立によって分岐先が並び順かオペランドかのいずれかに決まるので**2方向分岐**ともいう．

（3）**サブルーチン分岐**：あるプログラムの途中から他のプログラム部分（**サブルーチン** (subroutine) という）へ分岐する．そのサブルーチンの実行が完了すると実行途中の元のプログラム（分岐元）へ戻る．サブルーチン分岐は次のプログラム制御命令を組にして行う．

① **コール** (call)：サブルーチンへの分岐命令．
② **リターン** (return)：サブルーチンからの復帰命令．

(2)の条件分岐命令と組み合わせて，コンディションの成立/不成立によって"サブルーチンへ分岐するかしないか"を決める**条件サブルーチン分岐**もある．

プログラム制御（分岐）命令は，データ操作命令のように直接データ処理を行うのではなく，データの操作や処理の複雑な手順を制御する機能を実現している．論理的な意味をもち複雑なプログラム（ソフトウェア）の順序制御構造を1次元（線形）の単純構造のメインメモリ（というハードウェア装置）上に並べるマシン命令列で実現するためにプログラム制御命令を使用する．プログラム制御命令は複雑な情報処理をこなすソフトウェア機能を単純なハードウェア

機構で実現するために不可欠の命令セットである。

（f） コンディション

命令を実行することによって得るデータとしては，実行結果以外に，派生データ（副次効果）がある。種々の派生データを**コンディション**(condition；**条件，状態，ステータス**(status))という。コンディションは論理値データ（ビット列）として扱い，(e)で述べた条件分岐命令で使用する。

コンディションは派生源となる命令種類によって次のように分類できる。

（1） 算術演算の派生データ：これはさらに ① 操作（演算）そのものによるもの，(例) オーバフロー，桁上げ，ゼロ除算；② 結果データに依存するもの，(例) 正負（大/小），ゼロ（等/不等），連続する0/1のビット長；に細分できる（6.1節や6.2節の各項参照）。

（2） 論理演算の結果データ：これは論理値そのものである。

（3） プログラムで制御可能な**フラグ**(flag；しるし)：プログラム（マシン命令）でフラグを制御（オン/オフ，しるしを付ける/消す）することによって，プログラムの実行順序を制御できる。

（4） コンピュータのハードウェアの状態（信号）：コンピュータの各ハードウェア装置や機構の状態信号である。たとえば，入出力装置が出す状態信号によって入出力装置を制御する（8.2.2項参照）。

コンディションの更新には ① 命令実行の副次効果による暗黙的更新，例：(1)；② 論理演算やビット列操作命令による明示的更新，例：(2)や(3)；③ 命令実行の間接的な影響による，例：(4)；とがある。

2.2.7　ハードウェアとシステムプログラム

図2.34に示すように，命令セットアーキテクチャはハードウェアとソフトウェアの機能分担の境界線（インタフェース）であり，コンピュータシステムのハードウェア機能とソフトウェア機能のトレードオフすなわち機能分担の割

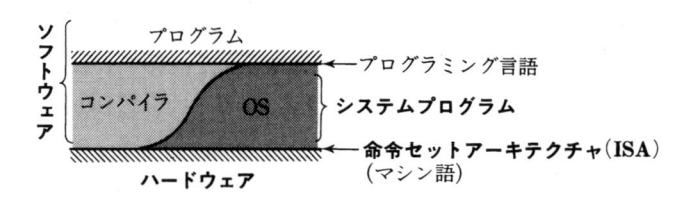

図2.34　ハードウェアとシステムプログラム

合を決める。いいかえると，"命令セット(アーキテクチャ)を設計する"ことは"ハードウェア/ソフトウェア・トレードオフを設計する"ことであり，その設計時にはハードウェア技術だけではなくソフトウェア技術やそのバランス(トレードオフ)に配慮しなければならない。

このハードウェア/ソフトウェア・トレードオフ点すなわちハードウェア機能とソフトウェア機能のインタフェースについて，プログラミング言語とマシン語(マシン命令，命令セットアーキテクチャ)とのセマンティックギャップを埋めているシステムプログラム(コンパイラとOSが代表的)の機能の観点から考えてみよう。

(a) **システムプログラム**

コンピュータシステムにおいてハードウェア機構とソフトウェア機能とのインタフェースとなるソフトウェア側の機能は，図2.34に示すように，実際にはユーザが書いた応用プログラム(ユーザプログラム)ではなくて，コンピュータシステムのソフトウェア機能の一部としてあらかじめ組み込まれている**システムプログラム(システムソフトウェア)**である。

システムプログラムには，大別すると，① プログラミング言語処理ソフトウェア，特にコンパイラ；② オペレーティングシステム(OS)；がある。コンピュータアーキテクチャを設計する際の具体的な作業としては，これらコンパイラやOSとハードウェア機構とのトレードオフ(機能分担)を考えることが中心となる。

(b) **プログラミング言語処理ソフトウェアとのインタフェース**

プログラミング言語あるいは言語処理ソフトウェア(特にコンパイラ)とハードウェア機構とのインタフェースとしてコンピュータアーキテクチャを考えてみよう。すなわち，プログラミング言語やその処理方式の機能を設計する際に設計者が考慮すべきアーキテクチャに関連する事項としては次のようなものがある。

- マシン命令形式
- アドレス指定(アドレッシング)モード
- データ型とその内部表現方式
- 命令機能(命令セットアーキテクチャ)

これらはハードウェア/ソフトウェア(システムプログラム)・トレードオフを左右し，アーキテクチャとしてこれらが先に決められている場合には，これらを意識してプログラミング言語やその処理方式を設計しなければならない。

また逆に，与えられたプログラミング言語機能やその処理を指向するような命令セット（アーキテクチャ）を設計することもある。

コンパイラとハードウェア機構とのインタフェースのうち，特に，命令実行順序制御については5.2.1項で詳述する。

また，アーキテクチャ設計の観点からみた言語処理方式については，(d)〜(f)で具体的に述べる。

（c） OSとのインタフェース

オペレーティングシステム(OS)とハードウェア機構とのインタフェースとしてコンピュータアーキテクチャを考えてみよう。すなわち，OSの機能を設計する際に設計者が考慮すべきアーキテクチャに関連する事項としては次のようなものがある。

- プロセッサ管理(プロセス管理)
- メモリ管理
- 入出力処理
- 割り込みや例外の処理
- 実行制御

これらも(b)と同様にハードウェア/ソフトウェア・トレードオフを左右する。普通，アーキテクチャとしてこれらが先に決められているので，これらを意識してOSを設計しなければならない。また逆に，与えられたOSの機能を支援するような命令セット（アーキテクチャ）を(再)設計（チューニング）することもある。

OSとハードウェア機構とのインタフェースについては，5.2.3項で詳述する。

（d） プログラミング言語の処理

プログラミング言語処理機能とは，プログラミング言語(すなわちプログラム)とマシン語あるいはマシン命令(すなわち命令セットアーキテクチャ)とのセマンティックギャップ(1.1.4項(b)(c)参照)を埋める機能である。プログラミング言語の処理方式は次の2種類に大別できる。

（1） **コンパイル**(compile)：プログラムを実行に先立って**コンパイラ**(compiler)によってマシン命令列に翻訳しておく方式である。これは，図2.35(1)に示すように，セマンティックギャップをプログラミング言語側から埋めて(渡って)いく方法である。普通プログラミング言語とマシン語とのセマンティックギャップは大きいので，コンパイル過程を複数段階に分けてプログ

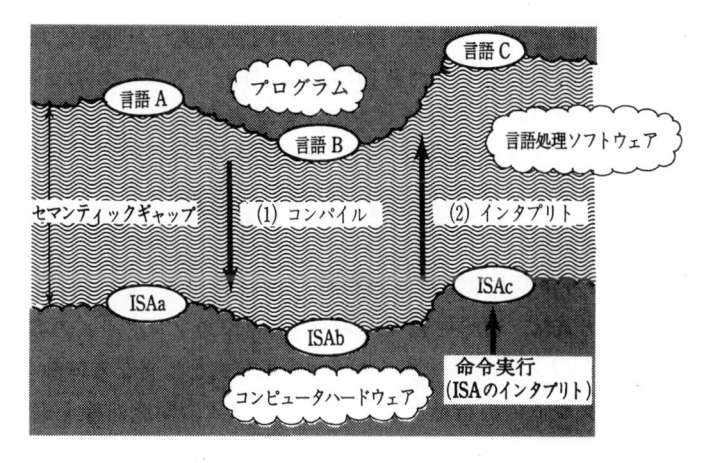

図2.35 セマンティックギャップと言語処理方式

ラミング言語とマシン語の機能レベル間にいくつかの中間言語レベルを設ける（"多段階コンパイル"という）。

（2）**インタプリト**（interpret）：プログラム（プログラミング言語）そのもののシンタックス（syntax；構文）とセマンティクス（semantics；意味）を解析する**インタプリタ**（interpreter）によって，プログラムを直接に解釈して直ちに実行して行く方式である。インタプリタはあらかじめシステムプログラムの一部としてコンピュータシステムに組み込んでおく。これは，図2.35（2）に示すように，セマンティックギャップをマシン語（マシン命令）側から埋めて（渡って）いく方法である。

実は，"マシン語（マシン命令）の実行"は"マシン語（マシン命令）のハードウェアによるインタプリト"である。

（e）**コンパイルとハードウェア機構**

コンパイルとは，プログラムの実行前に（静的に）実行可能な最適化処理をできる限り行い，（プログラム実行とは無関係な）言語処理を実行時へ持ち越さないことを最優先するプログラミング言語処理方式である。プログラムの開発過程（プログラミングなど）よりも完成したプログラムの実行速度を重視する場合に適切な方式である。この方式の一般的な特徴としては次のようなものがある。

（1）コンパイル時の最適化（チューニング）処理によって，ハードウェア機能を最大限に引き出すことができる。

（2） 実行時に余計な言語処理を行わないので高速実行が可能である。

（3） ハードウェア機構やその分担機能(命令セットアーキテクチャ)が変わっても，コンパイルし直すだけでそのまま従来のソフトウェアが利用できる。これを"移植性(portability)が良い"という。

現代のプログラミング言語の大半はコンパイル処理することを前堤に機能設計してある。

（f） インタプリトとハードウェア機構

インタプリト方式は，言語処理の一部または全部をプログラムの実行時に持ち越す(動的に行う)ことによって，コンパイル方式とは異なる特徴を示せる。すなわち，プログラムの実行速度よりもプログラムの開発過程を重視しており，次のような特徴がある。

（1） プログラムの開発環境と実行環境を融合できるので，ソースプログラムをプログラミング言語レベルでデバッグできる。

（2） ユーザとコンピュータシステムが対話しながら処理を進めることができる。

（3） 動的な(実行時に行う)機能を備えたプログラミング言語の処理向きである。

ユーザがシステムと対話する(システムに指令する)ときに使用する**コマンド**(command)言語はインタプリト処理することを前堤に設計してある。**シェル**と呼ぶインタプリタは**シェルスクリプト**(shell script)と呼ぶコマンド列をその入力時に解釈(言語処理)・実行する。

（g） そのほかのプログラミング言語処理方式

前の(e)で述べたコンパイル方式と(f)で述べたインタプリト方式を融合あるいは変形した種々のプログラミング言語処理方式がある。

（1） **コンパイル-インタプリト**(compile-interpret)：図2.36の(1)に示すように，セマンティックギャップの中間に適当な言語(**中間言語**という)機能レベルを定め，プログラミング言語で記述したプログラムを実行前にあらかじめコンパイルして中間言語列にしておき，その中間言語列を実行時にインタプリトする言語処理方式である。コンパイラとインタプリタとを併用し，それぞれの特徴を活用することによって，セマンティックギャップを埋める(渡る)方式である。

（2） **実行時コンパイル**：図2.36の(2)に示すように，プログラミング言語で記述したプログラムを実行時にマシン語にコンパイルしながら実行していく

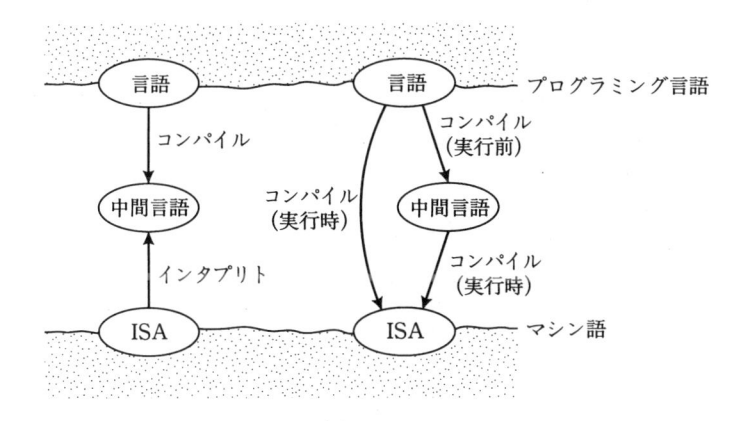

(1) コンパイル-インタプリト　(2) 実行時コンパイル

図 2.36　種々の言語処理方式

言語処理方式である。**ジャストインタイムコンパイル**(just-in-time compile)ともいう。変更のあった部分などの必要個所だけを実行時に再コンパイルする**インクリメンタルコンパイル**(incremental compile)もこの方式の一種である。また，実行前にプログラムをあらかじめ中間言語や特定のマシン語にコンパイルしておき，それを実行するコンピュータ自身のマシン語に変換("コードモーフィング(code morphing)"と呼ぶ)しながら実行する方式もある。

（h）ハードウェア/ソフトウェア・トレードオフによるアーキテクチャの分類

コンピュータアーキテクチャの歴史とは，コンピュータシステムにおけるハードウェア/ソフトウェア・トレードオフの移り変わりである。すなわち，アーキテクチャ設計時には，その時点でのハードウェア技術とソフトウェア技術を的確に分析し，設計目的に応じたハードウェアとソフトウェアの機能分担を図る必要がある。

1.2 節で述べたコンピュータアーキテクチャの変遷において，特に第 4 世代から第 5 世代のコンピュータのアーキテクチャ設計ではこのハードウェア/ソフトウェア・トレードオフに関して激烈な論争が交わされている。これを"CISC 対 RISC のトレードオフ論争"という。CISC と RISC とは次のようなハードウェア/ソフトウェア・トレードオフに関する特徴を備えたコンピュータを指し，このトレードオフによってコンピュータアーキテクチャを分類することもできる。

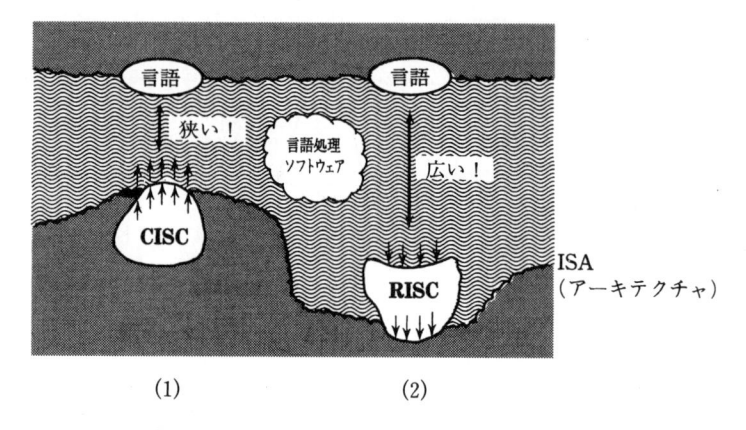

図 2.37 CISC 対 RISC のトレードオフ論争

（1） **CISC** (Complex Instruction Set Computer)：図 2.37 の (1) に示すように，複雑で高度な機能をできるだけハードウェアで実現しようとするトレードオフを特徴とする。ハードウェアやファームウェア (firmware；マイクロプログラム，5.1.4 項で詳述) 技術の進展によって支えられており，現に蓄積されたソフトウェア財産が存在する事実を活用できる。メインフレームコンピュータのような汎用コンピュータや互換性 (既存のソフトウェアを変更する必要がなく新しい機種に移行できること) を最重要視する汎用マイクロプロセッサで採用することが多い。マシン命令セットアーキテクチャを劇的に変更することを避け，コンパイラを代表とするシステムプログラム (システムソフトウェア) に言語処理の主要部分を任せるトレードオフをとる。既存のコンピュータとのソフトウェアの互換性や移植性を重視するトレードオフである。

（2） **RISC** (Reduced Instruction Set Computer)：図 2.37 の (2) に示すように，CISC とは逆に，ハードウェアで分担する機能をできるだけ整理し単純化しようとするトレードオフを特徴とする。"CISC のように多種多様なマシン命令セットを提供することが必ずしもコンピュータシステム実現の際の低コスト化につながってはいない" という認識によって生み出され，ソフトウェア技術の進展がそれを後押ししている。

（ⅰ）**命令機能の評価指標**

命令機能の定量的評価には，次の式 (2.1) を指標として使う (図 2.38 参照)。

$$\text{TPI} = \text{TPC} \times \text{CPI} \tag{2.1}$$

● **TPI** (平均命令実行時間)：1 命令の平均実行時間 (秒)。マシン命令の機能の

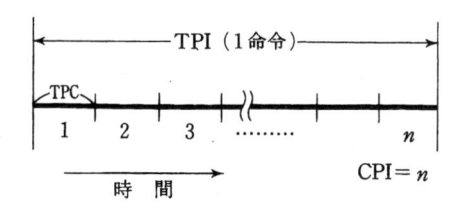

```
   ←――――― TPI（1命令）―――――→
   ┌TPC
   ├─┼─┼─┼─┤┣―┤
   1  2  3 ……… n        CPI = n
   ―時 間→
```

図 2.38 命令機能の定量的評価指標

大きさの指標であり，その機能を実現する"ハードウェア機構の性能"も表している。

- **TPC**（マシンサイクル時間）：1 マシンサイクル（クロック (clock)），ハードウェア動作の最小単位時間の長さ（秒），いわゆる"マシンクロック周波数"の逆数である。
- **CPI**（平均命令実行サイクル数）：1 命令を平均何マシンサイクル（クロック）で実行できるか（サイクル）。

式 (2.1) の右辺の 2 項のうち，TPC は主として実装技術によって，**CPI** (Clock Per Instruction) は主として命令セットアーキテクチャの複雑度によって，それぞれ決まる。

したがって，CPI はコンピュータアーキテクチャ（ハードウェア/ソフトウェア・トレードオフ）を定量的に評価する指標となる。前の (h) で述べた RISC は CPI を意図的に小さくするトレードオフを指向しており，一方，CISC は複雑な命令機能の実現のために CPI は RISC に比べて大きくなる。

演 習 問 題

2.1 ノイマン型コンピュータの基本原理と主要な特徴についてアーキテクチャの観点から述べよ。

2.2 フォンノイマンボトルネックとは何か，具体的に説明せよ。

2.3 コンピュータの基本ハードウェア構成をブロック図で示せ。

2.4 "ディジタル化"とは何か，"アナログ"との比較の観点から説明せよ。

2.5 命令とデータの論理的な相違について述べよ。

2.6 命令長が 8 ビット固定のアキュムレータマシンの命令セットアーキテクチャ（命令形式，アドレス指定モード，命令種類）を設計せよ。ただし，アキュムレータ以外の格納装置は 16 個のレジスタのみとする。

2.7 命令形式や命令長を固定すると，アーキテクチャ設計においてどのような効果があるか述べよ。

2.8 オペランドによる指定対象となる格納装置であるレジスタとメインメモリについて，命令形式設計の観点から比較してみよ。

2.9 アドレス指定モードは何のためにあるのか説明せよ。

2.10 主要なアドレス指定モードを列挙し，それぞれの特徴について具体的な適用例をあげて比較し説明せよ。

2.11 ノイマン型コンピュータで扱う主要なデータ型をあげ，それぞれの格納(内部表現)方式についてアーキテクチャ設計の観点から述べよ。

2.12 ビット列と2進数値の違いについて具体的に述べよ。

2.13 1・1/2アドレス形式(R-M形式)の命令実行サイクルについて各ステージごとに具体的に説明せよ。

2.14 基本命令セットについて，それぞれの命令機能を実現するハードウェア機構の複雑さ順に並べて説明せよ。

2.15 データ操作命令とプログラム制御命令との相違について，それぞれの機能を実現するハードウェア機構の相違にしたがって述べよ。

2.16 "プログラム制御命令はノイマン型コンピュータでは必須である"理由について述べよ。

2.17 実行結果以外に派生するコンディションについて，2.6で設計した命令セットにしたがって具体的に示せ。

2.18 ハードウェア機構とソフトウェア機能(特にシステムプログラム)とのインタフェースとしてのコンピュータアーキテクチャの具体的な設計項目について述べよ。

2.19 プログラミング言語の処理方式を2種類に大別し，それぞれの特徴についてハードウェア/ソフトウェア・トレードオフの観点から述べよ。

2.20 ハードウェア/ソフトウェア・トレードオフによってアーキテクチャを分類してみよ。

2.21 命令機能を定量的に評価する式を示し，それにしたがってCISCとRISCの特徴について明らかにせよ。

3

コンピュータにおける数表現

本章では，コンピュータが処理対象とする種々のデータ(型)のコンピュータ内部における表現形式について述べる。私たち人間とコンピュータとでは，数値や文字といったデータの表現形式がどのように異なっているかについて学ぶ。コンピュータハードウェアはデータのコンピュータ内部での表現形式に合わせて構成する。逆に，数値や情報をコンピュータハードウェアが処理しやすい表現形式で取り扱うことによって計算や処理の効率がよくなる。

3.1 2 進 数

3.1.1 10進数と2進数

(a) 基 数

数は r 種類(r は自然数)の記号の集合で表記できる。この場合の数の表記法を **r 進数**という。私たち人間は，普通，"0","1","2",…,"9"の10種類のアラビア数字を記号として用いる10進数で数を表記する。

r 進数で数を表記するときの r を**基数**(radix, base)という。また，数を数字の有限列で表記するとき，その数字の個数(列の長さ)を**桁**という。

(b) 10 進 数

本書では，特に基数 r を強調したいときの r 進数による数 N を $(N)_r$ と表記する。このとき，

$(N)_r = (a_{n-1}a_{n-2}\cdots a_i \cdots a_1 a_0)_r$　　$(0 \leq i \leq n-1,\ 0 \leq a_i \leq r-1,\ i$ と a_i は整数$)$

である。ここで，a_i は各桁を表す数字であり，n が桁数となる。

r が "10" で，"0","1","2",…,"9"の10種類の数字を用いる数の表記法を **10進数**(decimal)という。私たち人間が日常生活で使用している数の表記法である。

（c） 2 進数

r が"2"で，"0"と"1"の2種類の数字を用いる数の表記法を **2進数** (binary) という。コンピュータ内部で使う数の表記法である。2進数1桁は**ビット** (bit) という。

コンピュータ内部では，"0"と"1"の2値を電気信号の2値（たとえば，"オン""オフ"，電圧レベルの"高""低"など）で表す。

本書での2進数は，便宜上，私たちが使い慣れている"0"と"1"というアラビア数字を用いて表記する。

（d） そのほかの r 進数

- **8進数** (octal)：r が"8"で，"0","1","2",…,"7"の8種類の数字を用いる。2進数3ビットを8進数1桁で表記できる。

    （例）　$(011)_2=(3)_8$,　$(101)_2=(5)_8$,　$(110101)_2=(65)_8$

- **16進数** (hexadecimal)：r が"16"で，"0","1","2",…,"9"の10種類の数字と"A","B","C","D","E","F"の6種類の英字を用いる。2進数4ビットを16進数1桁で表記できる。ただし，$(A)_{16}=(10)_{10}$,　$(B)_{16}=(11)_{10}$,…, $(F)_{16}=(15)_{10}$ である。

    （例）　$(0101)_2=(5)_{16}$,　$(1110)_2=(E)_{16}$,　$(10100111)_2=(A7)_{16}$

8進数や16進数のように r を"2のべき乗"とする r 進数はコンピュータ内部で使用している2進数をコンピュータ外部で表記する際の簡略表記法として用いる。

3.1.2 数値の表現

（a） 数表現

私たち人間は数値を10進数で表現する。また，取り扱う数値も整数と小数，正数と負数，実数など種々ある。一方，コンピュータでは数値は数値データとして"0"と"1"だけを使用する2進数で表現する。また，コンピュータのハードウェア資源は有限である。したがって，人間がコンピュータという道具を使って数値を処理（計算）する場合には，多種多様な数値データをすべて"2進数"として，かつ，限られたハードウェア機構で取り扱わねばならない。このために，種々の数値データのコンピュータ内部における表現形式（**数表現**という）はコンピュータアーキテクチャの一部としてあらかじめ決めておく。

2.2.4項で述べたように，現代のコンピュータが普通扱う数値は**整数**と**実数**である。"数"としての表現上，整数は実数の特別な場合である。一般的に実

数を数として表現する場合には次のような項目をその表現に盛り込む必要がある。

（1） **符号** (sign)：数が正（＋）か負（－）かを示す記号であり，2値で表現できる。

（2） **絶対値** (magnitude)：数値の大きさであり，数字列により表現する。

（3） **小数点**：数字列によって表現する数（特に実数）を整数部と小数部に分けるための記号である。

コンピュータ内部での数表現においては，この(1)～(3)をすべて"0"と"1"だけ（2進数）で表現しなければならない。

（b） 整数の r 進数表現と整数値

本項では，符号を無視した整数の r 進数表現からその値（数値，絶対値）を求めてみよう。

式(3.1)で示すように，整数の数値は各桁の数の重み付き総和で求めることができる。その数が第 i 桁目の数である場合，その数に乗じる重みは基数 r のべき乗 r^i である。すなわち，最上位桁を第 $(n-1)$ 桁目，最下位桁を第 0 桁目とする

$$(a_{n-1}a_{n-2}\cdots a_i \cdots a_1 a_0)_r$$

という数表現の整数の数値（整数値）は，

$$\sum_{i=0}^{n-1}(a_i \times r^i) \quad (0 \leq i \leq n-1,\ 0 \leq a_i \leq r-1,\ i \text{ と } a_i \text{ は整数}) \tag{3.1}$$

となる。たとえば，2進数 ($r=2$) の整数 $(1011)_2$ の数値は，

$$1 \times 2^0 + 1 \times 2^1 + 0 \times 2^2 + 1 \times 2^3 = 1+2+0+8 = 11$$

である。

実際の数値は求めた絶対値に符号をつけたものである。

（c） 実数の r 進数表現と実数値

$$(a_{n-1}a_{n-2}\cdots a_i \cdots a_1 a_0 \,.\, a_{-1} a_{-2} \cdots a_{-m})_r$$

という有限桁の整数部と小数部の両方の数表現をもつ実数の数値は，式(3.1)を拡張して

$$\sum_{i=-m}^{n-1}(a_i \times r^i) \quad (-m \leq i \leq n-1,\ 0 \leq a_i \leq r-1,\ i \text{ と } a_i \text{ は整数}) \tag{3.2}$$

となる。たとえば，2進数の実数 $(10.11)_2$ の数値は，

$$1 \times 2^{-2} + 1 \times 2^{-1} + 0 \times 2^0 + 1 \times 2^1 = 0.25+0.5+0+2 = 2.75$$

である。

図 3.1 と次に示すように,実数では,小数点の位置によって数を整数部と小数部とに分ける。この"小数点"を"基数点"ということもある。

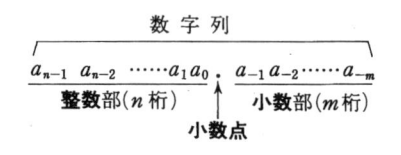

$$
\underbrace{\underbrace{a_{n-1}\, a_{n-2}\cdots\cdots a_1 a_0}_{\text{整数部}(n\text{桁})} . \underbrace{a_{-1}\, a_{-2}\cdots\cdots a_{-m}}_{\text{小数部}(m\text{桁})}}_{\text{数字列}}
$$

↑小数点

図 3.1 実数の整数部と小数部

(1) 整数部:小数点の左側の数字列。小数点は省略できる。式 (3.2) における重みのべき乗数 i は正整数である。

(2) 小数部:小数点の右側の数字列。式 (3.2) における重みのべき乗数 i は負整数である。

3.1.3 基 数 変 換

基数変換とは,r 進数を同じ数値をもつ s 進数($r \neq s$)表現に変換することである。本項では,私たち人間が使っている 10 進数とコンピュータ内部での数表現である 2 進数との基数変換を中心に述べる。

(**a**) **2 進数 → 10 進数変換**

式 (3.2) にある r 進数表現の各桁の数を代入して数値を求めれば,それがその r 進数(表現)の 10 進数値となっている。

特に,人間の日常生活では 10 進数を使用しているので,2 進数表現を用いているコンピュータ内部から実行結果の数値データ (10 進数) を取り出す際には 2 進数 → 10 進数変換が必要である。

$$(a_{n-1}a_{n-2}\cdots a_i\cdots a_1 a_0 . a_{-1}a_{-2}\cdots a_{-m})_2$$

で表現した 2 進数は,

$$\sum_{i=-m}^{n-1}(a_i \times 2^i) \quad (-m \leq i \leq n-1,\ i \text{ は整数},\ a_i=0\ \text{または}\ 1) \tag{3.3}$$

によって,10 進数(表現)に変換できる(前の 3.1.2 項 (c) の数値例を参照)。

(**b**) **10 進整数 → 2 進整数変換**

(a) の 2 進数 → 10 進数変換とは逆に,整数部と小数部の両方を 10 進数表現した実数を r(ただし,$r \neq 10$)進数表現に変える基数変換の手順を考えてみよう。

式 (3.2) の形より 10 進数の整数部と小数部とを分け,まず,**10 進整数 → r**

進整数変換について考えてみよう．
$$(a_{n-1}a_{n-2}\cdots a_i\cdots a_1 a_0)_r$$
で表現した r 進整数の数値を $(N)_{10}$（10 進数）とするとき，式 (3.1) あるいは (3.2) より

$$N = a_{n-1} \times r^{n-1} + a_{n-2} \times r^{n-2} + \cdots + a_i \times r^i + \cdots + a_1 \times r^1 + a_0 \times r^0 \quad (3.4)$$

である．式 (3.4) を変形すると

$$N = (a_{n-1} \times r^{n-2} + a_{n-2} \times r^{n-3} + \cdots + a_i \times r^{i-1} + \cdots + a_1 \times r^0) \times r + a_0 \quad (3.5)$$

となる．この式 (3.5) は "N を r で除して得る商（整数）が

$$a_{n-1} \times r^{n-2} + a_{n-2} \times r^{n-3} + \cdots + a_i \times r^{i-1} + \cdots + a_1 \times r^0 \quad (3.6)$$

で余りが a_0 である" ことを示している．さらに，式 (3.6) を r で除して得る商（整数）の余りが a_1 である．この r による除算を繰り返すことによって，r 進数表現の

$$a_0, a_1, \cdots, a_i, \cdots, a_{n-2}, a_{n-1}$$

がこの順で（最下位から最上位へと）求まる．

したがって，$r=2$ の場合の **10 進整数 → 2 進整数変換** の手順は次のように "2 による除算の繰り返し" となる（図 3.2 に例示）．

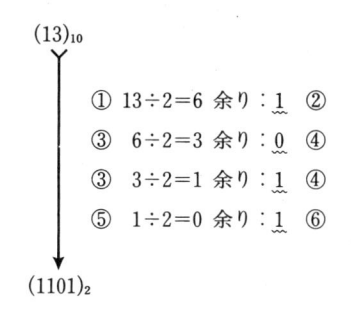

$(13)_{10}$

① $13 \div 2 = 6$ 余り：$\underline{1}$ ②
③ $6 \div 2 = 3$ 余り：$\underline{0}$ ④
③ $3 \div 2 = 1$ 余り：$\underline{1}$ ④
⑤ $1 \div 2 = 0$ 余り：$\underline{1}$ ⑥

$(1101)_2$

図 3.2 10 進整数 → 2 進整数変換の例

$$(I)_{10} \rightarrow (J)_2 \text{ 変換}$$

① I を 2 で除する（割る）．
② ①の余りが J の最下位ビットとなる．
③ 商を 2 で再び除する．
④ ③の余りが J の次の上位ビットとなる．
⑤ ③，④ を商が 0 になる（変換の終了条件）まで繰り返す．
⑥ 最後の余りが J の最上位ビットである．

（ c ） 10進小数 → 2進小数変換

次に，**10進小数 → r進小数変換**について考えてみよう。
$$(0.a_{-1}a_{-2}\cdots a_{-m})_r$$
で表現した r 進小数の数値を $(M)_{10}$（10進数）とするとき，式(3.2)より

$$M = a_{-1} \times r^{-1} + a_{-2} \times r^{-2} + \cdots + a_{-m} \times r^{-m} = \frac{a_{-1}}{r^1} + \frac{a_{-2}}{r^2} + \cdots + \frac{a_{-m}}{r^m} \quad (3.7)$$

である。式(3.7)の両辺に r を乗じる（かける）と

$$M \times r = a_{-1} + \frac{a_{-2}}{r^1} + \cdots + \frac{a_{-m}}{r^{m-1}} \quad (3.8)$$

となる。この式(3.8)は"M に r を乗じて得る積の整数部が a_{-1} で小数部が

$$\frac{a_{-2}}{r^1} + \cdots + \frac{a_{-m}}{r^{m-1}} \quad (3.9)$$

である"ことを示している。さらに，式(3.9)に r を乗じて得る積の整数部が a_{-2} である。この r による乗算を繰り返すことによって，r 進数表現の

$$a_{-1}, a_{-2}, \cdots, a_{-m}$$

がこの順で（小数点以下第1位から下位へと）求まる。

したがって，$r=2$ の場合の **10進小数 → 2進小数変換**の手順は次のように "2による乗算の繰り返し" となる（図3.3に例示）。

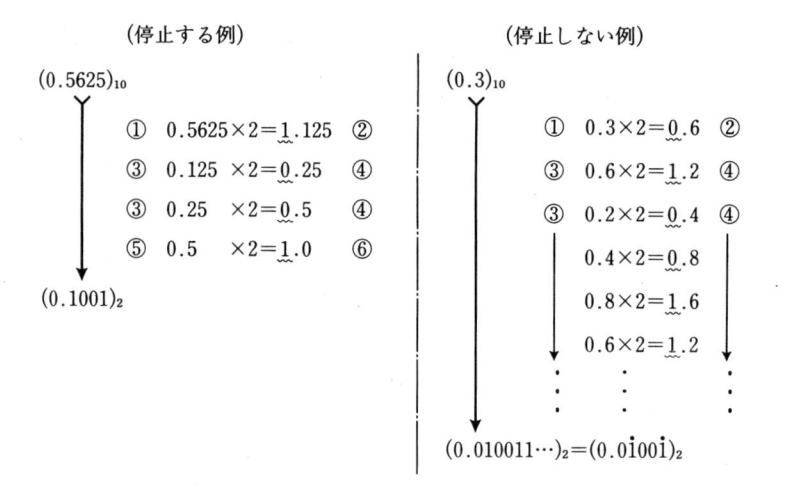

```
       (停止する例)                    |         (停止しない例)
   (0.5625)₁₀                         |     (0.3)₁₀
      ↓   ①  0.5625×2=1.125  ②       |        ↓   ①  0.3×2=0.6  ②
          ③  0.125 ×2=0.25   ④       |            ③  0.6×2=1.2  ④
          ③  0.25  ×2=0.5    ④       |            ③  0.2×2=0.4  ④
          ⑤  0.5   ×2=1.0    ⑥       |                0.4×2=0.8
      ↓                               |                0.8×2=1.6
   (0.1001)₂                          |                0.6×2=1.2
                                      |                   :
                                      |        ↓
                                      |     (0.010011⋯)₂ = (0.01̇001̇)₂
```

図3.3　10進小数 → 2進小数変換の例

$(0.F)_{10} \to (0.G)_2$ 変換

① $(0.F)$ に 2 を乗じる (かける)。
② ① の積の整数部が $(0.G)$ の最上位ビットとなる。
③ 積の小数部に再び 2 を乗じる。
④ ③ の結果の整数部が $(0.G)$ の次の下位ビットとなる。
⑤ ③, ④ を小数部が 0 になる (変換の終了条件) まで繰り返す。
⑥ 最後の結果の整数部が $(0.G)$ の最下位ビットである。

小数部の変換では③, ④ の繰り返しが停止しない (⑤ の終了条件が成立しない) 場合もある。これは有限個の数字列で数表現した小数を基数変換すると無限循環小数となって有限個の数字列で表現できない場合があることを示している。また, ⑤ の終了条件がなかなか成立せずに③④ の繰り返しが多数回に及び, ハードウェア機構の制限上のため強制的に変換操作を停止させる場合もある。

停止 (終了) しない変換や引き続く繰り返し変換操作を途中で打ち切った場合には, その時点で得る基数変換後の数表現がもつ数値は基数変換前の数表現がもつ数値 (真の値) と正確に同じではなく, これを**近似値**という。また, 真の値と近似値との差を**誤差**という。"近似値が真の値にどれくらい近いか (誤差の多少) の度合"を**精度**という。近似値の精度が高ければ高いほど (真の値との) 誤差は少なくなる。基数変換での精度は基数変換を中断するまでに得る小数部 (近似値) の桁数に依存する。たとえば, 図 3.3 右の例の $(0.3)_{10}$ の 2 進数への変換では,

$$(0.01)_2 = (0.25)_{10}$$
$$(0.01001)_2 = (0.28125)_{10}$$
$$(0.010011001)_2 = (0.298828125)_{10}$$

と変換して得る 2 進数 (近似値) のビット長 (桁数) が長くなるとともに変換 (近似) の精度が高く (良く) なる。

3.2 数値データの数表現

3.2.1 固定小数点数表現

(a) 整数の数表現

数直線上で範囲を限ると, その中に存在する整数は有限個である。コンピュータ内部では整数を一定ビット長で 2 進数表現 (3.1.2 項 (b) 参照) する。

図3.4に示すように，コンピュータ内部における2進数の数表現において，小数点の位置を固定するものを**固定小数点数**(fixed point number)**表現**と，それで表す2進数を**固定小数点数**と，それぞれいう。固定小数点数表現では，小数点位置と数値部（整数部と小数部）の長さ（ビット長）を固定している（定めてある）ので，小数点位置についての情報を数表現に含む必要がない。整数はコンピュータ内部では固定小数点数（の整数部だけ）で表現するのが一般的であり，固定小数点数表現を**整数表現**ともいう。式(3.3)で数値(10進数)を示す2進数の固定小数点数表現が図3.4である。

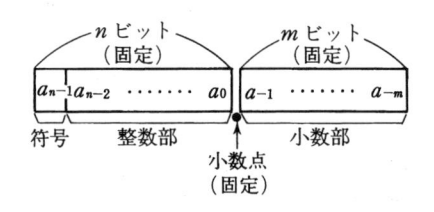

nビット（固定） mビット（固定）

$a_{n-1} a_{n-2} \cdots\cdots a_0$ $a_{-1} \cdots\cdots a_{-m}$

符号 　整数部　　小数点（固定）　小数部

図3.4 固定小数点数表現

整数表現では，小数点位置を数の格納場所の最右端に固定する。

固定小数点数表現では，数表現の数字列長（桁数，2進数表現ではビット（列）長）が一定であり，一定の個数（範囲）の数が表現できる。たとえば，符号ビットも含めて n ビット2進数の整数表現（固定小数点数表現）では 2^n 個の2進整数を表現できる。

固定小数点数の整数部や小数部のように，決まった長さの2進数表現の最上位ビットを **MSb**(Most Significant bit)，最下位ビットを **LSb**(Least Significant bit) という。

（b）負数の数表現

私たち人間が日常生活で使用している10進数表現では，数値部を表現する数字列のほかに符号（記号）を使える。特に，負数を表現する場合には，数値部で示す絶対値に符号（記号）"－"を付加して（正数の場合の"＋"は省略できる）表す。この数表現を**符号-絶対値表現**(sign-magnitude representation) という。符号-絶対値表現では，符号を絶対値（数値部）に連結して表す。

"0"と"1"しか使わない2進数の符号-絶対値表現では，符号ビットを設けて符号を"0"（正）か"1"（負）として表す。

符号-絶対値表現は，① 符号反転操作では，絶対値はそのままで符号だけを

付け替えればよく，また，絶対値が同じで符号が異なる(正と負の)数値を直感的に把握し記述できる；② 負符号と減算記号の数学的意味が同じであるので，数式の記述が自然にできる；という長所と，一方で，③ 同一絶対値に対する異種演算(特に加算と減算)を符号によって使い分けねばならない；という短所とをもつ。この①②の長所と③の短所が"符号-絶対値表現を，人間による10進数表現では使うが，コンピュータ内部での2進数表現では使わない"理由である。

　符号-絶対値表現に対して，コンピュータ内部での2進数(特に負数)表現に適した数表現として，符号ビットも数値ビット(列)に連結する(最上位)ビットとして等価に(含めて，一緒に)扱う**補数表現**(complement representation)がある。

　符号と絶対値を一体化した数値として表す補数表現の特徴は，① 正負の判定操作以外では，符号(ビット)と数値(ビット列)とを識別する必要がない；② 正数と負数とをまったく同じように扱えるので加算と減算とを区別する必要がない；という長所と，③ 負数の表現には補数への変換操作が必要であり，また，負数の絶対値を(人間は)直感的に把握できない；という短所である。③の短所はコンピュータでは無視できるので，特に，①②の長所が"補数表現をコンピュータ内部での負数の2進数表現として使う"理由である。

　一般的に，符号を含めて数値を表現する r 進数の補数表現では，符号は最上位桁(2進数ではMSb)の数字で示す。正数の符号"＋"は"0"，補数表現した負数の符号"－"は"$r-1$"である。

　2進数の補数表現では，正数のMSbは"0"，補数表現した負数のMSbは"1"となる。

　2進数の補数表現には，① **1の補数表現**((c)で詳述)；② **2の補数表現**((d)で詳述)；の2種類がある。

　(c) 1の補数表現

　図3.5に示すように，ある正数 R の符号桁("0"で表現)を含めた数値の r 進数表現の各桁を $(r-1)$ から減算して得る数表現 $\bar{R}$ は R を符号反転して得る負数 $-R$ を表現しており，これを **($r-1$)の補数表現**(($r-1$)'s complement representation) という。逆に，負数 $-R$ の $(r-1)$ の補数表現は正数 R を表す。ある数 R と絶対値が同じで符号が逆の $(r-1)$ の補数表現で表す数 $\bar{R}$ をその数の **($r-1$)の補数** あるいは**擬補数**という。10進数の場合は"9の補数"であり，2進数の場合は**1の補数**(1's complement)である。r 進数表現する

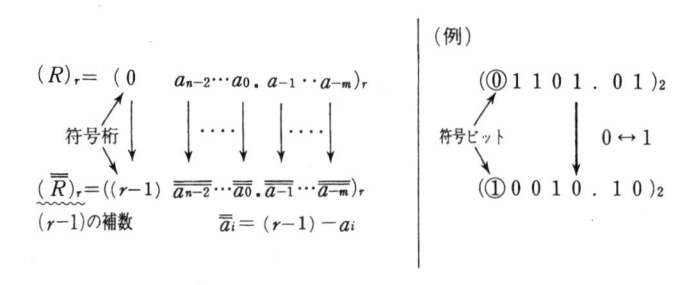

$$(R)_r = (\ 0\ \ a_{n-2}\cdots a_0.\ a_{-1}\cdots a_{-m}\ )_r$$

符号桁

$$(\overline{R})_r = ((r-1)\ \ \overline{a_{n-2}}\cdots \overline{a_0}.\ \overline{a_{-1}}\cdots \overline{a_{-m}}\ )_r$$

$(r-1)$の補数　　　　$\overline{a_i} = (r-1) - a_i$

(例)

$$((⓪\ 1\ 1\ 0\ 1.\ 0\ 1\ )_2$$

符号ビット　　　$0 \leftrightarrow 1$

$$((①\ 0\ 0\ 1\ 0.\ 1\ 0\ )_2$$

図 3.5　$(r-1)$の補数表現と 1 の補数表現の例

と n 桁の整数部と m 桁の小数部をもつ実数 R とその $(r-1)$ の補数 $\overline{R}$ (r 進数表現) との間には次のような関係が成り立つ．ただし，式 (3.10) や次の (3.12) では，R と $\overline{R}$ は 10 進数値で表し，それぞれの符号桁 (最上位桁) もそれぞれの数値部と連結・一体化して考える．

$$\overline{R} = r^n - r^{-m} - R \tag{3.10}$$

また，r 進数表現で n 桁の整数 N とその $(r-1)$ の補数 $\overline{N}$ (r 進数表現) との間には次のような関係が成り立つ．ただし，式 (3.11) や次の (3.13) では，N と $\overline{N}$ は 10 進数値で表し，それぞれの符号桁 (最上位桁) もそれぞれの数値部と連結・一体化して考える．

$$\overline{N} = r^n - 1 - N \tag{3.11}$$

1 の補数 (2 進数表現) を求める手順においては，"各ビット (0 か 1) を 1 から減じる (引く)" 操作は "各ビットを反転 ($0 \Leftrightarrow 1$) する" 操作となる．したがって，2 進数表現した R の各ビットを反転することによって R の 1 の補数 $\overline{R}$ の 2 進数表現を簡単に得ることができる (図 3.5 右に例示)．

2 進数表現で n ビットの整数部と m ビットの小数部をもつ実数 R とその 1 の補数 $\overline{R}$ (2 進数表現) との関係は，式 (3.10) より，R と $\overline{R}$ を 10 進数値で表すと，

$$\overline{R} = 2^n - 2^{-m} - R \tag{3.12}$$

となる．

2 進数表現した n ビット整数 N とその 1 の補数 $\overline{N}$ (2 進数表現) との関係は，式 (3.11) より，N と $\overline{N}$ を 10 進数値で表すと，

$$\overline{N} = 2^n - 1 - N \tag{3.13}$$

となる．たとえば，N が 4 ビット 2 進整数表現で $(0110)_2$，すなわち N が $(6)_{10}$ の場合，

$$\bar{N} = 2^4 - 1 - 6 = 9 \tag{3.14}$$

より，N の 1 の補数 $\bar{N}$ は $(9)_{10}$ で，4 ビット 2 進整数表現すると $(1001)_2$ $((0110)_2$ の各ビットの反転) である．

1 の補数(表現)には，① 2 進数表現の各ビットを反転 $(0 \Leftrightarrow 1)$ するだけで得ることができるので 1 の補数化機構は簡単である (6.1.2 項 (f) 参照) ；という長所と，② 加減算を行うときに加減算結果の補正操作 (+1 の加算) が必要となる場合がある (6.1.1 項 (e) で詳述) ；という短所がある．

(d) 2 の補数表現

n 桁の整数部と m 桁の小数部をもつ R から次の式 (3.15) で求める数表現 $\bar{R}$ は R を符号反転して得る負数 $-R$ を表現しており，これを **r の補数表現** (r's complement representation) という．逆に，負数 $-R$ の r の補数表現は正数 R を表す．ある数 R と絶対値が同じで符号が逆の r の補数表現で表す数 $\bar{R}$ をその数の **r の補数** あるいは **真補数** という．ただし，式 (3.15)～(3.19) では，R と $\bar{R}$ は 10 進数値で表し，それぞれの符号桁 (最上位桁) もそれぞれの数値部と連結・一体化して考える．

$$\bar{R} = r^n - R \tag{3.15}$$

式 (3.15) によると，R の r の補数 $\bar{R}$ の数値 (10 進数) は r 進数表現した R の小数部の長さ (桁数) m によらずに求まる．

10 進数の場合は "10 の補数" であり，2 進数の場合は **2 の補数** (2's complement) である．

ある数 R (r 進数表現) の r の補数 $\bar{R}$ (r 進数表現) は次のような手順で求める (図 3.6 に例示)．

$$(N)_r = (\; 0 \quad a_{n-2}\cdots a_0.a_{-1}\cdots a_{-m})_r \qquad (0\,1\,1\,0\,1\,.\,0\,1)_2$$

$$(\bar{N})_r = ((r-1) \quad \overline{a_{n-2}}\cdots\overline{a_0}.\overline{a_{-1}}\cdots\overline{a_{-m}})_r$$

r の補数

$$\begin{cases} \overline{a_{-m}} = r - a_{-m} \quad (a_{-m} \neq 0) \\ \overline{a_i} = (r-1) - a_i \quad (-m+1 \leq i \leq n-2) \end{cases}$$

$$(1\,0\,0\,1\,0\,.\,1\,1)_2$$

$0 \leftrightarrow 1$ そのまま

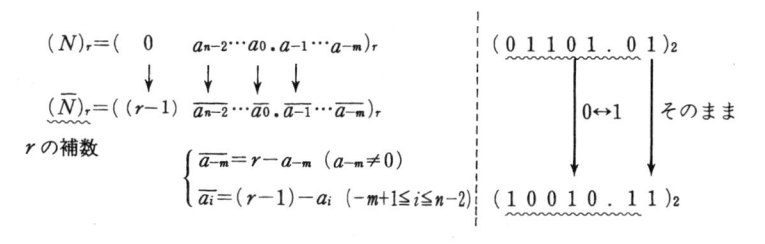

図 3.6 r の補数表現と 2 の補数表現の例

(1) 小数点位置に無関係に (小数点位置はそのままで)，最下位桁から順に次の (2)～(4) によって r の補数の各桁を得る．

（2） まず，最下位桁からの0の連なり（連続する0）はそのままにしておく。

（3） 最初の0でない最下位桁を r から減算することによって r の補数のその桁を得る。

（4） その次の上位桁からは，$(r-1)$ から各桁を減算することによって補数の各桁を得る。これを繰り返す。

実際には，式(3.10)と(3.15)より

$$\bar{R} = \bar{\bar{R}} + r^{-m} \tag{3.16}$$

である。すなわち，m 桁の小数部をもつ数の r の補数表現は $(r-1)$ の補数表現に r^{-m} を加算して得ることができる。

ある数 R (2進数表現) の2の補数 $\bar{R}$ (2進数表現) を求める手順は次のようになる（図3.6右に例示）。

（1） R のLSbから順に2の補数 $\bar{R}$ の各ビットを(2)～(4)によって得ていく。

（2） LSbから連続する0をそのままにしておく。

（3） 最初に出現する1もそのままにしておく。

（4） その次のビットからは各ビットを反転して $(0 \Leftrightarrow 1)$ 2の補数 $\bar{R}$ の各ビットを得る。

2進数表現すると n ビットの整数部と m ビットの小数部をもつ実数 R とその2の補数 $\bar{R}$ (2進数表現) との関係は，式(3.15)より，R と $\bar{R}$ を10進数値で表すと，

$$\bar{R} = 2^n - R \tag{3.17}$$

である。式(3.17)によると，R の2の補数 $\bar{R}$ の数値(10進数)は2進数表現した R の小数部の長さ（ビット長）m によらずに求まる。たとえば，R が4ビット2進数表現で $(0111)_2$，すなわち R が $(7)_{10}$ の場合，

$$\bar{R} = 2^4 - 7 = 9 \tag{3.18}$$

より，R の2の補数 $\bar{R}$ は $(9)_{10}$ で，4ビット2進整数表現すると $(1001)_2$ である。

また，式(3.16)より，2進数表現では，

$$\bar{R} = \bar{\bar{R}} + 2^{-m} \tag{3.19}$$

である。

したがって，2進数表現した n ビット整数 N の1の補数 $\bar{\bar{N}}$ と2の補数 $\bar{N}$ との関係は式(3.19)で $m=0$ として，

$$\overline{N} = \overline{\overline{N}} + 1 \qquad (3.20)$$

となる．ただし，式 (3.20) では，$\overline{N}$ と $\overline{\overline{N}}$ は10進数値で表し，それぞれの符号ビット (MSb) もそれぞれの数値部と連結・一体化して考える．式 (3.20) より，2進数表現したある整数 N の2の補数 $\overline{N}$ (2進数表現) は "N の1の補数 $\overline{\overline{N}}$ に +1 (1を加算) する" 操作で得ることができる．

2進数表現した整数 N の2の補数 $\overline{N}$ (2進数表現) を求める手順 (前述の (1)～(4)) を式 (3.20) にしたがって書き直すと，次のようになる．

(1) N の各ビットを反転 $(0 \Leftrightarrow 1)$ して，まず，1の補数 $\overline{\overline{N}}$ を得る．

(2) $\overline{\overline{N}} + 1$ ($\overline{\overline{N}}$ に1を加算する) によって2の補数 $\overline{N}$ を得る．

2の補数 (表現) には，1の補数 (表現) と比較して，① 加減算を行うときに補正は不要である (6.1.1項 (f) で詳述)；という長所と，② いったん1の補数を得て，それに +1 の加算操作を行って2の補数を得るので，2の補数化機構では加算器が必要となる (6.1.2項 (f) 参照)；という短所がある．現代のコンピュータでは，②の短所よりも①の長所を重視して，"固定小数点数による負数の数表現は2の補数 (表現) で行う" のが普通である．

(e) 固定小数点数の範囲と精度

n ビットの整数部 (符号ビットを含む) と m ビットの小数部をもつ固定小数点数表現 (2進数表現) では，補数表現を使うと，次の式 (3.21) と (3.22) の範囲にある (すべてではなく有限個の) 実数 R を表現できる．

(1) 1の補数表現による実数 R の範囲は

$$2^{-m} - 2^{n-1} \leq R \leq 2^{n-1} - 2^{-m} \qquad (3.21)$$

となる．式 (3.21) の範囲に，1の補数による固定小数点数表現で表せる2進実数 R は $(2^{n+m} - 1)$ 個ある．なお，1の補数表現では "+0" と "-0" の表現が異なるが，数学的な違いはない．

(2) 2の補数表現による実数 R の範囲は

$$-2^{n-1} \leq R \leq 2^{n-1} - 2^{-m} \qquad (3.22)$$

となる．式 (3.22) の範囲に，2の補数による固定小数点数表現で表せる2進実数 R は 2^{n+m} 個ある．

(1)(2) いずれの固定小数点数表現の場合でも，"精度は 2^{-m} で一定" である．

また，n ビットの2進整数の固定小数点数表現 (整数表現) では，補数表現を使うと，次の式 (3.23) と (3.24) の範囲にある (すべてのかつ有限個の) 整数 N を表現できる．

(1) 1の補数表現による整数 N の範囲は

となる。式(3.23)の範囲に，1の補数による固定小数点数表現で表せる2進整数 N は (2^n-1) 個ある。なお，1の補数表現では"+0"と"-0"の表現が異なるが，数学的な違いはない。

（2） 2の補数表現による整数 N の範囲は

$$-2^{n-1} \leq N \leq 2^{n-1}-1 \tag{3.24}$$

となる。式(3.24)の範囲に，2の補数による固定小数点数表現で表せる2進整数 N は 2^n 個ある。

表3.1に4ビットの2進整数を補数表現する場合についての10進整数との

表3.1 2進整数(4ビット)の補数表現

10進数	(1) 1の補数	(2) 2の補数
7	0 1 1 1	0 1 1 1
6	0 1 1 0	0 1 1 0
5	0 1 0 1	0 1 0 1
4	0 1 0 0	0 1 0 0
3	0 0 1 1	0 0 1 1
2	0 0 1 0	0 0 1 0
1	0 0 0 1	0 0 0 1
+0	0 0 0 0	0 0 0 0
-0	1 1 1 1	───
-1	1 1 1 0	1 1 1 1
-2	1 1 0 1	1 1 1 0
-3	1 1 0 0	1 1 0 1
-4	1 0 1 1	1 1 0 0
-5	1 0 1 0	1 0 1 1
-6	1 0 0 1	1 0 1 0
-7	1 0 0 0	1 0 0 1
-8	───	1 0 0 0

3.2.2 浮動小数点数表現

(a) 実数の数表現

前の 3.2.1 項 (e) で示したように,固定小数点数表現で表現する数値の範囲と精度は数表現に使用するビット長によって限られてしまう。しかし実数は連続値であり,範囲を限っても無数(無限)にある。したがって,実数の場合には,コンピュータ内部で取り扱うことのできる範囲や精度を整数のように固定したくない。

コンピュータ内部における 2 進実数の数表現において,小数点位置を固定せずに,数によってそれを可変にする方法を**浮動小数点数** (floating point number) **表現**,それで表す実数を**浮動小数点数**,とそれぞれいう。2 進実数は,普通,コンピュータ内部では浮動小数点数で表現する。

r 進数の浮動小数点数 $(R)_r$ は,

$$m \times r^e \tag{3.25}$$

という表現形式で表す。e の選び方によって見かけ上の小数点位置が変わる。ただし,r は基数であり,m は**仮数部** (mantissa),e **は指数部** (exponent),という数値部である。

2 進数の浮動小数点数 $(R)_2$ では,

$$m \times 2^e \tag{3.26}$$

となる。図 3.7 に示すように,この仮数部 m と指数部 e とで 1 個の 2 進実数 R を表現する。m, e 共に固定小数点数で,その長さは固定しておく,m は**純小数**(整数部をもたない実数)または整数,e は整数である。R の符号は仮数 m の数表現(符号-絶対値,1 の補数,2 の補数のいずれか)に含めて示す。

仮数部 m と指数部 e の長さである p と q が固定であっても,m と e の組み合わせによっていろいろな範囲と精度の実数を表現できる ((d) で詳述)。

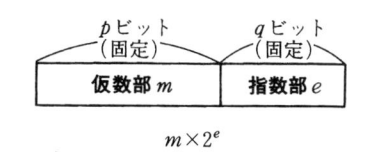

図 3.7 浮動小数点数表現 ($r=2$, 2 進数)

(b) 浮動小数点数の正規化

ある実数の浮動小数点数表現は，図3.8に示すように，仮数と指数の組み合わせによって種々ある。

浮動小数点数の仮数部が純小数 (または整数，以下のカッコ内はこれに対応する) の場合で，仮数部が純小数 (整数) でかつその最上位桁 (最下位桁) (2進数の場合は MSb (LSb)) が非ゼロの数を**正規化** (normalized) **浮動小数点数**という (図3.8に例示)。

$$
\begin{array}{ll}
(10進数)\ (3.14)_{10} & (2進数)\ (11.0001)_2 \\
= 0.314 \times 10 & = 0.110001 \times 2^2 \\
= 314 \times 10^{-2} & = 110001 \times 2^{-4}
\end{array}
\Bigg\} 正規化数
$$

$$
\begin{array}{ll}
= 3.14 \times 10^0 & = 11.0001 \times 2^0 \\
= 3140 \times 10^{-3} & = 1.10001 \times 2 \\
= 0.0314 \times 10^2 & = 0.0110001 \times 2^3
\end{array}
\Bigg\} 非正規化数
$$

図 3.8　正規化浮動小数点数の例

浮動小数点数の**正規化** (normalize) とは，"ある浮動小数点数を正規化浮動小数点数にする"ことであり，いろいろな浮動小数点数表現を標準形 (唯一) にする。具体的には仮数部の最上位桁 (最下位桁) (2進数の場合は MSb (LSb)) から連続するすべての 0 (ゼロ) がなくなるように指数部によって浮動小数点数表現を調整することである。したがって，正規化後の仮数は純小数 (整数) であり，かつ正規化後の小数点位置は非ゼロの最上位桁のすぐ左 (最下位桁のすぐ右) となる。2進数では，正規化後の小数点位置は非ゼロ (1) の MSb のすぐ左 (LSb のすぐ右) となる。

仮数部が MSb (LSb) から p ビットの連続するゼロを含んでいる非正規化浮動小数点数 (2進数) の正規化手順は次のようになる (図3.9に例示)。

(1)　0.001101×2^5　　　　110100×2^{-6}
　　　　　⟵2ビット　　　　　⟶2ビット
　　　　$(5-2=3)$　　　　　$(-6+2=-4)$

(2)　0.1101×2^3　　　　　1101×2^{-4}
　　　純小数　　　　　　　　整数

図 3.9　浮動小数点数 (2進数) の正規化例

（1） 仮数部を p ビットだけ左(右)にシフトする．
（2） 指数部の値を p だけ減じる(加える)．

仮数部が純小数(整数)でない一般の浮動小数点数も同様に，シフト操作によって正規化することができる．

（c） 指数の数表現

コンピュータ内部での浮動小数点数表現2進数の指数(部)は固定小数点数と同じように，① 符号-絶対値表現；② 1の補数表現；③ 2の補数表現；のいずれかで表す．

ここで，図3.10 に例を示すように，浮動小数点数表現の指数部に**バイアス** (bias, げた履き)**値**という整数定数を加えて，指数部には正整数だけを指定するようにしてしまう．これを**バイアス表現**あるいは**げた履き表現**という．バイアス値としてはそのコンピュータ内部で表現可能な最小指数(負数)の絶対値を選ぶ．これによって，指数(部)はゼロ以上の正整数で表現でき，符号ビットや補数表現は不要となる．コンピュータから演算結果を取り出すときなどの必要時に指数部からバイアス値を減じて実際値に戻せばよい．

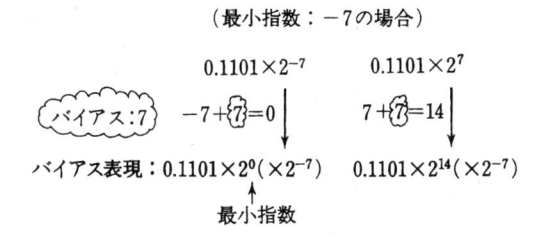

（最小指数：-7 の場合）

0.1101×2^{-7}　　　0.1101×2^{7}

バイアス:7　　$-7+\boxed{7}=0$　　　$7+\boxed{7}=14$

バイアス表現：$0.1101 \times 2^{0}(\times 2^{-7})$　　$0.1101 \times 2^{14}(\times 2^{-7})$

↑
最小指数

図3.10 バイアス表現の例

指数(部)をバイアス表現(バイアス値は B)する場合，仮数 m，指数 e で2進数浮動小数点数表現した実数 R の10進数値は，

$$R = m \times 2^{e-B} \tag{3.27}$$

である．たとえば，指数部が8ビットで，それで表す最小指数が -127 ならば，式(3.27)において $B=127$ で，

$$R = m \times 2^{e-127} \tag{3.28}$$

となる．

（d） 浮動小数点数の範囲と精度

式(3.25)で表す正規化した浮動小数点数表現 r 進数の仮数 m の範囲は，m

を符号ビットなしの正の純小数（正規化による）で表現する場合，

$$r^{-1} \leqq m < 1 \tag{3.29}$$

である．特に，式(3.26)と図3.7で表す正規化した浮動小数点数表現2進数の場合には，

$$0.5 \leqq m < 1 \tag{3.30}$$

である．r進数，2進数いずれの場合も，仮数mの範囲は仮数部の長さpにかかわらず一定である．

　浮動小数点数表現の仮数は"有効数字（有効桁，有効ビット）"を表している．2進数の場合，pビットの仮数部では，2^p（概数，厳密には仮数の数表現で異なる）個の仮数が表現できる．仮数の範囲は式(3.29)や(3.30)で示したように一定であるから，仮数部の長さは一定の範囲にある仮数の個数，すなわち，それで表す浮動小数点数そのものの精度を決める．(b)で述べた"正規化"とは，"仮数部の有効数字（のビット数）すなわち精度を最も高く（最大に）する"ことでもある．

　一方，浮動小数点数表現した実数Rそのものの範囲はその指数eで決まる．指数部の長さをqビット（図3.7参照）とし，eを符号ビットなしの正整数で表現する場合，eの範囲は$0 \leqq e \leqq 2^q - 1$となる．このとき，実数Rの範囲は，式(3.30)によって，

$$0.5 \leqq R < 2^{2^q - 1} \tag{3.31}$$

となる．仮数部の長さpが24ビット，指数部の長さqが8ビットの浮動小数点数表現で表す実数Rの範囲は，

$$0.5 \leqq R < 2^{255} \tag{3.32}$$

である．符号ビットなしで32ビット（1ワード）すべてを整数部とする固定小数点数で表現する正整数Nの範囲

$$0 \leqq N < 2^{32} \tag{3.33}$$

と比べると格段に広い（大きい）．

　浮動小数点数表現の精度は仮数部の長さによって決まる．**単精度**とは仮数部と指数部とを合わせて1ワード（普通は32ビット）の浮動小数点数表現をいう．2ワード以上の場合は**多倍精度**（2ワードの場合は単に**倍精度**）という．

　浮動小数点数表現においては，指数部の長さによって決まる範囲と仮数部の長さによって決まる精度との間にトレードオフ関係がある．すなわち，指数部を長く（短く，以下カッコ内に対応）すれば範囲が広く（狭く）なるが，一方で，仮数部が短く（長く）なって精度が低く（高く）なる．

（e） けち表現と隠しビット

2進数の場合，正規化すると仮数部の純小数（または整数，以下カッコ内はこれに対応する）のMSb(LSb)は必ず"1"となるので，図3.11に示すように，この1ビットを省略することができる．この表現形式を**けち表現**(economized form)といい，省略したMSb(LSb)を**隠しビット**(hidden bit)あるいは"暗黙の(implicit) MSb(LSb)"という．

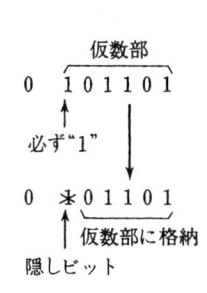

```
       仮数部
    ┌─────┐
 0   1 0 1 1 0 1
     ↑         ↓
    必ず"1"
 0   * 0 1 1 0 1
       ↑
       仮数部に格納
   隠しビット
```

図3.11 けち表現の例

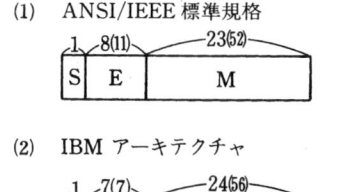

(1) ANSI/IEEE 標準規格

```
 1   8(11)   23(52)
┌─┬──────┬──────────┐
│S│  E   │    M     │
└─┴──────┴──────────┘
```

(2) IBM アーキテクチャ

```
 1   7(7)    24(56)
┌─┬──────┬──────────┐
│S│  E   │    M     │
└─┴──────┴──────────┘
```

(いずれも32ビット長（単精度），
（ ）内は64ビット長（倍精度））

図3.12 浮動小数点数表現方式の例

（f） 浮動小数点数表現形式の例

一般のコンピュータで最もよく利用されている浮動小数点数表現形式としてANSI（米国規格協会）/IEEE（国際電気電子学会）標準規格とIBMアーキテクチャの例を図3.12にあげておく．

（1） **ANSI/IEEE 標準規格**：① 仮数の負数は符号-絶対値表現（Sは符号ビット，仮数Mは絶対値）；② 指数E，仮数Mとも2進数；③ 指数Eはバイアス表現（バイアス値：127）；④ 非数を$E=(11111111)_2$，$M \neq 0$で表現；⑤ ∞を$E=(11111111)_2$，$M=0$で表現；⑥ 隠しビットあり；とそれぞれ規定している．

（2） **IBM アーキテクチャ**：① 仮数の負数は符号-絶対値表現（Sは符号ビット，仮数Mは絶対値）；② 指数Eはバイアス表現（バイアス値：64）；③ 仮数Mは16進数6桁の絶対値表現；とそれぞれ規定している．

例として，$(12.3125)_{10}$を図3.12の(1)で示したANSI/IEEE標準規格で表現してみよう．まず，整数部，小数部ともに10進数→2進数変換して，

$$(12.3125)_{10} = (1100.0101)_2 \tag{3.34}$$

である．さらに，式(3.34)の2進数表現を正規化（けち表現）すると，

92 3. コンピュータにおける数表現

$$(1100.0101)_2=(1.1000101)_2\times 2^3 \tag{3.35}$$

である。したがって，隠しビットを除いた仮数部 (23 ビット) は

$$M：10001010\cdots 0$$

となる。次に，式 (3.35) で示す指数部の $(3)_{10}$ をバイアス値：127 でバイアス表現すると，

$$(3)_{10}=(130)_{10}-(127)_{10}=(10000010)_2-(127)_{10} \tag{3.36}$$

である。したがって，指数部 (8 ビット) は

$$E：10000010$$

となる。符号ビット S (正なので "0")，指数部 E，仮数部 M をまとめて，ANSI/IEEE 標準規格で浮動小数点数表現する $(12.3125)_{10}$ は図 3.13 となる。

```
 符号  指数部(8ビット)              仮数部(23ビット)
  S ┌──── E ────┐┌──────────── M ────────────┐
 ┌─┬─┬─┬─┬─┬─┬─┬─┬─┬─┬─┬─┬─┬─┬─┬─┬─┬─┬─┬─┬─┬─┬─┬─┬─┬─┬─┬─┬─┬─┬─┬─┐
 │0│1│0│0│0│0│0│1│0│1│0│0│0│1│0│1│0│0│0│0│0│0│0│0│0│0│0│0│0│0│0│0│
 └─┴─┴─┴─┴─┴─┴─┴─┴─┴─┴─┴─┴─┴─┴─┴─┴─┴─┴─┴─┴─┴─┴─┴─┴─┴─┴─┴─┴─┴─┴─┴─┘
                         (12.3125)₁₀
```

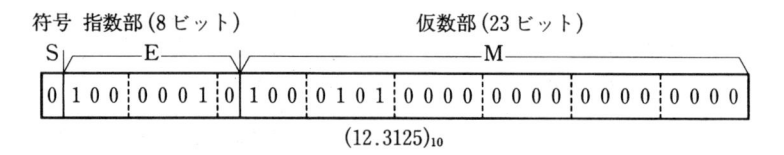

図 3.13 ANSI/IEEE 標準規格での浮動小数点数表現例

3.3 文字の表現

2 進コード (binary code) は，2.2.4 項 (h) で述べたように，有限個の均質要素から成る数値 (10 進数) や文字を 2 進数やビット列にエンコードしたコードである。2 進コードのコンピュータ内部での表現 (数表現) について考えてみよう。

3.3.1 10 進数の 2 進コード表現

(a) 2 進コード化 10 進数表現

2 進コード化の対象となる集合の要素が p 個の場合，2 進コードへエンコードするためには最小 $\log_2 p$ ビット必要である。たとえば，10 進数を表すための 10 種類の数字を数表現するために，$\log_2 10$ ビット (コードの長さ (ビット長) は整数なので切り上げて 4 ビット) 必要となる。

表 3.2 と図 3.14 に示すように，2 進数 4 ビットで 10 進数 1 桁 (10 種類の数字) を表現 (エンコード，符号化) する 2 進コードを **2 進コード化 10 進数** (**BCD**, Binary Coded Decimal) という。私たち人間が日常生活で使う 10 進

数をそのままコンピュータ内部で表現する場合に BCD 表現を利用する。

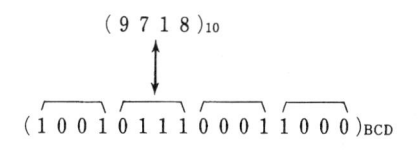

$$(9\ 7\ 1\ 8)_{10}$$
$$\updownarrow$$
$$(\overbrace{1001}\ \overbrace{0111}\ \overbrace{0001}\ \overbrace{1000})_{BCD}$$

図 3.14 10 進数表現と BCD 表現

2 進数 16 ビットでは最大 $(65535)_{10}$ まで表現できるのに対して，BCD の 16 ビット (10 進数 4 桁) では最大 $(9999)_{10}$ までしか表現できない．この意味で，BCD は冗長な数表現形式である．

10 進数 1 桁を 4 ビットの 2 進コードで表現する BCD コードには，MSb から順に 8, 4, 2, 1 の数値の重みがついている．そして，この 2 進コードの重みつき総和をとれば対応する 10 進数の数値となるものを**重みつきコード**という．重みつきコードが文字コード ("数字" という文字を表す 2 進コード，次の 3.3.2 項で詳述) と異なるのは，重みつきコードは "重みつき総和が数値" という意味をもっていることである．

重みつきコードには，ほかに，重みが MSb から 2, 4, 2, 1 となっている **2421 コード**などがある．

ある 2 進コードの各ビットに数値の重みがついておらず，あらかじめ定めておいたコード表によって 10 進数と 2 進コードとの対応付けが定めてあるものを**非重みつきコード**という．非重みつきコードの代表例は，**Excess-3 コード (3-増しコード)** である．3-増しコードは，"ある 10 進数に対応する BCD コードを $(3)_{10}\ (=(0011)_2)$ だけ増して (加えて) 作ったコード" である．

表 3.2 に，10 進数 0, 1, 2, ···, 9 に対応する重みつきコードである BCD コードと 2421 コード，および，非重みつきコードの 3-増しコードを示しておく．

（b） そのほかの 2 進コード表現 10 進数

10 進数表現を最小限必要な 4 ビットだけではなく，エラー検出用などに利用する冗長ビットを加えた 2 進コードで行うコード化 10 進数表現がある．

① **biquinary (2×5 進) コード**：7 ビットの重み (5043210) つきコードである；② **2-out-of-5 コード**：5 ビットの非重みつきコードで，どのコードも 5 ビットのうち 2 ビットだけを 1 にする；などである (表 3.2 参照)．

表 3.2　10 進数表現のための 2 進コード例

10 進数	BCD	2421	3-増し	biquinary	2-out-of-5
0	0 0 0 0	0 0 0 0	0 0 1 1	0 1 0 0 0 0 1	0 0 0 1 1
1	0 0 0 1	0 0 0 1	0 1 0 0	0 1 0 0 0 1 0	0 0 1 0 1
2	0 0 1 0	0 0 1 0	0 1 0 1	0 1 0 0 1 0 0	0 0 1 1 0
3	0 0 1 1	0 0 1 1	0 1 1 0	0 1 0 1 0 0 0	0 1 0 0 1
4	0 1 0 0	0 1 0 0	0 1 1 1	0 1 1 0 0 0 0	0 1 0 1 0
5	0 1 0 1	1 0 1 1	1 0 0 0	1 0 0 0 0 0 1	0 1 1 0 0
6	0 1 1 0	1 1 0 0	1 0 0 1	1 0 0 0 0 1 0	1 0 0 0 1
7	0 1 1 1	1 1 0 1	1 0 1 0	1 0 0 0 1 0 0	1 0 0 1 0
8	1 0 0 0	1 1 1 0	1 0 1 1	1 0 0 1 0 0 0	1 0 1 0 0
9	1 0 0 1	1 1 1 1	1 1 0 0	1 0 1 0 0 0 0	1 1 0 0 0

3.3.2　文字の 2 進コード表現

（a）　文字コード

　数値ではなく英数字などの人間が使用している文字情報そのものをコンピュータ内部で表現あるいは識別するコードを**文字コード**(非数値コード)という。文字コードでは，基本的には，1 文字を 1 バイト (8 ビット) で表現する。その理由は，識別しなければならない文字として，① アルファベット：26 文字 (大文字と小文字を区別すると 52 文字)；② 数字：10 種類：③ 記号：(例) カンマ，ピリオド，"＋"など；以外にも，④ 特殊コード：制御コードともいう，入出力装置などの制御に用いる，印字できない (非印字コード)；などがあるからである。

　文字コードの主要な例として次のようなものがある (表 3.3 に例示)。これらは 1 文字を 1 バイトで表現しており，"1 バイトコード"という。

- **ASCII** (American Standard Code for Information Interchange；アスキー)：7 ビットを使用する 1 バイトコードであり，**JIS** (日本工業規格) でも **JIS X0201** として定めている。
- **EBCDIC** (Extended Binary Coded Decimal Interchange Code；イビシディック)：8 ビットすべてを使用する 1 バイトコードである。

3.3 文字の表現　95

表 3.3　文字コードの例

文　字	ASCII	EBCDIC
（空白）	20	40
A	41	C1
a	61	81
9	39	F9
（復帰）	0D	0D

(16 進数表現)

(b)　日本語文字コード

　文字のコンピュータ内部での表現形式については日本独自の問題がある。それは"多種多様な日本語文字(すなわち，ひらがな，カタカナ，漢字など)をどのようにコード化するのか"という問題である。たとえば，JIS の第 1 水準漢字は約 3000 字，第 2 水準漢字は約 3400 字，そのほかを合わせて約 6900 字，旧字体などを含めると 1 万字以上の日本語文字がある。

　日本語文字コードには次のような各種のものがある。これらの日本語文字コードでは，1 文字を 16 ビット (2 バイト) で表現するので，このような文字コードを"2 バイトコード"という。

　(1)　**JIS**：まず，94 個の"区"と 94 個の"点"のそれぞれの番号 (1〜94) を 2 次元座標にするコード (**区点コード**という) 表で識別できる計 8836 (94×94) のコードに約 6900 個の日本語文字を割り当てる。この区点コードとの規則的な関係を定めて作る 2 バイトの日本語文字コードである。2 バイトコードである JIS の上位 (第 1) バイトは $(21)_{16}$〜$(76)_{16}$ と定めている。"JIS X0208"が正式名称である。日本語文字 (特に漢字) コードの基本であり，一般に日本語コードで"JIS コード"といえばこれを指す。

　(2)　**シフト JIS**：JIS (JIS X0208) では 1 バイトコード (ASCII や JIS X0201) に対応するコードも上位 (第 1) バイトとして使う。したがって，これらの 1 バイトコードと JIS の 2 バイトコードの上位バイトとを識別することができない (図 3.15 参照)。そこで，日本語文字コードの上位 (第 1) バイトを

96　3. コンピュータにおける数表現

1バイトコードが使用しない区点コード表上の空き領域（具体的には $(81)_{16}$ ～$(9F)_{16}$，$(E0)_{16}$～$(EF)_{16}$ の範囲）に割り当てた2バイトコードがシフトJISである。この日本語文字コード領域は区点コード表上でJISの文字コード領域がシフトJISの上位バイトによってシフト（shift；移動）したブロックにあるので，このコードを"シフトJIS"と呼んでいる。シフトJISでは，上位バイトが $(81)_{16}$～$(9F)_{16}$，$(E0)_{16}$～$(EF)_{16}$ の範囲にある場合には，"その下位（第2）バイトと合わせた2バイト（コード）で日本語（特に漢字）を表現している"と解釈する。日本独自の日本語文字コードであり，日本においてパソコンを中心に使用している。

	"基"		"礎"	
JIS (2バイトコード)	34	70	41	43

	"4"	"p"	"A"	"C"
ASCII (1バイトコード)	34	70	41	43

	"基"		"礎"	
シフトJIS (2バイトコード)	8A	EE	91	62

（いずれも16進数表現4バイト）

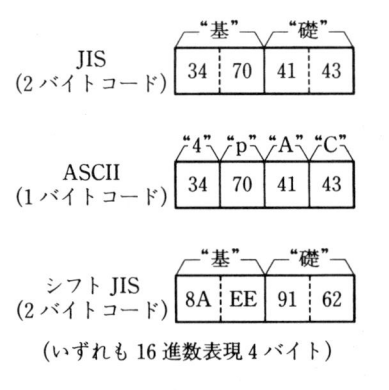

図3.15　1バイトコードと2バイトコードの例

（3）**EUC**（Extended UNIX Code）：AT&Tが定めたコードである。EUCでは，上位バイト $(21)_{16}$～$(7E)_{16}$（MSbが"0"）であればそれを1バイトコードのASCII，$(A0)_{16}$～$(FF)_{16}$（MSbが"1"）であれば下位（第2）バイトと合わせてJIS（JIS X0208）として扱う。主にUNIX用として使い，国際的にも認知されている日本語文字コードである。

（4）**Unicode**：2バイトコードで全世界の文字を表現する。その上位（第1）バイトによって，① アルファベット（Alphabet）(A)：アルファベット，ラテン文字，ギリシャ文字など；② イデオグラフ（Ideograph；表意文字）(I)：漢字（日本，中国，台湾，韓国）など；③ オープン（Open）(O)：現在未定義で将来の標準のために保留しておく；④ 制限（Region）(R)：限定使用の文字や私用文字で，日本で使う半角カナ（1バイトコードのJIS X0201で定めているカタカナ）や全角アルファベットも含む；の4領域に区分してエンコード（コード化）している。また，②のI領域に属している漢字は日本，中国，台

湾，韓国で統一してコード化してある。したがって，この4国の文字としては字体が微細な部分で異なる漢字を同一文字コードに割り当てている。この統一化によって策定した統一漢字セットを"CJK (Chinese, Japanese, Korean)"と呼ぶ。

また，"ESC (ESCape；エスケープ)"という制御文字コード (1バイト) とそれに引き続くあらかじめ決めておいた2文字コード (2個の1バイトコード) (この3文字コード列を"エスケープシーケンス"という) で ASCII や各種 JIS などのコード体系を切り替える方法があり，アルファベットなどを表現する1バイトコードと日本語文字などを表現する2バイトコードが混在する文字情報処理で用いる。

演習問題

3.1 2進数 $(11100101.1101)_2$ を10進数に変換せよ。

3.2 10進数 $(312)_{10}$ を2進数に変換し，さらにそれを8進数と16進数に変換せよ。

3.3 8ビットすべてを数値部の表現に使える (符号ビットなし) 正の2進整数の範囲を求めよ。

3.4 10進小数 $(0.1)_{10}$ を8ビットの2進小数に変換せよ。また，"求めた8ビットの2進小数は正確に $(0.1)_{10}$ であるか"を具体例にとって，10進小数→2進小数変換における問題点を明らかにせよ。

3.5 固定小数点数表現2進数における負数の表現形式を3種類示し，それぞれの特徴について述べよ。

3.6 p ビットの整数部をもつ固定小数点数表現2進整数 N とその1の補数 $\bar{N}$ との関係を表す数式，および N とその2の補数 $\bar{\bar{N}}$ との関係を表す数式を，それぞれ示せ。また，それらより $\bar{N}$ と $\bar{\bar{N}}$ との関係を表す数式を求めよ。ただし，N, $\bar{N}$, $\bar{\bar{N}}$ は10進数値で表す。

3.7 $(11100101.1101)_2$ を1の補数表現および2の補数表現としたときの数値を符号-絶対値表現の10進数でそれぞれ示せ。

3.8 $(-312)_{10}$ を1の補数表現および2の補数表現の2進数でそれぞれ示せ。

3.9 1ビットの符号，8ビットの指数部，23ビットの仮数部をもつ浮動小数点数表現の範囲を求めよ。

3.10 浮動小数点数表現に関する次の単語について説明せよ。①指数(部)バイアス表現；②隠しビット；③ ANSI/IEEE 標準規格。

3.11 10進数を表現する代表的な2進コードを列挙し，それぞれについて説明せ

よ。

3.12 正の整数を 2 進数 32 ビットで表現すると 10 進数では何桁まで表現できるか示せ。

3.13 日本語文字のコード化にあたっては，英数字のコード化に比べると何が問題となるか，具体的に述べよ。

4

論 理 回 路

　本章では，コンピュータのハードウェア機構を構成する基本的な**論理回路**について述べる．特に，実際にコンピュータの基本回路を構成するハードウェア部品となるものについて詳しく説明する．第5章以降の各アーキテクチャのハードウェア機構は，本章で述べる基本的な論理回路によって構成する．

4.1 組み合わせ論理回路

　論理演算は論理演算項（論理変数）や論理定数を論理演算子で組み合わせたものである．**論理回路**はコンピュータの基本ハードウェア機構であり，論理演算式（"論理式"という）で表す機能を実現する．

4.1.1 基本論理演算と論理素子
(a) 基本論理演算
　"0"と"1"とで表す**論理値**に対する演算である**論理演算**（2.2.6項(c)参照）を規定する数学体系を**ブール代数**（Boolean algebra）あるいは**論理代数**という．

　ブール代数にもとづく**論理和**（OR, オア），**論理積**（AND, アンド），**否定**（NOT, ノット）の3種類の論理演算を**基本論理演算**という．基本論理演算の定義は次の通りである．

　（1）**論理和**（OR）：演算子記号"＋"を使う2項論理演算である．式(4.1)に示すように，2個の演算項とも0の場合にだけ演算結果が0である．そのほかの演算項の組み合わせでは演算結果は1である．

$$0+0=0 \\ 0+1=1+0=1+1=1 \tag{4.1}$$

　（2）**論理積**（AND）：演算子記号"・"を使う2項論理演算である．式(4.2)

に示すように，2個の演算項とも1の場合にだけ演算結果が1である．そのほかの演算項の組み合わせでは演算結果は0である．

$$0\cdot 0=0\cdot 1=1\cdot 0=0$$
$$1\cdot 1=1 \tag{4.2}$$

(3) **否定(NOT)**："補数(complement)演算"ともいい，演算子記号"‾"を使う単項論理演算である．式(4.3)に示すように，1個の演算項の論理値を反転(0↔1)する．

$$\overline{0}=1$$
$$\overline{1}=0 \tag{4.3}$$

論理和(OR)と論理積(AND)の2項演算は多項演算へ拡張可能である．

ブール代数では，(1)～(3)の3種類の基本論理演算(子)だけであらゆる論理演算(式)を表せる．

(b) 論理素子

(a)で述べた3種類の基本論理演算の各機能を実現する最小単位のハード

記号表現	入力値 I_1 I_2	0 0 1 1 0 1 0 1
(1) OR	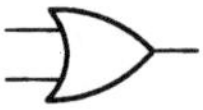 ⊃	0 1 1 1
(2) AND	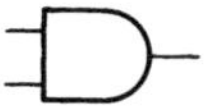 ⊐	0 0 0 1
(3) NOT	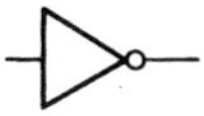 ▷∘	$I=0\to 1$ $I=1\to 0$
(4) NAND	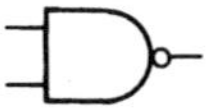 ⊐∘	1 1 1 0
(5) NOR	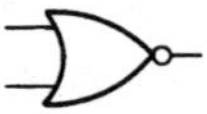 ⊃∘	1 0 0 0
(6) XOR	 ⊃⊃	0 1 1 0
(7) XNOR	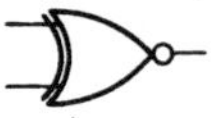 ⊃⊃∘	1 0 0 1
(8) バッファ	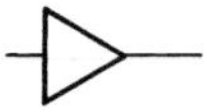 ▷	$I=0\to 0$ $I=1\to 1$

出力値 O

図4.1 基本論理素子の記号表現と論理(出力値)

ウェア機構を**基本論理素子**という。① 基本論理演算の演算項 (の論理値) が基本論理素子への入力信号；② 基本論理演算の演算結果 (の論理値) が基本論理素子からの出力信号；にそれぞれ対応する。基本論理素子を次の (1)～(3) と図 4.1 で列挙する。

基本論理素子のほかにも，論理回路を構成するための実用的な論理素子がある。実用的論理素子については，次の (4)～(8) と図 4.1 で列挙する。

ここでは，入力信号を I，出力信号を O としている。式 (4.4)～(4.11) は I と O との関係を論理演算式で示している。また，図 4.1 ではそれぞれの記号表現および入力値と出力値との関係 (**真理値表**という) を示している。

● **基本論理素子**

（1） **OR 素子**
$$O = I_1 + I_2 \tag{4.4}$$

（2） **AND 素子**
$$O = I_1 \cdot I_2 \tag{4.5}$$

（3） **NOT 素子** (インバータ (inverter))
$$O = \overline{I} \tag{4.6}$$

● **実用的論理素子**

（4） **NAND** (Not AND；**ナンド**) **素子**
$$O = \overline{I_1 \cdot I_2} \tag{4.7}$$

（5） **NOR** (Not OR；**ノア**) **素子**
$$O = \overline{I_1 + I_2} \tag{4.8}$$

（6） **XOR** (eXclusive OR；**イクスクルーシブオア，排他的論理和**) **素子**
$$O = I_1 \oplus I_2 (= I_1 \cdot \overline{I}_2 + \overline{I}_1 \cdot I_2) \tag{4.9}$$

（7） **XNOR** (eXclusive NOR；**イクスクルーシブノア**) **素子**
$$O = \overline{I_1 \oplus I_2} \tag{4.10}$$

（8） **バッファ** (buffer) **素子**
$$O = I \tag{4.11}$$

(3) の NOT 素子と (8) のバッファ素子は単項演算に対応する機能をもち，1 入力端子である。そのほかの論理素子は 2 項演算に対応する機能をもち，2 入力端子である。

(4) の NAND 素子と (5) の NOR 素子はそれぞれ 1 種類だけで (1)～(3) の基本論理素子の機能 (基本論理演算機能) を実現できるので，それぞれを "万能論理素子" という。"NAND (または NOR) 素子の万能性" は "NAND (また

は NOR)素子だけでコンピュータハードウェアのすべてが構成できる"ことを示している。

(6)の XOR 素子と(7)の XNOR 素子は素子への2本の入力線の論理値を比較して"同じか異なるか"を調べる論理(値)比較(ビット比較)機能をもつ。論理比較機能は論理演算の基本でもあり，コンピュータの各ハードウェア機構で多用する。

(8)のバッファ素子は入力した論理値をそのまま出力する。論理演算では"肯定"にあたる。実用的には，電気信号の増幅器(素子)として利用する。

（c） 正論理と負論理

図 4.2 に示すように，ブール代数の論理値(2値，"0"と"1")と電気的な信号値(オフとオン，低レベルと高レベルなど)によって示す物理的な"負(オフ，低レベル)"と"正(オン，高レベル)"の2値との対応付けには次の2種類がある。

（1） **正論理**：0には負，1には正を対応付ける。
（2） **負論理**：0には正，1には負を対応付ける。

実際に論理回路を作るときには，回路の空間的あるいは時間的規模を考えて，(1)(2)のいずれを採用するかを決める。

本章の以降のタイミング図では，正論理で説明している。

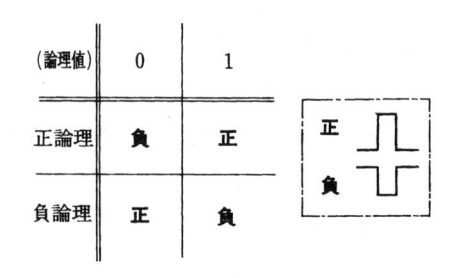

図 4.2　正論理と負論理

4.1.2　組み合わせ回路の構成

（a） 論理演算と論理回路

論理素子は論理演算子(論理演算記号)の機能を実現する最小基本単位のハードウェア機構である。

コンピュータのハードウェア機構は多数の論理素子を信号線で接続(配線)して構成する。論理素子を信号線で接続して構成した，ある一定の働き(制

御，演算など）をするハードウェア機構を**論理回路**という．

論理素子を接続する信号線（名）は論理演算における論理演算項にあたる．したがって，論理素子を信号線で接続して構成する論理回路の機能は論理演算子と論理演算項で記述する論理演算（式）で表せる（図 4.3 左に NAND 素子の例）．論理演算式において論理演算項は論理変数と見なせるから，この論理演算式は**論理関数**（式）である（図 4.3 右参照）．

NAND 素子

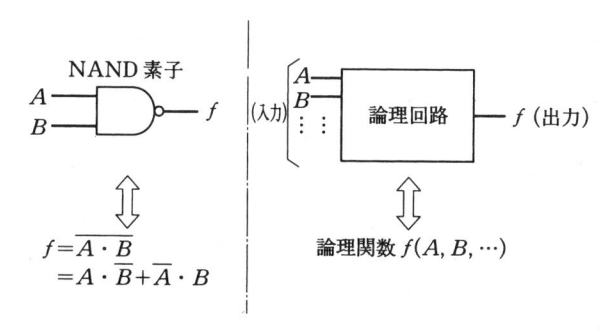

$f = \overline{A \cdot B}$
$= A \cdot \overline{B} + \overline{A} \cdot B$

論理関数 $f(A, B, \cdots)$

図 4.3 論理演算と論理回路との対応

（b） 組み合わせ回路

図 4.4 と式 (4.12) に示すように，どの時点の出力もその時刻 t の入力だけに依存する論理回路を**組み合わせ論理回路**あるいは単に**組み合わせ回路**（combinatorial logic）という．

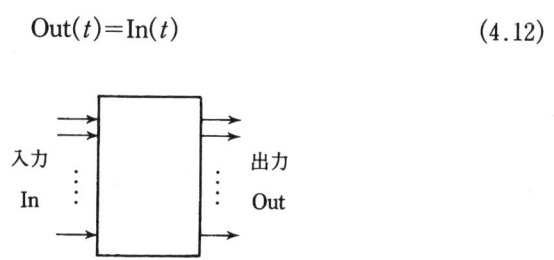

$$\text{Out}(t) = \text{In}(t) \tag{4.12}$$

図 4.4 組み合わせ回路

（c） 伝播遅延時間

実際には式 (4.12) は正確ではない．それは**伝播遅延時間**（propagation delay time）という"入力から出力へ信号が伝わるのに要する時間"を無視しているからである．式 (4.12) を伝播遅延時間：t_{pd} を用いて書き直すと式 (4.13)

となる。

$$\text{Out}(t) = \text{In}(t - t_{pd}) \tag{4.13}$$

組み合わせ回路を構成する論理素子やそれらを相互に結合する信号線は，それぞれ固有の伝播遅延時間をもっている。実際の組み合わせ回路を用いてコンピュータのハードウェア機構を構成する場合には，この伝播遅延時間に対する配慮が必要となる。

4.1.3 組み合わせ回路による基本ハードウェア機構の構成例

コンピュータの基本ハードウェア機構となる種々の組み含わせ回路の実例について紹介してみよう。

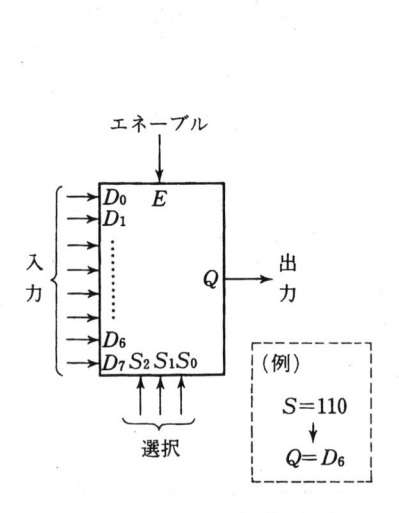

(a) マルチプレクサ

マルチプレクサ(multiplexor)は，"データセレクタ(data seletor)"ともいい，図 4.5 に示すように，n 本の選択(制御)線によって 2^n 本の入力信号のうち1入力だけを選択出力する機能をもつ組み合わせ回路である。$2^n(=m)$ 入力から1出力を選択するマルチプレクサを "$m \times 1$ マルチプレクサ" という。

出力の有効/無効制御を行うエネーブル(enable)端子をもつマルチプレクサ(図 4.5 参照)もある。エネーブル端子をオフにすると出力が無効(電気的には

図 4.5 8×1 マルチプレクサ

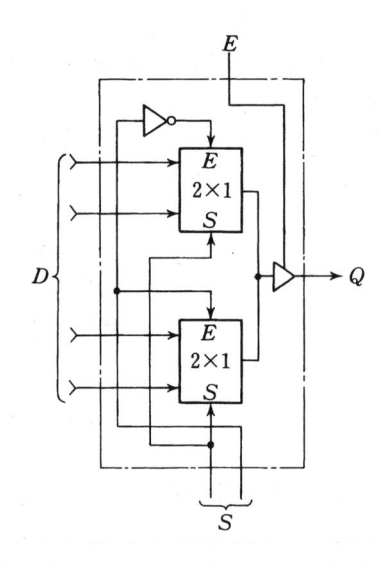

図 4.6 2×1 マルチプレクサによる 4×1 マルチプレクサの構成

"ハイインピーダンス"，物理的には"断線"と同じ効果を与える）となる。複数のエネーブル端子付きマルチプレクサを組み合わせることによって入力線の増加に対処することができる。たとえば，図4.6に示すように，2個の $n \times 1$ マルチプレクサを合成して $2n \times 1$ マルチプレクサを構成できる。

コンピュータを構成する基本組み合わせ回路としてマルチプレクサの応用範囲は広く，データ選択だけでなく，並列 → 直列変換や制御信号選択などにも利用できる。

（b） デマルチプレクサ

マルチプレクサと反対の機能（すなわちデータ分配機能）をもつ組み合わせ回路を**デマルチプレクサ**(demultiplexor)あるいは"データ分配器"という。デマルチプレクサは，図4.7に示すように，n 本の選択（制御）線によって 2^n 本の出力信号のうち1出力だけを選択し，それだけに入力を分配出力する。1入力と $2^n(=m)$ 出力をもつものを"$1 \times m$ デマルチプレクサ"という。

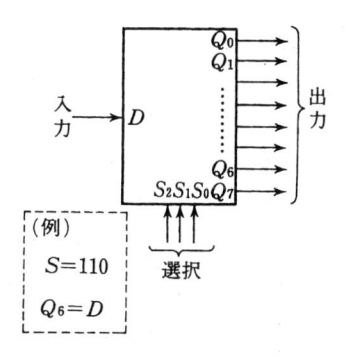

図4.7 1×8 デマルチプレクサ

デマルチプレクサはクロック信号の分配や直列 → 並列変換に利用できる。

（c） デコーダ

コードの解読（復号，デコード）を行う機能をもつ組み合わせ回路を**デコーダ**(decoder)あるいは"復号器"という。図4.8に示すように，n 入力と $2^n(=m)$ 出力をもつデコーダを"$n \times m$ デコーダ"という。デコーダの出力は相互に排他的であり，入力パターンに対応する出力だけを1とし，残りすべてを0とする。

デコーダは文字通り"コードの解読機構"であり，たとえば命令語や命令コード（opコード）の解読や復号などに利用できる。

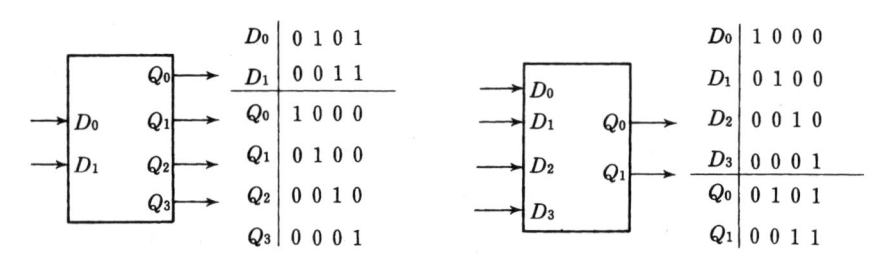

図 4.8 2×4 デコーダ

図 4.9 4×2 エンコーダ

（d） エンコーダ

エンコーダ（encoder；符号化器）はデコーダの反対の機能であるエンコード（encode；符号化）を行う組み合わせ回路である。エンコーダでは，複数入力のうち1本だけが1となり，1になった入力に対応する出力ビットパターン（コード）を生成する。図4.9に示すように，$2^n(=m)$入力とn出力をもつエンコーダを"$m \times n$エンコーダ"という。

単純なエンコーダでは，複数入力が1となると出力パターンから一意に入力を識別できない。たとえば図4.9において，$D_1=D_2=1$，$D_0=D_3=0$の場合，$Q=11$となり，入力がD_3だけであると誤認してしまう。そこで，入力に**プライオリティ**（priority）という優先順位付けをしてこの識別を可能にしたエンコーダを**プライオリティエンコーダ**という。プライオリティエンコーダでは，優先順位の最も高い入力に対応する出力コードを生成する。上記の例では，"$D_0 \to D_3$とプライオリティが高くなる"というようにあらかじめ設定しておくと，$D_1=D_2=1$の場合でも"$Q=10$で優先順位の高い入力がD_2である"と識別できる。

プライオリティエンコーダの応用としては，割り込み要因識別機構（5.3.2項(b)参照）などがある。

（e） 論理比較器

図4.10に示すように，XOR素子あるいはXNOR素子を複数個並べて構成するデータ比較回路を**論理比較器**あるいは**コンパレータ**（comparator）という。単純な論理比較器では，等しいか等しくないか（不等）を判定するだけである。

図4.11に示すように，等/不等だけでなく2入力n, mの大小比較（$n<m$，$n=m$，$n>m$）も可能なコンパレータを**大小比較器**あるいは**マグニチュードコンパレータ**（magnitude comparator）という。

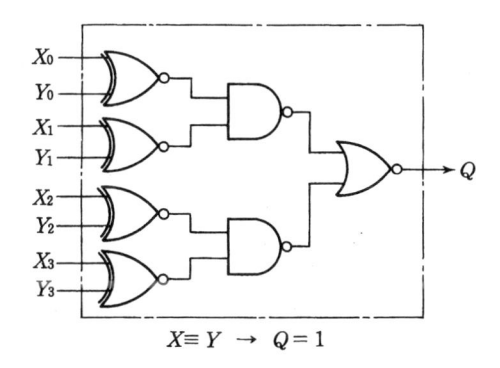

図 4.10　4 ビット論理比較器

$$X \equiv Y \rightarrow Q = 1$$

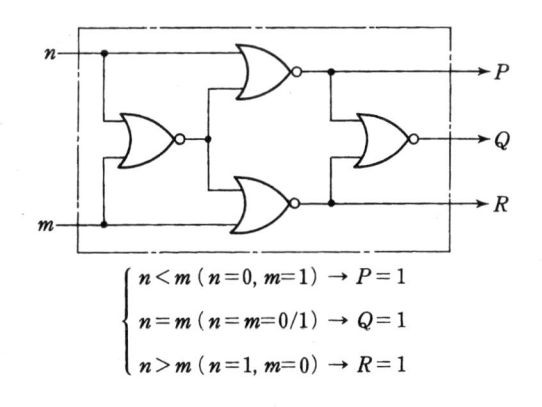

$$\begin{cases} n < m \ (n=0, m=1) \rightarrow P = 1 \\ n = m \ (n=m=0/1) \rightarrow Q = 1 \\ n > m \ (n=1, m=0) \rightarrow R = 1 \end{cases}$$

図 4.11　1 ビット大小比較器

4.2　順 序 回 路

ある時間 t の出力がその時間 t の入力だけではなく入力の履歴にも依存する論理回路を**順序論理回路**あるいは単に**順序回路** (sequential logic) という。

4.2.1　順序回路の構成

（a）1 ビットメモリ

順序回路には，入力の履歴（状態，ステータス）を保存するために**メモリ** (memory) が必要となる。簡単なメモリは 2 値いずれかの論理値（1 ビット）を格納しておく 1 ビットメモリである。1 ビットメモリは次の 4.2.2 項で述べる**フリップフロップ** (flip-flop) で実現できる。

(b) 順序回路

図4.12に示すように,基本的な順序回路は組み合わせ回路とメモリで構成する。順序回路は回路動作のタイミングによって,**同期(式)順序回路**と**非同期(式)順序回路**とに分けることができる。

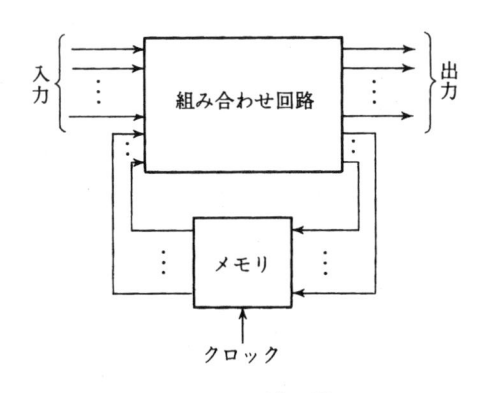

図4.12 順序回路

(c) 同期順序回路

順序回路における動作のタイミング(同期)をとるパルス信号が**クロック** (clock) である。(同期)順序回路では,クロックによって(クロックごとに)同期順序回路の ① 入力(信号)を定める;② メモリの状態を変更する;③ 出力(信号)を定める;のタイミング合わせを行う。

①~③の点で回路動作がクロックに同期している順序回路を**同期(式)順序回路** (synchronous sequential logic) という。同期順序回路では,メモリは1クロックパルス入力に対して1回だけ状態を変え得る。したがって,入力が不変でも状態変化によって出力が変わり得る。

(d) 非同期順序回路

回路動作が任意の時刻に発生する入力の変化およびその順序だけに依存する順序回路を**非同期(式)順序回路** (asynchronous sequential logic) という。非同期順序回路は,各部分回路の動作が同期する必要がないので,クロックを使用しない。最後の入力変化の影響が落ち着くことを"安定 (stable)"という。

4.2.2 フリップフロップ

フリップフロップ (flip-flop) は "0" と "1" とのいずれかの安定状態(双安定

状態)をもつ1ビットメモリである。フリップフロップは順序回路のメモリとして使う。

フリップフロップの状態変化は(クロックを含む)入力による。1個のフリップフロップの状態(1ビット)はその出力でもある。ある論理値とその論理が逆の値の両方(これを"相補(complementary)信号"といい，フリップフロップでは $Q/\overline{Q}$ のように書く)を同時にかつ別々に出力することができる。フリップフロップは最小構成の順序回路である。

(a) SRフリップフロップ

フリップフロップの基本は，図4.13に示すような2個のNOR素子で構成する**SRフリップフロップ**である。

SRフリップフロップはS(Set)入力が1かつR(Reset)入力が0のときに出力(状態)Qを強制的に1にセットし，逆に，R入力が1かつS入力が0の時にQを強制的に0にリセットする機能をもつ(図4.13右の真理値表参照)。

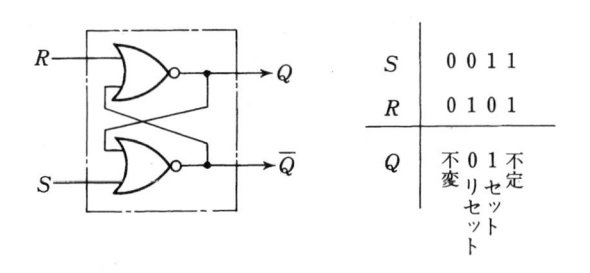

S	0 0 1 1
R	0 1 0 1
Q	不変 0 1 不定 リセット セット

図4.13 SRフリップフロップ

図4.13では省略してあるが，実際のSRフリップフロップでは，クロックに同期してSR入力(信号)が定まり，それによって状態(出力)も定まる。

(b) Dフリップフロップ

図4.14に示すように，出力(状態)Qは入力Dのみに依存するフリップフ

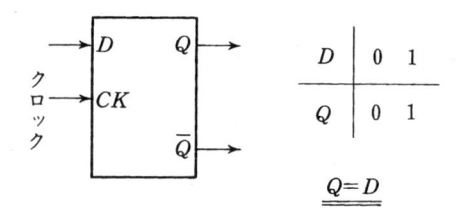

D	0 1
Q	0 1

$$Q = D$$

図4.14 Dフリップフロップ

ロップである。状態信号の取り込み・保存(ラッチ)用として利用できる。

（c）ラッチとレジスタ

図4.15に示すようなフリップフロップの集まり(複数個のフリップフロップを並べたもの)を**ラッチ**(latch)あるいは**レジスタ**(register)という。"レジスタ長(ビット)"は並べたフリップフロップ個数のことであり，各フリップフロップは同一クロックに同期して動作する。すなわち，ラッチやレジスタのクロックによる同期動作には，①フリップフロップ出力の読み出し(read)；②フリップフロップへの書き込み(write)および状態更新；とがあり，各ビットは同時(並列)に動作する。

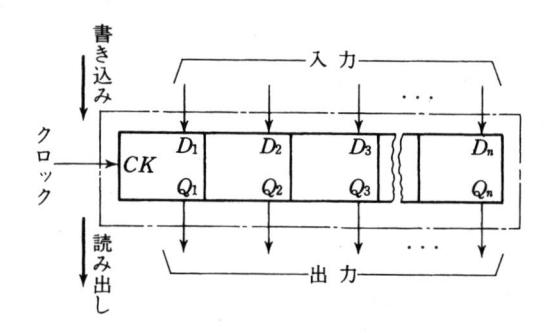

図4.15 Dフリップフロップによるnビットラッチ(レジスタ)の構成例

ラッチやレジスタは制御情報(信号)やデータの一時格納機構としてコンピュータハードウェア装置の各所で使用する。

また，2.1.2項(b)で述べた汎用レジスタは1ワード(たとえば32ビット)長のレジスタを複数個で組(セット)にしたデータ専用格納装置である。

（d）シ フ タ

図4.16に示すように，あるフリップフロップ出力を別のフリップフロップ入力としてそれらを直列に連結したフリップフロップ群を**シフタ**(shifter)と

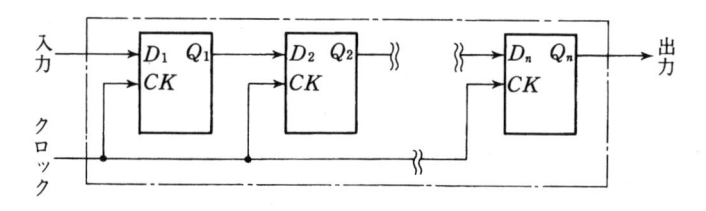

図4.16 Dフリップフロップによるnビットシフタの構成例

いう。シフタを構成する各フリップフロップに共通のクロックを入力することによって，そのシフタは同期動作する。ラッチやレジスタは共通クロック入力をもつだけでビットが相互に独立している（他のビットの出力の影響を入力に受けない）のに対して，シフタでは隣接フリップフロップ（ビット）が連結し連動する点が特徴的である。

シフタ全体としての機能は，シフト方向（左/右）とシフトビット数によって決まる。複数ビットへの並列入出力が可能であり，直列⇔並列の相互変換や固定小数点数乗除算（1ビットシフトは2を乗/除することにあたる，6.1.3や6.1.4項参照）などに応用する。シフタを用いて実現するいろいろなシフト操作については 2.2.6 項 (d) で詳述している。

4.2.3 カウンタ

クロックパルスに同期してあらかじめ決めた順序で状態変化を起こす順序回路を**カウンタ** (counter；計数器) という。カウンタはシフタの一種であるが，隣接フリップフロップ間を直結するのではなく簡単な組み合わせ回路を挿入することによってあらかじめ定めておいた状態変化を起こす点が異なる。

(a) リプルカウンタ

図 4.17 に示すように，最下位ビット以外の各フリップフロップのクロックを前段（下位ビット）の出力（**リプルキャリ** (ripple carry) という）とするカウンタを**リプルカウンタ**という。

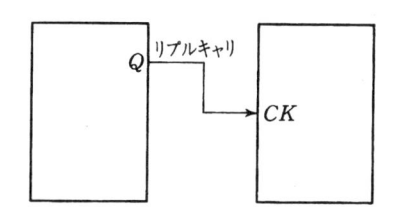

図 4.17 リプルキャリとリプルカウンタ

リプルカウンタでは，カウントパルスが最下位ビットから最上位ビットまで順番に伝播する。各フリップフロップの伝播遅延時間がカウンタ全体の動作時間を左右し，各フリップフロップは非同期動作するので，リプルカウンタを"非同期カウンタ"ともいう。

(b) 2進カウンタ

　n個のフリップフロップによって2^n個の状態を表現できるので，このフリップフロップ群の状態(出力)の組を"nビット2進数"とみなす。その最下位ビットにあたるフリップフロップへのクロック入力とするカウントパルス(カウント用クロック)をカウントとして，このフリップフロップ群で示すnビット2進数を増加(あるいは減少)するカウンタを**2進カウンタ**(binary counter)という。

　図4.18に示すのは，DフリップフロップのQ出力を次段(上位ビット)のフリップフロップのクロック入力とする2ビットリプル2進カウンタである。最下位ビットのフリップフロップにカウント用クロックを入力することによって，n個のフリップフロップが示す2^n個の状態をnビット2進数として順次表現するカウンタとなる。リプルカウンタであるので，厳密には，伝播遅延時間によって，たとえば，CK_0に入力するカウント用クロックとそれによる状態(出力)変化とのずれはQ_0よりもQ_1の方が大きくなる。

　2進カウンタは，1段ごとにカウント用クロックの周波数を"2で分周する(周波数を半分にする)"ことになり，"nビットカウンタ"は"2^n分周カウンタ"ともいう。

　m状態を識別できるm分周2進カウンタの構成には，$\lceil \log_2 m \rceil$($\log_2 m$を整

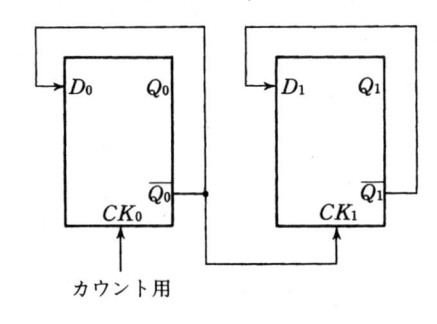

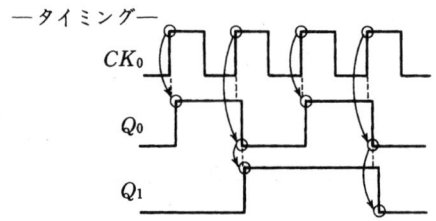

図4.18　2ビットリプル2進カウンタの構成と動作タイミング

数に切り上げ)個のフリップフロップが必要となる．

（c） 同期カウンタ

(b)のリプルカウンタに対して，図4.19に示すように，カウンタを構成するすべてのフリップフロップに同一のクロックを入力し，それらすべてのフリップフロップが同時に（単一クロックに同期して）状態変化するカウンタを**同期カウンタ**という．

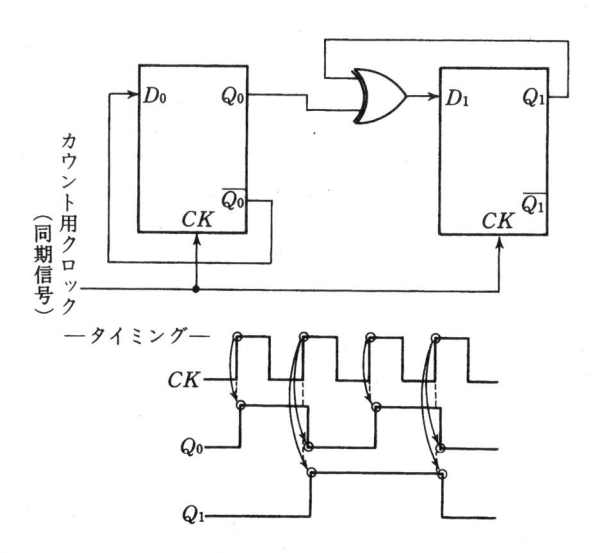

図4.19 2ビット同期2進カウンタの構成と動作タイミング

（d） ジョンソンカウンタ

図4.20に示すように，シフタの最上位ビットからの出力を反転して最下位ビットの入力とするカウンタを**ジョンソンカウンタ**（Johnson counter）という．ジョンソンカウンタでは，図4.20のタイミング図にも示したように，種々のタイミングパルスを簡単に生成できるのでタイミング生成回路の構成に用いる．

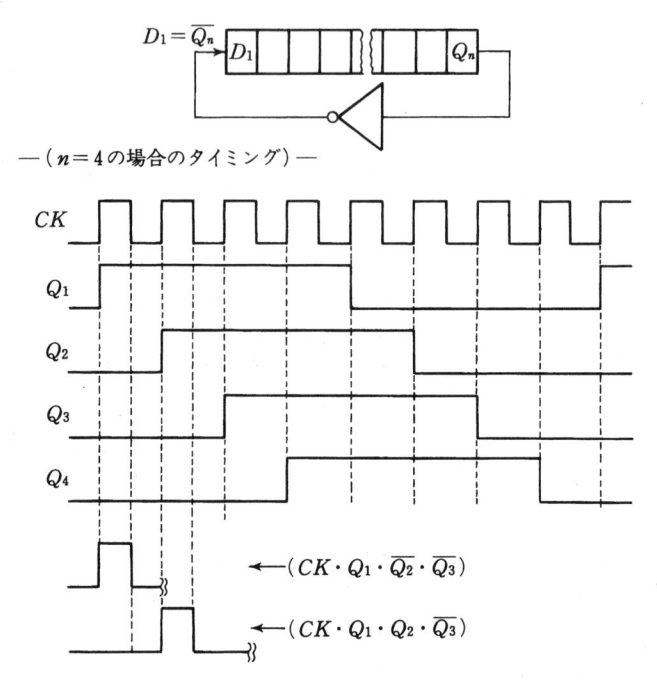

図 4.20 nビットジョンソンカウンタの構成と動作タイミング（$n=4$ の場合）

(タイミング図中の式: $\leftarrow (CK \cdot Q_1 \cdot \overline{Q_2} \cdot \overline{Q_3})$, $\leftarrow (CK \cdot Q_1 \cdot Q_2 \cdot \overline{Q_3})$)

4.2.4 順序回路による基本ハードウェア機構の構成例

実際にコンピュータのハードウェア機構を構成する基本順序回路を紹介してみよう。

(a) タイミング生成回路

コンピュータ (のハードウェア) の動作を制御 (同期) するマスタ (原) クロックパルスから位相のずれたタイミングパルスを生成する回路を**タイミング生成回路**という。**タイミングパルス**はクロック周波数を分周した周波数をもつが，そのパルス幅はマスタクロックと同じである。

基本的なタイミングパルスは，前の 4.2.3 項 (d) で述べたジョンソンカウンタなどを利用して次のような手順で作ることができる (図 4.21 参照)。

（1）周波数 f，デューティ比 ("1" を示すパルスの時間と "0" を示すそれとの比) $1:1$ のマスタクロックパルスを $2n$ 分周し，周波数 $\dfrac{f}{2n}$，デューティ比 $1:1$ のパルスを作る。

（2）このデューティ比を $1:(4n-1)$ にし，マスタクロックのパルス幅と

(1) 周波数 f
(2) 周波数 $\dfrac{f}{4}$

t_0
t_1 デューティ比 1:7
t_2
t_3

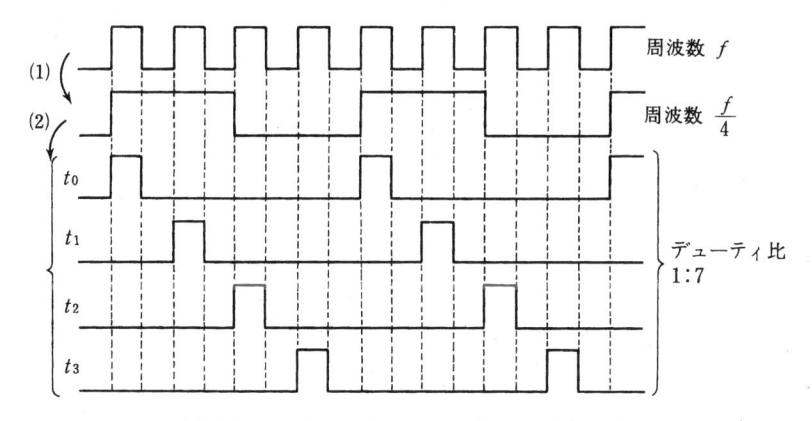

図 4.21 タイミングパルスの生成手順 ($n=2$)

同じにする。

マスタクロックから作るタイミングパルスはコンピュータの制御機構 (特に同期式制御機構, 5.1.3 項 (c) 参照) のタイミング合わせ (同期動作) に使う。

周波数が f のマスタクロックの周期 (cycle；1 クロックサイクル) は $\dfrac{1}{f}$ 秒であり, これを**マシンサイクル** (machine cycle) という。マシンサイクルはコンピュータの動作を同期させるために使う最小単位時間 (間隔) である。

(b) パルスエッジ検出回路

クロックに同期していないパルスのエッジ (edge；立ち上がりと立ち下がり) を検出する回路を**パルスエッジ検出回路**という。非同期信号の同期化などのコンピュータの基本ハードウェア機構 (特に制御機構) の構成には不可欠である。

パルスエッジ検出回路は, 図 4.22 に示すように, 2 個の D フリップフロップを使用して構成できる。

(c) アービタ

"あるハードウェア機構や装置へ複数のアクセスが同時に生じる" ことを "アクセス競合" という。たとえば, メインメモリへプロセッサと入出力装置とが同時にアクセスする場合や, プロセッサ内の ALU とレジスタがバスを同時に使用する場合など, ハードウェア利用の多重化を図っている現代のコンピュータではアクセス競合が発生する回数は非常に多い。このアクセス競合をある戦略で調停し解決する制御機構を**アービタ** (arbiter, 調停機構) という。アービタは順序回路の一種であり, 非同期に生じる信号を順序付けする。

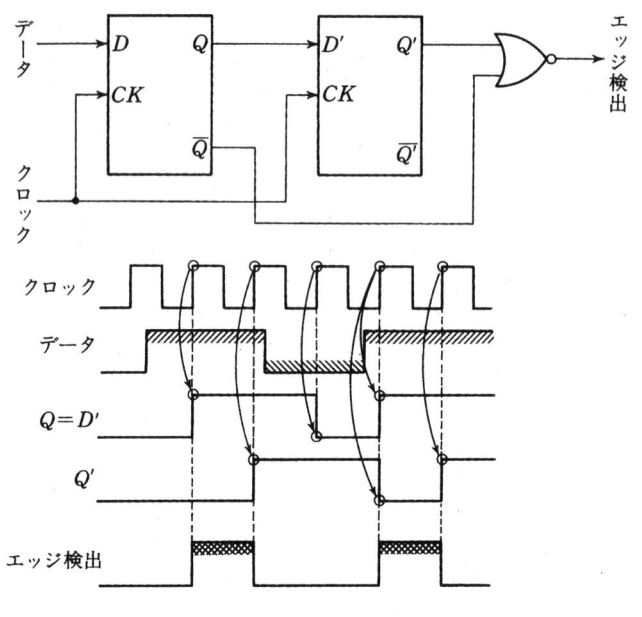

図 4.22 パルスエッジ検出回路

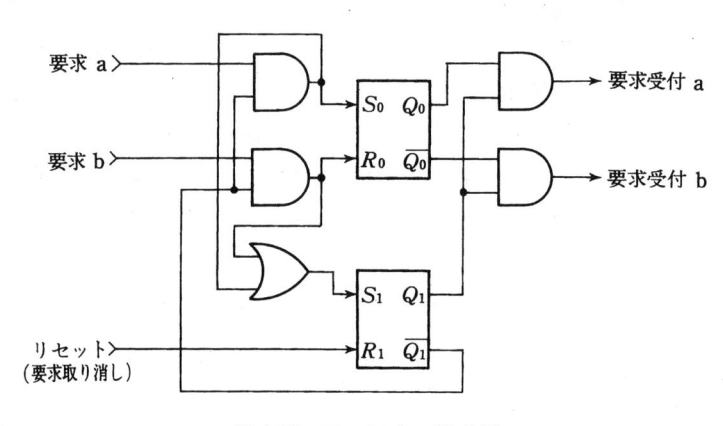

図 4.23 アービタの構成例

図 4.23 にアクセス要求線が 2 本の場合の簡単なアービタを SR フリップフロップによって構成する例を示しておく。このアービタでは，アクセス要求信号のうち，より早いものに要求受付信号を送る。たとえば，要求 a を受け付けて要求受付 a がオンになると，それをリセット（要求取り消し）するまで，その後に生じる要求 b は受け付けない。

4.3 プログラム可能論理回路

メモリ(1ビットメモリであるフリップフロップから一定容量をもつメモリまでを含む)や論理素子を規則的に並べたハードウェア素子(回路)を用意しておき，論理回路の設計者，製作者，使用者などが回路機能すなわち論理素子間の接続(配線)情報をプログラム(ソフトウェア)などで別途与えることによって，新規に構成したり構成し直したり(再構成)できる論理回路を**プログラム可能(プログラマブル(programmable))論理回路**あるいは**再構成可能(reconfigurable)論理回路**という。プログラム可能論理回路によってカスタム(custom；特注の)論理回路をソフトウェア的に(プログラムを書くようにして)設計・製作できる。

4.3.1 メモリによる組み合わせ回路の構成

メモリには，アドレスを与えてそのアドレスに対応する場所に格納してあるデータを(ワードあるいはバイトなどの一定の単位で)読み出す機能がある。与えるアドレスを入力(信号)，読み出すデータを出力(信号)とみなすと，メモリは組み合わせ回路である。

(a) 代表的なメモリ素子

4.2.2項で述べたフリップフロップは1ビットメモリである。半導体メモリの **SRAM**(Static Random Access Memory)はトランジスタ(論理素子)を用いて構成したフリップフロップをIC上に2次元格子状に規則的に並べた(集積した)メモリ素子である。フリップフロップは電気的に"0"と"1"のいずれかの安定(双安定)状態を保持できる。

一方，IC上でトランジスタを生成するときにできるコンデンサ(condenser；電気を一時的に蓄える機能部品)を利用して1ビットメモリを構成できる。半導体メモリの **DRAM**(Dynamic Random Access Memory)はこのトランジスタ-コンデンサ対をIC上に2次元格子状に規則的に並べて(集積して)構成するメモリ素子である。

SRAMとDRAMは現代のコンピュータのハードウェア構成で使用する代表的な半導体メモリ素子である。半導体メモリについては7.1.2項(c)で詳述する。

(b) メモリによる組み合わせ回路

組み合わせ回路は入力値の組み合わせを用いて出力値を生成するものであ

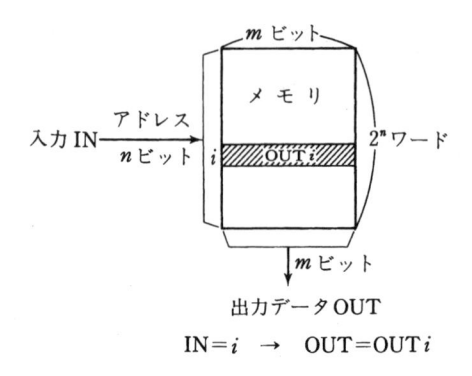

図 4.24　メモリ素子による組み合わせ回路

り，図 4.24 に示すように，入力値の組み合わせに対する出力値をあらかじめメモリ素子に格納しておくことによって，組み合わせ回路を構成できる。メモリ素子による組み合わせ回路の構成方式は，不要な組み合わせに対してもメモリを使用するという冗長性があるが，構成が簡単でかつメモリを書き換えるだけで様々な組み合わせ回路を構成できるので，拡張性や柔軟性は基本論理素子による組み合わせ回路の構成方式よりも格段に優れている。

（c）読み出し専用メモリによる組み合わせ回路

指定したアドレスのビットパターン（ワード）の読み出しだけが可能なメモリ素子を**読み出し専用メモリ**（ROM；Read Only Memory）という。図 4.25

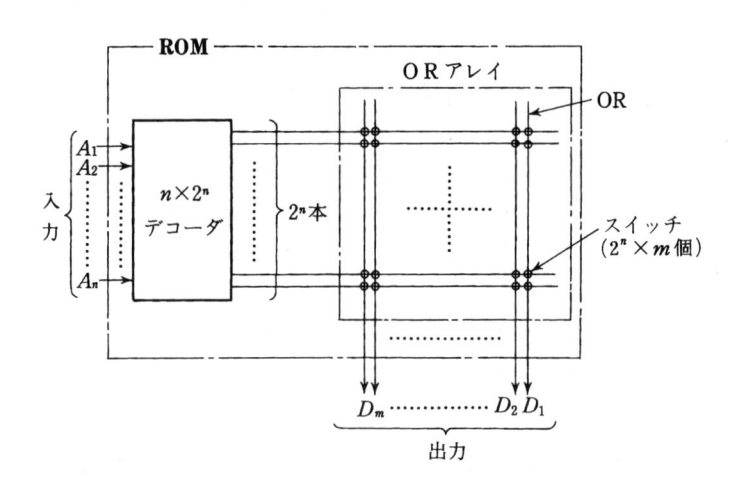

図 4.25　ROM による組み合わせ回路

に示すように，"nビットのアドレス線をもつmビット幅，2^nワードの容量のROM"は，"$n \times 2^n$デコーダおよびその出力全部(2^n本)を(スイッチを介して)入力とするOR素子(ワイアードOR線：複数の出力を相互結合した線がORと同じ論理演算効果を示す)m個(これを"ORアレイ"という)による組み合わせ回路"と見なせる．$2^n \times m$個のスイッチのオン/オフがROMの内容(ビットパターン)に当たる．

プログラム可能ROM(**PROM**(Programmable ROM))では，このビットパターンをいつでも電気的に変更することができる．

4.3.2 プログラム可能論理素子

(a) プログラム可能ロジックアレイ

図4.26に示すように，選択された入力だけの論理積を出力するAND素子(ワイアードAND線：複数の出力を相互結合した線がANDと同じ論理演算効果を示す)の並びを**プログラム可能ANDアレイ**という．一方，選択された入力だけの論理和を出力するOR素子の並びを**プログラム可能ORアレイ**と

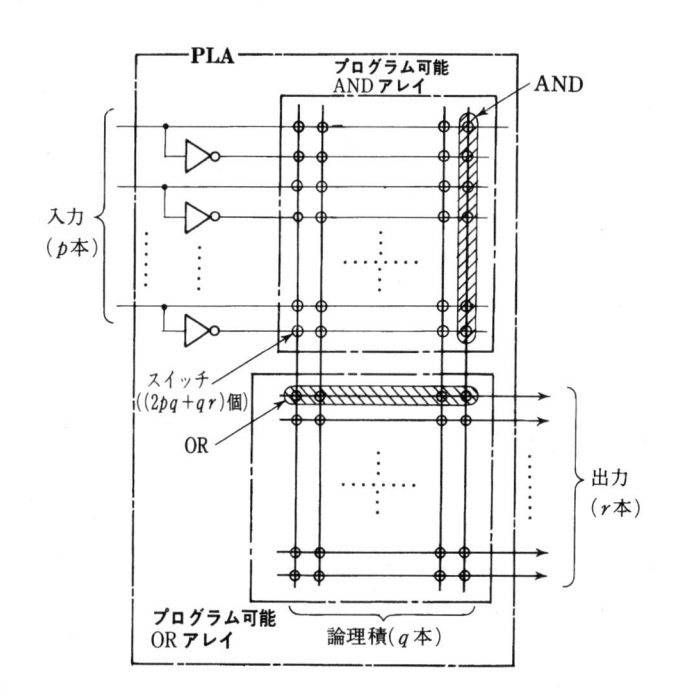

図4.26 PLAによる組み合わせ回路

いう。

　図 4.26 に示すように，プログラム可能 AND アレイの出力 (論理積) を OR アレイに結合して構成する論理素子 (組み合わせ回路) を**プログラム可能ロジックアレイ** (**PLA**；Programmable Logic Array) という。p 入力・q 論理積・r 出力の PLA は q 個の p 入力 AND 素子 (アレイ) と r 個の q 入力 OR 素子 (アレイ) で構成できる。

　どんな論理回路も **NOT, AND, OR** の 3 種類で構成できる性質 (万能性) によって，この 3 種類の基本論理素子の組み合わせ (接続，配線) がプログラム可能である PLA を使えば，いろいろな論理回路を手軽に構成できる。

　PLA は前の 4.3.1 項 (a) で述べた ROM のデコーダ部分をプログラム可能 AND アレイで置き換えたものである。"入力パターンのすべてを使用しない場合に回路が冗長となる"という ROM の短所を PLA は補うことができる。

　また，"プログラム可能"を"使用者の手元で比較的手軽にプログラム (構成) 可能である"と解釈できる PLA を **FPLA** (Field-PLA) という。

(b)　ゲートアレイ

　"NAND 素子あるいは NOR 素子のいずれかだけでどんな論理回路も構成できる"という性質 (万能性) を利用する論理素子が**ゲートアレイ** (gate array) である。

　ゲートアレイは NAND 素子か NOR 素子のいずれかだけを規則正しく並べただけの (未配線の) IC である。配線情報は回路設計者が後で指定し，それを工場でゲートアレイに組み込む (配線する)。ゲートアレイは配線情報だけがプログラム可能である半注文生産の論理素子 (回路) である。

　実際には，NAND 素子と NOR 素子が混在するゲートアレイもある。

(c)　フィールドプログラム可能ゲートアレイ

　配線情報の組み込みが (工場ではなく) 使用者の手元 (現場，フィールド (field)) で行えるゲートアレイを**フィールドプログラム可能ゲートアレイ** (**FPGA** (Field Programmable Gate Array)) という。

　FPGA では，"フィールド (使用現場) での配線情報の組み込み (書き込み)"を実現するために，"論理ブロック" (図 4.27 に一例) と呼ぶ NAND 素子や NOR 素子よりも機能が高い論理回路を規則正しく並べて (集積して) ある。

　FPGA の論理ブロックは，たとえば図 4.27 に示す例のように，① 小容量メモリ ("索引表"という)；② マルチプレクサ (4.1.3 項 (a) 参照)；③ フリップフロップ (FlipFlop (FF)，4.2.2 項参照)；で構成しておく。また，図 4.28 に

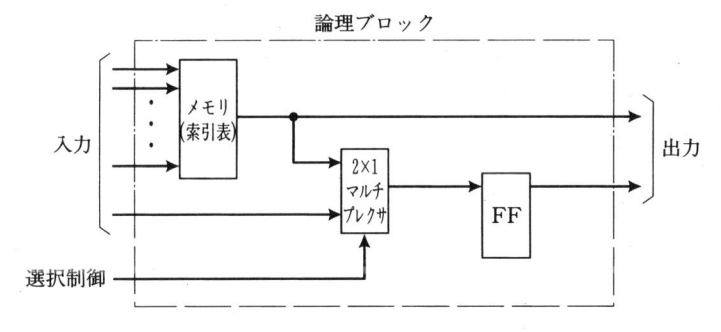

図 4.27 FPGA の論理ブロック例

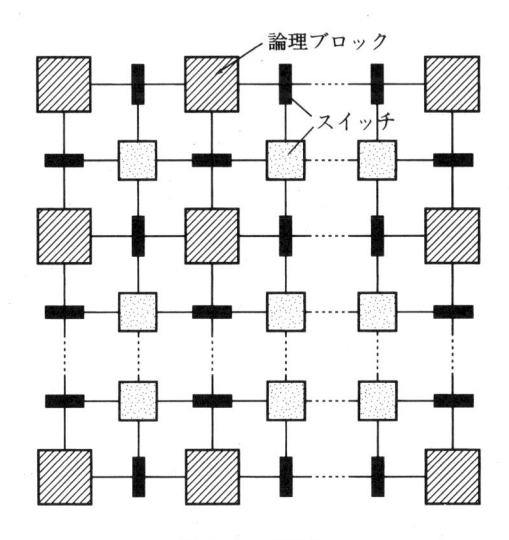

図 4.28 FPGA

示すように，2 次元格子状に規則正しく並べた論理ブロック間にスイッチを置き，それによって論理ブロックどうしを接続（配線）する．

したがって，FPGA は，① 論理ブロックの機能（索引表で定義）；② 論理ブロック間の配線（スイッチで切り替え）；の 2 点で"プログラム可能"である．この①②を使用現場（フィールド）で行える点がゲートアレイに比べた長所である．一方で，ゲートアレイに比べると論理ブロックの機能が高いので，②の自由度は低く（制限が厳しく）かつ使用効率が低くなる点がゲートアレイに比べた短所である．

たとえば，FPGA をあらかじめ（静的に）コンピュータのハードウェア機構

に組み込んでおき，コンピュータを使用しているときに(動的に)その機能を変えることもできる。FPGAはハードウェアの高速性とソフトウェアの柔軟性とをバランスよく兼備した"柔らかいハードウェア(部品)"といえる。ハードウェアの高速性とソフトウェアの柔軟性とはトレードオフとなるので，FPGAでは，動作速度が速くなればなるほどプログラム可能の度合が低くなり，逆に，プログラム可能の度合が高くなればなるほど動作速度は遅くなる。FPGAはこのトレードオフに注意して使用する必要がある。

演 習 問 題

4.1 NOT, AND, ORの3種類の基本論理素子が組としてもつ"万能性"について説明せよ。

4.2 NAND素子あるいはNOR素子はなぜ"実用的"なのか，それらがもつ"万能性"の観点から説明せよ。

4.3 XOR素子あるいはXNOR素子はなぜ"実用的"なのか説明せよ。

4.4 2進カウンタを例にとって，同期カウンタと非同期カウンタ(リプルカウンタ)をコンピュータの基本ハードウェア部品(順序回路)として使用する点から比較せよ。

4.5 周波数fのクロック入力から，周波数$(f/4)$，デューティ比$(1:7)$の4種類のタイミングパルスを出力するタイミング生成回路をDフリップフロップと基本論理素子を用いて構成せよ。

4.6 メモリによる組み合わせ回路の特徴について，論理素子を接続(配線)して構成する組み合わせ回路と比較して述べよ。

4.7 2^pワード(1ワード=qビット)の容量のROMと等価な組み合わせ回路をデコーダを中心に構成してみよ。

4.8 x入力・y論理積・z出力のPLAはそれぞれ何個のAND素子，OR素子，スイッチによって構成されているか，回路構成の概略図を添えて示せ。

4.9 FPGAの特徴について，PLAとの比較の観点およびFPGAを使用する際に注意しなければならないトレードオフの観点から述べよ。

5 制御アーキテクチャ

　制御機構はコンピュータのプロセッサを構成する主要なハードウェア機構であり，演算装置やメモリ装置などの他のハードウェア装置や機構を**制御**(control；コントロール)する。本書では，制御機構の機能(制御機能)におけるハードウェア/ソフトウェア・トレードオフを**制御アーキテクチャ**(control architecture)という。本章では，コンピュータの制御アーキテクチャについて述べる。

5.1 制御アーキテクチャ

　現代のコンピュータの制御機構は，その制御対象に応じて，プロセッサの各所に分散して実装してある。プロセッサ内に分散実装する制御機構を一括して**制御装置**(control unit)と総称する。本節では，この制御装置の構成方式すなわち制御アーキテクチャについて説明する。

5.1.1　制　御　方　式
　コンピュータを構成するいろいろな装置や機構を制御する方式には，大別して**配線論理制御**(**ワイヤードロジック制御**(wired-logic control，**布線論理制**

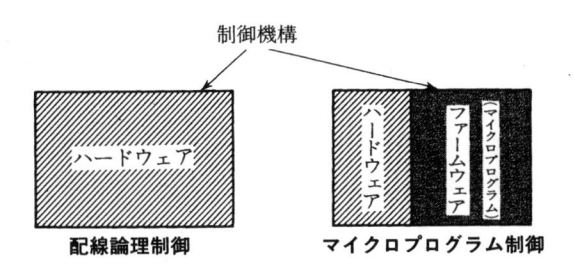

図 5.1　制御方式

御))と**マイクロプログラム制御**(microprogrammed control)とがある。これらの制御方式の選択はそのコンピュータアーキテクチャ(ハードウェア/ソフトウェア・トレードオフ)を決める重要な要因となる(図5.1参照)。

(a) 配線論理制御

制御機構をハードウェアすなわち順序論理回路(4.2節で詳述)で実現する制御方式が、**配線論理制御**である。配線論理制御には、① 高速である；という長所と、② 制御機構の設計が複雑で修正が困難である；という短所がある。

(b) マイクロプログラム制御

ハードウェアを**マイクロプログラム**(**ファームウェア**(firmware))という一種のプログラム(ソフトウェア)によって制御する方式を**マイクロプログラム制御**という。マイクロプログラム制御には、① 制御論理の設計や修正が容易である；② アーキテクチャとしてのハードウェア/ソフトウェア・トレードオフの調整が比較的容易である；という長所と、③ 制御メモリ(マイクロ命令格納用)とメインメモリ(マシン命令格納用)へのアクセスが必要となり、配線論理制御方式よりも低速である；という短所がある。

①②の長所と③の短所とを考えて、マイクロプログラム制御は、具体的には、ⓐ 複雑な制御を必要とする高機能命令(たとえば、浮動小数点数演算, 乗除算など)；ⓑ 命令実行サイクルのうち、きめ細かく多岐にわたる制御が必要なステージ(たとえば実行ステージ)、などの制御に適している。

マイクロプログラム制御については5.1.4項で詳述する。

(c) 制御方式とハードウェア/ソフトウェア・トレードオフ

ハードウェア/ソフトウェア・トレードオフを決める際に、ファームウェアに一部の機能を分担させることによって、最良の場合には高速性と柔軟性の両方を獲得できる。特に、制御アーキテクチャの設計においては、制御方式を配線論理(すなわちハードウェア)かマイクロプログラム(すなわちファームウェア)のいずれで行うのかという選択が、コンピュータ全体のアーキテクチャを決めてしまう重要な分岐点となる。

制御方式の柔軟性を重視するマイクロプログラム制御コンピュータでは、ファームウェアによって命令機能の拡張や改良などに柔軟に対処できる。したがって、マイクロプログラム制御は複雑な命令セットアーキテクチャの実現に適している。このような多種類の高機能マシン命令を装備するコンピュータが2.2.7項(h)で述べたCISCである。CISCではマイクロプログラム制御を採用するのが一般的であり、CISCはファームウェアやハードウェアを重視する

トレードオフを採るアーキテクチャの実現である。

一方，CISCと逆のハードウェア/ソフトウェア・トレードオフすなわちソフトウェア重視のトレードオフを採るコンピュータが2.2.7項(h)で述べたRISCである。RISCは簡素な機能のマシン命令セットをもち，それを実現するハードウェア機構は簡潔である。したがって，RISCの制御機構をハードウェアだけで実装することが制御アーキテクチャとして適切である。すなわち，RISCの制御方式には配線論理制御を採るのが一般的である。

5.1.2 マシン命令の実行と制御
（a）マシン命令のインタプリト

ノイマン型コンピュータでは，"マシン命令の実行"は"マシン命令機能のインタプリト（解釈・実行，2.2.7項(d)(f)参照）"とみなせる。マシン命令のインタプリタを，ハードウェアによって実現する制御方式が配線論理制御であり，ファームウェアによって実現する制御方式がマイクロプログラム制御である。

（b）マシン命令実行サイクルの制御

2.2.5項で述べた命令実行サイクルを"1マシン命令の命令実行サイクルの制御"の観点から見直すと次のようになる。

（1）**フェッチ**：マシン命令をメインメモリから取り出す（読み出す，フェッチする）。

（2）**デコード**：マシン命令をデコード（解読）する。

（3）**実行**：マシン命令機能を実行する。

（4）**順序制御**：次に実行すべきマシン命令の格納アドレスを決定する。

このうち(1)～(3)はこの順で逐次的に実行するように制御する必要がある。また，(4)は(1)～(3)との依存関係（たとえば実行結果によって次に実行すべきマシン命令を決定するような実行順序の制限）がない場合には，それらと独立して実行可能である。

(1)～(4)のうち，制御アーキテクチャの設計に大きな影響を及ぼす(2)デコードを(c)で，(4)順序制御を(d)で，それぞれ詳述する。

（c）命令デコードステージの制御

命令デコードステージでは，命令フェッチステージで命令レジスタ(IR，2.2.5項(a)参照)にセットした命令をデコードし，コンピュータの各装置や機構へ配る制御信号を生成する。

① 命令形式の決定

```
┌──┬────┬────┐
│▨▨│ OP │opr │
└──┴────┴────┘
```

② OPコードとオペランドの分離・抽出

OPコード　オペランド

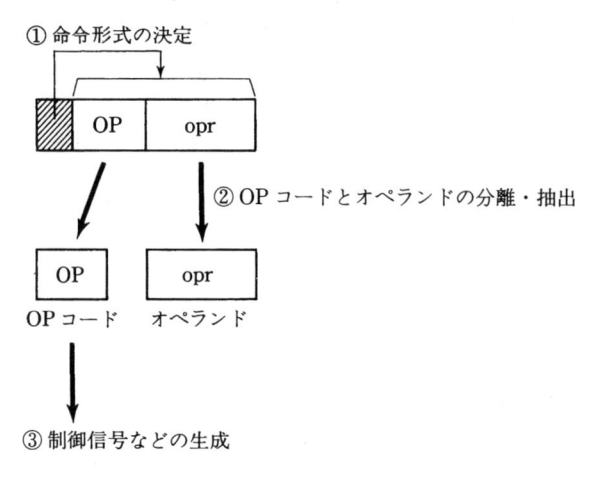

③ 制御信号などの生成

図5.2　マシン命令のデコード

"マシン命令のデコード"では，まず，① 命令形式(2.2.2項参照)の決定；② OPコードとオペランドの分離・抽出；を行う(図5.2参照)。さらに，③ OPコードから ⓐ 配線論理制御の場合には，命令(演算)機能を制御する信号そのもの；ⓑ マイクロプログラム制御の場合にはフェッチしたマシン命令の機能を実現するマイクロプログラムの開始アドレス(5.1.4項で詳述)；の生成を行う。

(d) 命令実行順序制御

データ操作命令の命令実行順序制御では，プログラムカウンタ(PC)を現在実行しているマシン命令長分だけカウントアップする。この命令実行順序制御はこの命令の他のステージと並行して行える。

一方，順序制御命令(プログラム制御命令，分岐命令)は命令実行順序制御機能を明示したマシン命令であり，命令デコードステージで抽出したオペランドである分岐先(候補)アドレス情報をもとに次命令アドレスを生成する。特に，条件分岐命令においては，この条件分岐命令かそれ以前に実行した命令の実行によって派生した条件(コンディション)を分岐方向の判定(分岐先の決定)に使用する。したがって，条件分岐命令による命令実行順序制御では，条件を生成する命令とその条件による条件分岐命令とのタイミングについて考慮する必要がある。

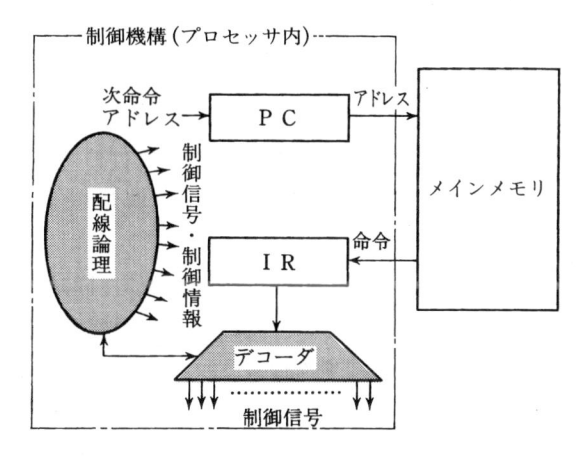

図 5.3 配線論理制御機構

5.1.3 制御機構

(a) 配線論理制御機構のハードウェア構成

配線論理制御を採る制御機構は次のようなハードウェアによって構成する（図 5.3 参照）。

- **プログラムカウンタ** (PC)：現在実行中の命令のアドレスを置く。
- **命令レジスタ** (IR)：現在実行中の命令語そのものを置く。
- **命令デコーダ**：命令語をデコードし、各装置や機構へ分配する制御信号や制御情報を生成する。

(b) 制御対象

制御装置は次のような制御機構の総称である。また、これらの各制御機構は相互に密接な関連がある。

- 順序制御機構：制御機構自身を対象とし、命令実行サイクルの次命令アドレス決定（命令実行順序制御）ステージにおいて、次命令アドレスの決定や制御状態の管理などを行う。順序制御機構は "シーケンサ (sequencer)" ともいう。
- 演算制御機構：演算装置を制御対象とする。特に、命令実行サイクルの命令実行ステージの演算器を対象として、命令機能（演算）の実行制御や演算時間の管理などを行う。
- メインメモリ制御機構：メインメモリを制御対象とし、命令とオペランドのフェッチやプロセッサとメインメモリとの通信などを管理・制御する。
- その他：マスタクロックからの種々のタイミング信号の生成、レジスタや

ラッチなどのプロセッサ内格納機構への(読み出しあるいは書き込み)アクセス，(命令，データ，アドレス)バスの管理，入出力装置との通信などがある。

(c) 同期式制御機構と非同期式制御機構

制御機構の基本部分は 4.2 節で述べた順序論理回路(順序回路)である。これを**制御回路**(control logic) という。

4.2.1 項 (c)(d) で述べたように，順序回路は同期順序回路と非同期順序回路に大別できる。この分類にしたがって，制御機構も**同期式**(synchronous)**制御機構**と**非同期式** (asynchronous)**制御機構**とに大別できる。

（1） **同期式制御機構**：図 5.4 に示すように，制御機構のすべての動作をマスタクロック(以下，単に"クロック")あるいはそれから生成するタイミング信号によって制御する。同期式制御機構には，① 制御動作の状態数は少ないので回路は簡単となり，設計・開発や保守が容易である；という長所と，② 動作時間の最小単位がクロックサイクル(1 クロック時間，クロック周波数の逆数)となるので冗長性(無駄時間)がある；という短所がある。

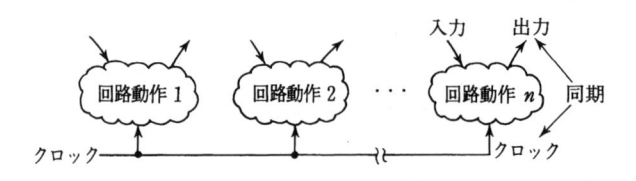

図 5.4 同期式制御機構の動作

（2） **非同期式制御機構**：図 5.5 に示すように，共通クロックを使用せずに，制御機構のある部分機構の動作が別の部分機構の動作を駆動する。非同期式制御機構には，① むだ時間がなく，きめ細かいタイミング制御が可能であるので同期式より高速である；という長所と，② 制御回路が複雑となり設計・開発や保守が困難となる；という短所がある。

図 5.5 非同期式制御機構の動作

現代のコンピュータでは，その(マスタ)クロック周波数が高くなって(クロックサイクルが短くなって)論理素子の伝播遅延時間と同程度になり，同期式制御機構の②の短所はほとんど無視できる。一方で，高機能な現代のコンピュータを制御するのに必要な状態数は爆発的に増えており，非同期式制御機構では②の短所が大きく目立ってしまう。したがって，現代のコンピュータの大半は同期式制御機構を採っている。

5.1.4 マイクロプログラム制御
(a) マイクロプログラム制御機構のハードウェア構成
前の5.1.3項(a)で述べた配線論理制御機構に対して，マイクロプログラム制御を採る制御機構のハードウェア構成の概略は図5.6のようになる。マイクロプログラム制御機構に特有のハードウェアとしては，次のようなものがある。
- **制御メモリ** (control memory, control storage)：制御用マイクロプログラムを格納しておくメモリ装置であり，"マシン命令を格納するメインメモリよりも高速である"ことが要件となる。
- **マイクロ命令レジスタ** (図5.6ではmIR)：制御メモリからフェッチした，現在実行中のマイクロ命令を置く。
- **マイクロプログラムカウンタ** (図5.6ではmPC)：現在実行中のマイクロ命令アドレスを置く。
- **マイクロプログラムシーケンサ** (マイクロプログラムコントローラ，マイクロプログラムの順序制御機構)：IRよりマシン命令を読み出し，それに対応するマイクロプログラム(一連のマイクロ命令列)を制御メモリより順次取り出し，そのマシン命令の機能を実現するマイクロプログラムの実行を制御する。マイクロ命令の実行順序制御にはマシン命令語のOPコード(対応するマイクロプログラムの開始アドレス情報となる)やオペランドアドレスのほかに，各装置や機構から発生するコンディション(ステータス)信号なども使用する。

(b) マシン命令のエミュレーション
エミュレーション (emulation)とは，"あるコンピュータの模擬実行(シミュレーション (simulation))をマイクロプログラムによって実行する"ことをいう。"マイクロプログラム制御のコンピュータにおけるマシン命令の実行"とは，図5.7に示すように，"マシン命令のエミュレーションを実行する"こ

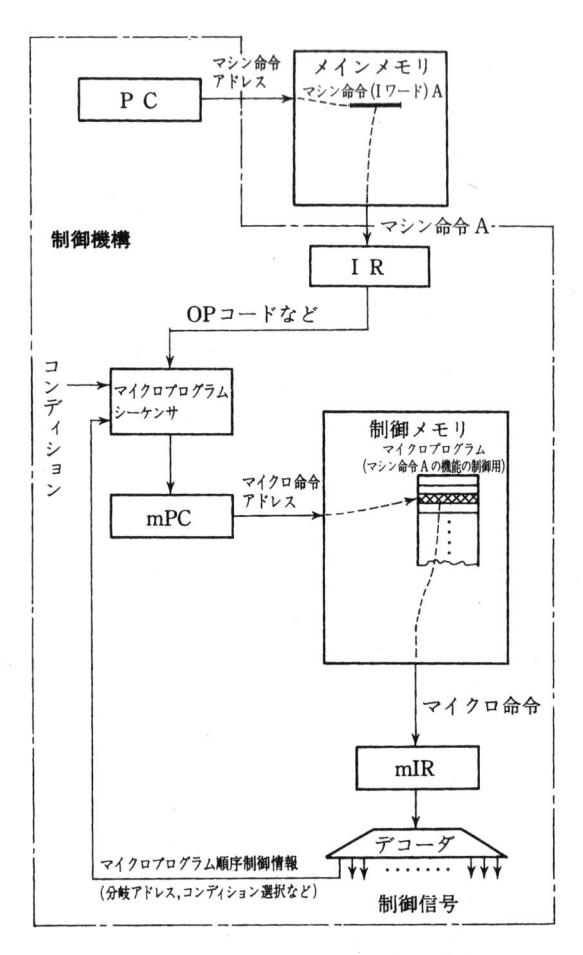

図 5.6 マイクロプログラム制御機構

ととみなせる。普通，1マシン命令の機能は数～数十個のマイクロ命令(列)の実行(エミュレーション)によって実現する。

このマシン命令のエミュレーションを"狭義のエミュレーション"という。

5.1.2項(a)で述べたように，"マシン命令の実行"は"マシン命令機能のインタプリト(解釈・実行)"とみなせる。マイクロプログラム制御コンピュータでは，この"マシン命令機能のインタプリト"は"マイクロプログラム(ファームウェア)が行うマシン命令のエミュレーション"である。

また，"プロセッサや入出力装置の動作を別のプロセッサや入出力装置のソフトウェアないしはファームウェア(マイクロプログラム)で模擬実行(シミュ

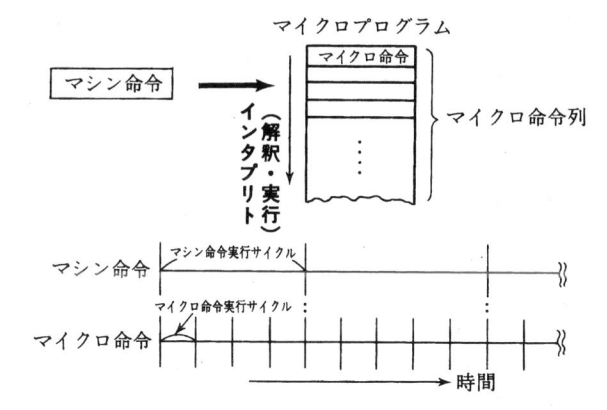

図 5.7 マシン命令のエミュレーション

レーション）する"ことも"エミュレーション"ということがある。これを"広義のエミュレーション"という。

本書では，特に断りがない場合には，"エミュレーション"とは，"狭義のエミュレーション"すなわち"マイクロプログラムによるマシン命令セット（アーキテクチャ）の模擬実行"を指す。

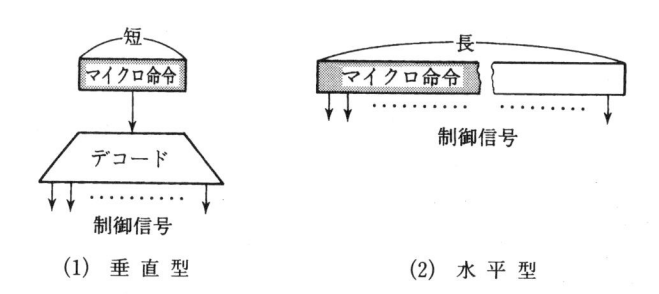

（c） **マイクロ命令形式**

マイクロ命令形式には次に示すような2形式がある（図5.8参照）。

（1） **垂直型マイクロ命令形式**：マシン命令と同じように数バイトの短い命令幅であり，多数の制御信号をマイクロ命令にエンコードしてある。マイクロ命令をデコードする必要があるが，制御メモリは小さくてすむ。

（2） **水平型マイクロ命令形式**：長い（普通100ビット以上）命令幅のマイクロ命令そのものに直接制御信号列を埋め込んである。マイクロ命令ワードの各ビットがそのまま制御信号となり，デコードの必要はない。逆に，マイクロ

図 5.8 マイクロ命令形式

プログラムの格納には大容量の制御メモリが必要となる。

(1)は制御機構の構成に必要となるハードウェア規模を小さくすることを重視しており，(2)は制御の高速化を重視している。これらはトレードオフとなる。(2)の水平型命令形式では，マイクロプログラム制御の短所である速度性能の低下を最小限にとどめつつ，その長所である柔軟性や高い問題適応性を活用できる。したがって，水平型命令形式を採るマイクロプログラム制御コンピュータが多い。

（d） 制御メモリ

制御メモリを構成するメモリ素子の選択においては，メインメモリと制御メモリとの機能の差別化を意識する必要がある。たとえば，1マシン命令の機能を10個のマイクロ命令で実現している場合，単純に考えても1マシン命令を10 ns で実行するためには1マイクロ命令を1 ns で実行する必要がある。すなわち，制御メモリにはマシン命令を格納するメインメモリよりも高速のアクセス性能が必要となる。

一方，命令だけでなくデータも格納するメインメモリと異なり，制御メモリにはあらかじめ定めておいた命令セットの機能だけを実現するマイクロプログラムを格納しておく。したがって，制御メモリはメインメモリよりも小容量でよく，拡張性も不要である。また，マイクロ命令は原則として読み出しのみであるから，制御メモリは ROM (読み出し専用メモリ) でよい。現代のマイクロプログラム制御コンピュータは制御メモリを一定容量の ROM としてプロセッサ内に実装している。

（e） マイクロプログラム制御の活用

商用のマイクロプログラム制御コンピュータの制御メモリは工場から出荷する段階では普通 ROM となっていて書き換えはできない。むしろ，マイクロプログラム制御の長所である柔軟性は市販前のコンピュータの開発時に活用できる。また，制御メモリを PROM (プログラム可能 ROM) にして，制御機能を変更可能にしたマイクロプログラム制御コンピュータもある。

具体的には，マイクロプログラム制御を活用する目的には次の諸点がある。

① ハードウェア機構の実装時にマシン命令セットアーキテクチャを変更する余地を残す。

② ハードウェア構成にまだ不確定の要素がある試作機の開発である。

③ 制御機構の開発や保守を容易にする。

④ マシン命令機能の確認をソフトウェアによるシミュレーションではなく

エミュレーションで高速に行う。

⑤ ソフトウェア(マシン命令プログラム)で実現する予定だった機能を1個の新しいマシン命令機能として合成する(新しいマシン命令を作る)。

①〜③はハードウェア機能のソフトウェア化(柔軟性の保持)への，④⑤はソフトウェア機能のハードウェア化(高速性の獲得)への，それぞれマイクロプログラム制御の適用である。

5.2 命令実行順序制御

本節では，システムプログラム(システムソフトウェア)であるオペレーティングシステム(OS)と制御機構のハードウェア構成とのインタフェース(interface；接点)について述べる。OSはシステムソフトウェアとしてハードウェア機構を管理しており，特に，制御機構とは協調・連携して動作する。"制御アーキテクチャ"とは，"制御機構(ハードウェア)とOS(システムソフトウェア)との機能分担の割合あるいは方法"とみなせる。

5.2.1 命令実行順序制御機構

制御機構の重要な機能として**命令実行順序制御**がある。命令実行順序制御では，① プログラム(マシン命令)で明示する；あるいは，② 暗黙的に決めておく；のいずれかによって制御機構が実際に命令の実行順序を決定する。

(a) ノイマン型コンピュータの命令実行順序制御

2.1.1項(b)で述べたようにノイマン型コンピュータのアーキテクチャ上の特徴として"プログラムカウンタ(PC)による順序制御"がある。ノイマン型コンピュータでは，制御の流れは単一であり，PCの制御の下で逐次的にマシン命令を連続実行する。与えるプログラム(命令)とデータが同一である限り，そのプログラムの実行順序は不変である。

(b) 命令実行順序制御機構のハードウェア構成

命令実行順序制御機構は**シーケンサ**(sequencer)と呼び，次のようなハードウェア機構で構成する。
- 格納機構：PC，命令レジスタ(IR)，制御用レジスタ，割り込み処理用レジスタなど。
- アドレス計算機構：インクリメンタ，制御用カウンタ，加減算器。

（c） 次命令アドレスの決定

命令順序制御で最も重要な機能は"次に実行すべき命令（これを『次命令』という）を決定する"ことである。"次命令の決定"とは"次命令を格納してあるメインメモリ内のアドレスを決定する"ことである。この機能は，それをマシン命令の実行に同期して行うかあるいはそれが非同期に発生するのか，マシン命令に明示するのか明示しない（暗黙的な決定）のか，によって次のように分類できる（図 5.9 参照）。

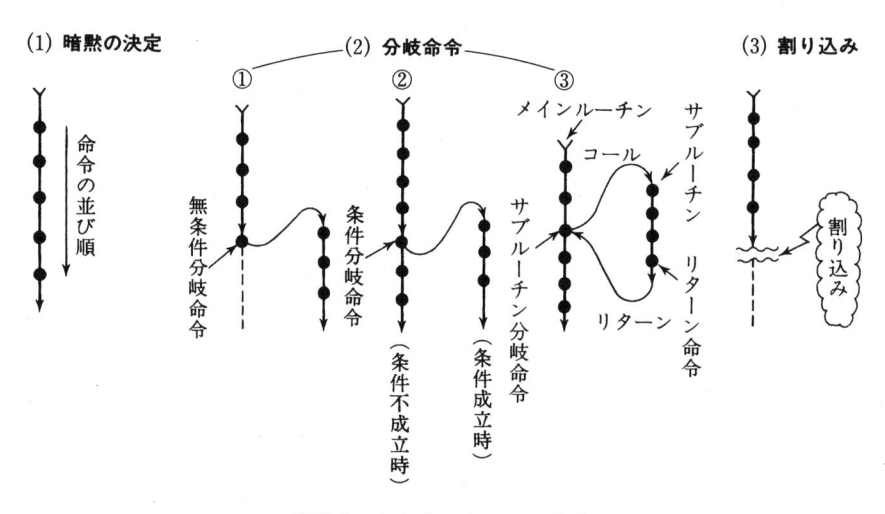

図 5.9　次命令アドレスの指定

（1）**暗黙の決定**：分岐命令以外のデータ操作命令では，次命令のアドレスの決定方法を明示しない。この場合には，シーケンサが"次命令はマシン命令列で現在実行している命令の次に位置する命令である"と暗黙的に解釈・決定する。シーケンサは，次の (5.1) のように，PC を現在実行中の命令長 N（定数）だけインクリメントする。

$$(PC) + N \rightarrow PC \tag{5.1}$$

（2）**分岐命令**：分岐命令はそのオペランドや間接的に参照するデータとして次命令（分岐先）アドレスを明示し，そこへ分岐する機能を実現する。分岐命令の機能については，2.2.6 項 (e) ですでに述べたので，ここでは"分岐"という命令実行順序制御を実現するシーケンサの機能の観点から見てみよう。

① **無条件分岐命令**：オペランドとして明示した分岐先アドレスに無条件に分岐する。シーケンサは，(5.2) のように，無条件分岐命令のオペランドを分

岐先アドレスとして PC にセットする。

$$(\text{opr}) \rightarrow \text{PC} \tag{5.2}$$

② **条件分岐命令**：次命令アドレスはコンディション(命令実行の結果，演算コンディションなど)によって決定する。シーケンサはその条件分岐命令の対象コンディションを調べて，暗黙的指定(PC のインクリメント，(5.1)による)か明示的指定(明示した分岐先アドレス，(5.2)による)のいずれかの操作(2方向分岐)を行う。

③ **サブルーチン分岐**：無条件分岐あるいは条件分岐命令との組み合わせによって種々のサブルーチン分岐がある。シーケンサは，図5.9に示すように，リターン(戻り，復帰)命令の実行に備えて PC (リターンアドレス)をスタック(7.1.6項(a)参照)へ退避する必要がある。すなわち，サブルーチンコール(呼び出し)命令の実行時には，

$$\text{PC} \rightarrow (\text{プッシュダウン}) \rightarrow \text{スタック} \tag{5.3}$$

の退避が，逆にサブルーチンからのリターン時には，

$$\text{スタック} \rightarrow (\text{ポップアップ}) \rightarrow \text{PC} \tag{5.4}$$

の回復が，それぞれ必要となる。(5.3)と(5.4)で操作する情報はスタック内の同じ場所にあるリターンアドレス(戻り先，分岐元)であり，その退避(5.3)と回復(5.4)を行う。

(3) **割り込み**：割り込みの詳細については，5.3節で述べる。割り込みによる次命令アドレスの決定方法は割り込み要因によって異なる。

5.2.2　命令パイプライン処理

(a)　命令実行順序制御の高速化

制御アーキテクチャの観点から見た命令実行順序制御の高速化手法には，次のような方式がある。これらはいずれもシーケンサ(ハードウェア機構)だけではなく，コンパイラや OS との適切な機能分担によって実現する必要があ

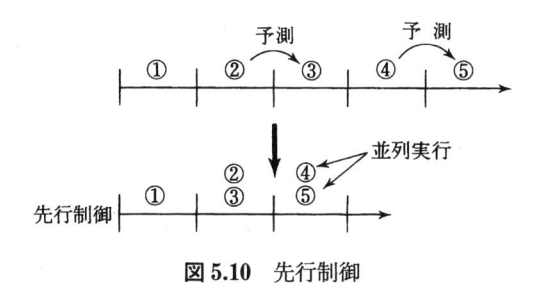

図5.10　先行制御

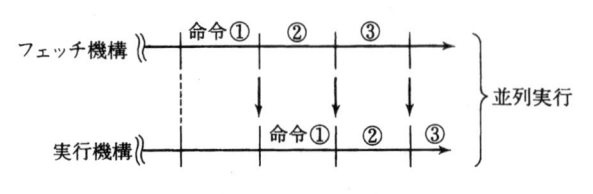

図 5.11 命令先取り制御

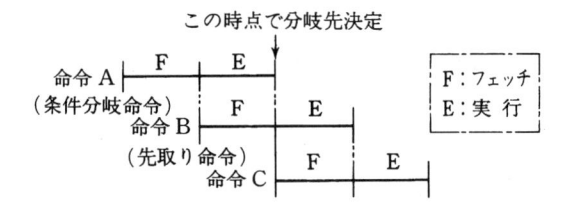

図 5.12 条件分岐時の命令先取り制御

る。

（1）**先行制御**：図 5.10 に示すように，マシン命令サイクルのあるステージで後続するステージの処理を予測し，それが現ステージで実行可能ならば実行してしまうように制御する。この命令実行順序制御を高速化する方式を**先行制御** (advance control) という。

（2）**命令先取り制御**：(1)の先行制御の一種である。図 5.11 に示すように，命令実行ステージで次命令をフェッチ（さらにはデコード）してしまうことによって命令実行順序制御を高速化する方式を**命令先取り（プリフェッチ** (prefetch)）**制御**という。PC や IR などのシーケンサ用ハードウェア機構および命令バッファなどの多重化（複数化）が必要となる。また，条件分岐命令直後の命令先取り制御では，プリフェッチした命令が不使用となって無駄となることを回避する工夫が必要である。その方法として，図 5.12 に示すように，① **分岐予測**：次命令（条件）を予測し，可能性の高い方だけを命令 B としてフェッチする；② **並列プリフェッチ**：命令 B として可能性のある命令を全部（2 方向分岐なら両方）フェッチする；③ **遅延分岐**：命令 B にダミーサイクル（何もしないステージ）を挿入したり命令実行順序を入れ換える；などがある。

（3）**命令パイプライン処理** (pipeline processing)：(2)で述べた命令プリフェッチを命令実行ステージだけでなく命令実行サイクルの全ステージで行うことによって命令実行順序制御を高速化する方式である。命令パイプライン処理については次の (b) で詳述する。

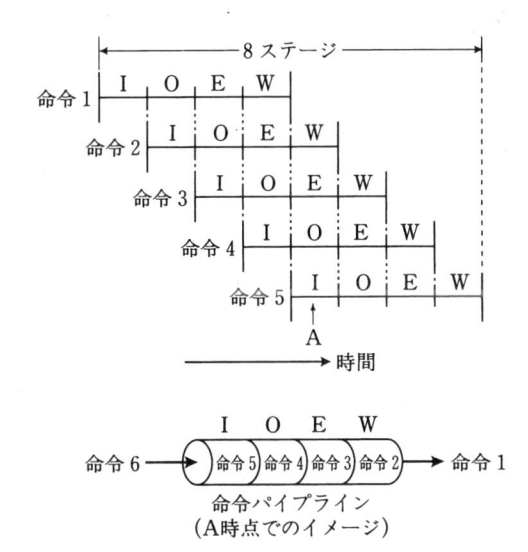

```
          ┌────── 8ステージ ──────┐
命令1 ┤ I │ O │ E │ W │
   命令2 ┤ I │ O │ E │ W │
      命令3 ┤ I │ O │ E │ W │
         命令4 ┤ I │ O │ E │ W │
            命令5 ┤ I │ O │ E │ W │
                  ↑
                  A
         ──────→ 時間

              I  O  E  W
命令6 →(命令5)(命令4)(命令3)(命令2)→ 命令1
         命令パイプライン
        (A時点でのイメージ)
```

図 5.13 命令パイプライン処理

(b) 命令パイプライン処理の原理

命令パイプライン処理方式は，① 1命令の実行過程である命令実行サイクルを複数ステージの"パイプライン"とみなし；② ステージごとに独立実行できるハードウェアを装備し；③ これらの複数ステージが並列動作するように制御する；多重命令実行制御方式である。パイプラインに命令を供給する**命令パイプライン**のほかに，パイプラインにデータを供給する**演算パイプライン**(6.4.2項(b)参照)がある。

図5.13では，命令実行サイクルが ① 命令フェッチデコード(I)；② オペランドフェッチ(O)；③ 命令機能の実行(E)；④ 結果の格納(W)；の4ステージから成る例で命令パイプライン処理の効果を説明している。なお，命令パイプライン処理における命令実行サイクルのステージを"段"，そのステージ数を"パイプライン段数"，とそれぞれいう。命令パイプライン方式ではパイプラインに命令を供給する。図5.13の例では，5命令からなるマシン命令列の実行は命令パイプライン処理なしでは20ステージを必要とするが，命令パイプライン方式を用いると，パイプラインへ命令をオーバラップ供給(多重実行)することによって8ステージで実行できる。

(c) 命令パイプラインの性能

D ステージ(段)のパイプラインに I 個の命令を1ステージずつずらして途

切れなく投入すると，投入した I 個の命令すべてを実行するのに必要なステージ数 S_P は

$$S_P = I + D - 1 \tag{5.5}$$

である。一方，命令パイプライン処理なしの場合に I 個の命令すべてを実行するのに必要なステージ数 S_N は

$$S_N = I \times D \tag{5.6}$$

である。

式 (5.5) と (5.6) より，命令パイプライン処理による速度性能向上の度合 P (倍) は

$$P = \frac{S_N}{S_P} = \frac{I \times D}{I + D - 1} \tag{5.7}$$

となる。ここで，D (パイプライン段数で固定) に比べて格段に大きい I ($I \gg D$) 個の命令をパイプラインに投入すると，

$$S_P = I + D - 1 \fallingdotseq I \tag{5.8}$$

と近似できて，式 (5.7) は

$$P \fallingdotseq \frac{I \times D}{I} = D \tag{5.9}$$

となる。すなわち，パイプライン段数 D (定数) に比べて格段に大きい数の命令をパイプラインに投入すると，パイプライン処理なしの場合よりもおよそ D 倍の高速化が達成できる。

たとえば，4 段パイプライン ($D=4$) の例では，次のようになる。

$$\left. \begin{array}{l} I = 5 \text{のとき}, \quad P = 2.5 \\ I = 50 \text{のとき}, \quad P \fallingdotseq 3.8 \\ I = 500 \text{のとき}, \quad P \fallingdotseq 4.0 \end{array} \right\} \tag{5.10}$$

また，式 (5.8) より，1 ステージを 1 マシンサイクル (クロック) で実行するパイプライン処理を採るプロセッサは，パイプライン段数 (1 命令実行サイクルのステージ数) にかかわらず，パイプラインへの投入命令数が多くなってパイプライン処理が理論的 (理想的) な性能向上を発揮すると，1 マシン命令を平均して 1 マシンサイクル (クロック) で実行できる。すなわち，理想的な命令パイプライン処理を行うと，2.2.7 項 (i) で述べた命令機能の評価指標である CPI (1 マシン命令実行あたりに必要なマシンサイクル数) は "1" になる。

この意味で，単一パイプラインによって行う命令パイプライン処理を "スカラ (scalar) 処理" と，また，スカラ処理を採るアーキテクチャを "スカラアーキテクチャ" と，それぞれ呼んでいる。

（d） 命令パイプライン処理におけるハードウェア/ソフトウェア・トレードオフ

命令パイプライン方式は，現代のコンピュータのほとんどが採用している．2.2.7項(h)で述べたRISCは命令実行サイクルを短サイクル固定長にするなどの手法によって，この命令パイプライン処理を積極的に活用することを狙っている．

命令パイプライン処理の制御においては，ステージ間に依存(あるステージが生成する情報を別のステージが使用する)関係がある場合にオーバラップ実行が不可能となる(**パイプラインインタロック**(pipeline interlock)という)．パイプラインインタロックの検出・回避機能には，前の(a)の(2)で述べた①～③(これらは命令間に依存がある場合である)や依存関係のあるデータのアドレスや値を予測して先取りする(**データ先取り**あるいは**データプリフェッチ**という)方法などがある．また，これらの機能を① コンパイラで実現する；② OSで実現する；③ ハードウェア機構で実現する；④ ①～③を組み合わせて実現する；などの各種の方式がある．①はプログラムの実行前にインタロック発生の可能性について解析する静的なインタロック検出・回避方式であり，②や③はプログラムの実行中にそれを動的に行うインタロック検出・回避方式である．

（e） 命令レベル並列処理

現代のノイマン型コンピュータの代表的な命令実行順序制御の高速化手法として，パイプライン処理の発展形である**命令レベル並列処理**(Instruction Level Parallel processing, **ILP**)がある．

"マシン命令の逐次実行"を特徴とするノイマン型コンピュータ用にコンパイラが生成するマシン命令(コード)列は静的にも(メインメモリへの格納状態としても)動的にも(実際の実行順序としても)1次元(線形)かつ逐次的である．しかし，実際には，この逐次的なマシン命令列に並列(同時)実行できるマシン命令の組み合わせが含まれていることがある．この逐次的なマシン命令列に内在する並列実行(処理)の可能性を**命令レベル並列性**(instruction level parallelism)という．

たとえば，図5.14に示すように，"AとBとの積とCとDとの商との和をZとする"演算機能の数式(図5.14ではプログラミング言語レベルで表記している)からコンパイルして得るマシン命令列(図5.14ではアセンブリ言語によって記号表記している)に含まれている命令レベル並列性について考えてみ

(プログラミング言語)
$$(A \times B)+(C \div D) \to Z$$

⇩ コンパイル

(アセンブリ言語)

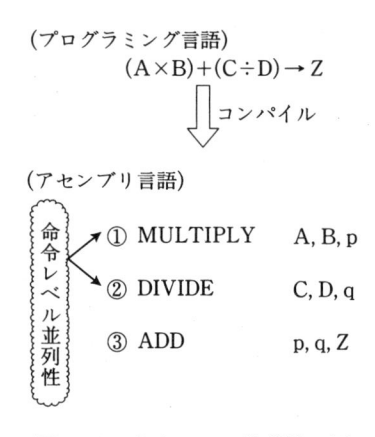

命令レベル並列性 {
① MULTIPLY　A, B, p
② DIVIDE　　C, D, q
③ ADD　　　 p, q, Z
}

図 5.14　命令レベル並列性の例

よう。ただし，A, B, C, D, Z, p, q は汎用レジスタ番号(名)を表すものとする。ここで，コンパイル対象のコンピュータは R-R-R 形式(レジスタオペランドどうしの 3 アドレス形式，2.2.2 項 (d) 参照)の命令セットのコンピュータとする。図 5.14 において，①～③のマシン命令列のうち，①と②は順序を入れ替えてもまた並列(同時)に実行してもよい。これが命令レベル並列性である。

命令レベル並列処理とは，プロセッサ内に複数個の命令パイプライン処理機構を用意し，それらによって命令レベル並列性を処理(同時実行)する命令実行順序の高速化手法である。この命令処理機構は実際には命令パイプラインである。命令レベル並列処理は"パイプライン処理の命令実行サイクルの時間的・空間的多重化による高速化をさらに拡張した処理(多重命令パイプライン処理)"である。

単一の命令パイプラインによる処理を"スカラ処理"と呼ぶ((c) 参照)のに対して，命令レベル並列処理の代表的アーキテクチャは**スーパスカラ** (super-scalar) と呼んでいる。スーパスカラでは，図 5.15 に示すように，命令パイプラインのすべてのステージを多重化し，それらによって命令レベル並列処理を行う。多重化とは，各ステージ処理機構の多重化(空間的多重化)と各ステージ処理時間の多重化(時間的多重化)との両方を含む。また，命令レベル並列性の抽出は制御機構が実行時(動的)に行う。したがって，スーパスカラの制御機構は大規模かつ複雑になる。

スーパスカラにおける命令パイプラインの多重度を"スーパスカラ度"とい

(スーパスカラ度：2の場合)

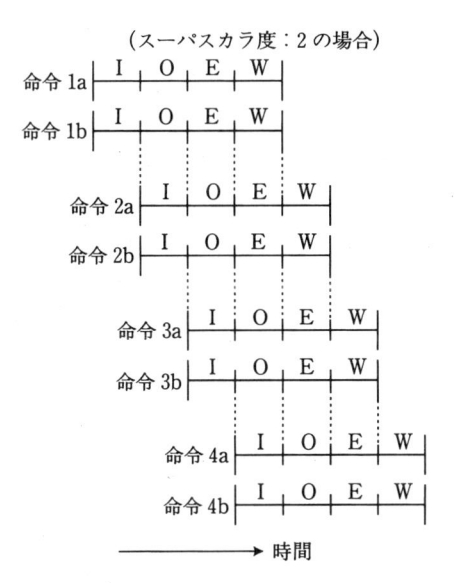

```
命令 1a  | I | O | E | W |
命令 1b  | I | O | E | W |
命令 2a      | I | O | E | W |
命令 2b      | I | O | E | W |
命令 3a          | I | O | E | W |
命令 3b          | I | O | E | W |
命令 4a              | I | O | E | W |
命令 4b              | I | O | E | W |
                          ──→ 時間
```

図 5.15 スーパスカラによる命令レベル並列処理

う。スーパスカラ度が n のスーパスカラの CPI（1命令実行あたりに必要なマシンサイクル）は $\frac{1}{n}$ となる。たとえば，2本（スーパスカラ度が"2"）の命令パイプラインでマシン命令を並列処理する理想的なスーパスカラのCPIは"0.5"である。"スーパスカラ"は"スカラの基準（限界）である1CPIを超える（打ち破る）"という意味でもある。

ハードウェア/ソフトウェア・トレードオフの観点から見たスーパスカラの特徴は"並列処理（同時実行）するマシン命令の抽出はハードウェアが実行時（動的）に行うので，プログラマやコンパイラは命令レベル並列性については配慮しなくてもよい"ことである。すなわち，コンパイラが命令レベル並列性に配慮することなく生成した逐次的なマシン命令列（コード）をそのままスーパスカラコンピュータが実行できる。いいかえると，スーパスカラの命令セットアーキテクチャはスカラのそれと"マシン命令レベルでの互換性"を有している。

互換性を有するプロセッサ（ハードウェア）ならば，そのプロセッサに交換しても交換前のプロセッサで動いていたソフトウェアは交換しなくてもよい。この点で，現代の商用マイクロプロセッサはスーパスカラアーキテクチャを採るものが多い。

スーパスカラに対して，命令レベル並列性を(実行時ではなく)コンパイル時に(静的に)行う命令レベル並列処理もある．この命令レベル並列処理では，コンパイラが抽出した命令レベル並列性をそのまま長い命令長のマシン命令(**VLIW**(Very Long Instruction Word) あるいは"超長形式命令語"という)に埋め込み，そのVLIWに埋め込んだ複数命令(演算)機能を並列実行する．この命令レベル並列処理方式を採るコンピュータを **VLIW コンピュータ**という．

命令レベル並列処理方式をハードウェア/ソフトウェア・トレードオフの観点で分類すると，① スーパスカラアーキテクチャ：ハードウェア重視；② VLIW アーキテクチャ：ソフトウェア(コンパイラ)重視；となる．

5.2.3 制御機構とオペレーティングシステム

コンピュータの実行を管理制御するソフトウェア機能は**オペレーティングシステム(OS)**という．OSは制御機構ハードウェアと直接かかわり合うソフトウェア機能であり，制御アーキテクチャの設計では制御機構とOSとの機能分担について十分配慮しなければならない．

(a) プロセッサとプロセス

プロセッサはマシン命令を実行する物理的(ハードウェア)機構であり，命令実行サイクルを繰り返しながらメインメモリに置いてあるマシン命令列を順次フェッチして(取り出して)実行する．

このとき，実行に先立って(実行前に)あらかじめメインメモリに置いてあって，"ある機能を実現するために実行するプログラム(すなわち動的にできるマシン命令列やそれらが使用するデータの集まり)"を**プロセス**(process)あるいは**タスク**(task)という(本書では"プロセス"を使う)．

プロセッサは実行制御対象の物理的な単位であり，プロセスはそれの論理的な単位である．プロセッサでプロセスを実行するためには，プロセスをメインメモリにあらかじめ置いておき("プロセス割り付け"という)，プロセッサとプロセスを対応付けることが必要となる．OSは，① メインメモリにプロセスを割り付ける；② プロセッサにプロセスを割り当てる；を担当する．

(b) マルチタスキング

ノイマン型コンピュータでは，プロセッサは単一であり，一時には唯一プロセスしか実行できない．そこで，プロセッサの利用時間("プロセッサ時間"という)を細かく(数十ミリ秒が普通)分割し，それらをOSが各プロセスの実行に割り当てるプロセッサ制御方式が**時分割制御**である．

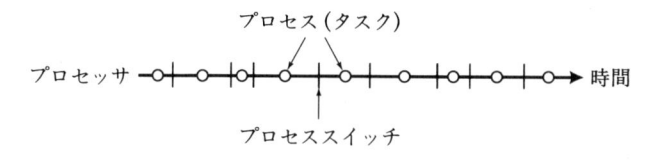

```
                 プロセス(タスク)
       プロセッサ ─○─┼─┼─┼─○─┼─○─┼─┼─○─┼─○─┼──→ 時間
                     │
                プロセススイッチ
```

図 5.16 マルチタスキング

　コンピュータを使っている私たち人間にとっては，このプロセッサ時間の切り替えは高速であるので，単一プロセッサが多数のプロセスを同時実行しているように見える。

　そして，図 5.16 に示すように，プロセッサとプロセス(タスク)との対応付けを"1 プロセッサ対多プロセス"というように多重化し，時分割制御によってタスクを切り替えながらプロセッサをはじめとする各種ハードウェア機構を共用する OS のプロセッサ管理・制御方式を**マルチタスキング**(multi-tasking)という。マルチタスキングの実現においては，多重化したハードウェア機構の効率的利用を OS によって制御することが必要となる。

　マルチタスキングにおける"タスク"は"プロセス"と同義で用いているので，"マルチタスキング"を"マルチプロセッシング(multiprocessing；多重処理)"ともいう。しかし，現代では，"マルチプロセッシング"は複数プロセッサをもつ並列コンピュータ(1.2.2 項(g)で言及)などにおける"多プロセッサ対多プロセスという多重化"を指すことが普通となっている。本書では，"1 プロセッサ対多プロセスという多重化"は"マルチタスキング"とし，本項の以降では，このマルチタスキングについて詳述する。

　マルチタスキングは現代のコンピュータにおける制御アーキテクチャすなわち制御機構と OS との機能分担方式を支える重要な概念である。

　OS はコンパイラが実行前に(静的に)生成したプログラム(実際にはマシン命令列)からプロセス(これも実際にはマシン命令列)を実行時に(動的に)生成する。すなわち，マルチタスキングは"単一プロセッサ上で複数のプログラムを時分割制御によって多重化して，それらを切り替えながら実行する制御方式"とみなせる。したがって，マルチタスキングの概念が誕生した第 3 世代(1.2.2 項(e)参照)では，これを**マルチプログラミング**(multi-programming；**多重プログラミング**)と呼んでいる。

　現代では，OS が高機能になる一方で，"プロセス"や"タスク"といった基本的概念が確立している。それにともない，"マルチプログラミング"や"時分

割制御"という術語はほとんど使われなくなっている。

（c） OSによるプロセス管理

OSが行うべきプロセス管理機能としては具体的に次のようなものがある。
- プロセスの生成と消去（削除）
- 実行プロセスの切り替え（スイッチ）
- 複数プロセスの同期（排他制御を含む）
- プロセス実行順序のスケジューリング
- プロセスの保護

（d） プロセスの状態

プロセスの状態には次の3種類があり，図5.17のような状態遷移を行う。

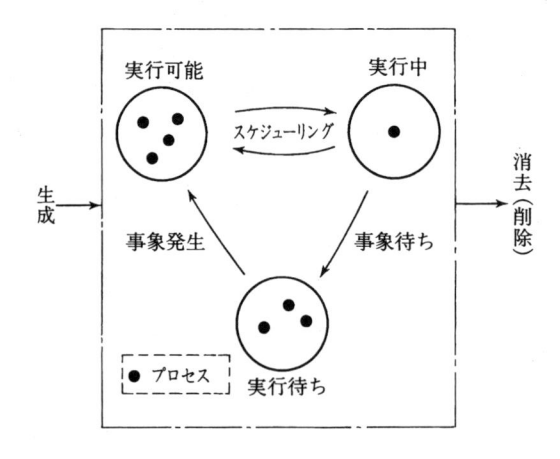

図5.17 プロセスの状態遷移

（1） **実行可能**（ready）：いつでも実行できるように準備が整っている状態である。

（2） **実行中**（running）：現在プロセッサ上で実行している状態である。ある時刻には，プロセッサ上には唯一プロセスが存在する。

（3） **実行待ち**（waiting, blocked）：何か事象が発生するのを待っている状態である。**事象**（event；**イベント**）とは，たとえば入出力動作の完了やSVC命令の実行に伴う割り込み（5.3節で詳述）などである。

プロセス実行のスケジューリングとは，プロセスの"実行可能（ready）状態"と"実行中（running）状態"間の遷移を制御・管理することであり，OSが行うのが普通である。

（e） **プロセス制御ブロック**

プロセスを管理し，その実行を制御するための情報（の格納場所）を**プロセス制御ブロック**（**PCB**, Process Control Block）あるいは**プロセステーブル**という。PCBはプロセスの状態を示しており，プロセスの切り替え時にはPCBを切り替えればよい。PCBは，① プロセス識別番号（ID）；② 優先順位やライフタイム（そのプロセスを生成してからの経過時間）などのスケジューリング情報；③ メモリ管理情報やプロセッサ管理情報の格納先アドレスとその大きさ（サイズ）；などから構成する。

（f） **プロセススイッチ**

OSは，① 実行中状態のプロセスを実行可能状態にする；② あらかじめ決めておいた一定のスケジューリング方針（**スケジューリングアルゴリズム**（scheduling algorithm）という，(g)で詳述）にしたがって，実行可能状態のプロセスから1個を選定し，それを実行中状態にする；を行い，プロセスを切り替える。これを**プロセススイッチ**（process switch）という。

プロセススイッチは具体的にはPCBやそのほかのハードウェア機構の状態の切り替えである。プロセススイッチに際して退避が必要となる各種のハードウェア状態を**プロセスコンテクスト**（process context）あるいは**プロセッサ状態ワード**（**PSW**（Processer Status Word），**プログラム状態ワード**（Program Status Word）ということもある）という。プロセスコンテクストあるいはPSWは，① プロセッサ状態（(i)参照）；② コンディション（条件，2.2.6項(f)参照）；③ プログラムカウンタ（PC）；④ 汎用レジスタ；⑤ そのプロセスが使用しているメインメモリ内容の完全なコピー（"メモリイメージ（memory image）"という）；⑥ メインメモリについての管理情報；⑦ 割り込みの優先度；などによって構成する。

①～⑦のうち①～③だけを"PSW"と，そのPSWに④～⑦を加えて"プロセスコンテクスト"と，それぞれ定義して，PSWとプロセスコンテクストとを区別することもある。後の5.3.1項(c)の割り込み処理では，この定義にしたがって，①～③のPSWと①～⑦（①～③のPSWと④～⑦）のプロセスコンテクストとを区別して説明している。

プロセススイッチは，実際には，"OSによるプロセスコンテクスト（PSWを含む）のメインメモリ（内のPCBあるいはプロセステーブル）への退避およびメインメモリからの回復の処理"である。

(g) プロセスのスケジューリングアルゴリズム

プロセスのスケジューリングアルゴリズムはプロセススイッチへのOSのかかわり方によって次のように大別できる。

(1) **横取り不可能(ノンプリエンプティブ**(non-preemptive))：いったん実行中状態になったプロセスは終了あるいは消去したり，事象待ちで実行待ち状態になるまで，プロセッサを解放しない。したがって，このアルゴリズムによるプロセススイッチに対しては，OSは受動的に動作する。横取り不可能アルゴリズムには，① **FCFS**(First Come First Service；到着順)：実行可能状態になった順に実行中にする；② **SJF**(Shortest Job First；最短要求時間順)：最も短いプロセッサ時間(実行中状態時間)を要求するプロセスから順に実行中にする；などがある。①②のいずれも"実現するための機構は簡単である"という長所があるが，一方で，①には"プロセスの特性を生かせない"，②には"プロセッサ時間が既知でなければならない(これは現実的ではない)"，という短所がある。

(2) **横取り可能(プリエンプティブ**(preemptive))：OSが，強制的(能動的)に，実行中プロセスからプロセッサを**横取り**(preemption)して，実行可能状態プロセスのうち1個を実行中にする。横取り可能アルゴリズムには，① **優先度**(priority)：あらかじめ決めておいた基準(制限時間，メインメモリの使用量，要求プロセッサ時間，入出力処理時間，OSにとっての緊急性など)にしたがって各プロセスに優先度を付与し，各時点で最も優先度が高いプロセスを実行中にする；② **ラウンドロビン**(round robin)：原始的な時分割制御であり，あらかじめ決めておいた一定時間ごとにプロセスを切り替える；などがある。①には，"プロセスの特性を活用したスケジューリングができる"という長所があるが，一方で，"低優先度プロセスが実行中になりにくい"という短所がある。②には，"実現が簡単である"という長所があるが，一方で，"プロセスの特性を利用していない"という短所がある。

(h) マルチスレッド処理

プロセスが生成するマシン命令実行(制御)の流れを**スレッド**(thread)と呼んで，スレッド単位での命令実行の多重化を図る命令レベル並列処理(5.2.2項(e)参照)の一種を**マルチスレッド**(multithread)**処理**という。

マルチスレッド処理では，(f)で述べたPSWのうち，①〜⑤(⑤のメモリイメージはその一部)を**スレッドコンテクスト**(thread context)として，これを切り替えることによってスレッドを切り替える。

マルチスレッド処理において多重化しているスレッド機能のサイズは命令レベル並列処理でのマシン命令とマルチタスキング ((b) 参照) でのプロセスとの中間である。

（i）プロセッサの状態とカーネル

プロセス状態に対して，プロセッサにも次のような状態があり，これを**プロセッサ状態**（**プロセッサモード**）あるいは**実行モード**という。

（1）**ユーザ状態（ユーザモード）**：OS 以外の普通のユーザのプロセス（"ユーザプロセス"という）を実行しているときのプロセッサの状態である。具体的にこの状態では，プロセッサはユーザのプログラムの処理 (実行) や入出力装置の操作を行っている。

（2）**スーパバイザ状態（特権モード**，カーネル (kernel) 状態，システム状態）："OS プロセス"あるいは"スーパバイザプロセス (システムプロセス)"という OS そのものを実行しているときのプロセッサの状態である。この状態では，**特権命令**という OS しか実行が許されていない命令 (たとえば入出力命令やプログラム制御命令の一部など) も実行可能である。この状態での具体的な処理機能としては，① メモリ管理；② システム保護；③ 資源 (リソース (resource)，プログラムやデータなどのソフトウェアおよび各種のハードウェア機構や装置) の割り付け；④ 資源利用のスケジューリング；などがある。

図 5.18 にプロセッサ状態の遷移の典型例を示してある。プロセッサ状態 (実行モード) がユーザモードから特権モードに切り替わるタイミングは"割り込み (事象) の発生"である。割り込みについては 5.3 節で詳細に述べる。

プロセッサ状態 (実行モード) は PSW の要素であり，プロセススイッチやスレッドスイッチ時に OS が切り替える。

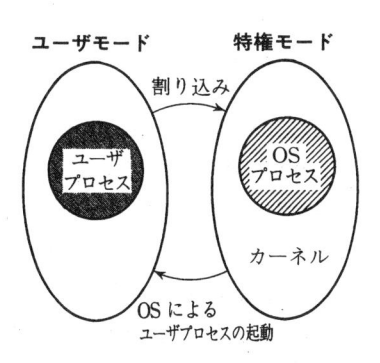

図 5.18 プロセッサ状態の遷移

特権モードで動作する OS を**カーネル**(kernel；核) といい，OS の中核として，① 割り込み処理 (5.3.1 項 (c) で詳述)；② プロセス管理 ((c)(d) 参照)；③ プロセススイッチ ((f)(g) 参照)；④ PCB の管理；などの OS の基本的な機能を実現する．カーネルは 5.3.1 項 (b) で述べる各種の割り込みおよび OS を呼び出すマシン命令である SVC(SuperVisor Call) の実行 (5.3.1 項 (b) 参照) によって起動する (図 5.18 参照)．

(j) デッドロックと排他制御

図 5.19 に示すように，"すべてのプロセスが他のプロセスによる事象の生起を待つ実行待ち状態になり，どのプロセスも実行できなくなったプロセッサ状態"を**デッドロック**(deadlock) という．

図 5.19 の例では，プロセス A が資源 a を，プロセス B が資源 b を，それぞれ使用中である．このとき，プロセス A が資源 b へ，プロセス B が資源 a へ，それぞれ使用要求を出してしまうと，他のプロセスがそれらの資源を占有使用しているので，いずれの要求も"待ち"となる．結果として，プロセス A もプロセス B もお互いの実行待ち状態から抜け出せないデッドロックが発生する．

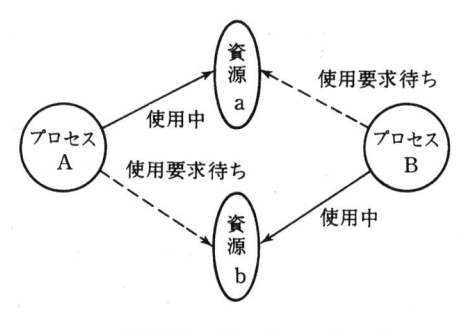

図 5.19 デッドロック

複数のプロセスが共用資源を同時に使用しないようにするプロセス実行の同期制御を**排他制御**あるいは**相互排除**(mutual exclusion) 制御という．排他制御によってデッドロックを回避できる．プロセス実行の排他制御の実現においても，① ハードウェアフラグによって割り込みを不可能とする (5.3.2 (a) 項参照)；から，② "セマフォ(semaphore)"や"ロック変数"と呼ぶ排他制御のためのソフトウェアフラグを OS によって制御する；まで各種の方法があり，これらはトレードオフ関係にある．

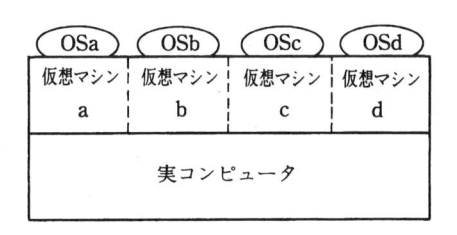

```
        ┌──────┬──────┬──────┬──────┐
        │ OSa  │ OSb  │ OSc  │ OSd  │
        ├──────┼──────┼──────┼──────┤
        │仮想マシン│仮想マシン│仮想マシン│仮想マシン│
        │  a   │  b   │  c   │  d   │
        ├──────┴──────┴──────┴──────┤
        │       実コンピュータ          │
        └───────────────────────────┘
```

図 5.20　仮想マシン

（k）仮想マシンと OS

図 5.20 に示すように，1 台の実（実在する）コンピュータ上で複数の**仮想マシン**（virtual machine，仮想コンピュータ）を動かし，各仮想マシン上で異種 OS が同時に稼働するコンピュータを"マルチ OS コンピュータ"という，マルチ OS コンピュータの仮想マシンはソフトウェアシミュレーションないしはファームウェアエミュレーションによって実現する論理的なコンピュータであり，各 OS が対応する仮想マシンを実コンピュータのように管理・制御する。仮想マシンや OS の切り替えにおけるオーバヘッドを低減するためにマイクロプログラム制御（エミュレーション，5.1.4 項参照）を利用することが多い。仮想マシンは OS の試作や開発時にも有効に機能する。

（1）OS のオーバヘッド

オーバヘッド（overhead）とは本来，"ユーザプログラムではなく OS などのシステムプログラムがプロセッサやメインメモリなどのハードウェア機構や装置を使用している時間あるいはその割合"を指す。しかし，オーバヘッドが増大するとコンピュータの性能（すなわちユーザプログラムを処理する速度）が落ちるので，"ユーザが使用できる時間以外のむだな時間"という意味で"オーバヘッド"という言葉を使う。本書でも，その意味で"オーバヘッド"という言葉を使用している。

5.3　割り込み

本来の（プログラムとして明示してある）命令実行順序を強制的にかつ動的に変える手段として**割り込み**（interrupt）がある。割り込みが生じると，本来の実行順序とは別のルーチン（routine；手順）へ制御フローが分岐する。この意味で，"割り込み"あるいは"割り込みの要因"を**例外**（exception）ということもある。時間的あるいは空間的多重化による資源の共用を駆使する現代のコ

ンピュータでは，共用資源（ハードウェアもソフトウェアも）の管理と制御のためにこの割り込み機能は必須である．

5.3.1 割り込みとは
(a) 割り込みの必要性
"現代のノイマン型コンピュータに割り込み機能が必須である"理由は次の(1)～(6)の各機能を実現するためである．

（1）ユーザのプログラム（マシン命令列）として記述していないあるいは記述できない"不測の事態"に対処する．

（2）ハードウェアやソフトウェア（プログラム）がもつ本来の機能以外の動作としての異常，エラー，例外などを検知し，それらに対処する．

（3）ハードウェア機構と基本ソフトウェア（特にOS）との通信機能をプログラム（マシン命令）として記述する．

（4）ユーザプログラム（ここではOS以外のプログラム）とOSとの通信機能をプログラム（マシン命令）として記述する．

（5）内部装置（プロセッサとメモリ）の共用ハードウェア資源への利用要求の競合を解決（スケジューリング）し，それらの効率的な利用を図る．

（6）互いに非同期動作しているハードウェア機構や装置（たとえば，プロセッサと入出力装置，ネットワークでつながれたプロセッサ相互など）の相互通信などのためにそれらの同期をとる．

割り込みが生じると，現在実行しているプログラムの実行を一時中断し，割り込み要因の処理（**割り込み処理**という，(c)で詳述）へ制御フローが分岐する．これによって，割り込み機能は本来の（プログラムとして明示してある）命令実行順序を強制的かつ動的に変える．

(b) 割り込みの要因による分類
割り込みには必ずそれを引き起こした要因（原因，事象）がある．割り込みを引き起こした要因を**割り込み要因**という．

割り込みは"割り込み要因の発生場所"という指標で次の(1)～(3)に大別できる（図5.21参照）．なお，図5.21には，"各割り込み要因が(a)で述べた割り込みの必要性(1)～(6)のいずれに関連するか"についても示してある．

（1）**内部割り込み**：要因の発生個所が内部装置（プロセッサとメインメモリ，特にプロセッサ）の割り込みである．**割り出し**ともいう．内部割り込み（①～③）はマシン命令の実行に同期して発生し，ソフトウェア的要因による

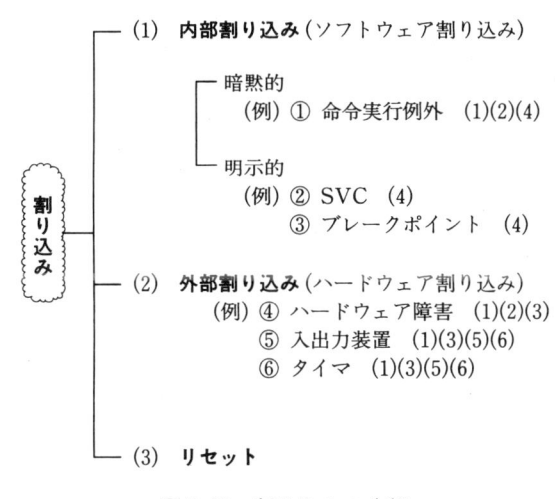

```
          ┌─ (1) 内部割り込み(ソフトウェア割り込み)
          │         ┌─ 暗黙的
          │         │     (例) ① 命令実行例外   (1)(2)(4)
          │         └─ 明示的
          │               (例) ② SVC   (4)
 ┌─────┐  │                    ③ ブレークポイント   (4)
 │割り │──┤
 │込み │  ├─ (2) 外部割り込み(ハードウェア割り込み)
 └─────┘  │         (例) ④ ハードウェア障害   (1)(2)(3)
          │              ⑤ 入出力装置   (1)(3)(5)(6)
          │              ⑥ タイマ   (1)(3)(5)(6)
          │
          └─ (3) リセット
```

図5.21 割り込みの分類

ので**ソフトウェア割り込み**ともいう。さらに内部割り込みはマシン命令機能として明示してある(明示的)かそうでない(暗黙的)かで細分類できる。次に列挙する内部割り込み要因例のうち、①は暗黙的であり、②と③は明示的である。

① **命令実行例外**：本来の命令機能以外の事象の発生による。命令実行サイクル(2.2.5項参照)の命令フェッチ、命令デコード、オペランドフェッチ、命令実行、結果格納の各ステージで発生する。次のような具体的要因がある。
- **メモリアクセス例外**：**ページフォールト**(7.2.4項(a)参照)や**TLBミス**(7.2.3項(c)参照)など。
- **アクセス保護違反**：プロセッサ状態がユーザモードでの特権命令の実行("特権命令違反"という、5.2.3項(i)参照)など。
- **不正命令**：不正あるいは未定義のOPコード指定など。
- **不正オペランド**：メモリアドレス境界違反など。
- **演算例外**：ゼロ除算(ゼロを除数とする除算)、オーバフロー(演算結果の格納装置からのあふれ)など。

② **SVC**(**スーパバイザコール**(SuperVisor Call)、**システムコール**(system call))：OSを呼び出してユーザプログラム(プロセス)からOS(カーネル)に制御を移すマシン命令SVCの実行による。**トラップ**(trap)命令ともいう。

③ **ブレークポイント**(breakpoint)：ブレークポイント(プログラムの中断点)をOSに指示するブレークポイント命令の実行による。ブレークポイント

命令はトラップ命令の一種であり，ⓐ デバッグ (debug；プログラムのバグをとる) 時にプログラム実行を一時中断し，その時点でのスナップショット (snapshot；特定のレジスタやメインメモリ内容) をダンプ (dump；一覧出力) する起点；あるいは，ⓑ プログラムをトレース (trace；実行履歴をとる) する時点；などを OS に指示する。ⓑ の点でブレークポイント命令を "トレース命令" とも呼ぶ。

（2） **外部割り込み**：要因の発生個所が外部装置 (主として入出力装置) の割り込みである。外部割り込み (④～⑥) はマシン命令の実行とは独立して (非同期に) 発生し，ハードウェア的要因によるので**ハードウェア割り込み**ともいう。

④ **ハードウェア障害**：電源異常，メモリ読み出しエラー ("パリティエラー" という)，温度異常などのハードウェア機構からの "障害発生" 通知による。

⑤ **入出力装置**：入出力装置からの "動作完了" や "異常" などの状態通知によるもので，この要因による割り込みを**入出力割り込み**という。入出力割り込みを単に "割り込み" ということもある。入出力割り込みについては (i) で詳述する。

⑥ **タイマ** (timer)：プロセッサ内に装備するインタバルタイマ (interval timer) からの "一定時間経過" の通知による。この要因による割り込みを**タイマ割り込み**という。タイマ割り込みは，ⓐ プロセッサ時間を管理してプロセススケジューリング (5.2.3項(g)参照) を行う；ⓑ 非同期動作しているハードウェア機構や装置への要求に対する応答のタイムアウト (timeout；時間切れ) を決める；などのために OS が用いる。

（3） **リセット** (reset)：リセットスイッチ (ボタン，特定キーの押下などによる場合もある) をオンすることによる。コンピュータのユーザが強制的にプログラム実行を中断 (中止) するのに使用する。

（c） **割り込み処理**

割り込みの発生からそれに対する処理の完了までの手順は次のようになる (図 5.22 参照)。

（1） 割り込みの発生。
（2） 割り込みの受付。
（3） 他の割り込みを禁止 (割り込み禁止状態への移行)。
（4） PSW (5.2.3項(f)参照) の (退避用ハードウェア機構への) 退避。
（5） 割り込み要因の識別。

5.3 割り込み　153

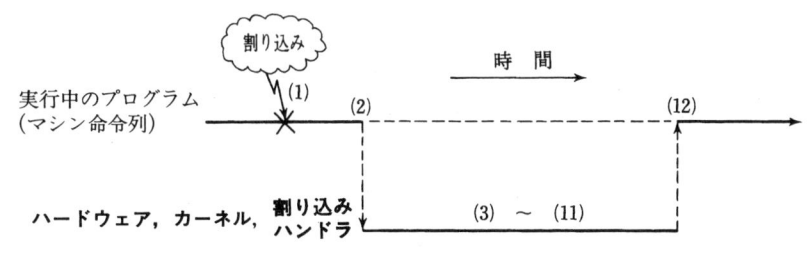

```
                    割り込み
                      ↓              時　間
                       (1)  (2)                           (12)
実行中のプログラム ─────×────┐                          ┌──────→
(マシン命令列)                │                          │
                              │                          │
ハードウェア，カーネル，       │                          │
                  割り込み    └──────(3) ～ (11)─────────┘
                  ハンドラ
```

図5.22 割り込み処理

（6）**割り込みハンドラ**(handler) への分岐。

（7）（今まで実行中であった）プロセスコンテクスト((4)で退避したPSWを含む)のメインメモリ(実際には，メインメモリ内のPCBあるいはプロセステーブル領域，5.2.3項(e)参照)への退避。

（8）割り込みハンドラによる割り込み要因ごとの処理。

（9）(7)で退避しておいたプロセスコンテクストの回復。

（10）(4)で退避しておいたPSW(PCを除く)の回復。

（11）他の割り込みを許可(割り込み可能状態への移行)。

（12）割り込み受付時点への復帰。

まず，割り込みが発生(1)すると，OSカーネルで一般的な割り込みへの対応(前処理)(2)～(4)をハードウェアと連携して行う。次に，割り込み要因を識別(5)すると，それに対応する**割り込みハンドラ**に分岐(6)する。そして，割り込みハンドラは個別の要因ごとに定めておいた処理(7)(8)を行う。最後に，割り込みハンドラによる要因ごとの処理(8)が終了すると，カーネルに戻って，割り込みに対する一般的な後処理(9)～(11)をハードウェアと連携して行い，中断していた(割り込まれた)プロセスに復帰(12)する。なお，割り込み要因によっては，中断プロセスに復帰しないこともある。

(2)～(12)の手順(ルーチン)を**割り込み処理**あるいは**割り込み処理ルーチン**という。一連の割り込み処理ルーチンにおいて，割り込み要因ごとに実行時に決まる(動的な)処理機能((7)～(9))が**割り込みハンドラ**(による処理)である。

割り込み処理中は原則として割り込み禁止とし，他の割り込みが発生しても現在の割り込み処理が終了するまで((4)～(10)の間)，新たな割り込みの受付を待たせる。この原則にしたがわない場合や割り込み処理中に別の割り込みが発生した場合の割り込み処理については(h)で詳述する。

割り込み処理の手順は実際には制御アーキテクチャとしてハードウェア機構

とソフトウェア(OS)との機能分担によって実現する．一般的には，(1)〜(6)と(10)〜(12)は高速処理が必要なので，OSカーネルのもとでハードウェア機構(割り込み処理機構，次の5.3.2項でその一部について詳述)が分担する．一方，(7)〜(9)(割り込みハンドラによる処理)は割り込み要因ごとに処理内容が異なる場合への対処などの問題適応性が必要となるので，OS(ソフトウェア)が分担する．また，割り込み要因によっては，(8)での割り込みハンドラがユーザ(OS以外の)プロセスとして動く場合もある．

(d) 割り込みハンドラ

割り込みハンドラが行う(狭義の)割り込み処理は，次に述べるように，割り込み要因によって異なる．

(1) **内部割り込み**に対する割り込み処理：① **命令実行例外**に対しては，例外を起こした原因をユーザプログラム(割り込み要因となったマシン命令を含むプログラム，これは割り込まれたプログラムでもある)に通知したり，OSがその原因となった事象を取り除く．たとえば，ページフォールト(7.2.4項(a)で詳述)はユーザプログラムの責任ではないので，OSが原因となった事象(メインメモリに実行しようとしたマシン命令がない)を取り除き(当該マシン命令が含まれるブロックをメインメモリに置き)，ユーザプログラムを再開してやる．ページフォールト以外の命令実行例外はユーザプログラムの責任であり，例外事象(割り込み要因)を引き起こしたユーザプログラムにOSが対応(たとえば，メッセージを出して当該ユーザプログラムを強制終了するなど)する．② **SVC命令**や**ブレークポイント命令**による割り込みに対しては，ユーザプログラム(プロセッサ状態ではユーザモード)によるOS(プロセッサ状態では特権モード)の呼び出しであるので，それに答えて呼び出し(依頼)内容を実行する．

(2) **外部割り込み**に対する割り込み処理：① **入出力割り込み**と**タイマ割り込み**に対しては，その事象(外部割り込み)を待っている実行待ち状態プロセスを実行可能状態にする(**ウェイクアップ**(wake-up)という，5.2.3項(d)参照)．② ハードウェア障害に対しては，OS自身がメッセージ表示，停止，リブート(reboot；再起動)などを行う．

(3) **リセット**に対する割り込み処理：原則としてOSをリブートする．

割り込みハンドラはいくつかのあらかじめ(制御アーキテクチャの設計時に)決めておいた割り込み要因のそれぞれに対してOSが用意しているソフトウェア(OSプログラム)である．

5.3 割り込み

（e）割り込みと制御アーキテクチャ

割り込みが制御機構（ハードウェア）とOS（ソフトウェア）に与える実際的な効果は次の4点である．

（1）プログラム（マシン命令列）の実行を強制的かつ動的に中断してOSプログラムへ変更する．

（2）プロセススイッチが起きる．

（3）実行待ち状態のプロセスが実行可能状態へ遷移する（ウェイクアップする，図5.17参照）事象となり得る．

（4）プロセッサ状態がユーザモードから特権モードへ移行し（図5.18参照），カーネルが起動する．

"割り込みと制御アーキテクチャとの関係"の観点で(1)〜(4)をまとめると，割り込みは"制御機構（ハードウェア）やユーザプログラム（ソフトウェア）がOS（ソフトウェア）を呼び出すあるいはOSに処理を依頼する"機能である．

（f）マルチタスキングと割り込み

5.2.3項(b)で述べたマルチタスキングは，図5.23に示すように，プロセススイッチによって実現している．プロセススイッチは前の(e)の(2)として述べたように割り込みによって生じる効果である．

実際には，プロセッサ時間上で，あるプロセス（図5.23ではA）から別のプロセス（図5.23ではB）へ直接スイッチするのではなく，図5.23に示すように，① プロセスAからOSプロセスへのスイッチ；② OSがあらかじめ決めておいたスケジューリングアルゴリズムによってスイッチ先のプロセス（この場合はB）を選択；③ OSプロセスからプロセスBへのスイッチ；によって

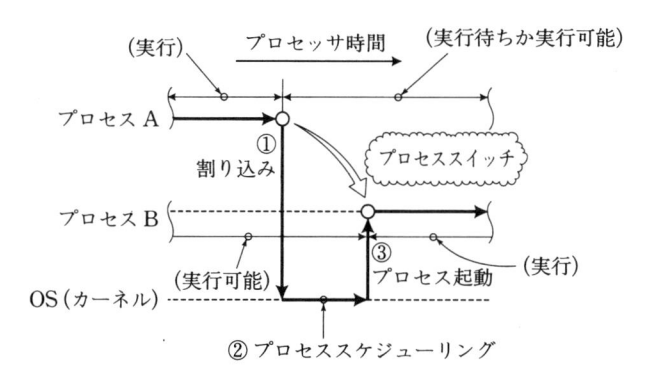

図5.23 マルチタスキングにおけるプロセススイッチ

AからBへのプロセススイッチを実現している。①では，②のスケジューリングアルゴリズムにしたがうSVC命令の実行やタイマ割り込みなどの割り込み(事象の発生)をOSカーネルが処理することによってユーザプロセス(プロセスA)を中断する。また，③はOSプロセス(カーネル)によるユーザプロセス(プロセスB)の起動である。

（g） 割り込みと割り込まれたマシン命令の処理

割り込みが発生しても，OSが即時にそれを受け付けて割り込み処理を始めるとは限らない。割り込み処理には割り込み処理前の状態の退避と割り込み処理後のそれの回復が必要であり，中途半端な時点で実行中の処理を中断すると退避すべき状態が増えるなどのオーバヘッドが生じるおそれがある。原則として，割り込みはマシン命令とマシン命令の間で受け付ける(図5.24参照)。

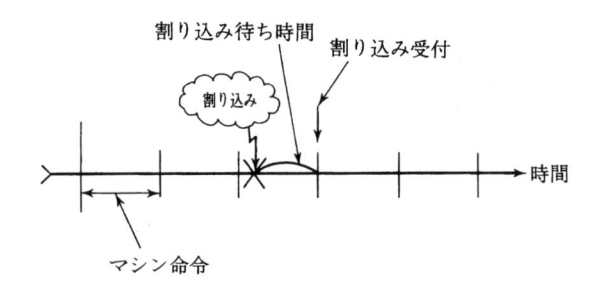

図5.24 割り込み受付のタイミングと割り込み待ち時間

割り込みには，その割り込み要因ごとに割り込み受付タイミングや割り込み処理後の措置(中断したプログラムへの復帰方法)が異なる。これらは割り込まれた(割り込み発生時に実行していた)マシン命令の取り扱いによって次のように分類できる(図5.25参照)。

（1） 命令完了：実行中の命令の完了まで割り込み受付を待たせる。(例)入出力割り込み，タイマ割り込み，演算例外。

（2） 命令抑制：実行中の命令をNOP(No OPeration：無操作)命令にし，それを実行後割り込みを受け付ける。(例)アクセス保護違反。

（3） 命令無効：実行中の命令を中断する。プログラムカウンタは不変とするので命令は不実行扱いとなり，再実行可能である。(例)ページフォールト。

（4） 命令中止：実行中の命令を即時に中止し，終了してしまう。(例)リセット，ハードウェア障害。

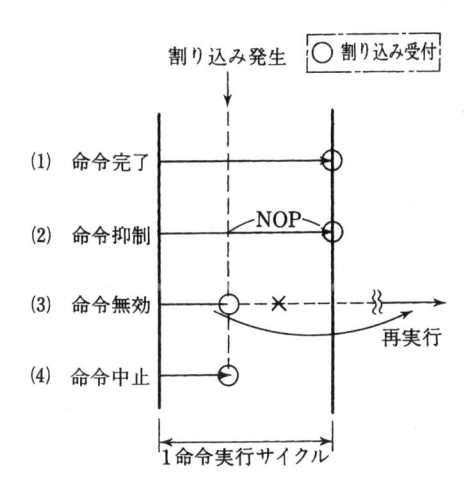

図 5.25 割り込み受付タイミングと割り込まれたマシン命令の措置

　たとえば，内部割り込みはマシン命令の実行によって発生する。そのとき割り込まれる（中断される）マシン命令は割り込み要因となったマシン命令自身である。内部割り込みの代表例である命令実行例外のうちページフォールトにおいては，そのプログラム（マシン命令）自身には割り込みの発生に対する責任はなく，OSの責任である。一方，ページフォールト以外の命令実行例外のほとんどでは，割り込み発生はそのプログラム（マシン命令）の責任である。したがって，これらの割り込み処理後の措置は異なる。なお，SVC命令やブレークポイント命令は"割り込みを起こす"機能そのものをもち，"割り込みの発生とその受付タイミングは一致している"とみなせる。

　外部割り込みについては，原則通り，割り込み発生時に実行中のマシン命令が完了するまで受付を待たせればよい。しかし，割り込み要因（"どの入出力装置からか"など）によって割り込み処理の緊急度は異なる（次の(h) 参照）。

　リセットは文字通り"直ちにマシン命令の実行を中止しリブートする"ことが割り込み処理であり，割り込まれたプログラム（マシン命令）に責任はないのに再実行は不可能となる。

　割り込みの発生の瞬間からその割り込み処理の起動（割り込み受付）までの時間（(c)で述べた(1)から(2)までの時間）を**割り込み待ち時間**という。

　割り込みはその機能上"いつ発生するか分からない（内部装置と非同期に発生することもある）"ので，割り込みが発生した瞬間（タイミング）とその割り込みの受付タイミング（原則としてマシン命令とマシン命令との間）がずれて，

割り込み待ち時間が生じる"のが普通である。さらに，割り込み要因によっては，割り込み発生時に実行中のマシン命令の取り扱いに影響が及ぶ場合もある。

(h) 多重レベル割り込み

(b)で述べたように，割り込み要因は多種多様である。また，いずれも独立した事象であり，同時あるいは割り込み処理中に発生する可能性もある。プロセッサが単一のノイマン型コンピュータの割り込み処理においては，複数の割り込みについても逐次処理しなければならない。時間的に重複する割り込み処理は**多重レベル割り込み**機構で行う。

多重レベル割り込み機構では，まず割り込み要因ごとに割り込み処理の優先度を付与し，その度合(緊急性)によって時間的に重複する複数の割り込みを次のように順序付けて逐次処理する。すなわち，① 優先度の高い割り込み処理時にはそれよりも優先度が低い割り込みは禁止する；逆に，② ある割り込み処理時にそれよりも優先度が高い割り込みが発生した場合には，それを優先処理する；方式である。この意味で多重レベル割り込みを"優先度付き割り込み"ともいう。

割り込みの優先度は割り込み処理の緊急性(必要性)によって順序付けする。たとえば，(b)で列挙した割り込み要因例に対しては，① リセット；② ハードウェア障害；③ 命令実行例外；④ 入出力割り込み；⑤ SVCやブレークポイント命令；の順(①が最高で⑤が最低)とする。さらに詳細な優先度とする例には，ⓐ ③の命令実行例外のうちでも，ページフォールトやアクセス保護違反を高く，演算例外を低く設定する；ⓑ ④の入出力割り込みのうちでも，高速入出力装置(ファイル装置など)からの割り込みは高く，低速入出力装置(キーボードなど)からの割り込みは低く設定する；などがある。ただし，これらは代表例であり，優先度はコンピュータごとに異なる。

(i) 入出力割り込み

コンピュータの内部装置であるプロセッサやメインメモリの動作速度とコンピュータと私たち人間とのインタフェースとなる入出力装置の動作速度にはかなりの差がある。したがって，内部装置(特にプロセッサ)は入出力装置と非同期に動作するように自分自身を制御する。しかし，プロセッサが非同期動作している入出力装置を制御(入出力装置への指令や入出力装置からの状態情報の受け取りなど)するためには，必要なタイミングで同期をとる必要がある。

プロセッサが入出力装置に対して指令を与える場合は，"入出力命令"とい

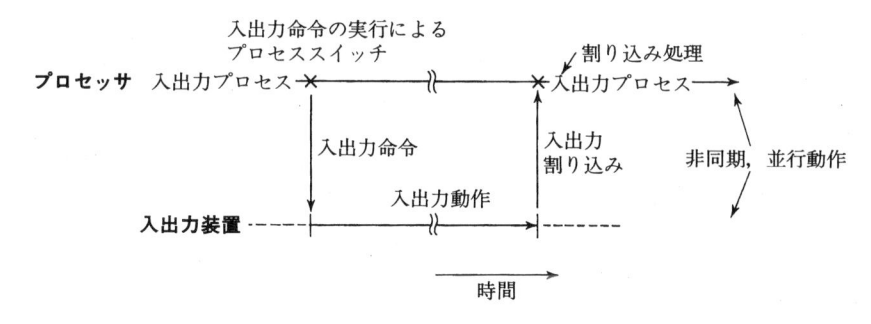

図 5.26 入出力割り込み

うマシン命令を実行すれば，そのタイミングで同期はとれる．これとは逆に，プロセッサからの入出力動作指令によって(プロセッサとは非同期に)動作している入出力装置がプロセッサに自分の状態を知らせるための手段が**入出力割り込み**である．

図 5.26 に示すように，入出力割り込みは入出力動作の完了や異常などの入出力装置の状態をプロセッサ側に通知するためにある．これによってプロセッサやメインメモリと入出力装置とが独立に並行して動作可能となる．

入出力装置を制御する(入出力動作を行う)プロセスを"入出力プロセス"という．プロセッサで実行する入出力プロセスを管理・制御する OS と入出力装置の動作(入出力動作)との関係を時間経過にしたがって説明すると次のようになる．

まず，プロセッサが入出力命令を実行すると，OS は，① 入出力命令を実行した入出力プロセス(＊)を実行中状態から実行待ち状態にする；② プロセススイッチによって別のプロセスを実行中にする(切り替える)；を行う．一方，入出力装置は，③ プロセッサからの入出力指令によって入出力動作を開始する；④ 入出力動作を完了するとプロセッサに対して入出力割り込みを起こしてそれを通知する；を行う．プロセッサ(OS)は，⑤ 入出力割り込みを受け付けて，その割り込み処理を始める；⑥ 入出力割り込み(という事象)を待っていた入出力プロセス(＊)を実行待ち状態から実行可能状態にする(ウェイクアップする)；を行う．③ と ④ の間の入出力動作中には，プロセッサは入出力装置とは非同期に(独立して)別のプロセスを実行できる．

入出力割り込みは"入出力装置が非同期に並行動作するプロセッサに同期をとってもらう"機能の実現である．入出力割り込みを用いた入出力制御機能の詳細については 8.2 節で述べる．

5.3.2 割り込み処理機構

本項では，ハードウェアによって分担・実現する割り込み処理機構について述べる。

（a） 割り込み検知機構

図 5.27 は割り込み検知機構の例である。割り込み要因ごとに1ビットのフラグ (2.2.6 項 (f) 参照) を割り付け，それによって対応する割り込み (要因) の有無を示す。このフラグ群を専用レジスタとしたものを**割り込みフラグ**あるいは**割り込みフラグレジスタ**という。

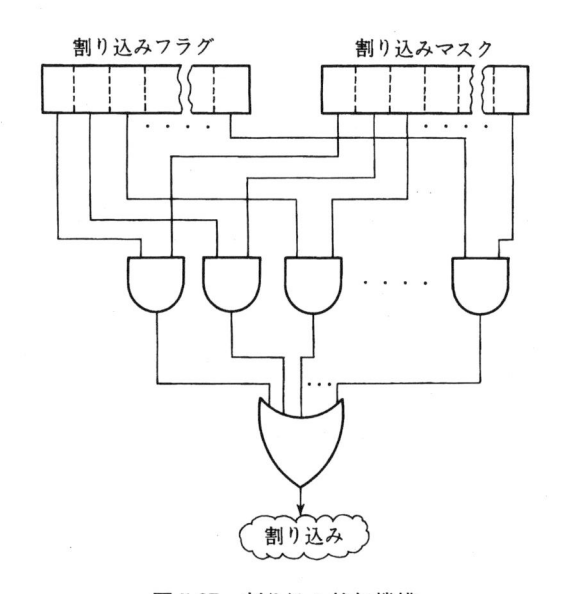

図 5.27 割り込み検知機構

また，割り込み要因ごとに割り込みの許可または禁止を設定する専用レジスタを**割り込みマスク**あるいは**割り込みマスクレジスタ**という。割り込みマスクもプログラム (マシン命令) が制御可能なコンディション (2.2.6 項 (f) 参照) とすることによって，プログラムで各種の割り込み (要因) ごとに優先度を付与したり操作 (制御) することが可能となる。割り込みマスクで制御できない (マスクできない) 要因としては，リセットやハードウェア障害などの超高優先度 (前の 5.3.1 項 (h) 参照) の割り込み要因がある。

（b） 割り込み要因の識別機構

割り込み要因の識別には高速性が要求されるので，これは普通ハードウェア

機構によって実現する。割り込み要因の識別機構には図5.28に示す**割り込みベクトル**(interrupt vector)方式を採る機構が代表的である。

割り込みベクトル機構では，次の手順で割り込み要因を識別する（図5.28参照）。

（1） 割り込みフラグの各ビットを割り込みマスクの対応ビットでマスク（具体的には AND 演算，2.2.6項(c)参照）する。その結果，"1"のビットが1個でもあれば割り込みが生じる。ここで"1"となっているビットが現時点で受付候補の要因である。

（2） (1)の結果をプライオリティエンコーダ(4.1.3項(d)参照)に入力して，① 要因の識別；② 優先度が最高の要因の決定；を行う。プライオリティエンコーダにはあらかじめ定めておいた割り込み要因の優先度をコード表にしてセットしておく。プライオリティエンコーダからの出力は識別した唯一要因

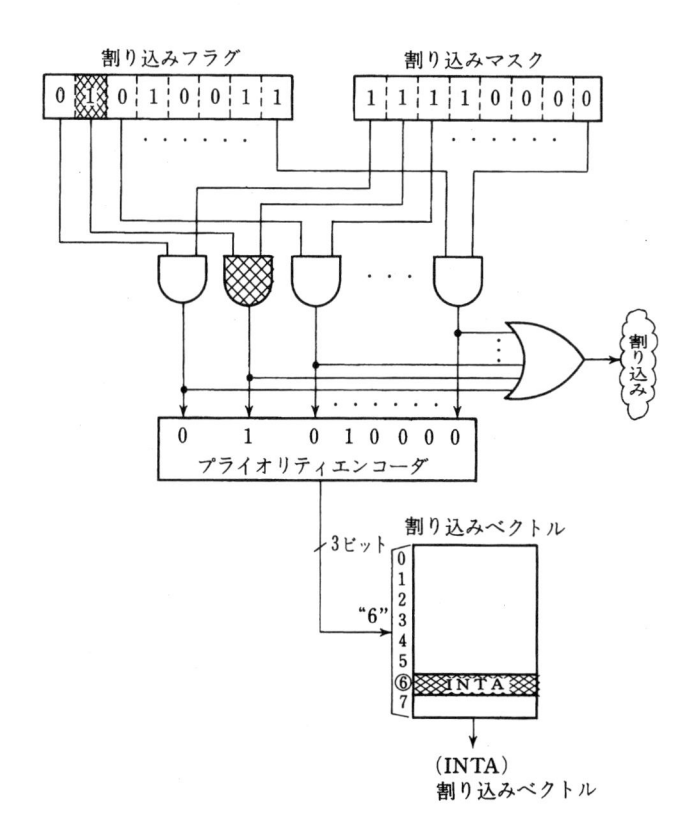

図5.28 割り込みベクトル方式の割り込み要因識別機構とその動作例

の識別番号(図 5.28 の例では"6")である。

(3) (2)で得た要因の識別番号(図 5.28 の例では"6")をアドレスとして割り込みベクトル(表)を引き，対応する割り込み処理(ルーチン)の開始アドレス(**割り込みベクトル**という，図 5.28 の例では"INTA")を得る。

この割り込みベクトル機構は多種類の割り込み要因を持つ CISC(2.2.7 項(h)参照)が採用している。

これに対して，単純なハードウェア機構の実現を目標とする RISC(2.2.7 項(h)参照)では，ソフトウェア(OS)が，割り込み処理の最初で割り込みフラグを調べて，対応する割り込み処理に分岐する。

演 習 問 題

5.1 マイクロプログラム制御方式の長所と短所について，配線論理制御方式と比較して述べよ。

5.2 CISC と RISC のそれぞれに適した制御方式について，ハードウェア/ソフトウェア・トレードオフの観点から具体的に比較せよ。

5.3 マシン命令の命令実行サイクルを構成する各ステージ機能について，制御アーキテクチャの観点から具体的に述べよ。

5.4 配線論理制御コンピュータとマイクロプログラム制御コンピュータのマシン命令実行サイクルの実現方法の相違について具体的に述べよ。

5.5 マイクロプログラム制御機構のハードウェア構成では，配線論理制御機構のハードウェア構成のほかにどのようなハードウェア機構を必要とするか，機構の簡単なハードウェア構成図を示して説明せよ。

5.6 2種類のマイクロ命令形式を示し，それぞれの特徴についてハードウェア/ソフトウェア・トレードオフの観点から述べよ。

5.7 制御メモリとメインメモリとの相違について，特にアーキテクチャ設計の観点から明らかにせよ。

5.8 コンピュータシステムにおけるマイクロプログラム技術の適用目的について具体的に述べよ。

5.9 同期式制御機構と非同期式制御機構の長所と短所について比較して述べよ。

5.10 ノイマン型コンピュータの命令実行順序制御における次命令アドレスの決定機能について分類して説明せよ。

5.11 命令実行順序制御の高速化方式について述べよ。

5.12 命令パイプライン処理の原理について説明せよ。

5.13 5段の命令パイプライン処理の理論的な性能(向上度)について，定式化して

説明せよ．また，このアーキテクチャがパイプライン処理なしに比べて 4.8 倍の性能向上を得るためには，パイプラインに何個の命令を投入しなければならないか，計算せよ．

5.14 命令レベル並列処理の代表例であるスーパスカラについて，命令パイプラインと比較して説明せよ．また，"スーパスカラ"という呼び名の由来について，その理論的な性能(向上度)の観点から，具体的に述べよ．

5.15 次の単語について説明せよ．① マルチタスキング，② プロセス制御ブロック (PCB)，③ プロセスコンテクストまたは PSW (プロセッサ状態ワード)，④ デッドロック，⑤ 排他制御，⑥ 仮想マシン．

5.16 プロセッサとプロセスとの相違について，ハードウェア/ソフトウェア・トレードオフの観点から明らかにせよ．また，それらの対応関係についても述べよ．

5.17 プロセスの状態遷移図を描き，各プロセス状態と状態遷移について説明せよ．

5.18 プロセススイッチの手順について説明せよ．

5.19 プロセスのスケジューリングアルゴリズムについて分類して説明せよ．

5.20 プロセッサの状態遷移図を描き，各プロセッサ状態と状態遷移について説明せよ．

5.21 割り込みの必要性について具体的に列挙せよ．

5.22 具体的な割り込み要因を列挙し，それらを種々の指標によって分類せよ．また，それらの割り込み要因を処理の優先度順 (例でよい) に並べてみよ．

5.23 割り込まれた時点に制御を戻す場合の割り込み処理の過程を割り込み発生時から個条書きにして説明せよ．

5.24 5.23 で列挙した各過程について，その処理をハードウェアと OS のいずれで行うのが適当か理由を添えて述べよ．

5.25 割り込まれたマシン命令の処理方法について，割り込み受付タイミングと割り込み処理後の措置の観点から分類して説明せよ．また，5.22 で列挙した割り込み要因をこの区分にしたがって分類せよ．

5.26 マルチタスキングの実現方法について，OS が行うプロセス管理と割り込みとの関係の観点から説明せよ．

5.27 入出力割り込みの必要性について，プロセッサと入出力装置における時間経過にしたがって具体的に述べよ．

5.28 ハードウェアで実現する割り込み要因の識別機構について，ハードウェア構成図を示して説明せよ．

6

演算アーキテクチャ

本章では，ノイマン型コンピュータのプロセッサを構成する主要なハードウェア装置のうち，計算(演算)そのものを分担する**演算装置**のアーキテクチャについて述べる。演算装置は**算術論理演算装置**(**ALU**, Arithmetic and Logic Unit) ともいう。本書では，演算装置(ALU)におけるハードウェアとソフトウェアの機能分担の割合(トレードオフ)や方式を**演算アーキテクチャ**(**ALU アーキテクチャ**) という。

6.1 固定小数点数の算術演算装置

本節では，固定小数点数表現する数に対する算術演算方式と算術演算装置のアーキテクチャについて述べる。

6.1.1 固定小数点数の加減算

(a) 桁上げと借り

固定小数点数の加減算は桁ごとに行う。r 進数1桁の加算の結果が r 以上となる場合に，その桁から上位の桁へ**桁上げ**(carry；**キャリ**)$(1)_r$ が生じる(図 6.1 に例示)。1ビット2進数どうしの加算では，上位ビットへの桁上げは $(1)_2$ である(図 6.1 に例示)。

図 6.1 桁上げの例

図 6.2 借りの例

一方，r 進数 1 桁の減算を行う際，被減数より減数が大きい場合に，上位の桁からその桁へ**借り**(borrow；**ボロウ**)$(1)_r$ が生じる(図 6.2 に例示)。1 ビット 2 進数どうしの減算では，上位ビットからの借りは $(1)_2$ である(図 6.2 に例示)。

(**b**) **精　度**

実際の算術演算は任意(無制限)精度であり，普通 10 進数表現で行う。しかし，コンピュータによる算術演算では，ハードウェア構成やその規模の制限によって精度は有限となり，またコンピュータ内部では数は 2 進数で表現する。したがって，コンピュータによる算術演算は実計算の近似となることもある。

(**c**) **正の固定小数点数の加算**

固定小数点数表現した正の 2 進数(r 進数，以下の手順の説明でカッコ内は r 進数の場合)の加算(式(6.1)で示す)の手順は次のようになる(図 6.3 に例示)。

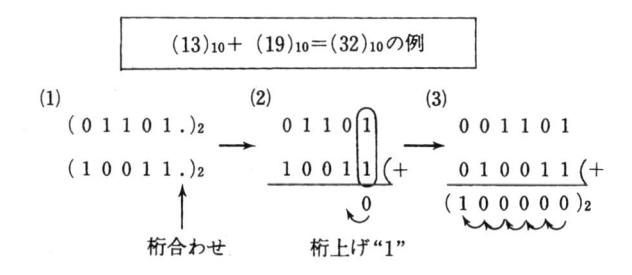

$(13)_{10} + (19)_{10} = (32)_{10}$ の例

$$\begin{array}{ccc}
(1) & (2) & (3) \\
(0\;1\;1\;0\;1.)_2 & 0\;1\;1\;0\;1 & 0\;0\;1\;1\;0\;1 \\
(1\;0\;0\;1\;1.)_2 & 1\;0\;0\;1\;1\;(+ & 0\;1\;0\;0\;1\;1\;(+ \\
& 0 & (1\;0\;0\;0\;0\;0)_2
\end{array}$$

桁合わせ　　　桁上げ "1"

図 6.3　正の固定小数点数表現 2 進数の加算例

$$(被加数) + (加数) = (和) \tag{6.1}$$

(1)　小数点位置で**被加数**(augend)と**加数**(addend)のビット(桁)を合わせる。

(2)　最下位ビット(桁)から各ビット(桁)ごとに加算を行う。その際，下位ビット(桁)からの桁上げも加数として扱う。

(3)　① 各ビット(桁)ごとの加算の結果が 0 か 1(基数 r 未満)ならば，それをそのままそのビット(桁)の和とする。

② 各ビット(桁)ごとの加算の結果が 2 か 3(r 以上)の場合には，次の上位ビット(桁)の加算用に $(1)_2((1)_r)$ を桁上げとして送る。そして，結果から 2 (r)を減算し，その結果をそのビット(桁)の和とする。

(4)　(2), (3)を最上位ビット(桁)まで繰り返し，最終的な**和**(sum)を求め

る。最上位ビット（桁）の加算によって生じた桁上げは**オーバフロー**（overflow）という。

（d）正の固定小数点数の減算

固定小数点数表現した正の2進数（r進数，以下の手順の説明でカッコ内はr進数の場合）の減算（式(6.2)で示す）の手順は次のようになる（図6.4に例示）。

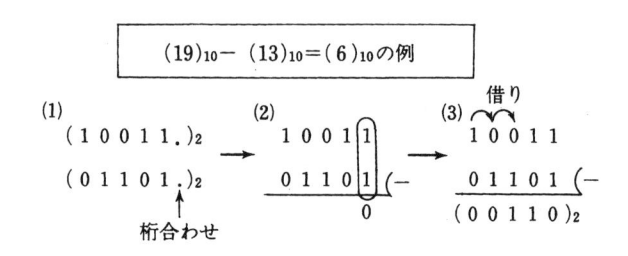

```
        (19)₁₀ − (13)₁₀ = ( 6 )₁₀の例
```

図6.4　正の固定小数点数表現2進数の減算例

$$（被減数）−（減数）=（差）\quad（ただし，（被減数）≧（減数））\quad (6.2)$$

（1）小数点位置で**被減数**（minuend）と**減数**（subtrahend）のビット（桁）を合わせる。

（2）最下位ビット（桁）から各ビット（桁）ごとに減算を行う。その際，上位ビット（桁）からの借りも被減数 $(1)_2 ((1)_r)$ として扱う。

（3）① 各ビット（桁）ごとの減算において，減数が被減数より大きい場合には，次の上位ビット（桁）の被減数から $(10)_2 ((10)_r)$ を借りて，それを被減数に加算した後，減算を行い，その結果をそのビット（桁）の差とする。

② 各ビット（桁）ごとの減算において，減数が被減数以下の場合には，減算を行い，その結果をそのままそのビット（桁）の差とする。

（4）(2),(3)を最上位ビット（桁）まで繰り返し，最終的な**差**（difference）を求める。

（e）1の補数表現固定小数点数の加減算

3.2.1項で述べたように，コンピュータ内部の数表現である2進数では負数を補数（1の補数または2の補数）で表現する。負数を補数表現すると，符号（ビット）を意識せずに演算（加減算）ができる。補数表現を用いた固定小数点数の加減算について考えてみよう。

ある2進数 N（p ビットの整数部と q ビットの小数部をもつ）とその1の補

数 $\bar{N}$ には次の関係がある (3.2.1 項 (c) の式 (3.12) の再掲).

$$N+\bar{N}=2^p-2^{-q}=\overbrace{(111\cdots11)_2}^{(p+q)\text{ビット}} \qquad (6.3)$$

図 6.5 に示すように,式 (6.3) は "ある数とその 1 の補数との和は 0 である"ことを示している.

```
        (符号ビット)
             ↓
    N = 0 1 1 0 1 . 0 1
    N̄ = 1 0 0 1 0 . 1 0 (+
       (1 1 1 1 1 . 1 1)₂ = ( 0 )₁₀
```

図 6.5 ある数 N とその 1 の補数 $\bar{N}$ との関係

1 の補数表現固定小数点数の加減算は,次に示すように,符号を含めて 1 の補数表現にした減数による加算手順で行える.すなわち,被減数 M と減数 N との減算

$$S=M-N$$

は被減数 M と "減数 N の 1 の補数 $\bar{N}$" との加算

$$S=M+\bar{N}$$

となる (図 6.6 に例示).

負数を 1 の補数表現する場合の 2 進数 M と N の加減算は次の手順の "加算" となる.

(1) 符号ビットも含めて (負数の場合は 1 の補数表現で) 被加数 M と加数 N を加算する.

(2) 最上位ビット (MSb) からの桁上げ (**エンドキャリ** (end carry) という) があれば,(1) の演算結果にその桁上げ 1 を加え,桁上げそのものは無視する.すなわち,エンドキャリを (1) の演算結果に加えてそれを**補正**する.

(3) 残った結果が符号を含めた演算結果 (負数は 1 の補数表現) S である.

この手順 (2) の補正で用いる MSb からのエンドキャリを**循環桁上げ** (end-around carry, **エンドアラウンドキャリ**) という (図 6.6 の例参照).

負数を 1 の補数表現する加 (減) 算におけるオーバフローは演算結果 S が 1 の補数の表現範囲である

$$-(2^{p-1}-1)\leq S\leq 2^{p-1}-1 \quad (\text{たとえば } p=8 \text{ では, } -127\leq S\leq 127) \qquad (6.4)$$

の外にある場合である.オーバフローは被加数と加数の符号が同一の加算の場

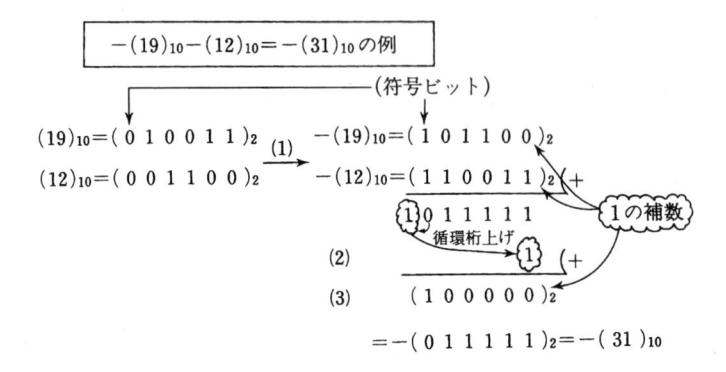

図 6.6　1の補数表現固定小数点数の加減算例

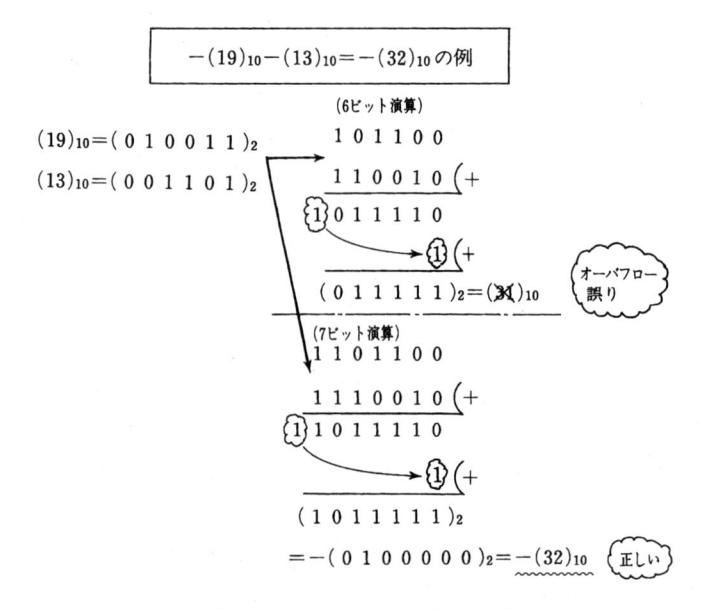

図 6.7　1の補数表現固定小数点数の加減算におけるオーバフロー例

合に発生する可能性がある。有限範囲で求めた演算結果の符号が被演算数の符号と異なる場合はオーバフローである。すなわち，ⓐ 正数(符号ビットが0)どうしの加算結果が負数(符号ビットが1)；ⓑ 負数どうしの加算結果が正数；の場合はオーバフローが発生しており，結果は正しくない(図6.7に例示)。正数と負数の加算ではオーバフローは発生しない。

1の補数表現による加減算には，① 負数の1の補数表現は各ビットを反転 (0⇔1) するだけで得ることができるので簡単である(3.2.1項(c)参照)；と

いう長所と，② 循環桁上げ(エンドアラウンドキャリ)があれば補正を行わねばならない；という短所がある．特に，②は循環桁上げの有無によって補正(循環桁上げの加算)の有無を演算機構で切り替える必要があり，次の(f)の2の補数表現による加減算に比べてハードウェア機構の規模は大きくなる．

(f) 2の補数表現固定小数点数の加減算

ある2進数 N (pビットの整数部と q ビットの小数部をもつ)とその2の補数 $\bar{N}$ には次の関係がある (3.2.1項(d)の式(3.17)の再掲)．

$$N+\bar{N}=2^p=(\overbrace{1000\cdots 00}^{(p+q)\text{ビット}})_2 \qquad (6.5)$$

図6.8に示すように，式(6.5)は"ある数とその2の補数との和は最上位ビット(MSb)からの桁上げ(エンドキャリ)を無視する(($p+q$)ビット分だけを見る)と0である"ことを示している．

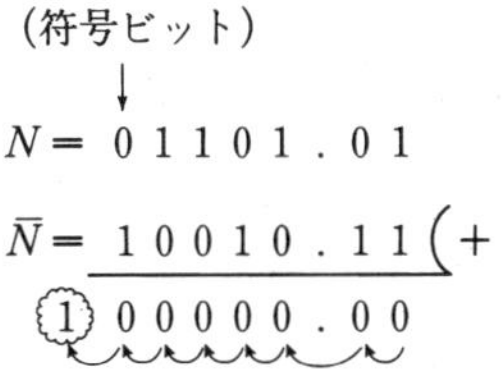

```
        (符号ビット)
            ↓
    N =  0 1 1 0 1 . 0 1
    N̄ =  1 0 0 1 0 . 1 1  (+
       ①  0 0 0 0 0 . 0 0
```

図6.8 ある数 N とその2の補数 $\bar{N}$ との関係

2の補数表現を用いた固定小数点数の加減算は，次に示すように，符号を含めて2の補数表現にした減数の加算手順で行える．すなわち，被減数 M と減数 N との減算

$$S = M - N$$

は被減数 M と "減数 N の2の補数 $\bar{N}$" との加算

$$S = M + \bar{N}$$

となる(図6.9に例示)．

負数を2の補数表現する場合の2進数 M と N の加減算は次の手順の加算となる．

(1) 符号ビットも含めて(負数の場合は2の補数表現で)被加数 M と加数 N を加算する．

(2) 最上位ビット(MSb)からの桁上げ(**エンドキャリ**)は無視する(図6.9の例参照)．

170　6. 演算アーキテクチャ

$$\boxed{-(19)_{10}-(13)_{10}=-(32)_{10} \text{の例}}$$

```
                    ┌─(符号ビット)
(19)₁₀=( 0 1 0 0 1 1 )₂ (1) -(19)₁₀=( 1 0 1 1 0 1 )₂  ← 2の補数
(13)₁₀=( 0 0 1 1 0 1 )₂    -(13)₁₀=( 1 1 0 0 1 1 )₂ (+
                                                        符号ビット
                              ※1 0 0 0 0 0  (2)
                                             (3)→ ( 1 0 0 0 0 0 )₂
                          エンドキャリ(無視)         = -(32)₁₀
```

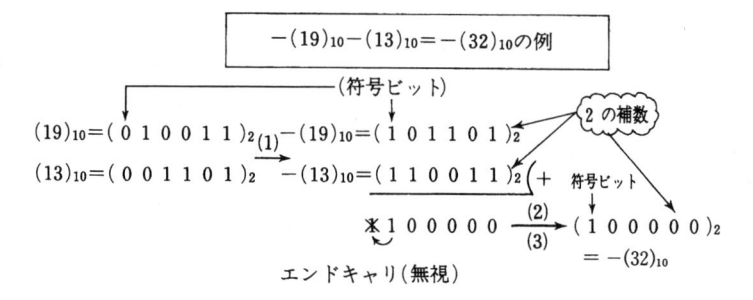

図 6.9　2の補数表現固定小数点数の加減算例

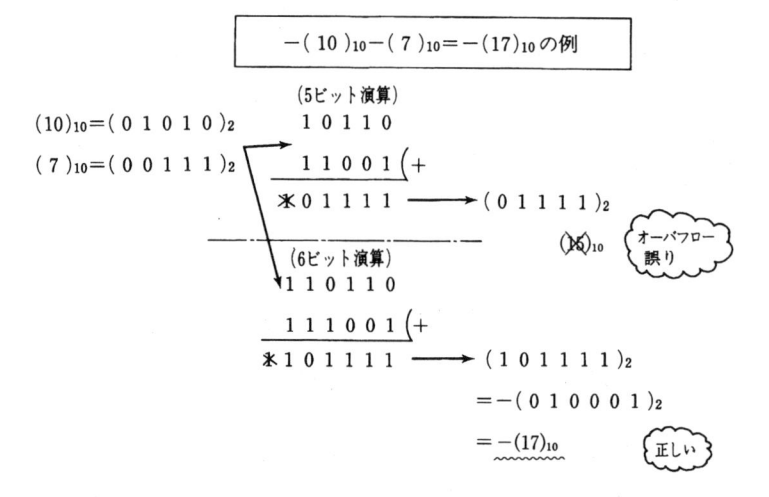

$$\boxed{-(10)_{10}-(7)_{10}=-(17)_{10} \text{の例}}$$

```
                       (5ビット演算)
(10)₁₀=( 0 1 0 1 0 )₂    1 0 1 1 0
( 7)₁₀=( 0 0 1 1 1 )₂    1 1 0 0 1 (+
                       ※ 0 1 1 1 1  ─→ ( 0 1 1 1 1 )₂    オーバフロー
                                                          誤り
                       (6ビット演算)        (※)₁₀
                        1 1 0 1 1 0
                        1 1 1 0 0 1 (+
                       ※1 0 1 1 1 1  ─→ ( 1 0 1 1 1 1 )₂
                                      = -( 0 1 0 0 0 1 )₂
                                      = -(17)₁₀         正しい
```

図 6.10　2の補数表現固定小数点数の加減算におけるオーバフロー例

（3）残った結果が符号を含めた演算結果（負数は2の補数表現）S である。
　負数を2の補数表現する場合の加（減）算におけるオーバフローは演算結果 S が2の補数の表現範囲である

$$-2^{p-1} \leqq S \leqq 2^{p-1}-1 \quad \text{（たとえば } p=8 \text{ では, } -128 \leqq p \leqq 127\text{）} \quad (6.6)$$

の外にある場合である。オーバフローは被加数の符号と加数の符号が同一の加算の場合に発生する可能性がある。有限範囲で求めた演算結果の符号が被演算数の符号と異なる場合はオーバフローである。すなわち，ⓐ 正数（符号ビットが 0）どうしの加算結果が負数（符号ビットが 1）；ⓑ 負数どうしの加算結果が正数；の場合はオーバフローが発生しており，結果は正しくない（図 6.10 に例示）。正数と負数の加算ではオーバフローは発生しない。

2の補数表現による加減算には，① エンドキャリは無視できて，1の補数表現加減算では必要となる循環桁上げ（エンドアラウンドキャリ）による補正は不要である；という長所と，② 負数を2の補数表現するときに加算が必要になる（3.2.1項(d)参照）；という短所がある。ハードウェア機構の規模の点で"補正の有無のチェックや補正（加算）のためのハードウェアが不要"という①の長所が"加算器が必要"という②の短所を隠蔽するので，現代のコンピュータでは，"負数の加算は2の補数表現で行う"のが一般的である。

（g） 演算幅の拡張

固定小数点数算術演算の対象となる2進数の範囲は算術演算装置の演算幅によって決まる。被演算数よりも演算結果のデータ幅が広い場合には，次のような手順で被演算数のデータ幅を演算結果のデータ幅に拡張してから演算する。負小数の場合は2の補数表現か1の補数表現かによって拡張方法が異なる（図6.11に例示）。

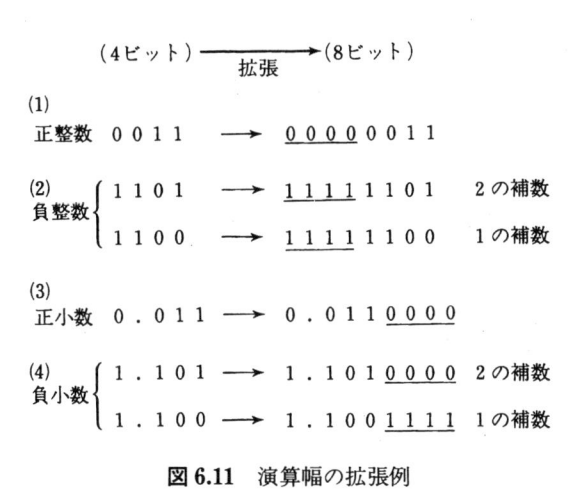

```
                    （4ビット）―――→（8ビット）
                              拡張
(1)
  正整数   0 0 1 1  ―→  0 0 0 0 0 0 1 1

(2)
  負整数 ┌ 1 1 0 1  ―→  1 1 1 1 1 1 0 1    2の補数
         └ 1 1 0 0  ―→  1 1 1 1 1 1 0 0    1の補数

(3)
  正小数   0 . 0 1 1  ―→  0 . 0 1 1 0 0 0 0

(4)
  負小数 ┌ 1 . 1 0 1  ―→  1 . 1 0 1 0 0 0 0    2の補数
         └ 1 . 1 0 0  ―→  1 . 1 0 0 1 1 1 1    1の補数
```

図 6.11 演算幅の拡張例

（1） **正整数**：足りない分だけ上位ビットに 0 を補う。
（2） **負整数**：足りない分だけ上位ビットに 1 を補う。
（3） **正小数**：足りない分だけ下位ビットに 0 を補う。
（4） **負小数**：① 2の補数表現の場合：足りない分だけ下位ビットに 0 を補う；② 1の補数表現の場合：足りない分だけ下位ビットに 1 を補う。

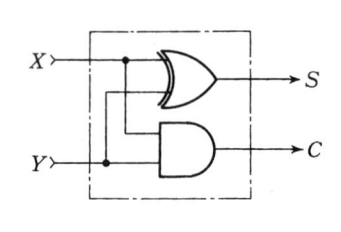

入力		出力		和
X	Y	C	S	
0	0	0	0	$(0)_{10}$
0	1	0	1	$(1)_{10}$
1	0	0	1	$(1)_{10}$
1	1	1	0	$(2)_{10}$

図 6.12 半加算器

6.1.2 固定小数点数の加減算機構

(a) 半加算器

図 6.12 に示すのは，X と Y がそれぞれ 1 ビットの被演算数であるとき，

$$X+Y \to S (1 ビット和),\ C (上位ビットへの 1 ビット桁上げ) \quad (6.7)$$

を行う 2 入力 2 出力の 1 ビット加算器である（入力値と出力値との関係を示す真理値表は図 6.12 右参照）。この加算器では，下位ビットからの桁上げについては考慮していない。このような 1 ビットどうしの部分和を求める加算器を**半加算器** (half adder, HA) という。

半加算器の出力である 1 ビット和 S は，入力 X, Y が（どちらも "0" か "1" で）同じとき "0" で，（"0" と "1" とで）異なるとき "1" であるから，X と Y との論理比較（排他的論理和，4.1.1 項 (a) 参照）で求まる。したがって，

$$S = X \oplus Y \quad (6.8)^{\dagger 1}$$

となる。

もう一つの出力である上位ビットへの 1 ビット桁上げ C は入力 X, Y がいずれも "1" のときだけ "1" となるので，

$$C = X \cdot Y \quad (6.9)^{\dagger 2}$$

となる。

(b) 全加算器

図 6.13 に示すのは，X と Y がそれぞれ 1 ビットの被演算数，CI が下位ビットからの桁上げであるとき，

$$X + Y + CI \to S (1 ビット和),\ CO (上位ビットへの 1 ビット桁上げ) (6.10)$$

を行う 3 入力 2 出力の 1 ビット加算器である（真理値表は図 6.13 右参照）。この加算器では，下位ビットからの桁上げを入力として考慮している。これを**全

---

†1 "⊕" は排他的論理和 (eXclusive OR) 演算記号 (4.1.1 項 (a) 参照)。
†2 "・" は論理積 (AND) 演算記号 (4.1.1 項 (a) 参照)。

6.1 固定小数点数の算術演算装置   173

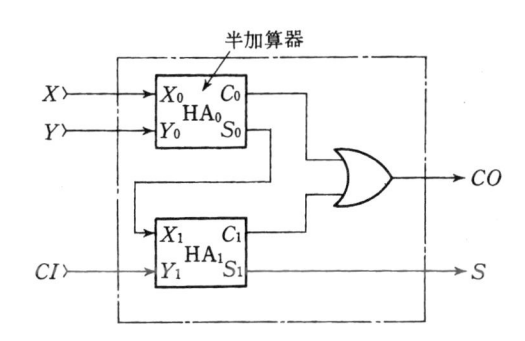

入力 X Y CI	出力 CO S	和
0 0 0	0 0	$(0)_{10}$
0 0 1	0 1	$(1)_{10}$
0 1 0	0 1	$(1)_{10}$
0 1 1	1 0	$(2)_{10}$
1 0 0	0 1	$(1)_{10}$
1 0 1	1 0	$(2)_{10}$
1 1 0	1 0	$(2)_{10}$
1 1 1	1 1	$(3)_{10}$

図 6.13 全加算器

加算器 (full adder, FA) といい，(c)～(e) で述べる種々の加算器の基本回路となる。

全加算器の出力である1ビット和 S は，入力 X, Y の1ビット和 $S_0 (= X \oplus Y$，式(6.8)より) と下位ビットからの桁上げ入力 CI との1ビット和であるから，

$$S = S_0 \oplus CI = (X \oplus Y) \oplus CI \tag{6.11}$$

である。X と Y を入力とする半加算器 HA_0 の出力 S_0 を入力 X_1 と，CI を入力 Y_1 と，それぞれする半加算器 HA_1 の出力 S_1 が全加算器の出力 S となる (図 6.13 左参照)。

もう一つの出力である上位ビットへの1ビット桁上げ CO が "1" となる場合は，① 入力 X, Y がどちらも "1"；② 入力 X, Y の1ビット和 $S_0 (= X \oplus Y)$ と入力 CI がどちらも "1"；のいずれかであるから，

$$CO = X \cdot Y + S_0 \cdot CI = X \cdot Y + (X \oplus Y) \cdot CI \tag{6.12}[†]$$

となる。① は X と Y を入力とする半加算器 HA_0 の出力 $C_0 (= X \cdot Y)$，② は S_0 と CI を入力とする半加算器 HA_1 の出力 $C_1 (= S_0 \cdot CI)$ であるから，全加算器の出力 CO は C_0 と C_1 の論理和 (OR)，すなわち，

$$CO = C_0 + C_1 \tag{6.13}[†]$$

となる。

したがって，式(6.11) と (6.13) に対応する全加算器は図 6.13 左で示すハードウェア構成となる。

なお，CO は，入力 X, Y, CI のうち2本以上の入力が "1" のときは "1" で，

[†] 式(6.12)～(6.27) で，"+" は論理演算の論理和 (OR) 演算記号，"・" は論理積 (AND) 演算記号 (4.1.1項(a)参照)。また，論理積が論理和よりも演算順位は高い。

そのほか (1本だけが"1"か3本すべてが"0")のときは"0"であることから，

$$CO = X \cdot Y + Y \cdot CI + CI \cdot X \qquad (6.14)$$

とも表せる。

（c） 桁上げ伝播加算器

図6.14に示すように，複数個の全加算器を直列に接続して複数ビットの加算器としたものを**桁上げ伝播加算器** (Carry Ripple Adder, **CRA**) という。nビットのCRAでは，第iビットの上位ビット（第$(i+1)$ビット）の桁上げ入力はその第iビットの桁上げ出力であり，

$$CI_{i+1} = CO_i \quad (i=0, \cdots, n-2)$$

となる。ただし，最下位ビット (LSb) の桁上げ入力 CI_0 は加算器全体への桁上げ入力 CI であり，最上位ビット (MSb) の桁上げ出力 CO_{n-1} は加算器全体の桁上げ出力 CO である。

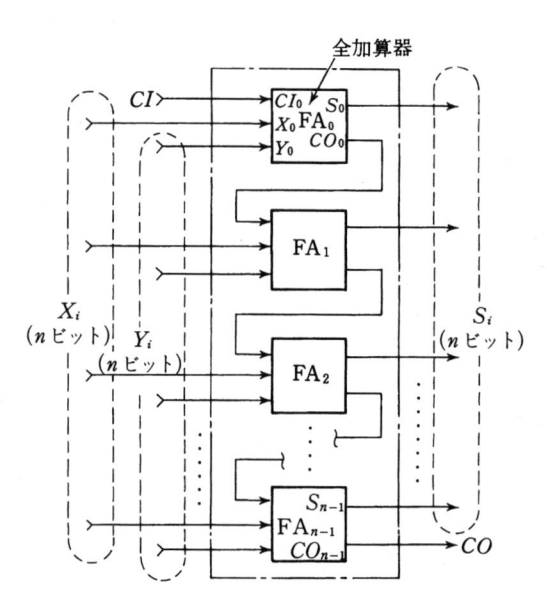

図6.14 nビット桁上げ伝播加算器

CRAには，① 回路が簡単である；という長所があるが，② 桁上げがLSbからMSbまで逐次的に伝播することによって生じる桁上げ伝播遅延が加算時間(性能)を決める；という短所がある。②によって，CRAの加算時間はその演算ビット長nに比例する。

（d） 桁上げ先見加算器

桁上げを伝播せずに被加数と加数のみから各ビットの桁上げを計算する加算器を**桁上げ先見加算器** (Carry Look-Ahead Adder, **CLAA**) という。CLAA の各ビットの桁上げの計算は他のビットの桁上げの影響を受けないビット独立演算である。各ビットの桁上げ CO がそのビットの被加数 X，加数 Y，桁上げ入力 CI だけで計算できることを示してみよう。

式 (6.14) を次の式 (6.15)～(6.17) で書き直す。

$$CO = X \cdot Y + Y \cdot CI + CI \cdot X = X \cdot Y + CI \cdot (X+Y) = CG + CI \cdot CP \quad (6.15)^\dagger$$

$$CG = X \cdot Y \quad (6.16)^\dagger$$

$$CP = X + Y \quad (6.17)^\dagger$$

CG を "桁上げ生成 (carry generation)"，CP を "桁上げ伝播 (carry propagation)"，とそれぞれいう。式 (6.16) と (6.17) より，CG と CP はそのビットの被演算数 (入力) である X と Y だけで生成できる。また，式 (6.15) より各ビットの桁上げ CO はそのビットの桁上げ入力 CI と CG と CP とから生成できる。桁上げ生成 CG と桁上げ伝播 CP から各桁上げ CO を生成する組

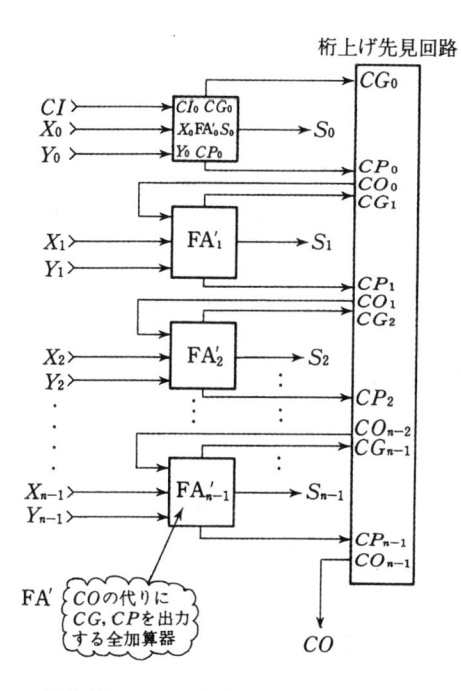

図 6.15 n ビット桁上げ先見加算器

み合わせ論理回路(4.1節参照)を"桁上げ先見回路"あるいは"桁上げ先見機構"という(図6.15参照)。

図6.15に示すようなnビットのCLAAを構成するための論理式を求めてみよう。式(6.15)～(6.17)を$i(=0,\cdots,n-1)$ビットに拡張して、第iビットの和出力S_iと第iビットからの桁上げ出力CO_iは次の式(6.18)と(6.19)になる。ただし、式(6.19)において、

$$CI_{i+1}=CO_i\ (i=0,\cdots,n-2),\ CI_0=CO_{-1}=CI,\ CI_n=CO_{n-1}=CO$$

とする。

$$S_i = X_i \oplus Y_i \oplus CI_i = X_i \oplus Y_i \oplus CO_{i-1} \qquad (6.18)$$

$\boldsymbol{CO_i}(=CI_{i+1})$
$= CG_i + CI_i \cdot CP_i$
$= CG_i + \boldsymbol{CO_{i-1}} \cdot CP_i$ ① (ここで、$\boldsymbol{CO_{i-1}} = CG_{i-1} + CO_{i-2} \cdot CP_{i-1}$ ② より)
$= CG_i + (CG_{i-1} + CO_{i-2} \cdot CP_{i-1}) \cdot CP_i$
$= CG_i + CG_{i-1} \cdot CP_i + \boldsymbol{CO_{i-2}} \cdot CP_{i-1} \cdot CP_i$
$\cdots$
$= CG_i + CG_{i-1} \cdot CP_i + CG_{i-2} \cdot CP_{i-1} \cdot CP_i$
$\quad \cdots + CG_{k-1} \cdot CP_k \cdot CP_{k+1} \cdot \cdots \cdot CP_i + \cdots$
$\quad \cdots + CG_0 \cdot CP_1 \cdot CP_2 \cdot \cdots \cdot CP_i + CI \cdot CP_0 \cdot CP_1 \cdot \cdots \cdot CP_i$ ③ $(k=1,\cdots,i)$
$\hfill (6.19)^\dagger$

$$CG_i = X_i \cdot Y_i \qquad (6.20)^\dagger$$

$$CP_i = X_i + Y_i \qquad (6.21)^\dagger$$

たとえば、2ビットCLAAの場合は、各ビットの桁上げ生成CGと桁上げ伝播CPおよびそれらをもとにして生成できる各ビットの和Sと桁上げCOは式(6.22)～(6.27)となる。

$$CG_0 = X_0 \cdot Y_0,\ CG_1 = X_1 \cdot Y_1 \qquad (6.22)^\dagger$$

$$CP_0 = X_0 + Y_0,\ CP_1 = X_1 + Y_1 \qquad (6.23)^\dagger$$

$$S_0 = (X_0 \oplus Y_0) \oplus CI \qquad (6.24)$$

$$S_1 = (X_1 \oplus Y_1) \oplus CO_0 \qquad (6.25)$$

$$CO_0 = CG_0 + CI \cdot CP_0 \qquad (6.26)^\dagger$$

$$CO_1 = CG_1 + CG_0 \cdot CP_1 + CI \cdot CP_0 \cdot CP_1 \qquad (6.27)^\dagger$$

式(6.19)によると、第iビットからの桁上げ出力CO_iはCG_iとCP_iおよび下位の第$(i-1)$ビットからの桁上げ出力CO_{i-1}によって生成できる(式(6.19)①参照)。同様に、CO_{i-1}はCG_{i-1}とCP_{i-1}およびCO_{i-2}によって生成

できる(式(6.19)②参照)．すなわち，第iビットの桁上げ出力CO_iはそのビットより下位のビットのCGとCPだけで生成できる(式(6.19)③参照)．また，式(6.20)と(6.21)より，あるビットのCGとCPはそのビットの入力XとYだけで生成できる．したがって，CLAAの各ビットの和出力S_iおよび桁上げ出力CO_iはそのビットより下位のビットの入力である被加数X_kと加数Y_k($k=1, \cdots, i$)およびCLAAへの桁上げ入力CIだけで計算(先見)できる．

また，式(6.19)は論理積項を論理和で結んだ("積和形"という)論理式であり，これに対応する論理回路はどの入力信号も出力までにAND素子とOR素子の2個("2段"という)の論理素子だけを通過する構成にできる．したがって，CLAAのどのビットの桁上げも同じ時間(論理素子2段分の伝播遅延時間)で生成できる．すなわち，CLAAによる加算時間は桁上げ伝播遅延や演算ビット長に依存せずに一定である．一方で，桁上げ先見回路が余分に必要となる．

(e) 桁上げ保存加算器による多項加算

図6.16に示すような多項の加算は2項の加算(2項演算)ごとに分けて行う部分加算を繰り返せばよい．この2項加算の繰り返しにおいて，2項加算ごとの各ビットの桁上げを一時保存(退避)しておき，それを次の2項加算で加え合わせる機構の多項加算器を**桁上げ保存加算器**(Carry Save Adder, **CSA**)という．

CSAは，図6.17に示すように，3入力2出力の1ビット全加算器を演算長と加算の繰り返し分だけ並べて構成する．

図6.17において，各部分和T_i($i=1, \cdots, n-2$)を求める加算を行うn個のFAiがnビットCSA(CSAi)である．そして，最終ステップの加算では，直前のCSA($n-2$)の各ビットFA($n-2$)からの桁上げ出力を加算するためにCRA((c)参照))やCLAA((d)参照)を用いる．各CSAi($i=1, \cdots, n-2$)を構成するn個のFAiによる各ビットの加算は互いに独立しており，各CSAiで

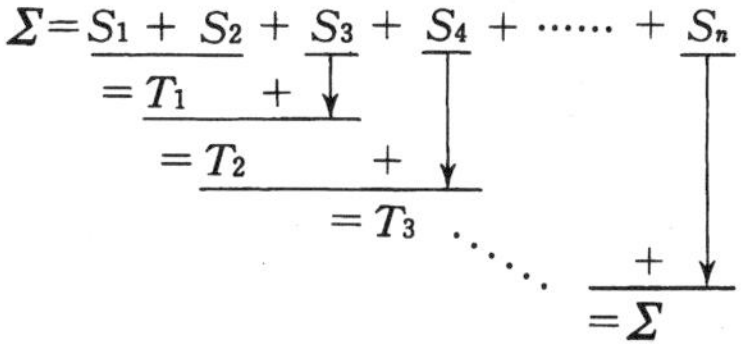

$$\begin{aligned}\varSigma &= \underline{S_1 + S_2} + S_3 + S_4 + \cdots\cdots + S_n \\ &= \underline{T_1 \quad +} \\ &= \underline{T_2 \quad +} \\ &\qquad\qquad = T_3 \cdots\cdots \\ &\qquad\qquad\qquad\qquad\qquad + \\ &\qquad\qquad\qquad\qquad\qquad = \varSigma\end{aligned}$$

図6.16 2項加算の繰り返しによるn項加算

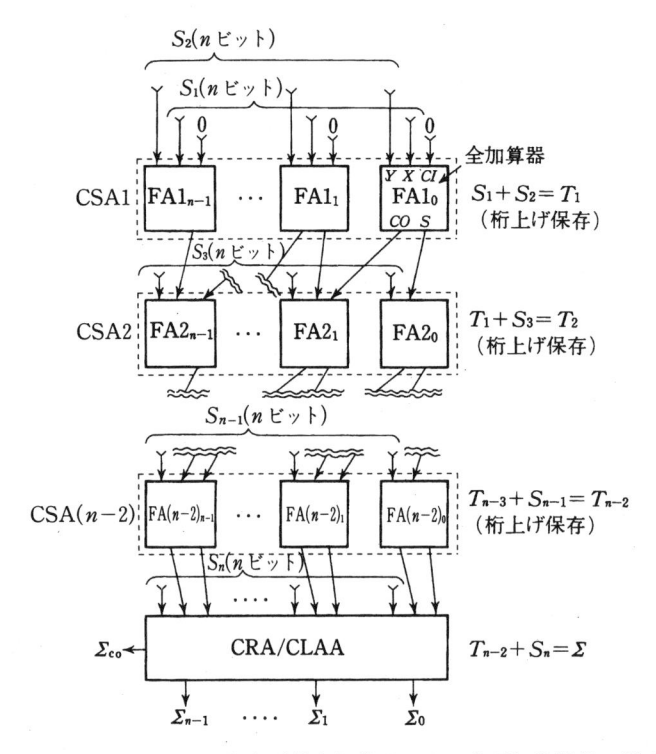

図 6.17 n ビット桁上げ保存加算器による多項加算機構の構成

の加算における桁上げ伝播はない。

CSA は次の 6.1.3 項で述べる並列乗算器の部分機構として用いる。

（f）補　数　器

ある数の補数をとる補数器は負数の補数表現を 1 の補数とするか 2 の補数とするかによって，図 6.18 と次に示すように，回路構成が異なる。

（1）**1 の補数器**：NOT 素子のみによって構成する。1 の補数器は構成が簡単で，演算もビット独立で（ビットごとに）行える。

（2）**2 の補数器**：NOT 素子と +1 加算器（"インクリメンタ（incrementer）"という）によって構成する。

（g）　固定小数点数の加減算機構

6.1.1 項 (e) (f) で述べたように，補数表現を用いると，固定小数点数加算器によって減算も行える。したがって，被演算数（演算データ）入力を X, Y とする固定小数点数の加減算機構（2 の補数の場合）は図 6.19 のようになる。

図 6.19 の構成では，マルチプレクサ（4.1.3 項 (a) 参照）による入力データ

(1) 1の補数器

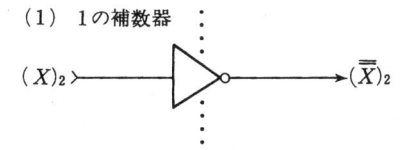

$(X)_2 \rightarrow$ ▷○ $\rightarrow (\overline{\overline{X}})_2$

(2) 2の補数器

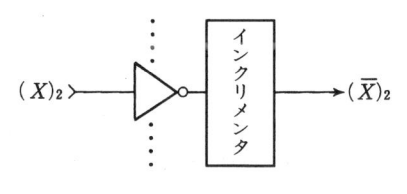

$(X)_2 \rightarrow$ ▷○ $\rightarrow$ [インクリメンタ] $\rightarrow (\overline{X})_2$

図 6.18 補数器

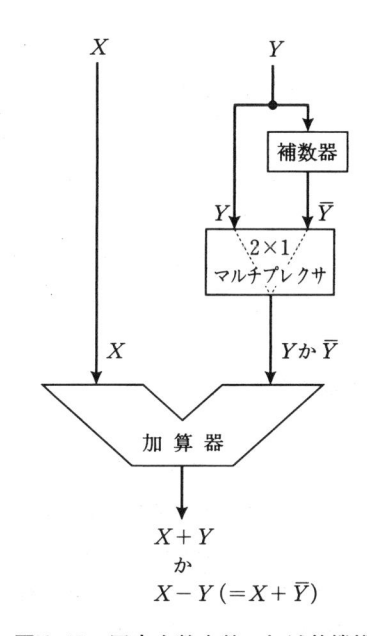

図 6.19 固定小数点数の加減算機構

Y の切り替えだけによって，加算 $(X+Y)$ か減算 $(X-Y=X+\overline{Y})$ のいずれかを同一の加算器で行う．

(h) 固定小数点数加減算機構のコンディション

図 6.20 に示す n ビットの固定小数点数加減算機構からは，演算結果のほか

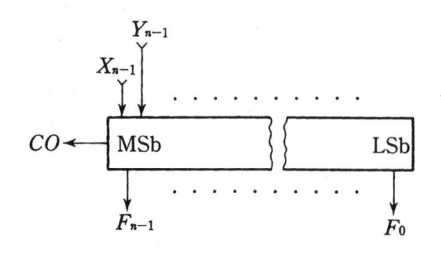

図6.20 n ビット固定小数点数加減算機構のコンディション

に,次に示すような主なコンデイション(ステータス)が派生する。ただし,この加減算機構では負数を補数表現し,最上位ビット(MSb)を符号ビットとする。

● **オーバフロー**(overflow;OF):$X_{n-1}=Y_{n-1}$ かつ $X_{n-1}\neq F_{n-1}$(オーバフローが発生するこの条件については6.1.1項(e)(f)で詳述)のとき $OF=1$ となる。
● **桁上げ**(carry;キャリ,C):$C=CO=C_{n-1}$ である。
● **符号**(sign;S):$S=F_{n-1}$ である。
● **ゼロ**(zero;Z):$Z=\overline{F_0+F_1+\cdots F_{n-2}+F_{n-1}}$† である。

関係演算のうち,① 等/不等判定ではゼロコンディション Z;② 大小比較では符号コンディション S;がそれぞれ演算結果(論理値)そのものとなる。

6.1.3 固定小数点数の乗算機構
(a) 固定小数点数の基本乗算手順

乗算は"加算の繰り返し"である。すなわち,

$$(\text{被乗数})\times(\text{乗数})=(\text{積}) \qquad (6.28)$$

については,"**被乗数**(multiplicand)を**乗数**(multiplier)回だけ加え合わせる(繰り返し加算する)"ことによって**積**(product)が求まる。したがって,乗算の基本手順は,① 被乗数と乗数の一部との積(**部分積**(partial product)という)を求める;② ①を繰り返す;③ ②で得た部分積の総和を求め積とする;となる。

n 桁の r 進数整数 X と Y の積 P については,私たち人間は図6.21に示すような筆算によって計算する(人間の場合は,$r=10$)。X と Y の第 i 桁をそ

---
† "+"は論理和,"‾"は否定である。

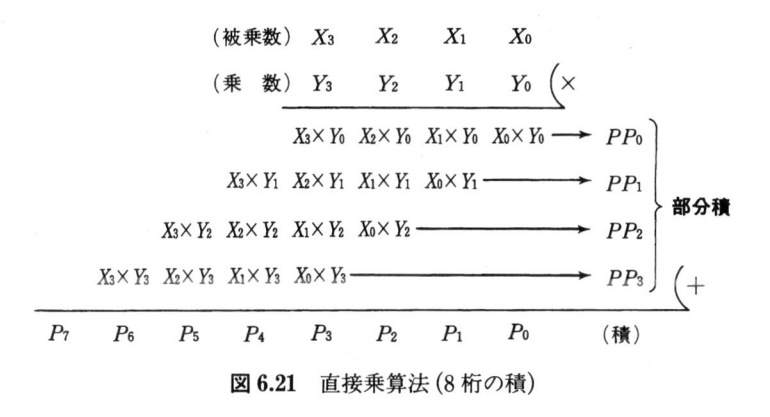

6.1　固定小数点数の算術演算装置　　**181**

```
              (被乗数) X₃   X₂   X₁   X₀
              (乗  数) Y₃   Y₂   Y₁   Y₀  (×
              ─────────────────────────────
                    X₃×Y₀ X₂×Y₀ X₁×Y₀ X₀×Y₀ ──→ PP₀  ⎫
                X₃×Y₁ X₂×Y₁ X₁×Y₁ X₀×Y₁ ──────→ PP₁  ⎬ 部分積
            X₃×Y₂ X₂×Y₂ X₁×Y₂ X₀×Y₂ ──────────→ PP₂  ⎪
        X₃×Y₃ X₂×Y₃ X₁×Y₃ X₀×Y₃ ──────────────→ PP₃  ⎭ (+
        ─────────────────────────────────────────────
          P₇   P₆   P₅   P₄   P₃   P₂   P₁   P₀    (積)
```

図 6.21　直接乗算法（8 桁の積）

れぞれ X_i, Y_i とすると，図 6.21 は，

$$P = X \times Y = X \times Y_0 \times r^0 + X \times Y_1 \times r^1 + \cdots + X \times Y_{n-2} \times r^{n-2} + X \times Y_{n-1} \times r^{n-1}$$
$$= PP_0 + PP_1 + \cdots + PP_{n-2} + PP_{n-1} \text{（ただし，部分積 } PP_i = X \times Y_i \times r^i, i=0, \cdots, n-1))$$
(6.29)

を直接実現する手順（乗算）である。

　この方法は固定小数点数表現した正の 2 進数にも適用できる。X と Y を 2 進数とみなして，X と Y との積 P を求める乗算手順は，① X と Y の各ビット Y_i との積を求める；② それらの桁（ビット）合わせ（$\times 2^i$）を行って部分積 PP_i とする；③ それら部分積 PP の総和をとり積 P とする；となる。これは固定小数点数乗算の基本手順であり，**直接乗算法**という。

　直接乗算法にしたがうと，n ビット固定小数点数表現 2 進数の基本乗算手順は次に示すような"左シフトと加算の繰り返し"となる（図 6.22 にこの手順にしたがう 4 ビット乗算の例を示す）。

（1）　n ビット乗数の LSb（最下位ビット，第 0 ビット）から始める。

（2）　乗数の第 i ビットについてチェックし，

　① それが 1 ならば，n ビット被乗数を i ビットだけ左シフトしたものを部分積とする。左シフトの際には，LSb から 0 を i 個だけ補充する。

　② それが 0 ならば，部分積はゼロとする。

（3）　(2) を乗数のすべてのビット（$i=0, \cdots, n-1$）について繰り返す。

（4）　すべての部分積の総和が積である。

　直接乗算法を実行する手順は，"(2) によって部分積を求める"ことを繰り返すので，**繰り返し乗算法**ともいう。繰り返し回数は n であるから，繰り返し乗算法による乗算時間は演算幅に依存する。

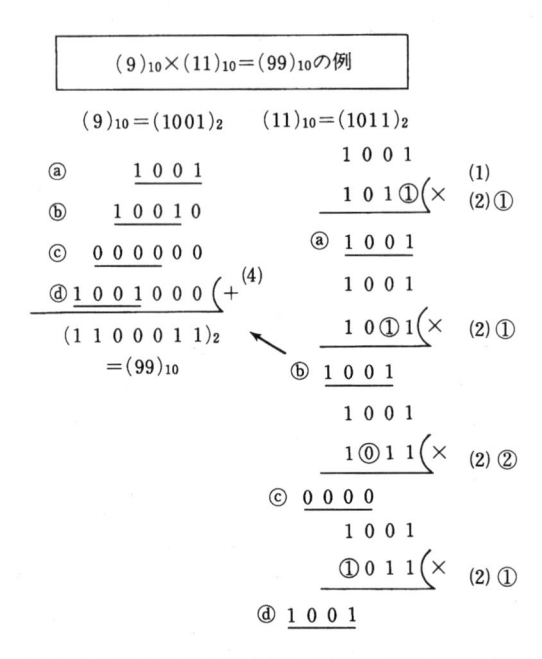

```
                    (9)₁₀×(11)₁₀＝(99)₁₀の例

           (9)₁₀＝(1001)₂    (11)₁₀＝(1011)₂
                                1 0 0 1
     ⓐ       1 0 0 1           1 0 1①(×    (1)
     ⓑ      1 0 0 1 0                       (2) ①
     ⓒ     0 0 0 0 0 0       ⓐ  1 0 0 1
         ⓓ 1 0 0 1 0 0 0 (+(4)  1 0 0 1
           (1 1 0 0 0 1 1)₂    1 0①1(×     (2) ①
           ＝(99)₁₀          ⓑ  1 0 0 1
                                1 0 0 1
                               1①1 1(×     (2) ②
                             ⓒ 0 0 0 0
                                1 0 0 1
                              ①0 1 1(×     (2) ①
                             ⓓ 1 0 0 1
```

図 6.22　固定小数点数表現 2 進数の乗算手順の例

（b）　固定小数点数の基本乗算機構

図 6.23 に示すように，1 ビット 2 進数どうしの部分積（1 ビット分）は論理積（AND）演算であるから，2 入力 AND 素子 1 個で実現できる。

式（6.29）と図 6.22 で示した直接乗算法（繰り返し乗算法）による乗算を実現するハードウェア機構について考えてみよう。被乗数 X と乗数 Y の長さをそれぞれ n ビットとすると，積 P の長さは最大 $2n$ ビットとなる。乗算機構が加減算機構と異なる点は，このように，"被乗数と乗数の長さを加え合わせた分の長さの演算結果（積）格納機構を用意しなければならない"ことである。

X	Y	P
0	0	0
0	1	0
1	0	0
1	1	1

$P=X\times Y$
　$=X\cdot Y$（X と Y の AND）

図 6.23　AND 素子による 1 ビット乗算

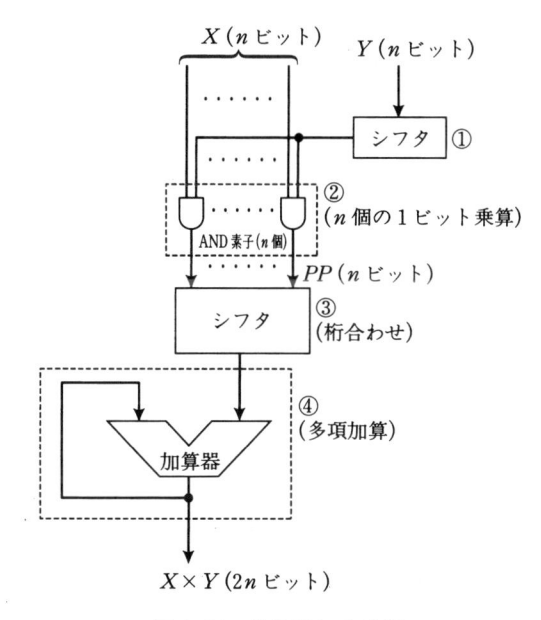

図 6.24 繰り返し乗算器

繰り返し乗算は，図 6.24 に示すような基本乗算機構によって，次の手順で実現できる．

（1）①のシフタによって Y を 1 ビットずつ順に②の n 個の AND 素子（1 ビット乗算器）に供給する．

（2）②の n 個の 1 ビット乗算器によって X（n ビット）の各ビットと (1) によって供給する Y のあるビット Y_i（1 ビット）との部分積 PP_i（n ビット）を生成する．

（3）桁（ビット）合わせ（$\times 2^i$）のために，③のシフタによって (2) で生成した PP_i を i ビットだけ左シフトする．

（4）(1)〜(3) を Y のビット数（n 回）だけ繰り返して n 個の部分積 PP を生成し，その総和を④の多項加算器によって求める．それを積 P とする．

このように，直接乗算法の手順をそのままハードウェアとして実現する乗算機構を**繰り返し乗算器**あるいは**直列乗算器**という．

前の (a) とこの (b) では，正数どうしの乗算手順や機構について説明してきた．これらの手順や機構で補数表現（3.2.1 項 (b) 参照）した負数の被乗数や乗数を扱う手順は，① 乗算前に補数表現した負数を符号-絶対値表現（3.2.1 項 (b) 参照）に変換し，さらに，符号と絶対値を分離して扱う；② 乗算は絶対値

どうしで行う；③ 被乗数の符号と乗数の符号によって積の符号を決める；④ ③ で負となった積は補数表現に変換する；となる．このうち，①③④ が補数表現の負数を扱うために必要となる操作である．

(c) ブースの方法

繰り返し乗算法や直接乗算法では，補数表現した負数はいったん符号-絶対値表現にしてから乗算手順を適用したり，符号-絶対値表現の積を補数表現に変換する必要がある．

これに対して，2の補数表現の負の固定小数点数をそのまま直接扱える乗算方式として**ブースの方法**(Booth algorithm)がある．ブースの方法は2の補数表現の負の乗数 Y が，

$$\begin{aligned}
Y &= (-2^{n-1}) \times Y_{n-1} + 2^{n-2} \times Y_{n-2} + \cdots + 2^i \times Y_i + \cdots + 2^1 \times Y_1 + 2^0 \times Y_0 \\
&= (-2^{n-1}) \times Y_{n-1} + (2^{n-1} - 2^{n-2}) \times Y_{n-2} + \cdots \\
&\quad + (2^{i+1} - 2^i) \times Y_i + \cdots + (2^2 - 2^1) \times Y_1 + (2^1 - 2^0) \times Y_0 \\
&= -2^{n-1} \times (Y_{n-1} - Y_{n-2}) - 2^{n-2} \times (Y_{n-2} - Y_{n-3}) - \cdots \\
&\quad - 2^i \times (Y_i - Y_{i-1}) - \cdots - 2^1 \times (Y_1 - Y_0) - Y_0 \quad (6.30)
\end{aligned}$$

(ただし，$i = 1, \cdots, n-1$)

と変形できることを利用する．

式 (6.30) において，$\times 2^i$ は i ビットの左シフト演算であり，2進数では $(Y_i - Y_{i-1})$ の値は $+1, 0, -1$ のいずれかとなる．したがって，ブースの方法にしたがう乗算器はシフタと加算器 (特に CSA) だけで構成できる．たとえば 4 ビット乗算では，式 (6.30) は，

$$\begin{aligned}
Y &= (-8) \times Y_3 + 4 \times Y_2 + 2 \times Y_1 + 1 \times Y_0 \\
&= (-8) \times Y_3 + (8-4) \times Y_2 + (4-2) \times Y_1 + (2-1) \times Y_0 \\
&= -8 \times (Y_3 - Y_2) - 4 \times (Y_2 - Y_1) - 2 \times (Y_1 - Y_0) - 1 \times Y_0
\end{aligned}$$

となる（図 6.25 に例示，この例では負数は 2 の補数表現）．

(d) 並列乗算器

式 (6.29) の部分積 PP_i ($i = 0, \cdots, n-1$) の各ビット ($X_j \times Y_i$, $j = 0, \cdots, n-1$) は X_j と Y_i を入力とする AND 素子 1 個で求まる．したがって，n ビット被乗数と n ビット乗数との n 個の n ビット部分積は n^2 ($= n \times n$) 個の AND 素子によって同時に求めることができる．そして，求めた n 個の n ビット部分積の総和（$2n$ ビット積）を図 6.26 に示すような 2 次元配列（アレイ(array)）状に並べた 3 入力 2 出力の全加算器によって求める．

このように，私たち人間が筆算で行う乗算手順を直接一括して実現する

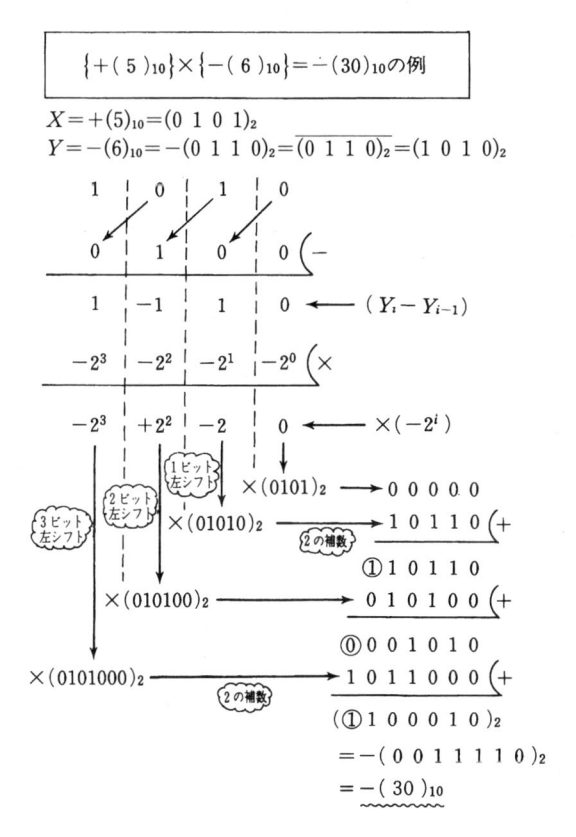

$$\{+(5)_{10}\} \times \{-(6)_{10}\} = -(30)_{10} \text{の例}$$

$X = +(5)_{10} = (0\ 1\ 0\ 1)_2$
$Y = -(6)_{10} = -(0\ 1\ 1\ 0)_2 = \overline{(0\ 1\ 1\ 0)_2} = (1\ 0\ 1\ 0)_2$

```
       1    0    1    0
       0    1    0    0  (−
     
       1   −1    1    0  ← (Y_i − Y_{i−1})
      −2³  −2²  −2¹  −2⁰ (×

      −2³  +2²  −2    0  ← ×(−2^i)
```

×(0101)₂ → 0 0 0 0 0
×(01010)₂ → 1 0 1 1 0 (+ [2の補数]
            ① 1 0 1 1 0
×(010100)₂ → 0 1 0 1 0 0 (+
             ⓪ 0 0 1 0 1 0
×(0101000)₂ → 1 0 1 1 0 0 0 (+ [2の補数]
              (① 1 0 0 0 1 0)₂
             = −(0 0 1 1 1 1 0)₂
             = −(30)₁₀

図 6.25 ブースの方法による乗算例

ハードウェア機構を**並列乗算器**あるいは**配列型乗算器（アレイ乗算器）**という。

n ビット並列乗算器（$2n$ ビット積）は n 個の部分積を並列（同時）に生成する。この n 個の部分積の総和を求めるために，図 6.26（$n=4$ の例）に示すように，$(n-1)^2$ 個の全加算器（FA）を 2 次元配列状に並べた桁上げ保存加算器（CSA）を用いる。図 6.26 の CSA において，部分積どうしの和を求める $(n-1)$ ビット長 CSAi ($i=1,\cdots,n-1$) のそれぞれは $(n-1)$ 個（ビット）の独立した（桁上げ伝播がない）FA で構成する。そして，最後の加算ステップは $(n-1)$ ビット長の CRA か CLAA を用いる。

部分積生成の繰り返しを行わない並列乗算器による乗算時間は演算長 n に依存しない。

並列乗算器では，図 6.24 での ① と ③ が不要となるが，② が n 組必要となる。また，④ の加算も繰り返しではなく図 6.26 のような多項加算器 CSA を

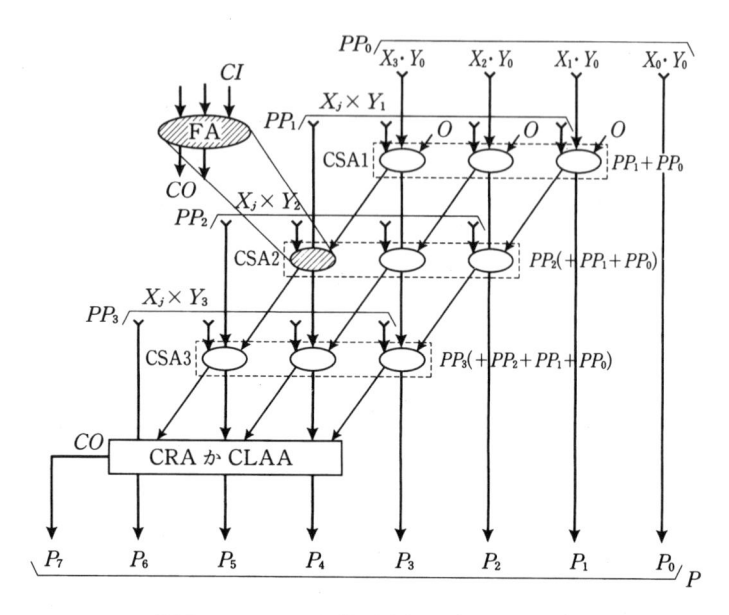

図 6.26 4ビット並列乗算器 (8ビット積)

使用しないと，並列乗算の効果が小さい。

(e) ウォリスの木による部分積加算の高速化

　nビット並列乗算器では，並列(同時)に生成したn個の部分積の総和をとることによって$2n$ビット積を求める。この部分積の多項加算を図6.26のようなCSAで行うと，$(n-1)$段(ステップ)の$(n-1)$ビット長CSAによる加算を行う必要がある。

　このCSAによる部分積の加算(多項加算)を高速化するために，図6.27に示すように，CSAを木状に並べて構成する部分積加算機構を**ウォリスの木** (Wallace tree) という。ウォリスの木による部分積加算機構は"pビットCSAがp個の独立した3入力2出力全加算器(FA)である"ことを利用している。すなわち，それらのFAによって各ビットごとに3個の部分積(PP_x, PP_y, PP_z)の加算(($PP_x+PP_y+PP_z$)の3項加算，ただし各部分積は1ビットずつずれている)を行い，そのビットの和と上位ビットへの桁上げ(合計pビット)をそれぞれ出力する。

　最初の部分積どうしの多項加算からそれらの和と桁上げの2項になるまでの各加算ステップは木状に連結したCSAで行う。各CSAの演算長は入力の3項(部分積あるいはそれらの部分和)のそれぞれがpビット(ただし，1ビット

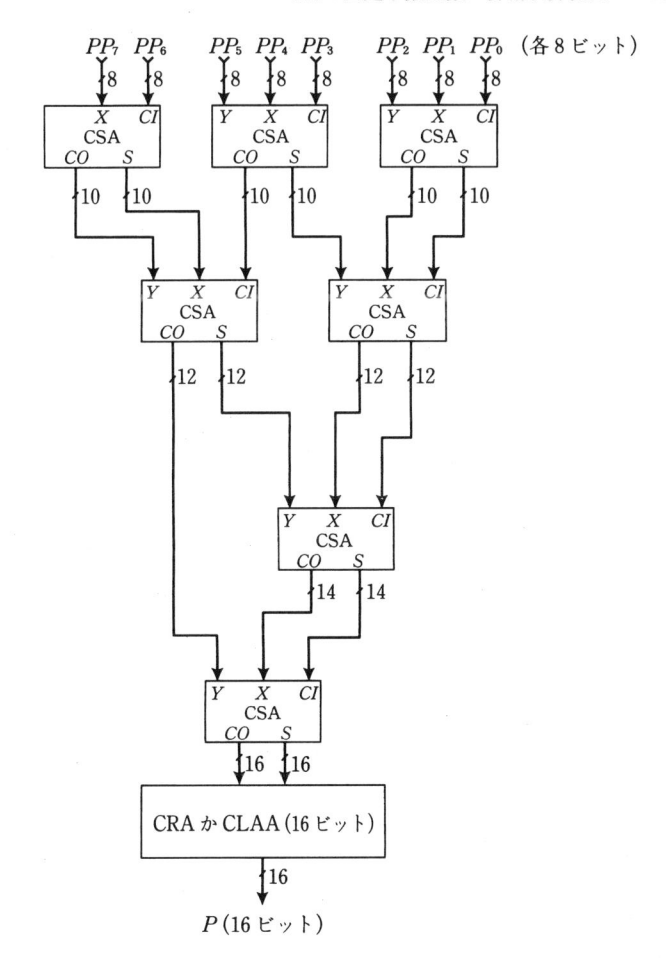

図 6.27 ウォリスの木による 8 部分積の加算 (16 ビット)

ずつずれている) とすると，その出力は $(p+2)$ ビット長の和と桁上げ (和と桁上げも 1 ビットずれている) である (図 6.27 参照)．すなわち，CSA を 1 段通過するごとに，演算結果 (出力) の長さが被演算数 (入力) の長さよりも上位へ 2 ビットずつ増える．最終ステップのそれぞれ $2n$ ビット長の和と桁上げの加算だけを $2n$ ビット長の CRA か CLAA で行う．

図 6.27 は 8 部分積のウォリスの木である．この 8 部分積加算の例では，CSA による加算は 4 ステップであり，ウォリスの木を使わずに 1 部分積ごとに逐次加算する場合の 7 ステップに比べて高速になる．部分積項が多くなるほどウォリスの木を使う効果が大きくなり，たとえば，16 部分積の例では，逐

次加算の 15 ステップがウォリスの木を使うと 6 ステップになる。

（f） 演算幅の拡張

乗算の演算幅を拡張するには，図 6.28 に示すように，桁上げ保存加算器 (CSA) を利用する。

それぞれ n ビットの被乗数と乗数との $2n$ ビット積を求める n ビット乗算器を使用して，それぞれ $2n$ ビットの被乗数 X と乗数 Y との $4n$ ビット積 ($X \times Y$) を求める手順は次のようになる（図 6.28 参照）。

（1） $2n$ ビットの X を上位 n ビットの X_U と下位 n ビットの X_L とに 2 等分する。同様に，Y も Y_U と Y_L とに 2 等分する。

（2） n ビット乗算器によって，$X_L \times Y_L = P_{LL}$，$X_U \times Y_L = P_{UL}$，$X_L \times Y_U = P_{LU}$，$X_U \times Y_U = P_{UU}$ の 4 個の部分積を求める。

（3） 桁 (ビット) 合わせをして，$P_{LL}, P_{UL}, P_{LU}, P_{UU}$ を CSA によって加算する。

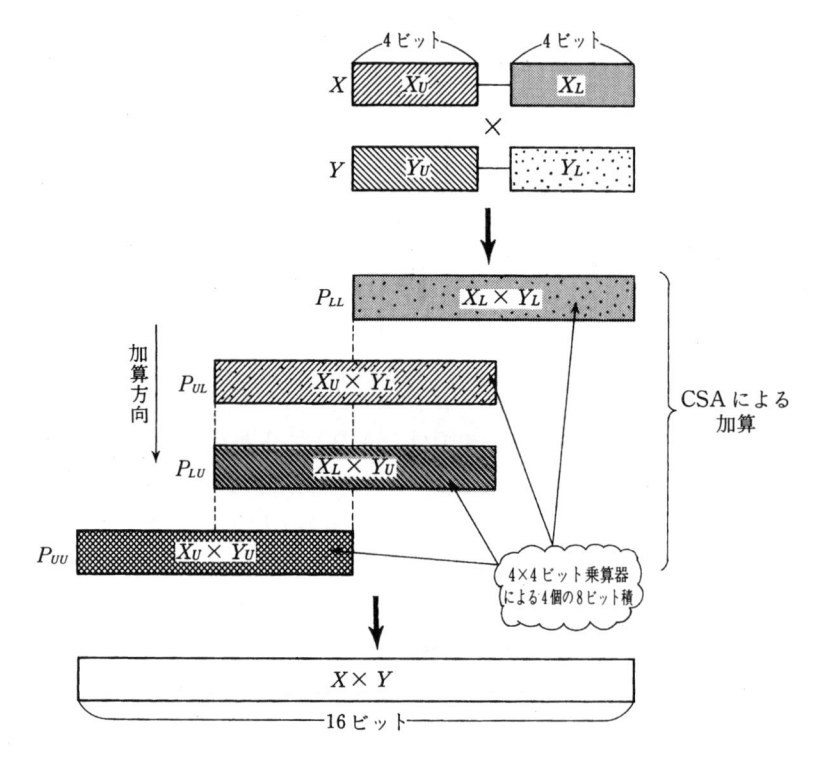

図 6.28　乗算幅の拡張例 (8 ビット積 → 16 ビット積)

(g) 固定小数点数乗算機構のコンディション

固定小数点数乗算器からも種々のコンディションが派生する。乗算器に特有のコンディションとしては，被乗数と乗数の"ゼロ検出"がある。このコンディションの場合には AND 素子や乗算器で乗算を行うことなく，直ちに積をゼロとすればよい。これは部分積の生成においても同様である。また，n ビット乗算に対して $2n$ ビットの積を格納するラッチがあればオーバフローや桁上げは生じない。

6.1.4 固定小数点数の除算機構

(a) 固定小数点数の基本除算手順

除算は"減算の繰り返し"である。すなわち，

$$(被除数) \div (除数) = (商), (剰余) \qquad (6.31)$$

については，"**被除数** (dividend) を被減数の初期値とし，『被減数から**除数** (divisor) を引いて (減算して) 得る差を新たな被減数とする』操作を被減数よりも減数 (除数) が大きくなるまで繰り返す (繰り返し減算する)"ことによって**商** (quotient) と**剰余** (remainder) が求まる。この操作を終了した時点での，繰り返した減算の回数が商であり，残った被減数が剰余である。

したがって，固定小数点数表現 2 進数の基本除算手順は次に示すような"比較，左シフト，減算 (2 の補数表現による加算) の繰り返し"となる (図 6.29 にこの手順にしたがう除算の例を示す)。この手順の説明では，被除数 DD (n ビット，図 6.29 の例では $n=8$)，除数 DS (m ビット，図 6.29 の例では $m=4$)，$n \geq m$ とする。また，説明のために，"DD の MSb (最上位ビット) から q ビットだけ切り出してきた 2 進数列 (ビット列)"を DD_q と表す。

(1) $q=1$ から始めて，被除数 DD の上位 q ビット DD_q が除数 DS 以上 ($DD_q \geq DS$) になるまで q を $+1$ (インクリメント) して行く。$DD_q \geq DS$ となったときの DD_q を最初の**部分剰余** (partial remainder) PR とする。また，PR とした DD の残り (下位) を DD' とする。

(2) DS と PR を大小比較する。

① $DS \leq PR$ ならば，**部分商** (partial quotient) PQ を 1 とする。$(PR-DS)$ を行い，その差を新しい PR とする。

② $DS > PR$ ならば，PQ を 0 とする。

(3) DD' をチェックする。

① DD' があれば，PR と DD' をこの順で連結して (連結したビット列を

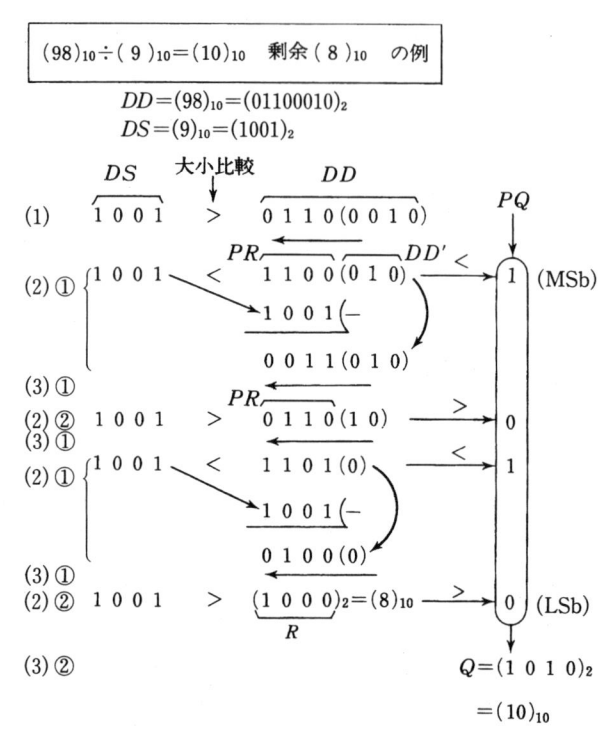

```
(98)₁₀÷(9)₁₀=(10)₁₀  剰余(8)₁₀  の例
```

$DD = (98)_{10} = (01100010)_2$
$DS = (9)_{10} = (1001)_2$

```
            DS    大小比較    DD              PQ
   (1)     1 0 0 1   >   0 1 1 0 (0 0 1 0)    ↓
                      PR ←────  DD'
   (2)①  ⎧ 1 0 0 1   <   1 1 0 0 (0 1 0)   <   1  (MSb)
         ⎨             1 0 0 1 (−
         ⎩             0 0 1 1 (0 1 0)
   (3)①
   (2)②   1 0 0 1   >   0 1 1 0 (1 0)      >   0
   (3)①              PR ←────
   (2)①  ⎧ 1 0 0 1   <   1 1 0 1 (0)       <   1
         ⎨             1 0 0 1 (−
         ⎩             0 1 0 0 (0)
   (3)①
   (2)②   1 0 0 1   >   (1 0 0 0)₂=(8)₁₀   >   0  (LSb)
   (3)②                   R
                                             Q=(1 0 1 0)₂
                                              =(10)₁₀
```

図 6.29 固定小数点数表現 2 進数の除算手順の例

"$PR \parallel DD'$" と表す),$PR \parallel DD'$ を 1 ビット左シフトする. すなわち, ⓐ シフト後の PR の LSb としてシフト前の DD' の MSb を補充する; ⓑ シフト前の PR の MSb は捨てる; を行う. この $PR \parallel DD'$ の連結 1 ビット左シフトによって PR と DD' をそれぞれ更新する. そして, (2) へ戻る.

② DD' がなければ, 終了する. (2) の繰り返しで得る部分商 PQ の各ビットを, 得た順に, MSb から下位へ並べたビット列 (2 進数) が商 Q である. また, この終了時点での PR が剰余 R である.

この固定小数点数の基本除算手順は (2) と (3) を繰り返すので**繰り返し除算法**という. 繰り返し回数は $(n-m)$ であるから, 繰り返し除算法による演算時間は演算幅に依存する.

(b) 固定小数点数の基本除算機構

DD を被除数, DS を除数, Q を商, R を剰余とした場合,

$$DD \div DS = \frac{DD}{DS} = Q, R \tag{6.32}$$

で表す除算を実現する演算機構について考えてみよう．式(6.32)を乗算と加算とで書き直すと，

$$DD = Q \times DS + R \quad (\text{ただし，} R < DS) \tag{6.33}$$

となる．被除数 DD が n ビットであれば，DS, Q, R の格納機構は最大 n ビット用意すればよい．式(6.33)にしたがう基本除算機構を図6.30に示す．

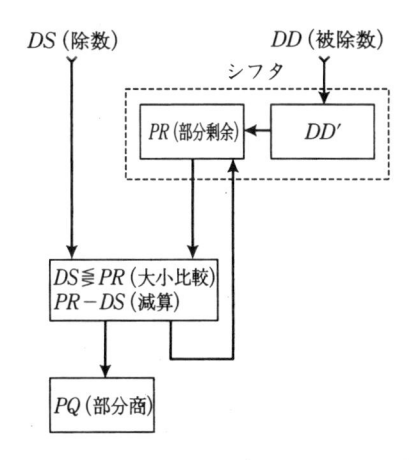

図6.30 基本除算機構(繰り返し除算器)

PR は部分剰余であり，PQ は繰り返しごとに<u>上位</u>より求まる部分商である．

最終的には，PQ に商 Q および PR に剰余 R が生成できる．

図6.30のように，(a)で述べた基本除算手順(繰り返し除算法)を直接ハードウェアで実現する基本除算機構を**繰り返し除算器**あるいは**直列除算器**という．

繰り返し除算器はシフト演算器(シフタ)，大小比較(減算結果の符号判定)器，減算器で構成する．

図6.30の繰り返し除算器によって図6.31に示す例の除算を行う手順を次に示す．ただし，この手順の説明では，m は DS の格納装置の長さではなく，DS のMSbから連続する"0"を無視した実質ビット長とする．すなわち，DS のMSbからチェックして最初にある"1"が第 $(m-1)$ ビットで，これが実質のMSbである．また，PR の長さは DS の長さと同じ(m ビットで実質)とする．図6.31の例では，DS は3ビット($m=3$)であり，したがって，PR も3ビットである．

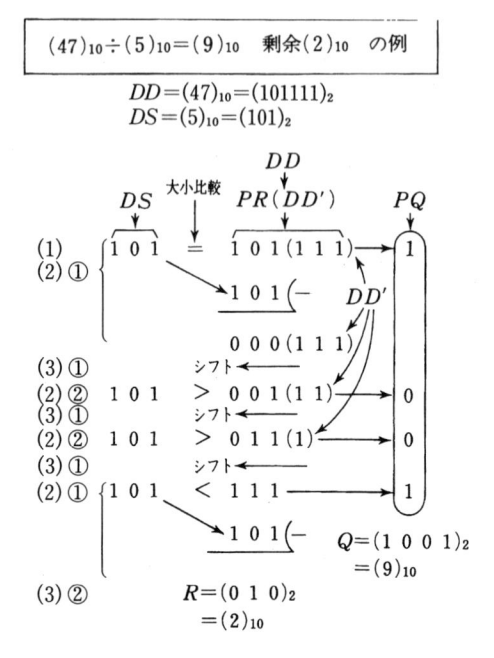

```
                    ┌─────────────────────────────────┐
                    │ (47)₁₀÷(5)₁₀=(9)₁₀  剰余(2)₁₀ の例 │
                    └─────────────────────────────────┘
                        DD=(47)₁₀=(101111)₂
                        DS=(5)₁₀=(101)₂
```

図 6.31 の内容:

```
                              DD
                       大小比較  ↓
                  DS          PR(DD')      PQ
       (1)      ┌ 1 0 1   =   1 0 1 (1 1 1)   1
       (2)①   {               1 0 1 (−
                                            DD'
                              0 0 0 (1 1 1)
       (3)①              シフト ←
       (2)②    1 0 1   >   0 0 1 (1 1)     0
       (3)①              シフト ←
       (2)②    1 0 1   >   0 1 1 (1)       0
       (3)①              シフト ←
       (2)①   { 1 0 1   <   1 1 1           1
                              1 0 1 (−     Q=(1 0 0 1)₂
                                             =(9)₁₀
       (3)②           R=(0 1 0)₂
                        =(2)₁₀
```

図 6.31 繰り返し除算法の例

(1) DD の MSb から m ビット分を左シフトしてあふれたビット列を順に PR に送る (PR の LSb から詰める)。PR に送って残った DD を DD' とする。

(2) DS と PR を大小比較する。

① $DS \leq PR$ ならば, ⓐ $PQ \leftarrow 1$ (PQ を 1 ビット左シフトしてその LSb に 1 を補充); ⓑ $PR \leftarrow PR - DS$ (減算 ($PR - DS$) の差を新しい PR とする); を行う。

② $DS > PR$ ならば, $PQ \leftarrow 0$ (PQ を 1 ビット左シフトしてその LSb に 0 を補充) を行う。

(3) DD' をチェックする。

① DD' があれば, $PR \parallel DD'$ を連結 1 ビット左シフトする。そして, (2) へ戻る。

② DD' がなければ, 終了する。PQ に Q, PR に R ができている。

繰り返し除算法にしたがう繰り返し除算器の短所は, 図 6.32 に示すように, PR と DS との大小比較と減算が実際には同じ演算器で表現できるにもかかわらず, 大小比較は手順 (2) の最初で, 減算は手順の (2)①ⓑ だけで, とそれぞれ別々のタイミングで行う"ことである。これは"比較の結果によって比較

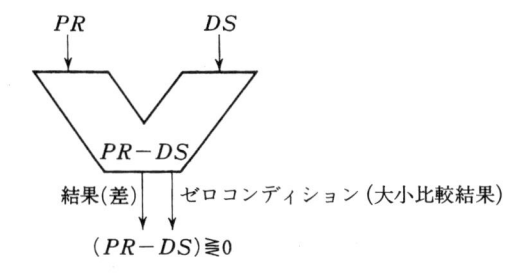

図 6.32 大小比較・減算器

演算で実行済みの減算が必要となる場合((2)の①)と不要となる場合((2)の②)がある"ことに起因する。

この繰り返し除算法の短所を補うために，大小比較と減算を演算器としてだけではなく手順としても共用する方式が**引き戻し法**((c)で詳述)と**引き放し法**((e)で詳述)である。

(c) 引き戻し法

引き戻し法では，(a)(b)で述べた繰り返し除算法の手順において，(2)の①の場合にだけ行う"$PR \leftarrow PR-DS$"の減算操作ⓑを(2)の最初に行う大小比較と同時に行ってしまう。すなわち，引き戻し法にしたがう除算器では，(2)でのDSとPRの大小比較と減算($PR-DS$)を加減算器で同時に行う。そして，減算($PR-DS$)が不要であった場合は，次の繰り返し時に，加算($PR+DS$)を行ってPRを元(減算前)に戻す。PRを元に戻す加算操作を"引き戻し"あるいは"回復"という。引き戻し法は**回復型除算法**ともいう。

引き戻し法にしたがう除算器による除算手順は次のようになる。この手順の説明では，(b)での繰り返し除算器による除算手順の説明と同様に，DSの長さは実質で(上位の連続する"0"は除いて)mビット，PRはDSと同じ(mビット)とする。

(1) DDのMSbからmビット分を左シフトしてあふれたビット列を順にPRに送る(PRのLSbから詰める)。PRに送って残ったDDをDD'とする。

(2) 減算($PR-DS$)を行い，DSとPRの大小比較，および，$PR' \leftarrow PR-DS$(減算($PR-DS$)の差を新しいPRとする，この説明では新しいPRを古い(上書きされる)PRと区別するために"PR'"と表記する)を行う。

① $DS \leqq PR$(PR'が正)ならば，$PQ \leftarrow 1$(PQを1ビット左シフトしてそのLSbに1を補充)を行う。

② $DS>PR$(PR' が負，符号ビットとする第 m ビットが1)ならば，ⓐ $PQ \leftarrow 0$(PQ を1ビット左シフトしてそのLSbに0を補充)；ⓑ $PR \leftarrow PR'+DS$（($PR+DS$)加算によって PR を(2)の最初の減算前に戻す，引き戻し）；を行う。

（3） DD' をチェックする。

① DD' があれば，$PR \parallel DD'$ を連結1ビット左シフトする。そして，(2)へ戻る。

② DD' がなければ，終了する。PQ に Q，PR に R ができている。

図6.31と同じ例の引き戻し法による除算手順を図6.33に示しておく。この例では，DS と PR は符号ビットを除いて3ビット($m=3$)である。

引き戻し法では，PR と DS の減算と大小比較とを1回の減算で済ませる。一方で，引き戻しのための加算((2)②のⓑ)が必要となり，繰り返し法と比

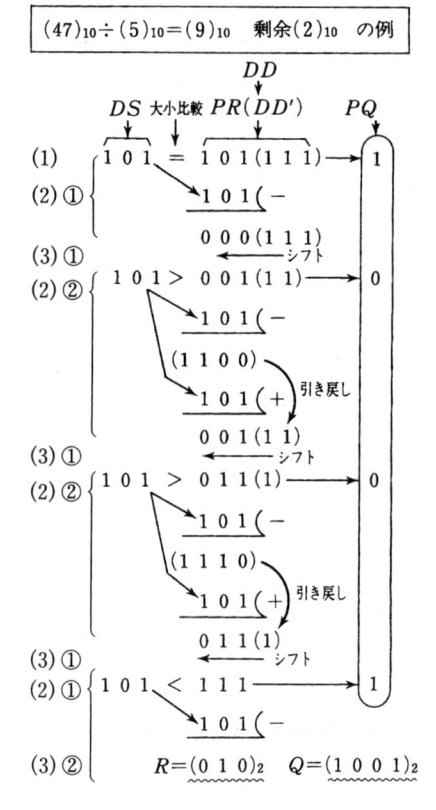

```
        (47)₁₀ ÷ (5)₁₀ = (9)₁₀  剰余(2)₁₀  の例

                         DD
                          ↓
             DS  大小比較  PR(DD')      PQ
              ↓    ↓       ↓
     (1)     ┌ 1 0 1 = 1 0 1(1 1 1) ──→ 1
     (2)①  │        1 0 1 (−
                    ─────────
                    0 0 0 (1 1 1)
                         ←── シフト
     (3)①
     (2)②  ┌ 1 0 1 > 0 0 1(1 1) ──→ 0
            │          1 0 1 (−
                       ─────────
                      (1 1 0 0)
                        1 0 1 (+      引き戻し
                       ─────────
                        0 0 1(1 1)
                         ←── シフト
     (3)①
     (2)②  ┌ 1 0 1 > 0 1 1(1) ──→ 0
            │          1 0 1 (−
                       ─────────
                      (1 1 1 0)
                        1 0 1 (+      引き戻し
                       ─────────
                        0 1 1(1)
                         ←── シフト
     (3)①
     (2)①  ┌ 1 0 1 < 1 1 1 ──→ 1
            │          1 0 1 (−
                       ─────────
     (3)②  │  R=(0 1 0)₂    Q=(1 0 0 1)₂
```

図6.33 引き戻し法の例

(1 ビット部分商の生成)

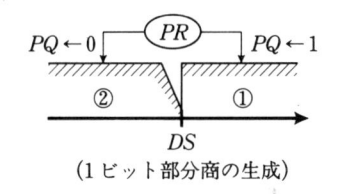

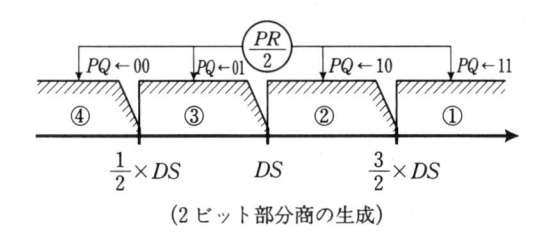

(2 ビット部分商の生成)

図 6.34 数直線上での除数と部分剰余との大小比較

較しても，加減算の総数は減っていない．しかし，(2) の減算・大小比較前に PR を退避しておくと，(2)②の ⓑ では退避しておいた PR を回復するだけで引き戻しのための加算は省略できるので，実質的に加減算回数は減らせる．

(a)(b) で述べた繰り返し除算法やこの引き戻し法による除算手順の核である "除数 DS と部分剰余 PR との大小比較" は，図 6.34 上に示すように，"数直線上で PR が DS よりも右 (①，大きい) か左 (②，小さい) かいずれにあるか" の判定である．

① $DS \leq PR$ ならば，PR から DS を引ける (減算できる，差が正となる) ので，部分商 PQ は 1 となる．

② $DS > PR$ ならば，PR から DS を引けない (減算できない，差が負となる) ので，部分商 PQ は 0 となる．

(d) 複数ビット部分商の同時生成

繰り返し除算法やこの引き戻し法による除算手順の核である "除数 DS と部分剰余 PR との大小比較" を "$\left(\dfrac{PR}{n}\right)$ と $\left(\dfrac{2n-1}{n} \times DS\right), \left(\dfrac{2n-2}{n} \times DS\right), \cdots,$ $\left(\dfrac{2}{n} \times DS\right), \left(\dfrac{1}{n} \times DS\right)$ (n は 2 のべき乗数，$n = 2, 4, \cdots$) との大小比較" と置き換えることによって，1 回の大小比較ごとに n ビットの部分商を同時に求めることができる．たとえば，$n = 2$ の場合は，"$\dfrac{PR}{2}$ と $\left(\dfrac{3}{2} \times DS\right), DS, \left(\dfrac{1}{2} \times DS\right)$

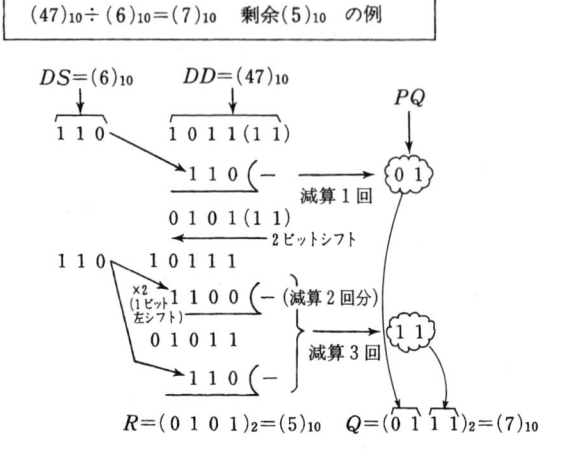

$(47)_{10} \div (6)_{10} = (7)_{10}$　剰余 $(5)_{10}$　の例

図 6.35 引き戻し法による複数ビット部分商の同時生成例

との大小比較"によって2ビットの部分商が同時に求まる。この"$\frac{PR}{2}$ と $\left(\frac{3}{2} \times DS\right), DS, \left(\frac{1}{2} \times DS\right)$ との大小比較"は，図6.34下に示すように，"数直線上で PR が①〜④のいずれの区間にあるか"の判定である。

① $PR \geq 3 \times DS$ ならば，PR から $(3 \times DS)$ (3回 DS) を減算できる (最終的な差が正である) ので，$PQ = (11)_2 = (3)_{10}$ となる。

② $3 \times DS > PR \geq 2 \times DS$ ならば，PR から $(2 \times DS)$ (2回 DS) を減算できる (最終的な差が正である) ので，$PQ = (10)_2 = (2)_{10}$ となる。

③ $2 \times DS > PR \geq DS$ ならば，PR から DS を1回だけ減算できる (差が正である) ので，$PQ = (01)_2 = (1)_{10}$ となる。

④ $PR < DS$ ならば，PR から DS を1回も減算できない (差が負である) ので，$PQ = (00)_2 = (0)_{10}$ となる。

一般的に，"除数 DS と部分剰余 PR との大小比較"を"数直線上で PR が 2^n 個の区間のいずれにあるか"の判定で行えば，1回の大小比較ごとに n ビットの部分商 PQ を求めることができる。この複数ビットの部分商を同時に求める除算法では，繰り返し除算法や引き戻し法にしたがう除算器による除算手順の(3)の"$PR \| DD'$ の左シフト"操作におけるシフト数は n ビットとなる。一方で，大小比較回数と大小比較による場合分け数 (2^n 通り) は多くなる。

（e） 引き放し法

(c)で述べた引き戻し法による除算手順(2)の PR と DS の減算・大小比較での②($DS>PR$)の場合に，PR の引き戻しをせずに負のままにしておき，次の繰り返しにおいて減算($PR-DS$)の代わりに加算($PR+DS$)を行う除算方式を**引き放し法**あるいは**非回復型除算法**という。

引き放し法にしたがう除算器による除算手順は次のようになる。この手順の説明では，(c)での引き戻し法にしたがう除算器による除算手順の説明と同様に，DS の長さは実質で(上位の連続する"0"は除いて)m ビット，PR は DS と同じ(m ビット)とする。ただし，引き放し法の除算手順では部分商 PR が負(2の補数表現)になる場合があるので，正の DS の実質の長さは"実質として切り出した下位 m ビットの DS の MSb として符号ビット"0"を付加した($m+1$)ビット"とする。したがって，PR の長さも，DS と同じように，"符号ビットを含めた($m+1$)ビット"とする。また，"加減算のいずれを行うか"を示すフラグ(しるし)を S とする。

（1） DD の MSb から m ビット分を左シフトしてあふれたビット列を順に PR に送る(PR の LSb から詰める)。PR に送って残った DD を DD' とする。そして，$S \leftarrow 1$ と初期化する。

（2） S をチェックする。

① $S=1$ ならば，$PR \leftarrow PR-DS$ (減算)を行う。

② $S=0$ ならば，$PR \leftarrow PR+DS$ (加算)を行う。

（3） DS の符号(ビット)と PR の符号(ビット)を比較する。

① 同じならば，ⓐ $PQ \leftarrow 1$ (PQ を1ビット左シフトしてその LSb に1を補充)；ⓑ $S \leftarrow 1$；を行う。

② 異なるならば，ⓐ $PQ \leftarrow 0$ (PQ を1ビット左シフトしてその LSb に0を補充)；ⓑ $S \leftarrow 0$；を行う。

（4） DD' をチェックする。

① DD' があれば，$PR \parallel DD'$ を連結1ビット左シフトする。そして，(2)へ戻る。

② DD' がなければ，終了する。PQ に Q，PR に R ができている。

図6.31や図6.33と同じ例の引き放し法による除算手順を図6.36に示しておく。この例では，DS は正で $m=3$ であり，DS と PR はそれぞれ符号ビットを含めて4ビットである。

引き放し法の特徴は，① 引き戻し加算を(2)の②だけで減算の代わりに行

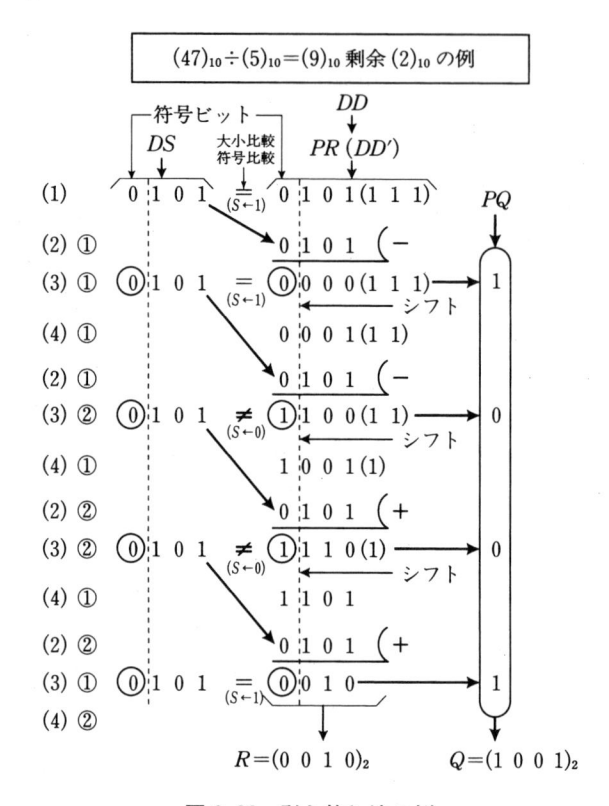

図6.36 引き放し法の例

$(47)_{10} \div (5)_{10} = (9)_{10}$ 剰余 $(2)_{10}$ の例

うので加減算回数は引き戻し法より少なくなる；② 2の補数表現した負数も扱うことが可能である；③ 符号処理によって剰余（最後の部分剰余）と商の補正が必要となる場合がある；などである。③については，たとえば，"除数と被除数とも正ならば，剰余も正となる"ように剰余を補正する。図6.37に，引き放し法による除算手順例として，通常手順だけでは剰余が負となるので，その補正を行う例について示す。

図6.37の例では，引き放し法による除算手順の通常の終了時点で剰余 R が $(-2)_{10}$ と負になっている。これに，除数 DS の $(5)_{10}$ を加算して補正（"引き戻し"を意味する）し，正しく自然な剰余 R として $(3)_{10}$ を得る。

また，引き放し法では，被除数や除数が負の場合も2の補数表現して扱えるが，補正が必要な場合があり，手順は複雑になる。

したがって，被除数や除数が負の場合には，次の手順の方が簡単である。

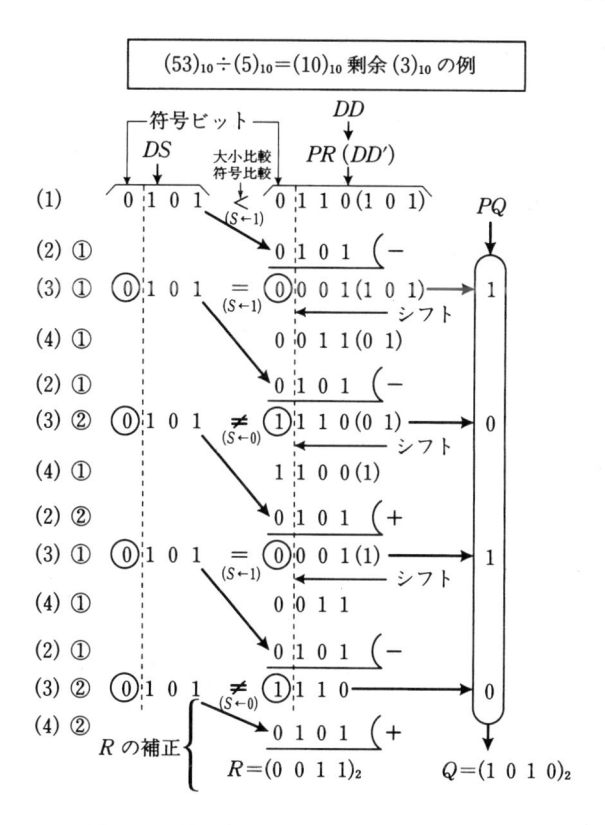

$(53)_{10} \div (5)_{10} = (10)_{10}$ 剰余 $(3)_{10}$ の例

図6.37 剰余の補正がある引き放し法の例

（1）被除数の符号と除数の符号の組み合わせによって商の符号を決める。

（2）2の補数表現している負の被除数や除数はその2の補数をとって正にする。

（3）(2)で得た正数どうしで除算（引き放し法）する。(1)で決めた商の符号が負であれば，求めた商（正数）の2の補数表現をとって負数にする。

（f） 乗算収束型除算法

"乗算の方が除算より速い（一般的に約3～5倍速い）" という性質を利用して，乗算による近似計算によって除算の商のみを計算する除算法を**乗算収束型除算法**という。

乗算による商の近似には次の式(6.34)を用いる。

$$Q = \frac{DD}{DS}$$

$$= \frac{DD}{DS} \times \frac{a_0}{a_0} \times \frac{a_1}{a_1} \times \cdots \times \frac{a_n}{a_n}$$

$$= \frac{DD \times a_0 \times a_1 \times \cdots \times a_n}{DS \times a_0 \times a_1 \times \cdots \times a_n} \tag{6.34}$$

式(6.34)において，分母の

$$DS \times a_0 \times a_1 \times \cdots \times a_n \to 1$$

ならば，分子の

$$DD \times a_0 \times a_1 \times \cdots \times a_n \to Q$$

である。

DS を2進数として正規化 (3.2.2項(b)参照，ここでは"純小数にする"こととする) しておくと，DS は $(0.1\cdots)_2$ と表現できる。すなわち，

$$\frac{1}{2} \leqq DS < 1 \tag{6.35}$$

である。また，正規化した DS は

$$DS = 1 - k \tag{6.36}$$

と表せる。ただし，式(6.35)より，

$$0 < k \leqq \frac{1}{2} \tag{6.37}$$

である。

正規化した DS (純小数なので整数部は1ビット) と DS の2の補数 $\overline{DS}$ (3.2.1項(d)参照) との間には，3.2.1項(d)での式(3.15)より，

$$\overline{DS} = 2^1 - DS = 2 - DS \tag{6.38}$$

という関係がある。式(6.38)に式(6.36)を代入して，

$$\overline{DS} = 2 - (1-k) = 1 + k \tag{6.39}$$

となる。ここで，

$$a_0 = 1 + k = \overline{DS} \tag{6.40}$$

とすると，

$$DS \times a_0 = (1-k) \times (1+k) = 1 - k^2 \tag{6.41}$$

となる。

次に，式(6.38)と(6.41)より，$(DS \times a_0)$ の2の補数

$$\overline{(DS \times a_0)} = 2 - (DS \times a_0) = 2 - (1-k^2) = 1 + k^2 \tag{6.42}$$

となる。ここで，

6.1 固定小数点数の算術演算装置　201

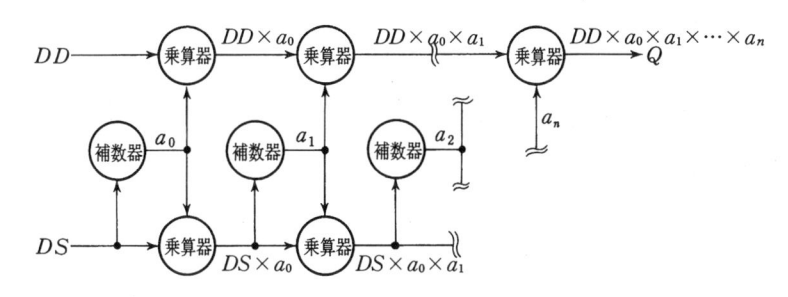

図6.38 乗算収束型除算機構

$$a_1 = 1 + k^2 = \overline{(DS \times a_0)} \tag{6.43}$$

とすると，式(6.41)と(6.43)より，

$$DS \times a_0 \times a_1 = (DS \times a_0) \times a_1 = (1-k^2) \times (1+k^2) = 1-k^4 \tag{6.44}$$

となる．以下，この計算を同様に繰り返すと，

$$DS \times a_0 \times a_1 \times \cdots \times a_n \,(\fallingdotseq 1)$$

が求まる．

この繰り返しを多数回に(nを大きく)すればするほど，

$$DS \times a_0 \times a_1 \times \cdots \times a_n \to 1 \quad \text{および} \quad DD \times a_0 \times a_1 \times \cdots \times a_n \to Q$$

の近似精度は高くなる．

このような乗算収束型除算法にしたがう商の近似計算機構は図6.38のようなハードウェアによる繰り返し機構になる．ハードウェア資源の制限と近似精度によって，適当な繰り返しで近似を打ち切る．

(g) 配列型除算器

図6.39に示すように，基本演算器を2次元配列状に並べ，人間が行う筆算のように除算を行う直接除算法の一種を採る除算器を**配列型除算器**という．配列型除算器の2次元配列の横幅が除数のビット数であり，2次元配列の縦長が商のビット数となる．

配列型除算器は6.1.3項(d)で述べた並列乗算器(配列型乗算器)の除算版であり，ハードウェア機構の組み合わせ方法は似ている．しかし，並列乗算器のような並列(同時)演算機構は備えていない．

2次元配列状に並べる基本演算器としては，① 引き戻し法の場合：大小比較・減算器；② 引き放し法の場合：大小比較・加減算器；となる．いずれの基本演算器にも演算を有効にするかどうかのエネーブル端子(4.1.3項(a)参照)を付けておく．並列乗算器と同様に桁上げ先見加算器(CLAA)や桁上げ保存

被除数 DD（8ビット）

除数 DS
（4ビット）

基本演算器
（4ビット）

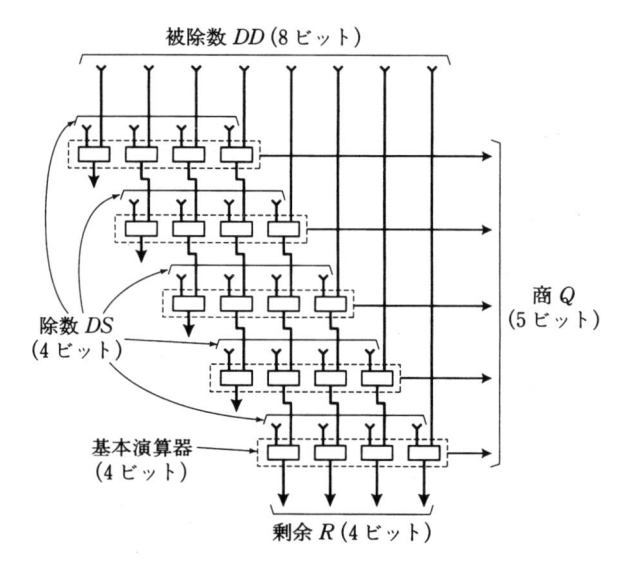

商 Q
（5ビット）

剰余 R（4ビット）

図 6.39　配列型除算器（5ビット商）

加算器（CSA）を使用することによって配列型除算の効果が大きくなる。

（h）　固定小数点数除算機構のコンディション

固定小数点数除算器に特有のコンディションには，① 被除数がゼロ（ゼロ検出）ならば直ちに商もゼロ（ゼロコンディション）としてよい；② 除数がゼロならば**ゼロ除算エラー**；③ 整数や純小数のみを扱う固定小数点数除算器では，除数が被除数よりも大きい（純小数の場合は小さい）場合（図 6.40 に例示），アンダフロー（純小数の場合はオーバフロー）が発生する；などがある。

$$整数\ (0\ 1\ 0)_2 \div (1\ 0\ 0)_2 = (0\ .\ \underline{1}\ )_2$$
$$\text{アンダフロー}$$

$$純小数\ (0\ .\ 1\ 0)_2 \div (0\ .\ 0\ 1)_2 = (\underline{1}\ 0\ .)_2$$
$$\text{オーバフロー}$$

図 6.40　固定小数点数除算におけるオーバフローとアンダフロー

6.2　浮動小数点数の算術演算装置

本節では，浮動小数点数表現する2進数に対する算術演算方式と算術演算装置のアーキテクチャについて述べる。

6.2.1 浮動小数点数の算術演算

(a) 浮動小数点数の算術演算手順

浮動小数点数の算術演算では，固定小数点数の算術演算と比べると，数の**正規化** (normalize) (3.2.2 項 (b) 参照) という処理が必要となる。正規化を含む浮動小数点数算術演算の手順の概略は次のようになる。

 (1) 被演算数の正規化
 (2) 指数部と仮数部の各演算
 (3) 演算結果の正規化

固定小数点数演算と比べると，(1) と (3) の正規化および (2) の指数 (部) 演算が浮動小数点数演算に特有である。

(b) 浮動小数点数の加減算手順

前の (a) で述べた (1)〜(3) にしたがう浮動小数点数加減算の手順は次のようになる。図 6.41 にこの手順にしたがう加算例を示す。この例では，仮数は純小数に正規化し，けち表現は使っていない。

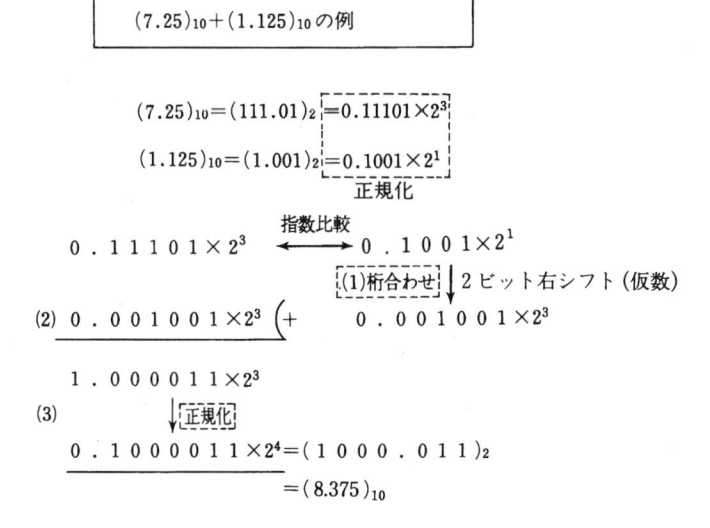

$$(7.25)_{10} + (1.125)_{10} \text{ の例}$$

$$(7.25)_{10} = (111.01)_2 = 0.11101 \times 2^3$$
$$(1.125)_{10} = (1.001)_2 = 0.1001 \times 2^1$$
$$\text{正規化}$$

$$0.11101 \times 2^3 \xleftarrow{\text{指数比較}} 0.1001 \times 2^1$$

(1) 桁合わせ ↓ 2 ビット右シフト (仮数)

(2) $\underline{0.001001 \times 2^3} \; (+ \quad 0.001001 \times 2^3$

$$1.000011 \times 2^3$$

(3) ↓ 正規化

$$\underline{0.1000011 \times 2^4} = (1000.011)_2$$
$$= (8.375)_{10}$$

図 6.41 浮動小数点数加算の例

 (1) 被演算数の指数 (部) を等しくする。これを**桁合わせ** (scaled) という。具体的には，指数の差だけ小さい (大きい) 被演算数の仮数を右 (左) シフトする。

(2) 仮数部どうしで加減算する。

(3) 次のいずれかの操作によって演算結果の正規化を行う。

① 上位ビットが整数部にはみ出る（0より大きくなって純小数でなくなる，**オーバフロー**）場合には，加算結果の仮数を純小数になるように右シフトして正規化し，そのシフトビット数だけ演算結果の指数を増やす。

② 純小数の最上位ビットに1個以上の0がつく（**アンダフロー**）場合には，減算結果の仮数を小数第1ビットが"1"になるまで左シフトして正規化し，そのシフトビット数だけ演算結果の指数を減らす。

（c） 浮動小数点数の乗除算手順

浮動小数点数に対して行う乗除算では，図6.42に示すようには，仮数に対しては乗除算を，指数に対しては比較および加減算を，それぞれ適用する。

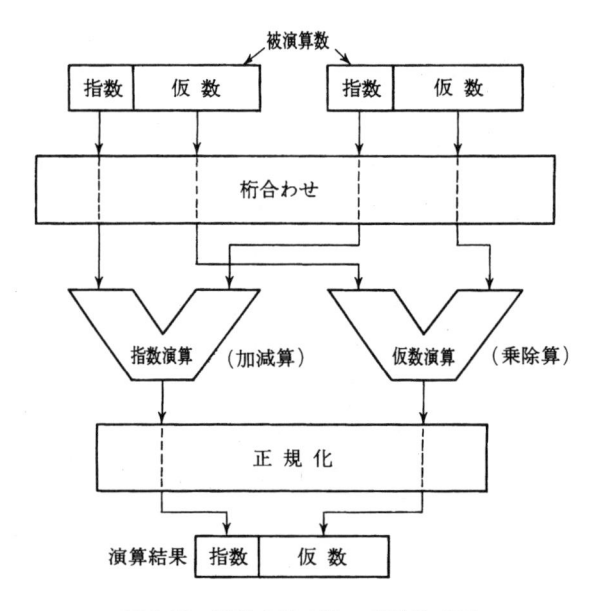

図6.42 浮動小数点数の乗除算手順

● 浮動小数点数の乗算手順
 (1) 被演算数の指数どうしで加算する。
 (2) 被演算数の仮数どうしで乗算する。
 (3) 必要ならば演算結果を正規化する。
● 浮動小数点数の除算手順

(1) 被除数の指数から除数の指数を減算する。
(2) 被除数の仮数を除数の仮数で除算する。
(3) 必要ならば演算結果を正規化する。

6.2.2 浮動小数点数の演算機構
(a) 浮動小数点数の加減算機構
浮動小数点数 X と Y との加減算
$$S=X+Y$$
を行う浮動小数点数の加算機構について考えてみよう。

X と Y および S の仮数(部)をそれぞれ P と Q および R, 指数(部)を p と q および r とすると,
$$X=P\times 2^p$$
$$Y=Q\times 2^q$$
$$S=R\times 2^r$$
であり,
$$\begin{aligned}S&=P\times 2^p+Q\times 2^q\\&=(P\times 2^{p-q}+Q)\times 2^q \quad (ただし,\ p>q)\end{aligned} \tag{6.45}$$
となる。したがって、この浮動小数点数加算機構は図6.43に示すようなハードウェア構成となる。

X や Y が負の場合は、それらの仮数 P あるいは Q を補数器によって補数表現にしてから加算する。したがって、図6.43に示す加算器は実質的に被演算数が正負いずれの場合でも演算可能な"加減算器"である。

図6.43の浮動小数点数加減算機構にしたがって、前の6.2.1項(b)で述べた加減算手順をたどってみよう。ただし、X と Y はあらかじめ正規化してある。
(1) X と Y の桁合わせを行う。
① X と Y の各指数 p と q から大小比較・減算器によって桁合わせのシフトビット数 $(p-q)$ (式(6.45)参照)を求める。
② X の仮数 P を $(p-q)$ ビットだけ左シフト $(\times 2^{p-q})$ する。
(2) もし、仮数の P や Q が負であれば、補数器によって補数表現にする。
(3) 固定小数点数加算器によって加減算(式(6.45)における $(P\times 2^{p-q}+Q)$)を行う。
(4) (3)の演算結果を正規化する。

```
                (2.375)₁₀=(10.011)₂      −(1.5625)₁₀=−(1.1001)₂
                    p     P                   q     Q
                X  +2   +0.10011        Y  +1    −0.11001
```

図の構成（浮動小数点数加減算機構）:

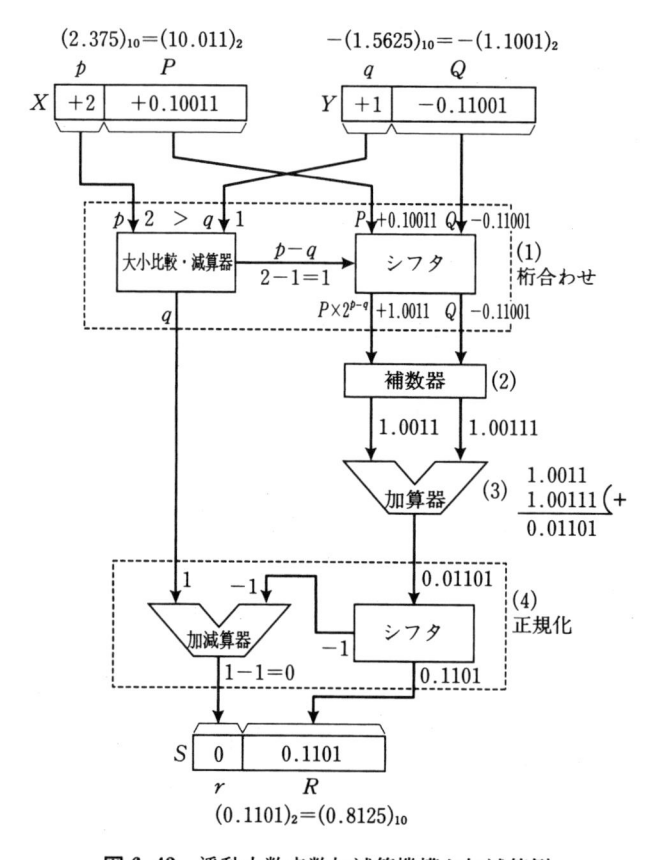

- (1) 桁合わせ: 大小比較・減算器で $p>q$ を判定、$p-q=2-1=1$。シフタにより $P\times 2^{p-q}=+1.0011$、$Q=-0.11001$。
- (2) 補数器: 1.0011, 1.00111
- (3) 加算器:
$$\begin{array}{r} 1.0011 \\ 1.00111 \\ \hline 0.01101 \end{array}(+$$
- (4) 正規化: シフタにより $0.01101 \to 0.1101$、加減算器で $1-1=0$。
- S: $r=0$, $R=0.1101$
- $(0.1101)_2=(0.8125)_{10}$

図 6.43 浮動小数点数加減算機構と加減算例

① (3)の演算結果をシフタによって正規化に必要なビット数だけシフトし，S の仮数 R とする．

② ①でのシフトビット数と Y の指数 q との加減算によって S の指数 r を求める．

図 6.43 では，この加減算機構によって，
$$X=(2.375)_{10}=(10.011)_2,\quad Y=-(1.5625)_{10}=-(1.1001)_2$$
とするときに，
$$S=X-Y=2.375-1.5625=(0.8125)_{10}=(0.1101)_2$$
を行う例を添えてある．この例では，正規化は"仮数を純小数（小数第1ビットが最上位の"1"）で表し，けち表現は使わない"としている．また，図 6.43 の例では，仮数は2進数表現，指数は10進数表現で，それぞれ示している．

6.2 浮動小数点数の算術演算装置 **207**

(b) 浮動小数点数の乗算機構

浮動小数点数 X と Y の乗算
$$Z = X \times Y$$
を行う浮動小数点数乗算機構について考えてみよう。

(a) と同様に，X, Y, Z の仮数(部)をそれぞれ P, Q, R，指数(部)をそれぞれ p, q, r とすると，

$$\begin{aligned} Z &= R \times 2^r \\ &= P \times 2^p \times Q \times 2^q \\ &= (P \times Q) \times 2^{p+q} \end{aligned} \quad (6.46)$$

となる。したがって，この浮動小数点数乗算機構は，図 6.44 に示すようなハードウェア構成となる。

図 6.44 の浮動小数点数乗算機構によって前の 6.2.1 項(c)で述べた乗算手順をたどってみよう。ただし，X と Y はあらかじめ正規化してある。

（1）固定小数点数加算器によって X と Y の各指数 p と q の和 $(p+q)$ を求める。

（2）固定小数点数乗算器によって X と Y の各仮数 P と Q の積 $(P \times Q)$ を求める。

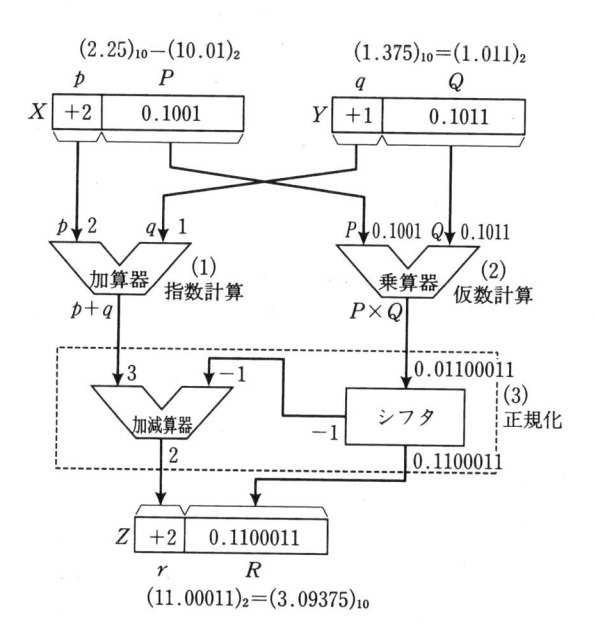

図 6.44 浮動小数点数乗算機構と乗算例

(3) (2)の演算結果を正規化する。

① (2)の積 $(P\times Q)$ をシフタによって正規化に必要なビット数だけシフトし，Z の仮数 R とする。

② ①でのシフトビット数と(1)の和 $(p+q)$ との加減算によって Z の指数 r を求める。

図6.44では，この乗算機構によって，
$$X=(2.25)_{10}=(10.01)_2, \quad Y=(1.375)_2=(1.011)_2$$
とするときに
$$Z=X\times Y=2.25\times 1.375=(3.09375)_{10}=(11.00011)_2$$
を行う例を添えてある。なお，図6.44の例では，仮数は2進数表現，指数は10進数表現で，それぞれ示している。

(c) 浮動小数点数の除算機構

浮動小数点数 X と Y との除算
$$Z=X\div Y$$
について考えてみよう。
$$\begin{aligned}Z&=X\div Y\\&=(P\times 2^p)\div(Q\times 2^q)\\&=(P\div Q)\times 2^{p-q}\end{aligned} \quad (6.47)$$

となる。したがって，浮動小数点数除算は，図6.44左の指数用加算器を減算器に，図6.44右の仮数用乗算器を除算器に，それぞれ入れ替えたハードウェア機構によって，前の(b)の手順(1)の加算および和を減算および差に，(2)の乗算および積を除算および商に，それぞれ替えた手順で行うことになる。

(d) 演算結果の丸め

(a)～(c)で述べた浮動小数点数の算術演算(加減乗除)では，桁合わせや正規化によって演算途中あるいは演算結果の仮数のビット(桁)数がその格納装置の長さよりも大きくなることがある。このとき，"ハードウェア機構の格納装置の長さに合わせて仮数の下位ビットを切り詰める"ことを**丸め** (rounding) という。

丸め方式("丸めの方向"という)には，図6.45に示すように，① **切り捨て**：常に絶対値の小さい m (正数，負数ともに0方向の最近有効値)側に近似する；② **切り上げ**：常に絶対値の大きい M (正数は $+\infty$ 方向の最近有効値，負数は $-\infty$ 方向の最近有効値)側に近似する；③ **R丸め**：m と M の中央値 C 未満は切り捨て (m に近似)，C 以上は切り上げ (M に近似)を行う(狭義の

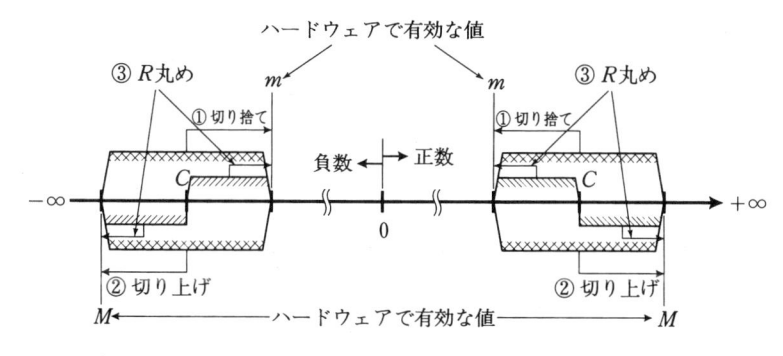

図6.45 丸めの方向

"丸め", 10進数での"四捨五入"にあたる);などが一般的である。

丸めは近似であるから,丸めを行うと**誤差**が生じる。"丸めによる誤差"を**丸め誤差**という。浮動小数点数算術演算では丸め誤差の累積や拡大に注意しなければならない。丸め誤差の累積や拡大を防ぐために,①~③をもとにした種々の丸め方式がある。

(e) 浮動小数点数算術演算機構のコンディション

浮動小数点数算術演算機構から発生するコンディションには,固定小数点数演算機構と同様に,① オーバフローおよびアンダフロー(6.2.1項(b)参照);② ゼロ;③ 符号;などのほかに,浮動小数点数演算機構に特有の ④ **非数**(non-number):結果がその浮動小数点数演算機構では扱えない数である;⑤ **不正確**(inexact):演算過程で丸め誤差が生じている;⑥ **無効**(invalid):演算が無意味(無効)である(たとえば,∞×0の演算など);などがある。

6.3 その他の演算装置

本節では,算術演算器以外の演算や処理を行う演算装置について述べる。

6.3.1 論理演算器

(a) 基本論理演算器

論理演算は算術演算における隣接ビット間での桁上げや借りがないビット独立演算であるので,**論理演算器**は論理素子(4.1.1項(b)参照)を演算ビット数だけ並べることによって簡単に構成できる。基本論理演算は AND 素子で実現

する論理積演算と OR 素子で実現する論理和演算および NOT 素子で実現する否定演算である．したがって，これらの AND 素子，OR 素子，NOT 素子によって基本論理演算器を構成できる．

（b） 論理比較器

同一長の 2 個のビット列の対応する各ビットどうしが論理値として同一かどうかを判定する**論理比較器**は排地的論理和演算を実現する XOR 素子をデータ長だけ並べることによって構成できる（4.1.3 項(e)参照）．

6.3.2 シフタ

（a） シフタの機能

シフト機能は，2.2.6 項(d)で述べたように，基本命令セットとしてデータ操作命令に属し，ビット列を操作する．シフト機能を実現するハードウェア機構が**シフタ**（shifter；シフト演算器）である．シフト機能は，① シフト方向（左/右）；② ビット列を構成する各ビットが相互に関連して"2 進数値"という意味をもち，シフト操作に際してその符号ビット（普通は MSb）を保存する**算術シフト**か，ビット列を構成するすべてのビットを独立した論理値として扱う**論理シフト**か；③ シフトビット数；④ MSb や LSb から補う入力情報；などによって決める．

② の機能のうち，算術シフトは"2 のべき乗による乗除算"である．すなわち，n ビット算術左シフトは"$\times 2^n$"，n ビット算術右シフトは"$\times 2^{-n}(\div 2^n)$"と同じ算術演算機能である．また，論理シフトはビット列操作（特に，ビット列抽出やビット列削除および挿入）の基本となる機能を実現する論理演算である．したがって，シフタは算術演算と論理演算の両機能（の一部）を備える演算器である．

（b） 逐次シフタ

シフタでの実行は，① シフタへのデータ（ビット列，論理値列，2 進数値）の入力（セット）；② シフト演算；③ シフタからのデータの出力（読み出し）；という手順（サイクル）で行う．

シフタはフリップフロップを図 6.46 に示すように直列に連結して構成する（4.2.2 項(d)参照）．これは**逐次シフタ**であり，① と ③ のデータ入出力は各ビット並列（同時）に行うが，② のシフトそのものは直列（逐次）に行う．逐次シフタには，ⓐ ハードウェア構成が簡単である；という長所と，一方で，ⓑ 演算時間がシフトビット数に比例する；ⓒ シフタがラッチ（latch；一時格納

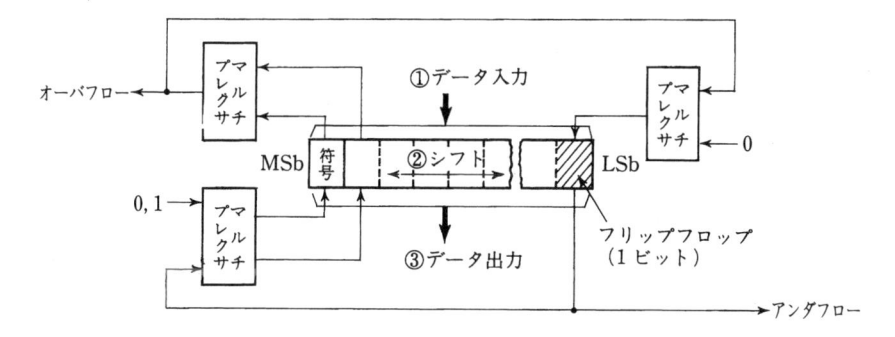

図 6.46 シフタの構成とその動作の基本サイクル

装置，4.2.2項(c)参照)を兼ねる必要がある；という短所がある。

（c） バレルシフタ

(b)で述べた逐次シフタの短所ⓑを補うために，シフタ本体を組み合わせ回路(4.1節参照)によって構成する**バレルシフタ**(barrel shifter)がある。バレルシフタは，図6.47に示すように，シフトビット数を選択線とするマルチプレクサ(データセレクタ，4.1.3項(a)参照)によって構成する。バレルシフタには，ⓐ シフト演算時間はシフトビット数に依存せずに一定(マルチプレクサの通過時間)かつ高速である；という長所と，一方で，ⓑ 扱うデータ(ビット列)長 n が大きくなれば $n×1$ マルチプレクサが複雑になる；という短所がある。

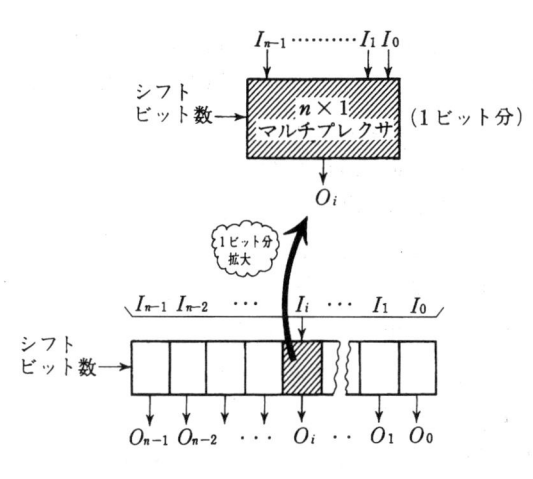

図 6.47 バレルシフタ

6.4 ALU アーキテクチャ

本節では，制御機構と対となってプロセッサの主要機能を分担する**演算装置**（**ALU**）全体のハードウェア/ソフトウェア・トレードオフすなわち**ALU アーキテクチャ**について述べる。ALU アーキテクチャとは，"種々の演算装置や演算機構（6.1～6.3 節で詳述）をプロセッサアーキテクチャの演算担当の主要部分としてどのように位置付ける（構成する）のか"も示している。

6.4.1 ALU のハードウェア構成

（a） ALU の構成部品

ALU を構成するハードウェア部品としては，6.1～6.3 節で述べたように，① 固定小数点数加減算器；② 固定小数点数乗算器；③ 固定小数点数除算器；④ 浮動小数点数加減算器；⑤ 浮動小数点数乗算器；⑥ 浮動小数点数除算器；⑦ 論理演算器；⑧ シフタ；⑨ ロード/ストア機構；などがある。

ALU は，そのコンピュータの命令セットの演算機能を実現するように，これらのハードウェア部品を組み合わせて構成する。

たとえば，2.2.6 項で述べた基本命令セットのうち，ⓐ 整数に対する演算は ①～③ の固定小数点数演算装置；ⓑ 実数に対する演算は ④～⑥ の浮動小数点数演算装置；ⓒ 論理演算やビット列操作は ⑦⑧；ⓓ レジスタ-メインメモリ間の転送は ⑨；というようにして各マシン命令機能を実現する。

（b） データバスの構成

演算データは**データバス**というデータ転送路によって演算装置（演算器）に入出力する。演算装置におけるデータバスの構成には，図 6.48 に示すように，バスの種類によって 4 種の方式に大別できる。

（1） **単一データバス構成**：図 6.48(1)のようにデータバスを入出力兼用の 1 種類とし，それに演算器の入出力ポート（port；口）をすべて接続してしまう方式である。レジスタのポートは入出力共通のものが単一である。演算装置の構成に要するハードウェア量は少なくてすむが，一方で，バスにおけるアクセス競合が多くなりバスの使用を資源ごとに時分割して許可するなどの複雑な制御が必要となる。たとえば，2 項演算の場合，2 個の演算オペランドのフェッチは同時にできないので，逐次的に行わねばならない。2.2.5 項の図 2.27 で示したハードウェア構成例はこの単一データバス構成である。

（2） **1 入力 1 出力・2 データバス構成**：図 6.48(2)のように演算器へデータ

6.4 ALUアーキテクチャ　213

図6.48　データバスの構成

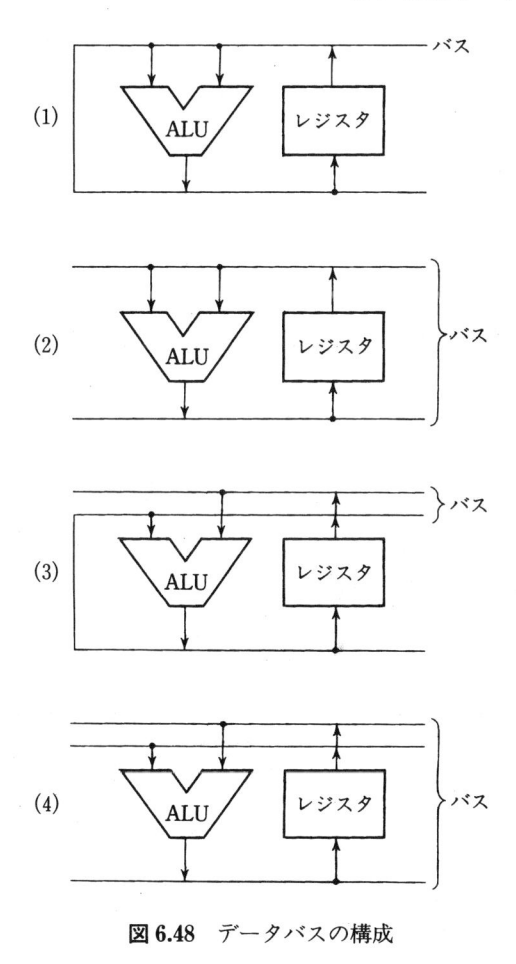

を供給するデータバスと演算結果をレジスタなどへ書き込む際に使用するデータバスとを分離した構成方式である．(1)と(4)の折衷案である．

（3）**1入力1入出力・2データバス構成**：図6.48(3)のように演算器への1入力と1出力を同じバスで実行し，他の1入力をもう1本のバスとする構成方式である．これも(2)と同じく(1)と(4)との折衷案であるが，ALUにおける2項演算のように2個のソースオペランドが同じタイミングで必要となることに配慮した構成である．

（4）**2入力1出力・3バス構成**：図6.48(4)のように演算器への2入力と演算器からの1出力を別々の独立したデータバスで行う方式である．演算装置の構成に要するハードウェア量は多くなるが，一方で，レジスタなどの格納装

置のポートを複数にするなどの工夫と併せるとバスにおけるアクセス競合は(1)や(2)よりも少なくなる。(1)が時間的な多重化方式であるのに対して，この(4)は空間的な多重化方式である。

（c） ALUの構成

(a)で述べた種々のハードウェア部品を使用してALUを構成する方式は次のように大別できる。これは演算器というハードウェア部品の組み合わせ(構成)方式によるALUアーキテクチャの分類である。

（1） 直列演算器構成：図6.49(1)に示すように，ALUの入出力となるデータバス間に演算器を直列に連結して並べる構成方式である。たとえば，図6.49(1)の例では，乗算器とシフタを連結してALUを構成し，高機能算術演算機能を実現する。このALU構成方式では，高機能演算を1マシン命令の機能として実現できる。また，6.4.2項(b)で述べる演算パイプライン処理のための基本ハードウェア構成ともなる。

（2） 並列演算器構成：図6.49(2)に示すように，ALUの入出力となるデータバス間に演算器を並列(独立)に並べる方式である。演算機能が異なる

(1) 直列演算器構成

(3) 複合構成

(2) 並列演算器構成

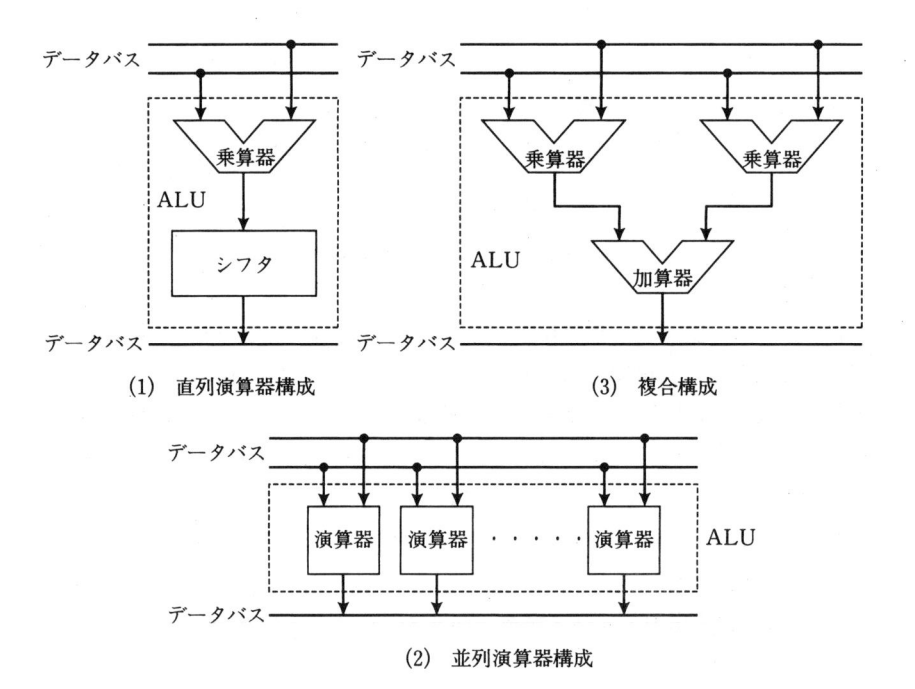

図6.49 ALUの構成

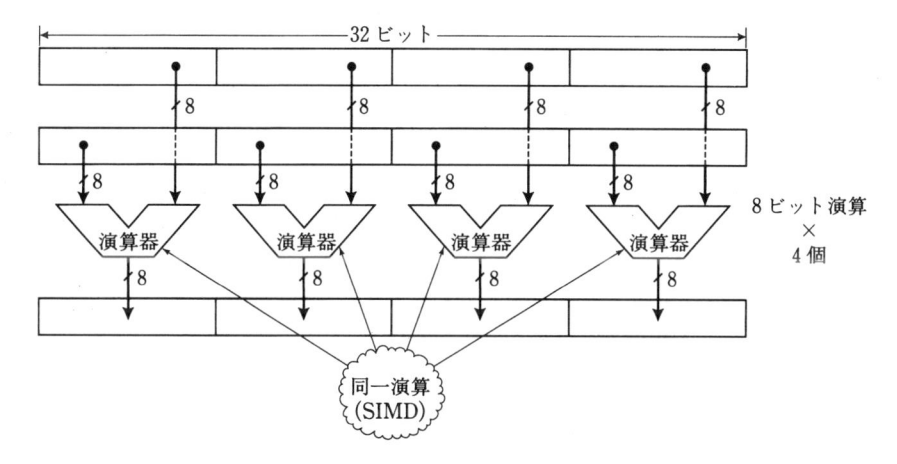

図 6.50 並列演算器構成による SIMD の例

演算器はこの構成にするのが普通である．各演算器は並列(同時)に実行可能である．この ALU 構成の発展形として，① **SIMD** (Single Instruction stream Multiple Data stream；単一命令流・複数データ流)：複数個の同一演算器を組にして，その組を必要な演算種類だけ装備して，あるマシン命令に対応する組の演算器によって複数の均質(同一属性をもつ)データに対する同種演算を並列(同時)に実行する(図 6.50 に SIMD の例を示す)；② **MIMD** (Multiple Instruction stream Multiple Data stream；複数命令流・複数データ流)：複数個の異種演算器を装備して，異種複数のマシン命令の各々に対応する異種演算を並列(同時)に実行する (6.4.2 項(c)で詳述)；の 2 種類に細分できる．並列演算器構成では，複数個の演算(② ではマシン命令も複数個)を同時に実行できる．また，6.4.2 項(c)で述べる命令レベル並列処理のための基本ハードウェア構成ともなる．

(1) の直列演算器構成は演算(命令)の高機能化，(2) の並列演算器構成は演算の高速化をそれぞれ目標とする ALU アーキテクチャである．また，両方式を適切に組み合わせた複合構成もある．図 6.49 (3) に積和演算機構を複合構成する例を示す．

(d) 演算機能におけるハードウェア/ソフトウェア・トレードオフ

演算アーキテクチャすなわち ALU 機能の設計においては，(b)(c)で述べたようなハードウェア構成方式のうちから，コンピュータやプロセッサの設計方針にしたがう種々のトレードオフに配慮しながら適切な方式をアーキテクチャ

として選択する。

演算アーキテクチャの設計におけるハードウェア/ソフトウェア・トレードオフとしては，① ALU として装備する演算器の種類と個数((a) 参照)；② データバスの構成((b) 参照)；③ ALU の構成((c) 参照)；がある。

たとえば，乗除算器のハードウェア/ソフトウェア・トレードオフとして，ⓐ マイクロプログラム制御によって繰り返し法の手順を実行・制御する乗除算器；ⓑ 並列に部分積を生成し，それらを高速加減算器で加減算する直接乗除算法の機構をハードウェアで実現し，それによる実行を配線論理によって制御する方式；とがある。

ⓐ は，低速ではあるが，その構成で必要となるハードウェア量は少なく，簡単に実現できる。一方 ⓑ は，高速ではあるが，その構成で必要となるハードウェア量は多く，機構が複雑となる。ⓐ と ⓑ はトレードオフ関係にあるが，これらを組み合わせて構成した乗除算器(たとえば，マイクロプログラム制御によって直接乗除算法の手順を実行・制御する乗除算器など)もある。

6.4.2 演算の高速化手法
(a) 演算の高速化の必要性

2.2.7項(i)で述べたように，コンピュータ(特に，プロセッサ)の性能を平均命令実行時間(TPI)で表すと，

$$TPI = TPC \times CPI \tag{6.48}$$

となる(2.2.7項(i)の式(2.1)の再掲)。TPC(マシンサイクル時間)は主として実装技術によって，CPI(平均命令実行サイクル数)は主としてアーキテクチャ技術によって，それぞれ決まる。

ALUによる演算はコンピュータの主要な機能であり，演算速度がコンピュータの性能を左右する。式(6.48)によれば，演算機構におけるTPCや演算機能(演算命令)におけるCPIの短縮が全体としての演算時間TPIの短縮すなわち演算速度性能の向上につながる。

"演算器を構成する論理素子そのものを高速なものに置き換える"，あるいは，"演算方式を実現するハードウェア機構や論理回路(『ハードウェアアルゴリズム』という)を工夫する"などはTPCの短縮を狙っている。

一方，演算アーキテクチャの工夫によって，主要な命令機能である演算命令実行に要するマシンサイクル(クロック)数(CPI)を短縮することができる。演算アーキテクチャにおける主要な高速化手法としては，① **演算パイプライ**

ン処理((b)で詳述);② **並列演算**;などがある。②は前の 6.4.1 項(c)で述べた並列演算器構成によって，1個のマシン命令機能として複数の演算を同時に実行(並列演算)する高速化手法である。同項で述べた"並列演算器構成による SIMD 演算"が代表例である。また，同じ 6.4.1 項(b)で述べた"並列演算器構成による MIMD 演算"の例については(c)で詳述する。

(b) 演算パイプライン処理

5.2.2 項で述べた命令パイプライン処理は，1マシン命令の命令実行サイクルを"パイプライン(pipeline)"に見立てて，"パイプライン(命令実行サイクル)を構成する複数の異種ステージの各々で複数の相異なるマシン命令を同時に(並行して)実行する"という命令実行順序制御の高速化方式である。

命令パイプライン処理に対して，**演算パイプライン処理**では，図 6.51 に示すように，"1個のデータに対して連続して行う演算列(シーケンス(sequence))"をパイプラインに見立てて，それに(命令ではなく)データを連続して供給することで大量の均質(属性が同じ)データに対する同一演算シーケンス(複数の一連の演算列)実行の高速化を図る。演算パイプラインに供給する大量均質データを**ベクトル**(vector)ということから，演算パイプライン処

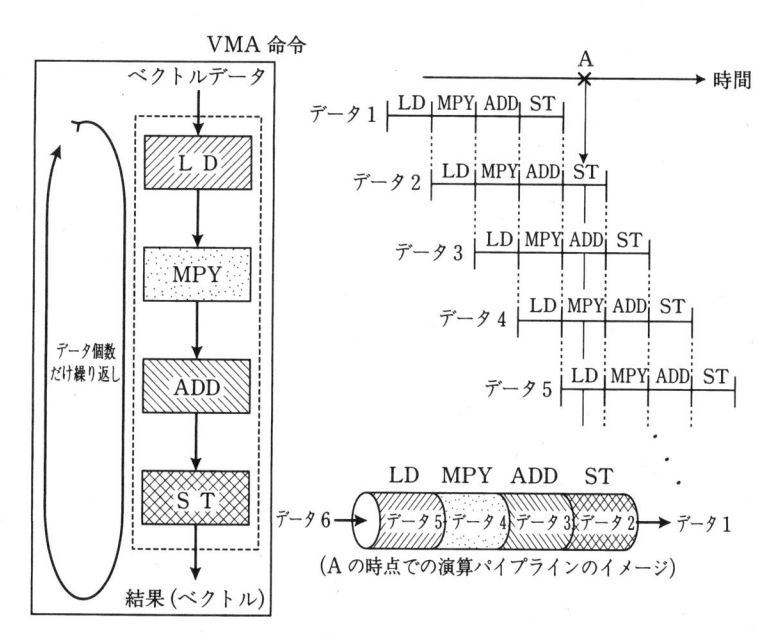

図 6.51 演算パイプライン処理とそのための ALU 構成の例

理を基本に据えたコンピュータを**ベクトルコンピュータ**という．

演算パイプライン処理では，**ベクトル命令**と呼ぶ1個の演算パイプライン処理(起動)用マシン命令によって大量均質データ(ベクトルデータ)のそれぞれに同一演算シーケンス(図6.51の例ではMPYとADD)を適用する．そして，この演算シーケンスの最初でデータのフェッチ(取り出し)(図6.51の例ではLD)を，最後で演算結果の格納(図6.51の例ではST)をそれぞれ実行する．これによって，データフェッチステージと結果格納ステージで挟んだ一連の演算ステージのそれぞれにおけるオペランドフェッチと結果格納の両ステージを省いている．したがって，演算シーケンスが長い(演算数が多い)ほど演算パイプライン処理の効果は大きい．

演算パイプライン処理を実現するためのALUハードウェア構成は前の6.4.1項(c)で述べた直列演算器構成が基本となる．すなわち，図6.51左に示すように，演算パイプラインの演算シーケンスの順に演算器を直列に連結し，各演算器がパイプラインの各ステージを分担する．直列演算器構成がそのまま演算パイプラインとなる．

ベクトルコンピュータでは，プロセッサ内にベクトルデータ専用の大容量レジスタ(**ベクトルレジスタ**という)を装備している．演算パイプライン処理中はベクトルデータをベクトルレジスタに格納しておけば，メインメモリへのアクセス(ロード(LD)命令およびストア(ST)命令による)が削減でき，演算パイプライン処理効果が向上する．

図6.51に示す"VMA命令"というベクトル命令によってベクトルデータのそれぞれの内積を計算する例によって，演算パイプラインの効果を確かめてみよう．

この例の演算パイプラインは1個の演算に対する一連の演算(LD→MPY→ADD→STの4演算)ステージから成る．演算パイプライン処理を行わない(ベクトル命令を持たない)コンピュータでは，LD，MPY，ADD，STの各マシン命令ごとに命令フェッチ，オペランドフェッチ，実行，結果格納の4ステージの実行が必要であり，すべてのデータ処理には(4×(データ個数))分のステージを実行する必要がある．したがって，1000個の要素から成るベクトルデータを処理するのに，

$$4(命令) \times 1000(データ) \times 4(ステージ) = 16000(ステージ) \qquad (6.49)$$

を必要とする．これを4段の命令パイプライン(代表的な命令実行順序制御の高速化方式，5.2.2項参照)によって処理すると，5.2.2項での式(5.5)より，

$$4(命令) \times 1000(データ) + 4(ステージ) - 1 = 4003(ステージ) \qquad (6.50)$$

を必要とする。

N 個のデータを V 個のステージ（演算）から成る演算パイプラインで処理するのに必要なステージ数 S_V は

$$S_V = N + V - 1 \qquad (6.51)$$

である。したがって，1000個のデータをVMA命令で演算パイプライン処理すると，総実行ステージ数は，式(6.51)より，

$$1000(データ) + 4(ステージ) - 1 = 1003(ステージ) \qquad (6.52)$$

となる。式(6.52)を式(6.50)と比べると，演算パイプライン処理では演算パイプライン処理を行わない場合よりもおよそ4倍の高速化が達成できる。

演算パイプライン処理は大量均質データに対して同一の演算（命令）を繰り返し実行する問題に対して特に有効で，ベクトルコンピュータは科学技術計算向きのスーパコンピュータの代表例である。

(c) 命令レベル並列処理のための ALU アーキテクチャ

命令実行順序制御の高速化手法として5.2.2項(e)で述べた命令レベル並列処理（スーパスカラが代表的）では，複数の命令パイプラインで並列（同時）に複数個のマシン命令を実行する。したがって，命令レベル並列処理を採るコンピュータでは，ALUを使う演算（実行）ステージも時間的かつ空間的に多重化してある。

命令レベル並列処理のための ALU ハードウェア構成は前の6.4.1項(c)で述べた並列演算器構成が基本となる。すなわち，命令レベル並列性が内在する複数マシン命令のそれぞれの命令（演算）機能を並列動作可能な演算器によって並列（同時）実行する。

"プロセッサアーキテクチャとしてどのような命令レベル並列処理を採るのか"によって，時間的かつ空間的に多重化する（並列演算器構成の）演算器の種類と個数を決める。

演 習 問 題

6.1 1の補数表現による固定小数点数の加減算手順について，具体例を用いて説明せよ。

6.2 2の補数表現による固定小数点数の加減算手順について，具体例を用いて説明せよ。

6.3 次の単語について説明せよ。① エンドキャリ，② エンドアラウンドキャリ（循環桁上げ）。

6.4 pビットの1の補数表現で表した固定小数点数表現2進整数どうしの加減算において"オーバフロー"が生じる可能性について数式と例を示して説明せよ。

6.5 pビットの2の補数表現で表した固定小数点数表現2進整数どうしの加減算において"オーバフロー"が生じる可能性について数式と例を示して説明せよ。

6.6 それぞれpビットの固定小数点数表現2進数NとMがある。負数を1の補数で表現する場合の加算$N+M$について，6.1の手順で正しい結果を得ることを示せ。ただし，Nの1の補数を$\bar{N}$と表す。ただし，N, Mは10進数値で表す。

6.7 それぞれpビットの固定小数点数表現2進数NとMがある。負数を2の補数で表現する場合の加算$N+M$について，6.2の手順で正しい結果を得ることを示せ。ただし，Nの2の補数を$\bar{N}$と表す。ただし，N, Mは10進数値で表す。

6.8 桁上げ（キャリ）の処理方式が相異なる3種類の加算器を列挙して説明し，各方式の長所と短所について比較して述べよ。

6.9 桁上げ先見加算器の加算時間が桁上げ伝搬遅延や演算長に依存せず一定であることを数式によって示せ。ただし，第iビット目の桁上げ入力をCI_i，桁上げ出力をCO_i，桁上げ生成（信号）をCG_i，桁上げ伝播（信号）をCP_iとする。

6.10 負数の表現方式が演算器のハードウェア構成方式に与える影響について具体的に述べよ。

6.11 ブースの方法による乗算器がシフタと加減算器で構成できることを数式によって示せ。

6.12 次の単語について説明せよ。① 部分積，② ウォリスの木。

6.13 加減算器にはない乗除算器に特有のコンディションを列挙せよ。

6.14 引き戻し法と引き放し法における加減算の総数について，具体的な除算手順例を示すことによって比較して説明せよ。

6.15 次の単語について説明せよ。① 乗算収束型除算法，② 配列型除算器。

6.16 浮動小数点数算術演算装置の構成では，固定小数点算術演算装置と比較して何が余分に必要となるか，具体的に述べよ。

6.17 浮動小数点数算術演算における丸めについて説明し，その方式を列挙せよ。

6.18 固定小数点数演算器にはない浮動小数点数演算器に特有のコンディションを列挙せよ。

6.19 逐次シフタとバレルシフタとを演算アーキテクチャの観点から比較して説明せよ。

6.20 演算機能におけるハードウェア/ソフトウェア・トレードオフについて，乗除算器を具体例にとって説明せよ。

6.21 演算装置のハードウェア構成方式について，特に演算器とデータバスとの組

み合わせ構成に焦点をあてて列挙し，各方式の長所と短所についてハードウェア/ソフトウェア・トレードオフの観点から比較して述べよ．

6.22 アーキテクチャ上の工夫によって演算を高速化する手法について具体的に述べよ．

7

メモリアーキテクチャ

ノイマン型コンピュータの主要なハードウェア装置としてプロセッサのほかに**メモリ装置**(memory unit)がある。プロセッサと対になって内部装置を構成する**メインメモリ**(main memory)を代表とするメモリ装置は，プログラムやデータの格納装置としての役割を主として担っている。本章では，メモリ装置におけるハードウェアとソフトウェアの機能分担方式すなわちメモリ機能におけるハードウェア/ソフトウェア・トレードオフについて述べる。本書では，メモリ機能におけるハードウェア/ソフトウェア・トレードオフを**メモリアーキテクチャ**(memory architecture)という。

7.1 メモリ装置とメモリアーキテクチャ

7.1.1 メモリアーキテクチャ

(a) メモリの機能

メモリ装置はコンパイラなどがプログラムを翻訳して生成するマシン命令およびデータを格納するハードウェア機構である。

メモリ装置は，マシン命令とデータを対象として，**格納**(store；**ストア**)あるいは**記憶**(memory)，および，プロセッサによる**読み出し**(read)と**書き込み**(write)(両機能を含めて**アクセス**(access)という)を基本機能として備える。

メモリ装置に格納するマシン命令やデータはビット列であり，コンピュータで扱う情報の最小単位である1ビットの最小格納機能をもつメモリ素子を**メモリセル**(memory cell)という。

(b) メモリ機能におけるハードウェア/ソフトウェア・トレードオフ

本書では，"メモリ機能の実現におけるハードウェア/ソフトウェア・トレードオフ"を**メモリアーキテクチャ**と定義している。

ハードウェアとソフトウェアの機能分担方式という意味でのメモリアーキテクチャについて具体的に考察してみよう。

（1）**ハードウェア**：① メインメモリ (7.1.4項で詳述)，キャッシュメモリ (7.3節で詳述)，ファイル装置 (7.1.5項で詳述) などのメモリ装置の本体；② キャッシュメモリの管理機構；③ アクセス制御機構を含むメインメモリの管理機構（**MMU** (Memory Management Unit) という）；などである。

（2）**オペレーティングシステム (OS)**：① プロセスの割り付けやアクセス権限のチェックなどのメインメモリの管理；② メインメモリとファイル装置との対応付けなどの仮想メモリ (7.2節で詳述) の管理；③ ファイルとファイル装置の管理；などである。

（3）**コンパイラ**：① アドレス指定 (アドレッシング) モード (2.2.3項参照)；② 参照局所性 (7.1.3項(c)参照) を利用するコード最適化；③ データ型によるデータ格納用メインメモリ領域の設定；などである。

（c）**メモリ装置のハードウェア構成**

メモリ装置のハードウェアは，図7.1に示すように，① メモリ媒体：メモリ素子 (メモリ媒体) とそれへのアクセス機構；② アクセス制御機構；から構成する。

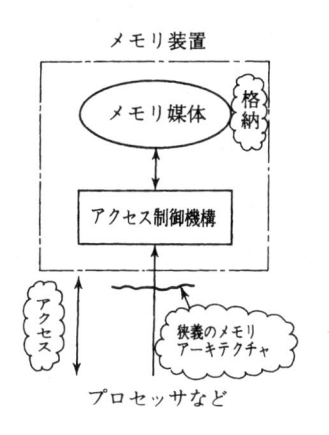

図7.1 メモリ装置

狭義の"メモリアーキテクチャ"は"ノイマン型コンピュータの主要なハードウェア装置であるプロセッサから見えるメモリ装置の機能"である。

7.1.2　メモリ装置の種類

（a）　メモリ装置の分類

メモリ装置を種々の指標によって分類してみよう。

（1）　メモリ媒体材料

① 半導体：メモリ媒体の操作は電子（電荷）移動（電気伝導）によって行う。現代のコンピュータのメインメモリとして使う**半導体メモリ（IC メモリ）**が代表例である。

② 磁性体：メモリ媒体の操作は磁力線（磁場）によって行う。現代のコンピュータの主要なファイル装置である**ハードディスク**（hard disk；**磁気ディスク**）が代表例である。

③ その他に，光ディスク，光磁気ディスクなどがある。

（2）　保存の有効期間（保存性の有無）

① 揮発性：保存は一時的であり，例えば電源オフ（断）ごとに格納内容が消える。(例) RAM ((3) 参照) を代表とする半導体メモリの大半。

② 不揮発性：格納内容は永久あるいは半永久に保存できる。揮発性メモリのバックアップ装置となる。(例) ハードディスク，光ディスク，光磁気ディスク，半導体メモリのうちの ROM ((3) 参照)。

（3）　アクセス（読み出しと書き込み）の可能性

① **RAM**（Random Access Memory；ランダムアクセスメモリ，随時読み出し書き込みメモリ，ラム）：読み出し操作，書き込み操作ともにいつでも（随時）可能である。

② **ROM**（Read Only Memory；リードオンリメモリ，読み出し専用メモリ，ロム）：読み出し操作のみ可能である。

（4）　アクセス場所の識別方法

① RAM：1 次元（線形）アドレスによってアクセスする。

② 連想メモリ：格納内容によってアクセスする (7.1.6 項 (b) 参照)。

（5）　アクセス機構

① **ランダムアクセス**（random access）：アドレスを与えることによって，ⓐ どの場所（アドレス）にも；ⓑ 同一かつ一定の時間で；アクセスできる。(例) 半導体メモリ。

② 逐次 (1 次元) アクセス：1 次元に並んでいるメモリセルに格納順（並び順）に順次アクセスする。アクセス機構は単純で，ブロック（かたまり）への連続アクセス性能は高い。一方で，アクセス時間はアクセス場所によってまちま

ちであり，①で示した ⓐ ⓑ のランダムアクセス機能はない．(例) 磁気テープ．

③ 回転媒体への2次元アクセス：磁気ディスクなどの円板媒体上にメモリセルを同心円または渦巻き上に並べ，それと直交する方向に動くアクセス機構と円板の回転による逐次アクセスとを組み合わせてアクセスする (7.1.5項 (b) (c) 参照)．このアクセス機構によるメモリ装置を"回転型メモリ"という．(例) ハードディスク，フロッピーディスク，光ディスク，光磁気ディスク．

(6) 可換性や可搬性の有無

① 固定：ユーザによる媒体の交換はできないか，ほとんど行わない．通常は，可搬性 (簡単に持ち運べる) にも欠ける．(例) 半導体ディスク，普通のハードディスク．

② 可換 (リムーバブル (removable))：ユーザによる媒体の取り外しや交換が可能である．通常は，可搬性も備えている．(例) フロッピーディスク，光ディスク，光磁気ディスク，PCカード型のフラッシュメモリ (flash memory；7.1.5項 (d) 参照) や超小型ハードディスク．

(b) メモリ装置の性能指標

(a) で述べたようにメモリの機能は，① 格納；② プロセッサによるアクセス要求の実現；である．①② の性能はそれぞれ次の指標で測る．

(1) **容量**：① の格納性能の指標である．格納できる情報の最大数 (単位は"バイト"が代表的) で示す．空間的性能指標である．

(2) **メモリアクセス時間**：② のプロセッサによるアクセス要求に対する応答速度性能の指標である．プロセッサがメモリへのアクセス要求を発してから実際にメモリ内の情報へのアクセス (読み出しか書き込み) が終了するまでに要する時間 (**メモリアクセス速度**あるいは単に**アクセス時間**ともいう，単位は"秒") である．連続して可能なアクセスの最小時間間隔 (**メモリサイクル時間**という，単位は"秒") を用いることもある．メモリアクセス時間の逆数は"単位時間 (秒) あたりのメモリアクセス可能な量"すなわち"単位時間 (秒) あたりのプロセッサ-メモリ間転送量"であり，**メモリスループット** (memory throughput；単位は"バイト/秒") という．これらは時間的性能指標である．

(c) 半導体メモリ

半導体メモリは現代のノイマン型コンピュータを支える主要なメモリ装置である．

半導体メモリは，半導体チップ上にトランジスタを集積して構成する (IC)

ので，**IC メモリ**ともいう。また，半導体メモリは"どのアドレスにも同一かつ一定時間で読み出しアクセスおよび書き込みアクセスができる"ランダムアクセスメモリ (RAM) の代表であり，単に **RAM** ということもある。

MOS (Metal Oxide Semiconductor) という半導体材料は集積度が大きく，現代の半導体メモリ素子を構成するメモリ媒体の主流となっている。MOS メモリ技術は，**ムーアの法則** (Moor's Law) と呼ぶ"3 年間で集積度が 4 倍に向上する"にしたがって進展し続けている。

MOS メモリは回路構成方式の違いによって次の 2 種類に大別できる。

（1）**DRAM** (Dynamic RAM)：MOS トランジスタと対にしたコンデンサ (condenser；静電容量素子) の電荷量によってメモリ機能を実現する。したがって，コンデンサからの漏れ電流による格納内容の消失を防ぐために，**リフレッシュサイクル** (reflesh cycle) という (2) の SRAM では不要である余分な機能 (サイクル) を装備する必要がある。また，破壊読み出し (読み出し時に格納内容を壊す) を行うので，メモリ内容をバッファ (buffer；一時退避機構) に退避し回復する機能 (**プリチャージ** (pre-charge) という) が必要である。1～2 個のトランジスタで 1 メモリセル (1 ビット) を構成でき，集積度は高い (SRAM の 2～6 倍)。現代のメインメモリを構成する代表的なメモリ素子である。

（2）**SRAM** (Static RAM)：4～6 個のトランジスタを用いてフリップフロップ (双安定状態をもつ論理回路，4.2.2 項参照) を構成し，それを 1 メモリセル (1 ビット) とする。(1) の DRAM に比べると，1 セル分の構成に要するトランジスタ数が多く，集積度では劣る。しかし，メモリセルはフリップフロップであるのでリフレッシュサイクルやプリチャージは不要であり，制御は簡単で高速動作する。したがって，"メインメモリよりも高速である"ことが要件のキャッシュメモリなどに使用する。

7.1.3 メモリ階層

（a）メモリ性能指標とメモリ階層

"格納"機能の性能指標である"容量"と"プロセッサによるアクセス要求の実現"機能の性能指標である"アクセス時間"とはトレードオフとなり両立しない。すなわち，容量性能が優れたメモリはアクセス時間性能で劣り，逆に，アクセス時間が優れたメモリは容量性能で劣る。容量とアクセス時間の両性能指標ともに優れるメモリは存在しない。

7.1 メモリ装置とメモリアーキテクチャ 227

　この容量とアクセス時間とのトレードオフがメモリ機能を特徴付ける。すなわち，図7.2に示すように，"容量"という空間的性能指標と"アクセス時間"という時間的性能指標とのトレードオフによってメモリ装置の種類が決まる。また，このトレードオフによって前の7.1.1項(a)で分類したメモリ装置の機能や特性を実現できる。容量とアクセス時間とのトレードオフによって区別できるメモリ機能やそれを実現するメモリ装置種類のそれぞれを**メモリ階層**(memory hierarchy) という。

　メモリアーキテクチャの設計では，メモリ階層を"トレードオフとなる容量とアクセス時間の特性にもとづくメモリ装置の使い分け(適材適所)指標"として利用する。すなわち，短いアクセス時間を実現する場合には図7.2において上方の，大容量を実現する場合には図7.2において下方の，両性能をほどほどに備えたい場合には図7.2において中間の，それぞれのメモリ階層に属するメモリを使用する。

アクセス時間(秒)		プロセッサ		容量(バイト)
短	数百p[†1]〜数n	レジスタ	64〜1K	小
	数n〜十数n	キャッシュメモリ	64K〜1M	
	数十n〜数百n	メインメモリ　　内部装置	十数M〜十数G	
長	数m〜数十m	ファイル装置[†2]　**外部装置**	数十G〜	大

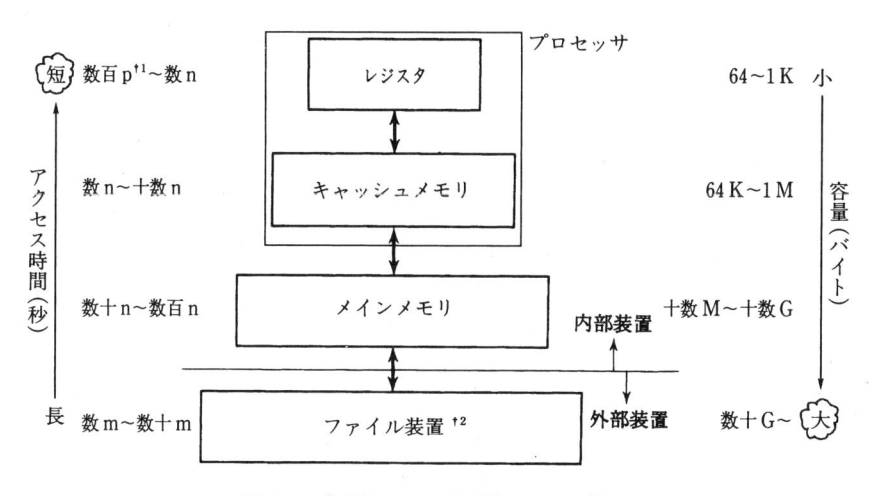

図7.2　主要なメモリ階層とその性能例

(b) 主要なメモリ階層

　現代のコンピュータに実装してある主要なメモリ階層は次の通りである(図7.2参照)。

　(1)　**メインメモリ**(main memory；主メモリ)：プロセッサと対になる主

[†1] ピコ(pico；p)：1p=10⁻¹²。
[†2] ファイル装置：性能はハードディスクの例。

要な内部装置であり，(2)のファイル装置に対比して"内部メモリ"あるいは"1次メモリ"ともいう。プロセッサが実行中の命令や使用中のデータを保持し，プロセッサが直接アクセスする。ファイル装置と比べると，格納機能よりもアクセス機能を重視しており，小容量でも高速性を必要とする。現代のコンピュータのメインメモリには，代表的な半導体メモリであるDRAM(7.1.4項(a)参照)をあてるのが一般的である。メインメモリについては，7.1.4項で詳述する。

（2）**ファイル装置**：ユーザが直接操作(生成，消去，併合，分割，編集など)する**ファイル**(file)を格納する。(1)のメインメモリに対比して**補助メモリ**，"外部メモリ"あるいは"2次メモリ"ともいう。プロセッサが使用中でないプログラムやデータも格納し，メインメモリのバックアップ(退避用)メモリとなる。内部装置(本体)のプロセッサから見ると"外部装置"あるいは"周辺装置"という位置付けになり，プロセッサからのアクセスはメインメモリをいったん経由する間接アクセスが普通である。メインメモリと比べると，アクセス機能よりも格納機能を重視しており，低速でも大容量であることが必須である。代表的なファイル装置は**ハードディスク**(7.1.5項(b)で詳述)である。ファイル装置については，7.1.5項で詳述する。

（3）**キャッシュメモリ**(cache memory)：実行中の命令や使用中のデータの一部の一時格納用であるが，(1)のメインメモリと比べると，さらに格納時間が短く，頻繁に使う命令やデータだけを一時的に置いておく。(4)のレジスタと(1)のメインメモリとの中間に位置するメモリ階層である。メインメモリと比べると，容量性能よりもアクセス時間性能を重視しており，プロセッサに近接する(たとえば現代のプロセッサでは，プロセッサと同一チップ上に搭載するのが一般的である)機構として実装する。現代のコンピュータでは，半導体メモリの中でも高速な**SRAM**(Static RAM；7.1.4項(a)参照)で構成するのが一般的である。キャッシュメモリについては7.3節で詳述する。

（4）**レジスタ**(register)：**汎用レジスタ**ともいう。処理(演算)の直前あるいは直後のデータだけを一時的に保持する。プロセッサ内部のALU(2.1.2項(b)参照)に最近接して置く最高速・小容量のメモリ階層である。メインメモリとともに，マシン命令のオペランド(レジスタオペランド)によって直接指定できる"データ専用"の一時保持装置である(2.2.2項(c)参照)。

（**c**）**参照局所性**

あるプログラム(マシン命令列)がアクセス(参照)する命令やデータのアド

レス(格納場所)は一部あるいは特定の個所に集中する。これを**参照局所性**(referential locality)あるいは"参照局所性が高い"という。

参照局所性は,局所性を示す対象によって,次の2種類に分けることができる。

（1）**空間的参照局所性**：一度アクセスしたアドレスに近接する(格納場所が近い)アドレスは近いうちにアクセスする可能性が高い。

（2）**時間的参照局所性**：一度アクセスしたアドレスそのものは近いうちに(同じプログラムの実行中に)またアクセスする可能性が高い。

ほとんどの命令やデータは空間的参照局所性と時間的参照局所性とを併せて示す。一方で,実行するプログラムや適用する問題ごとに,参照局所性の傾向や性質は異なるのが普通である。

仮想メモリ(7.2節で詳述)やキャッシュ(7.3節で詳述)といった,隣接するメモリ階層によって,あるメモリ階層の機能を改善するメモリアーキテクチャでは(たとえば,仮想メモリやキャッシュメモリはメインメモリ階層を対象とする),この参照局所性を最大限に活用している。メモリ階層と参照局所性によるメインメモリ機能の改善手法については,7.1.4項(f)で述べる。

7.1.4　メインメモリ

（a）メインメモリ素子

メインメモリ媒体とするメモリ素子は,図7.2においてメインメモリ階層よりも上(たとえばキャッシュ)の階層と下(たとえばファイル装置)の階層との関連,すなわち容量とアクセス時間のトレードオフで決める。現代のコンピュータのメインメモリ素子としては,半導体メモリのDRAM(7.1.2項(c)参照)が主流であるが,一部にはリフレッシュサイクルやプリチャージが不要であり制御が容易であるという理由でSRAMを用いるコンピュータもある。

（b）プロセッサによるメインメモリへのアクセス制御

図7.3に示すように,プロセッサとメインメモリは内部バス(バスについては2.1.2項(f)参照)で接続する。内部バスは,① **データバス**：データ(ここではマシン命令も含む広義の"データ")の同時(並列)転送用で,数〜数十バイト(たとえば,現代のパソコンでは,4か8バイトが主流)幅；② **アドレスバス**：アクセスするアドレスの指定用；③ 制御線：アクセス方向(読み出しか書き込みか),アクセスタイミングなどの制御信号用；から構成する。1種類のバスをデータ用とアドレス用とに時分割で共用する("マルチプレクサ型

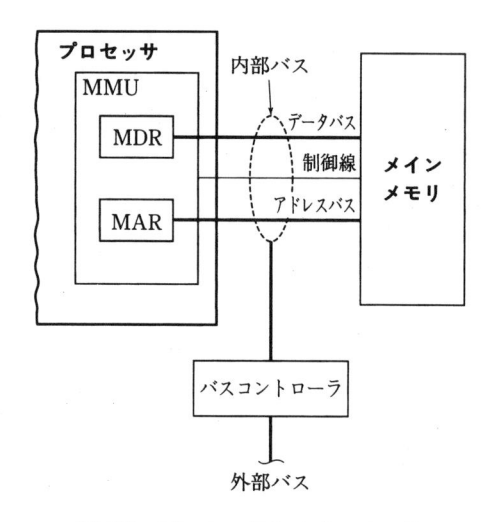

図 7.3 プロセッサとメインメモリ

バス"という）方式もある。

内部バスのプロセッサ側には，データバスに対して **MDR**（Memory Data Register；メモリデータレジスタ），アドレスバスに対して **MAR**（Memory Address Register；メモリアドレスレジスタ），というメモリアクセス制御専用のレジスタ（register；情報格納装置）を接続する。プロセッサ内の **MMU**（Memory Management Unit）と呼ぶメモリ管理機構が内部バス，MDR，MAR によるメインメモリアクセスを管理制御する。

プロセッサからみたメインメモリアクセス手順および MMU によるアクセス制御手順は次のようになる（図 7.3 参照）。

（1）**読み出し**（**リード**（read））：① プロセッサが MAR にアドレスをセットする；② プロセッサがアドレスバスを介して読み出しアドレスを，制御線を介して読み出し要求（"リクエスト（request）"という）を，それぞれメインメモリに送る；③ メインメモリが要求アドレスのデータを読み出す；④ メインメモリが，データバスを介して読み出しデータを，制御線を介して要求に対する応答（"アクノリッジ（acknowledge）"という）を，それぞれプロセッサに送る；⑤ MDR に読み出したデータをプロセッサが使用する。

（2）**書き込み**（**ライト**（write））：① プロセッサが，MAR にアドレスを，MDR に書き込みデータを，それぞれセットする；② プロセッサが，データバスを介して書き込みデータを，アドレスバスを介して書き込みアドレスを，

制御線を介して書き込み要求(リクエスト)を，それぞれメインメモリに送る；③ メインメモリがデータを要求アドレスに書き込む；④ メインメモリが制御線を介して要求に対する応答(アクノリッジ)をプロセッサに送る．

（c） メインメモリの構成とメインメモリへのアクセス

メインメモリへのアクセス要求は1～数ワード(数～数十バイト)単位であることを利用して，1回のアドレス(バイトアドレス)指定で要求する量を一括して同時アクセスできるようにメインメモリを構成する．具体的には，図7.4に示すように，メインメモリを**バンク**(bank)という部分ブロックに分割してそれぞれにアクセスポートを設け，バンクにまたがる連続アドレス(下位ビットはバンク番号，上位アドレスはバンク内アドレス)のデータに対して並列(同時)アクセスを可能にする．これを**メモリインタリーブ**(memory interleave)という．バンク数は**ウェイ**(way)ともいう．図7.4の例は4ウェイメモリインタリーブである．バンク数(ウェイ)は高速化の度合とハードウェア量とのトレードオフで決める．

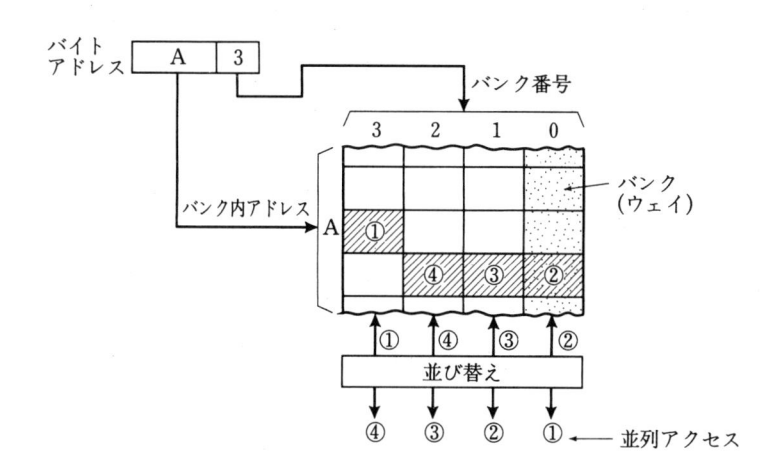

図7.4 4ウェイメモリインタリーブ

（d） メインメモリのDRAMによる構成

代表的なメインメモリ素子であるDRAMは図7.5に示すように，メモリセルを2次元格子(行と列)状に配置して(**メモリアレイ**(memory array)という)構成する．メモリアレイの物理的なアドレスは**行アドレス**と**列アドレス**によって決める．

アドレスとアクセスタイミングの指定は**アドレスストローブ**(address

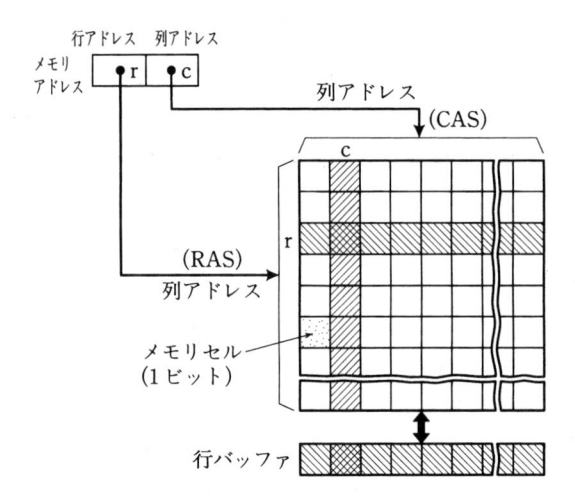

図7.5 メモリアレイによるDRAMの構成

strobe）と呼ぶ信号によって兼用する。行アドレスのストローブを **RAS**（Raw Address Strobe），列アドレスのストローブを **CAS**（Column Address Strobe）と呼ぶ。

　1個の行アドレス（RAS）でメモリアレイの1行分のデータを行バッファと授受（読み出しと書き込み）する。

　また，限られた幅のアドレスバスを有効利用するために，同一アドレスバスを行アドレスと列アドレスとで共用して，それらを一定時間ごとに（時分割で）切り替える方式を採る。これは"アドレス指定の多重化"である。

　1個のDRAMチップでは，チップに入出力する信号線本数（ピン（pin）数）の制約を考えて，データ幅を1ビットとし，信号線の残りをアドレスに割り付

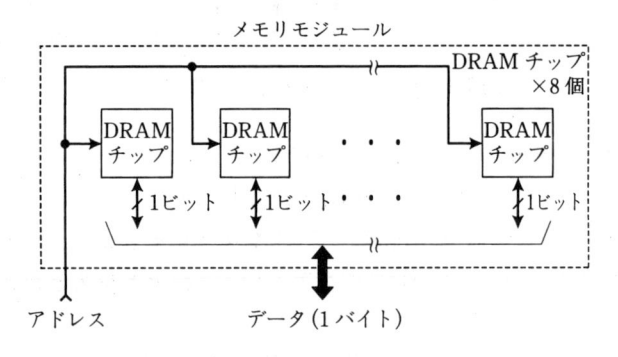

図7.6 DRAMチップによるメモリモジュールの構成

ける。このDRAMチップを1アドレス分(通常はバイトアドレスなので1バイト分の8個)だけ並べて("メモリモジュール(memory module)"という),それらに共通のアドレスを供給することで,バイト単位のアクセスを実現する(図7.6参照)。

(e) DRAMアクセスの高速化

DRAMチップの行アドレスと列アドレスとの指定にアドレスバスを共用する方式では,1回のアクセスごとに行アドレスと列アドレスを別々にかつ逐次的に与えなければならない。一方で,メインメモリには参照局所性があり,いったんアクセスしたメモリセルや連続する(連続アドレスの)メモリセルを近いうちにアクセスする可能性が高い。したがって,1次元アドレスを行優先順に割り当てる2次元配列のDRAM構成では,連続アクセスにおいて行アドレスは不変であることが多い。この性質を利用すると,すべてのアクセスごとに行アドレスと列アドレスの両方を指定する必要はない。すなわち,一度だけ行アドレスを指定しておけば,その後は列アドレスだけを指定すれば,行アドレスが同じデータに順次アクセスできる。

この方法を応用してDRAMアクセスの高速化を図る具体的な手法には,次のようなものがある(表7.1参照)。

表7.1 DRAMの性能例

メモリ種類	アクセス時間(n秒)	メモリスループット[†](バイト/秒)
DRAM	50〜70	100 M〜160 M
(1) 高速ページDRAM	35〜45	160 M〜240 M
(2) EDO DRAM	20〜30	200 M〜400 M
(3) シンクロナスDRAM	——	800 M〜1 G
(4) Rambus DRAM	——	1.2 G〜1.6 G
(5) DDR SDRAM	——	1.6 G〜2.1 G

† データバス幅が64ビット(8バイト)の場合。

(1) 高速ページDRAM(fast page DRAM):1個のRAS(行アドレス)入力後はCAS(列アドレス)入力だけで連続アクセスを行う。CASがデータアクセスのタイミング信号となり,CASオン時にデータが有効である。プリチャージのためにCASはオフする必要があり,その間はデータが不定(無効)

となる。

（2） **EDO DRAM**(Extended Data Out DRAM)：(1)の高速ページDRAMにおいて，CASオフ後もデータを有効にし続ける。実装コストは(1)と同じであるが，データを有効にし続ける電気的効果によって読み出しアクセスは(1)よりも高速になる。メモリサイクル時間は変わらないので，書き込みアクセス時間は(1)と同じである。

（3） **シンクロナスDRAM**(Synchronous DRAM；SDRAM)：アドレスストローブではなく，内部バスの同期転送用クロックによってメモリ内部の動作の同期もとる。メモリモジュールの内部と外部(内部バス)とが同一クロックに同期しているので，その分高速化できる。一方，(1)(2)のDRAMとは互換性がなくなる。また，クロック用(同期制御用)回路が必要であるのでハードウェアの実装コストは高い。

（4） **Rambus DRAM(RDRAM)**：プロセッサおよび内部バスとメモリモジュールとで情報転送のプロトコル(protocol；規約)を定めておき，データあるいはアドレスと制御情報を詰めたパケット(packet；9.2.2項(b)参照)を内部バスで転送する。内部バスは専用のコントローラ("Rambusコントローラ"という)で制御する。Rambusプロトコル専用のハードウェア機構が必要なので，ハードウェアの実装コストは(3)のSDRAMよりもさらに高くなる。

（5） **DDR SDRAM**(Double Data Rate SDRAM)：(3)のSDRAMを制御している同期クロックパルスの両エッジ(edge)(立ち上がりと立ち下がり)とも同期に使う。1個のクロックパルス(1クロックサイクル)で2回の同期が可能となるので，(3)のおよそ2倍の性能になる。また，(4)のRDRAMよりも大容量化や拡張性に優れている。

（f） **メモリ階層の利用によるメインメモリ性能の改善**

メモリ階層を利用してメインメモリ性能を改善する手法として次の2種類が代表的である(図7.7参照)。

（1） **仮想メモリ**(virtual memory)：プロセッサから見えるメインメモリのアクセス(アドレス)空間の制限を取りはずす方式である。メインメモリ性能の空間的改善を目標とする。図7.7の(1)に示すように，ファイル装置を利用して，マシン命令で指定するメインメモリのアドレス空間(メインメモリ空間)を実際の(物理的な)メインメモリ容量(サイズ)とは独立させる。これによって，プロセッサからは"広い一定の大きさのメインメモリ空間(実は，仮想メモリ空間)がある"ように見える。7.2節で詳述する。

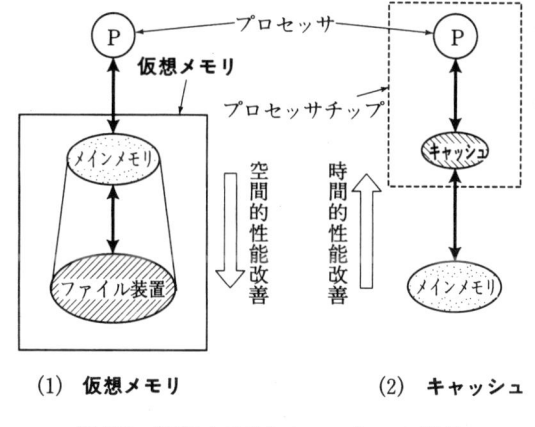

図7.7 仮想メモリとキャッシュの効果

（2）**キャッシュ** (cache)：プロセッサによるメインメモリへのアクセス時間の改善（高速化）を図る方式である．メインメモリ性能の時間的改善を目標とする．図7.7の(2)に示すように，プロセッサとメインメモリとの間に（実際にはプロセッサ側に）**キャッシュメモリ** (cache memory) と呼ぶメインメモリよりも小容量だが高速なメモリ階層を置く．そして，プロセッサが行うメインメモリへのアクセスの一部をキャッシュメモリへのアクセスで代替することによって，プロセッサからは"高速なメインメモリ（実は，キャッシュ）がある"ように見える．7.3節で詳述する．

（g）**メモリ保護**

コンピュータで扱う情報には様々なものがあり，その性質によってある限定されたユーザにしかアクセスを許さないものもある．メインメモリ内に格納してある命令やデータを次に述べるアクセス権にしたがって保護する機能を**メモリ保護** (memory protection) という．

アクセス権 (access right) には，オペランド読み出し，オペランド書き込み，命令読み出し（命令実行），などの権限がある．アクセス権に違反する不当アクセスが生じたときは割り込み（5.3.1項(b)参照）が発生し，ユーザプログラムの実行からOSに切り替わる．アクセス権は普通プログラムやプロセスごとに設定する．

メインメモリにおけるメモリ保護機構としては次のような方式がある．

（1）アクセス可能領域（上限と下限）を"保護境界レジスタ"と呼ぶ専用レジスタによって指定する．

（2）物理ページ(7.2.3項(b)参照)ごとに保護情報を備える。

（3）アクセス変換テーブル(7.2.2項(b)参照)中に保護情報を付加する。

（4）プログラムのブロック(かたまり)ごとにブロック名とアクセス権とを対にした**ケーパビリティ**(capability)を付与し，メモリアクセス時にアクセス対象のケーパビリティを調べることによってアクセス権を検査する。

(2),(3)は仮想メモリ機構(7.2.2項参照)の一部として実現できる。特に(3)では，仮想メモリ空間でメモリ保護機能が稼働する。

7.1.5 ファイル装置

コンピュータの内部装置(本体，プロセッサとメインメモリ)としてではなく，コンピュータの外部装置(周辺装置)として装備するメモリ装置を**ファイル装置**あるいは"メインメモリ"に対比して**補助メモリ**("外部メモリ"，"2次メモリ")という。

（a）ファイル装置の役割と位置付け

ファイル装置の役割と位置付けは次の通りである。

- コンピュータの利用者(ユーザ)がプログラムやデータを"ファイル"として格納しておく。ユーザがOSの管理のもとでファイル装置に格納してあるファイルを直接編集したり実行したりする。
- メインメモリと比べるとアクセス時間(データ転送時間)の高速性よりも格納機能(容量)を重視したメモリ階層である。"メインメモリのバックアップメモリ"という意味で**補助メモリ**と呼ぶ。メインメモリ機能を補完するメモリアーキテクチャの構成に利用する。

ファイル装置はデバイスドライバ(device driver；8.2.2項(f)参照)や入出力コントローラ(8.2.2項参照)によってプロセッサやメインメモリとデータ転送を行う。プロセッサ(上位)から見てメインメモリよりも下位の階層にあるファイル装置はプロセッサやメインメモリからは"入出力装置"という位置付けとなる。"入出力装置"としてみた場合のファイル装置については8.1.2項(c)で詳述する。

内部装置(プロセッサとメインメモリ)から見たファイル装置の時間的性能(アクセス時間)には，ファイル装置そのものの性能だけではなく，内部装置と外部装置(入出力装置)であるファイル装置とを接続する外部バス(転送路，メインフレームコンピュータでは"チャネル(channel)"ともいう)の性能も大きく影響する。

"内部装置から見た外部装置の時間的性能が外部バスの性能によって決まる"ことを"バスボトルネック(bus bottleneck)"あるいは"チャネルボトルネック"という。内部装置とファイル装置との関係やバスボトルネックのアーキテクチャ上の改善手法については，8.2.4項(e)で詳述する。

(b) ハードディスク

ハードディスク(hard disk)は現代のコンピュータの大半が装備している主要なファイル装置である(表7.2参照)。

ハードディスクは磁気記録方式であり，メモリ媒体とする円板(ディスク(disk))状の磁性体(ガラスやアルミニウム合金などの硬質素材を使う，このような"堅い素材"と"可換性がない"ことが"ハード(hard)"の語源である)の磁化(磁極の整列)方向にしたがって，"0"か"1"を記録(格納，記憶)する。図7.8に示すように，1枚の円板(磁性体)の同心円を**トラック**(track)といい，トラックを**セクタ**(sector；通常は512バイト)に分割する。磁性体の大きさ(直径)には，3.5インチ(デスクトップ型パソコンやワークステーション用)，2.5インチ(ノートパソコン用)，1.8インチ(PCカード型)，1インチ(小型PCカード型)などがある。また，ハードディスクとしては，通常1〜4枚の磁性体(磁極の整列)を実装している。

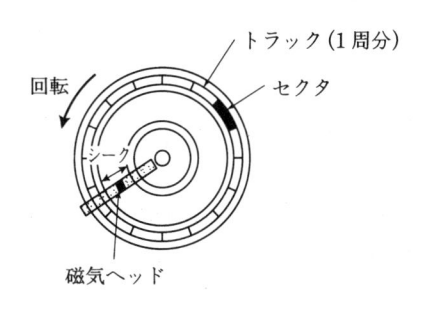

図7.8 ハードディスクの原理

書き込み(強制磁化)と読み取りは，図7.8に示すように，アーム(arm)に取り付けた極小の磁気ヘッドによって行う。アームは，高速回転(毎分あたり数千〜数万回転)する磁性体の回転方向と直交するように，駆動装置(アクチュエータ(actuator))によってほぼ直線的に移動する。アームの移動によって磁気ヘッドを目的のトラックまで動かし("シーク(seek)"という，また"アームの移動に要する時間"を"シーク時間"という，シーク時間は数〜十数

ミリ(m)秒),磁性体が回転して目的のセクタが磁気ヘッドの真下に来るまで待つ(この待ち時間を"回転待ち時間"という,平均で数ミリ秒)。磁気ヘッドが目的のセクタをとらえた後は,磁性体の回転によって連続するアドレスに連続アクセスできる。平均シーク時間と平均回転待ち時間の合計がハードディスクの"平均アクセス時間"である。記録密度が一定のハードディスクの時間的性能である最大データ転送速度(スループット)は磁性体の回転数で決まる。

(c) そのほかのファイル装置

ハードディスク(前の(b)で詳述)のほかにも,次の(1)～(9)に示すような種々のファイル装置がある。これらはそれぞれの空間的性能(容量)と時間的性能(アクセス時間)とによってメモリ階層を構成する。回転型メモリのファイル装置の性能例を表7.2に示しておく。表7.2では,時間的性能指標として,ファイル装置そのものの最大データ転送速度(転送スループット)を用いている。

表7.2 ファイル装置の性能例

装置名	容量(バイト)	データ転送速度(バイト/秒)
ハードディスク	数十G～数百G	数十M～数百M
(3) 光磁気ディスク	数百M～数G	数M～数百M
(4) 光ディスク	数百M～数G	数M～数G
(5) 磁気テープ	数十G～百G	数M～十数M

(1) 半導体ディスク:多数個の大容量DRAMによって構成するファイル装置を**半導体ディスク(ICディスク),シリコンディスク**(silicon disk)あるいは**RAMディスク**という。① メインメモリの一部を流用して,それをソフトウェアによってファイル装置に見せかける;② メインメモリとは独立した外部装置としてハードウェアで実装する;の2種類の構成方式がある。①を"RAMディスク",②を"シリコンディスク",と区別することもある。半導体ディスクはアクセスの高速化という特徴によってハードディスクの一部の代替を狙っている。すなわち,ハードディスクを代表とする回転型メモリと比べると,ⓐ アクセス時間は一定かつ高速である;ⓑ 振動に強い;という長所と,ⓒ 揮発性である;ⓓ 単位容量当たりの製造コストが高い;という短所をもっている。

（2）**ディスクキャッシュ**(disk cache)：メインメモリとファイル装置の中間に位置付けるメモリ階層である。ファイルアクセスにおける参照局所性を利用する。ファイル装置が通常装備している読み出し用あるいは書き込み用バッファ(buffer；非同期動作する装置間でのデータ転送時に利用する一時的かつ小容量格納機構，半導体メモリで構成するのが普通)にキャッシュ機構(7.3.1項(a)参照)を付加して，ファイル装置の時間的性能(アクセス時間)を(見かけ上)改善する。

（3）**光磁気ディスク**(**MOディスク**(Magneto Optical disk))：メモリ媒体へのアクセスは(4)の光ディスクと同じレーザ光であるが，メモリ媒体材料が磁性体である。書き換え(記録)可能であるが，前に書き込んで(格納して)あるデータを書き換え(記録)時にいったん消去する必要があり，書き込みは読み込みよりも2倍程度遅い。データ消去と書き換え(記録)を同時に行う"ダイレクトオーバライト(direct overwrite)"機構を備えるMOディスクでは，書き込みも読み出しとほぼ同じ速度で行える。

（4）**光ディスク**：オーディオ用CD(Compact Disk)と同じディスクをメモリ媒体として使うファイル装置である。円板(disk)上に内側から外側に向かってらせん状にデータを記録する。メモリ媒体への記録は微小なくぼみ(凹凸，"ピット(pit)"という)を利用する。メモリ媒体へのアクセスはレーザ光で行う。① 読み出し(再生)専用型(**CD-ROM**)；② 書き込み(追記)可能型(**CD-R**(CD Recordable))；③ 書き換え可能型(**CD-RW**(CD ReWritable))；などがある。CDよりもピットを小さくして記録密度を上げた**DVD**(Digital Versatile Disk；ディジタル多目的ディスク)も光ディスクである。DVDにも，CDと同じく，読み出し(再生)専用，書き込み(追記)可能，書き換え可能の各仕様がある。光ディスクは，ハードディスクと比べると，ⓐ 耐環境性は良好；ⓑ メモリ媒体が可換；ⓒ アクセス時間は長い；という特徴がある。

（5）**磁気テープ**(**MT**(Magnetic Tape)，ストリーマ(streamer))：オーディオやビデオ用磁気テープと同じように，表面を磁化してあるフィルム状の1次元テープに連続して情報を記録(格納)しておく。そのテープを駆動装置で巻き取り，固定した磁気ヘッド上を1次元移動させて連続アクセスする。磁気テープの特徴は，① 逐次アクセスである；② アクセス時間が長くて一定でない；③ メモリ媒体の保存性が良好である；④ メモリ媒体が可換である；⑤ 記録密度が可変である；⑥ データ圧縮機能が必須となる；などである。ワークステーションやパソコン用に磁気テープ装置およびメモリ媒体の小型化

や交換性の向上を図った**1/4インチカートリッジ**(**QIC** (Quarter-Inch Cartridge), **DAT** (Digital Audio Tape), **8mmテープ**などの種々の規格がある。

（6）**ディスクアレイ** (disk array)：単体としては信頼性や速度性能が比較的低い安価なハードディスクを複数台組み合わせて，ファイル装置全体としての信頼性や速度性能を高めた複合ハードディスクである。**RAID** (Redundant Arrays of Inexpensive Disks) と呼ぶ信頼性レベルに関する規格にしたがう。ハードウェア装置を冗長に実装することで，速度性能を低下させずに，特にファイル装置全体の高信頼性を実現する。

（7）**フロッピーディスク** (floppy disk)：小容量(通常は 1.4 M バイト) ではあるが"メモリ媒体が安価で可換かつ可搬である"ことが特徴である。

（8）**フラッシュメモリ** (flash memory)：PROM (Programmable ROM；プログラム可能 ROM，書き換え可能 ROM) の一種である **EEPROM** (Electrically Erasable PROM；電気的消去可能な PROM) をメモリ媒体とする可換かつ可搬な超小型ファイル装置である。メモリ媒体である EEPROM がデータブロックを一括消去する("フラッシュ(flash)"という) タイプなので，こう呼ぶ。外形や入出力装置としてのインタフェースは **PC カード** (PC card；"PC カードスタンダード"という入出力インタフェース規格にしたがうクレジットカードサイズのメモリ装置や入出力制御装置，8.2.4 項(c) 参照)や**小型 PC カード** (PC カードの約 3 分の 1 のサイズ) などの規格にしたがう。EEPROM の特徴である"消去後に書き換え"の手間をソフトウェアで吸収し，入出力インタフェースをハードディスクの入出力インタフェース規格(ATA など，8.2.4 項(c) 参照) と同じにしたものもある。不揮発性の半導体ディスクであるので，小型でアクセス時間は短いが，単位容量当たりの製造コストは高い。(7)のフロッピーディスクと比べると小型で大容量(数～数百 M バイト)であり，ノートパソコンやデジカメ (ディジタルカメラ (digital camera)) 用の携帯型ファイル装置としてフロッピーディスクを代替しつつある。

（9）**ネットワークファイル装置**：インターネット上の各所に遍在するファイル装置には，それを制御するリモート(remote；接続先) コンピュータ(**サーバ**(server) という) の OS の管理下で，アクセスできる。アクセス可能なリモートコンピュータのファイル装置を**ネットワークファイル装置**という。ローカル(local；接続元) コンピュータ(**クライアント**(client) という) からネットワークを介してアクセス可能なネットワークファイル装置上のファイルを**ネットワークファイル**あるいは**オンラインファイル** (online file) ともいう。

（d） ファイル保護

権限をもたないユーザによるファイルの読み出しや書き込み（破壊）およびハードウェア故障によるファイル破壊などを保護する機能を**ファイル保護**(file protection) 機能という。ファイル保護機能の実現方法には次のようなものがある。

（1） ハードウェアによるファイル保護機構：個々のメモリ媒体ごとの保護機構（スイッチや媒体ケース上の切れ込みなどのハードウェアによるしるし）による全面的書き込み禁止，データ転送路（外部バス）やメモリ装置そのものの多重化などである。

（2） ソフトウェア機能（特にOS）によるファイルアクセス制御：たとえば，共用ファイルについては，OSによる書き込みを許すがユーザには読み出しだけを許し，非共用ファイルについては，その所有者（ユーザ）自身のアクセスは自由とし他ユーザはアクセス不可とするなどの制御を行う。

また，(2)の一部機能のハードウェア化によって，(1)と(2)の融合を図る方法もある。たとえば，アクセス権を連想メモリ（次の7.1.6項(b)参照）やタグメモリ（次の7.1.6項(e)参照）によって操作する方法である。

7.1.6 そのほかのメモリ機構

コンピュータには，メインメモリやファイル装置といった汎用（一般のマシン命令やデータ格納用）メモリ装置のほかにもいろいろなメモリ機構がある。これらのメモリ機構の大半は特定用途に向いた特定機能を装備しているので，7.1.1～7.1.5項で述べた汎用メモリ装置のようなメモリ階層を構成しない。本項では，汎用メモリ装置以外のメモリ機構について述べる。

（a） スタックとキュー

アドレス指定ではなく，あらかじめ決めてある順序でアクセスする方式のメモリとして次のようなものがある。

（1） **スタック**(stack)：図7.9の(1)に示すように，唯一備えるアクセスポートを書き込みと読み出しで共用する線形（1次元）メモリであり，"一番最後に格納したものを一番最初に読み出す"という **LIFO** (Last In First Out) 順でアクセスする。スタックへの書き込みを"プッシュダウン (push-down)"ということからスタックを"プッシュダウンメモリ"ともいう。スタックは"書き込み順序を保持して，その書き込み順とは逆順で読み出す（"ポップアップ (pop-up)"という）"機能を自然に備えている。① サブルーチン分岐（2.2.6項

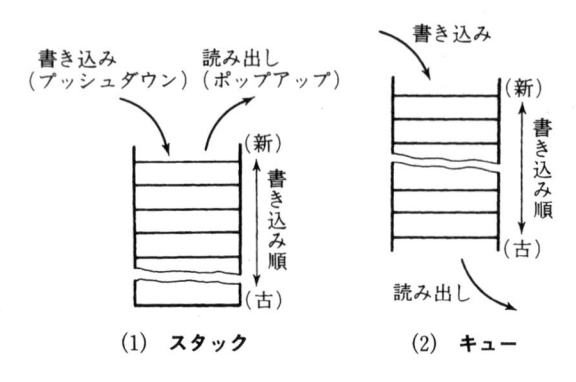

図7.9 スタックとキュー

(e)参照)におけるリターンアドレスの退避(5.2.1項(c)参照);② 割り込み処理(5.3.1項(c)参照)におけるPSWの退避;③ 0アドレス形式のスタックマシン(2.2.2項(d)参照)におけるOPコードやオペランドの格納;などで使用する。

（2） **キュー**(queue)：図7.9の(2)に示すように，書き込みと読み出しの独立したアクセスポートを両端に備える線形(1次元)メモリである。スタックとは逆に，"一番最初に格納したものを一番最初に読み出す"という**FIFO**(First In First Out)順でアクセスする。キューは"書き込み順序を保持して，その書き込み順(正順)で読み出す"機能を自然に備えている。① FCFSのスケジューリングアルゴリズム(5.2.3項(g)参照)でのプロセス実行順序の保持;② 仮想メモリでのページ置換アルゴリズム(7.2.4項(b)参照)やキャッシュメモリのライン置換アルゴリズム(7.3.3項(f)参照)におけるFIFO機構;③ 命令レベル並列処理(5.2.2項(e)参照)におけるマシン命令実行順序の保持;④ 機構間データ転送におけるバッファ(たとえば，7.3.3項(i)で述べるライトバッファやリードバッファなど);などで使用する。

スタックやキューの構成方式には，ⓐ すべての機能を専用ハードウェア機構とする;ⓑ アドレスレジスタ(ポインタ)とメモリだけ専用ハードウェア機構とし，アクセス操作はソフトウェア機能とする;ⓒ メインメモリを流用して，すべてをソフトウェア機能とする;などがあり，これらは高速性と適応性とのトレードオフで決める。(1)のスタックの①～③および(2)のキューの①～④は，"高速性の保持"という要件を満たすために，ⓐの構成方式で実現するのが普通である。

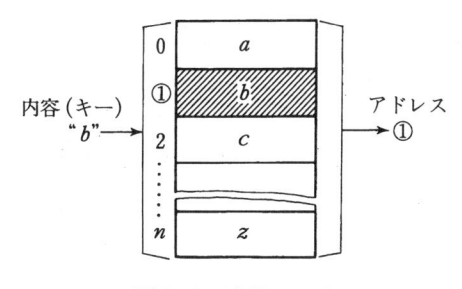

図 7.10 連想メモリ

(b) 連想メモリ

一般の汎用メモリでは，アドレスを与えて，そのアドレスに格納してある内容にアクセスする．これとは逆に，図 7.10 に示すように，格納内容("キー(key)"という）を与えて，キーが格納してあるアドレスを求めるメモリを**連想メモリ** (associative memory) あるいは **CAM** (Content Addressable Memory) という．

連想メモリでは，ランダムにあるいは特定の規則にしたがって書き込んである（記録してある）内容を同時（並列）検索し，そのアドレスを読み出す．連想メモリの機能は"テーブル（表）の逆引き"あるいは"内容検索"である．

連想メモリは，メモリそのものに同時（並列）検索機構を装備する必要があり，メモリセルを規則的に並べるだけの一般の汎用メモリに比べると，ハードウェアで実装するコストはかなり高い．

連想メモリは，① 仮想メモリのアドレス変換バッファ（TLB；7.2.2 項 (b) 参照）；② キャッシュメモリのタグテーブル（7.3.3 項 (a) 参照）；③ ネットワーク間接続装置のハブ（9.3.3 項 (c) 参照）やルータ（9.3.3 項 (d) 参照）でのアドレス検索；などのハードウェア機構として，実装する．

(c) ハッシュメモリ

連想メモリの一種である**ハッシュメモリ** (hash memory) も格納内容による検索機能を装備している．ハッシュメモリは，連想メモリと比べると，"データの格納（書き込み，記録）時も検索（読み出し）と同じデータそのものによってアクセスできる"のが特徴である．

ハッシュメモリはメモリとアクセス制御機構（"ハッシュ機構"という）によって構成する．図 7.11 に示すように，① データ格納（書き込み）：データのすべてあるいは一部を検索キーとして，それを"ハッシュ関数"というあらかじめ決めておいた関数式にしたがってメモリアドレスに変換し，格納アドレ

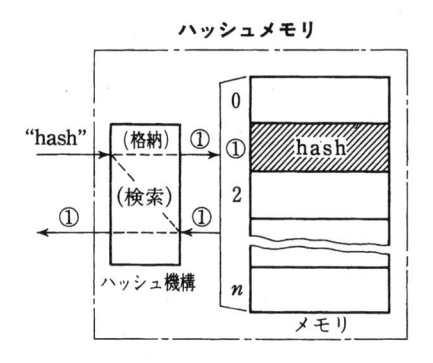

スを求める("ハッシュする(ばらまく)"という);② データ検索:① と同じ手順で検索対象のアドレスを求める;という各機能を実現する。

ハッシュメモリには, ⓐ ハッシュ機構だけをハードウェアあるいはソフトウェアで実装すればよいので, 高集積度の汎用メモリをそのままメモリ機構として流用できる;という長所と, 一方で, ⓑ メモリ機構を有効に使う(まんべんなくばらまく)ハッシュ関数の設定が難しい;ⓒ 複数の検索キーが同一アドレスを生成する場合への対処が必要;などの短所がある。

適用する問題によって格納内容やその形式が限定できる場合には, ⓑ の短所がなくせる。したがって, ハッシュメモリは"有効で簡単なハッシュ関数が存在するが必要メモリ容量が大きい"ことが要件となる連想メモリの代わりに用いる。

(d) 構造化メモリ

格納機能のほかに種々の特定機能を特にハードウェア機構として装備するメモリを**構造化メモリ**(structured memory)という。付加する機能としては, ① アドレス変換;② メモリ保護(たとえば, アクセス権検査など);③ データ検査(たとえば, エラービットの検出や訂正など);④ メモリ領域割り付けと解放;⑤ ゴミ集め(ガーベジコレクション(garbage collection, GC)):"不使用のメモリアドレスを集めてそのリストを作る"こと;⑥ アクセス操作(たとえば, 配列インデックスの計算, ビット列の抽出, スタック操作など);⑦ データ圧縮や並び替え;などがある。

構造化メモリはプログラミング言語処理を指向するハードウェア機構の装備であり, ハードウェアの分担機能を重視するトレードオフを採るCISC(2.2.7項(h)参照)や各種の専用コンピュータのメモリアーキテクチャを実現するた

めに利用する。

（e）タグメモリ

図 7.12 に示すように，メモリのワードごとにそのワードデータの性質（属性）を表す付せん（**タグ**（tag）という）を付加できるメモリを**タグメモリ**という。

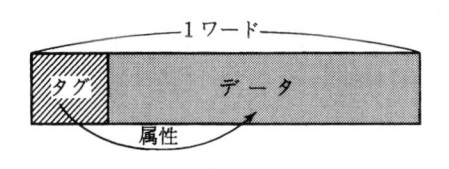

図 7.12 タグメモリのワード

タグによって識別する属性としては，① データ型；② メモリ保護属性；③ メモリの構造化方式；④ エラーの検知や訂正用ビット；⑤ ゴミ集め（前の (d) 参照）用フラグ（しるし）；などがある。

仮想メモリにおけるページやセグメント，あるいは，プロセスやプログラム単位で設定するアクセス権などのように，ワード単位ではなくブロック単位にタグを付ける場合もある。

タグメモリの実現方式としては，ⓐ メモリのワードごとにそれに連結してタグビットを付け，メモリへのアクセス機構にタグの処理機能を備える；ⓑ タグ格納用メモリを別に構成する；の 2 方式がある。

タグメモリは"タグによって構造化方法を変更あるいは選択できる構造化メモリ（前の (d) で詳述）"といえる。

（f）専用メモリ

特定のハードウェア機構が特定用途にだけ使用するメモリを**専用メモリ**という。

たとえば，パソコンやワークステーションが装備している代表的な専用メモリとして**ビデオメモリ**（video memory）がある。ビデオメモリは"ビデオ RAM（VRAM）"，"グラフィックメモリ"，"ビットマップメモリ"などともいう。ビデオメモリはディスプレイ画面（画素）の情報を保持しており，複数の画素を"フレーム（frame）"として格納する"フレームメモリ（フレームバッファ）"となっている。ビデオメモリは，① ディスプレイ画面をリフレッシュ（描画）するための読み出し（連続アドレスへの直列・逐次）アクセス；② グラ

フィックス用並列ランダムアクセス；の2種類のポートを備えている。

ビデオメモリのように，アクセス方式が相異なる2種類のアクセスポートを備えるメモリを"**デュアルポートメモリ**(dual-port memory)"という。

7.2 仮想メモリ

本節では，メインメモリの空間的性能の改善を図るメモリアーキテクチャである**仮想メモリ**(virtual memory)について述べる。

7.2.1 仮想メモリとは

(a) 仮想メモリの原理と目的

メインメモリにあるマシン命令やデータのアドレス(**メモリアドレス**)はマシン命令のオペランド(**メモリオペランド**)で指定する。たとえば，プログラム制御命令(2.2.6項(e)参照)のオペランドでは命令アドレスを，データ操作命令(2.2.6項(a)参照)のオペランドではデータアドレスを，それぞれ指定する。ところが，2.2.3項(a)で述べたように，メモリアドレスの"長くて可変である"という要件と，メモリオペランドの"短くて固定である"という要件は相反する。そこで，メモリアドレスで指定するアドレス空間(実際のメインメモリ空間)とメモリオペランドで指定するアドレス空間(論理的なメモリ空間)とを独立して構成する。そして，図7.13に示すように，① **実アドレス**：実装しているメインメモリの物理的アドレス；② **仮想アドレス**：マシン命令

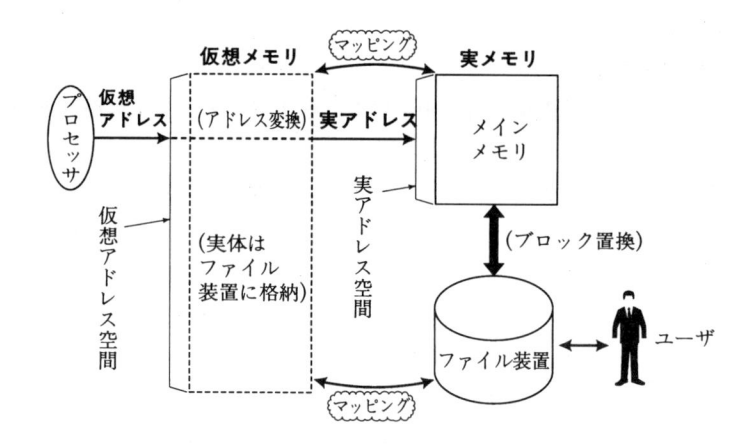

図7.13 仮想メモリの原理

のオペランドをもとにする論理的アドレス；の両者を対応付ける(**マッピング**(mapping)という)。

このように，マシン命令のオペランドは"実際のメインメモリアドレス(実アドレス)ではなく，仮想的なアドレス(仮想アドレス)を生成するための情報"とすることによって，マシン命令のオペランドで指定できるメインメモリ空間(**実アドレス空間**という)の仮想的な拡大すなわち空間的性能改善を図る。このメモリアーキテクチャを**仮想メモリ**(virtual memory)という。

プロセッサは，実メモリとは独立した"仮想メモリ"という一定かつ巨大サイズの**仮想アドレス空間**を見ることができ，そのアドレス(仮想アドレス)をオペランドとアドレス指定モード(2.2.3項参照)によって生成する。仮想アドレス空間と実アドレス空間とはマッピングしてあるので，ある1個の仮想アドレスから対応する実アドレスを得ることができる。この実アドレスによって，プロセッサは実際のメインメモリ(実メモリ空間)にアクセスする(図7.13参照)。

メモリアクセスには参照局所性(7.1.3項(c)参照)があるので，これを活用するために，仮想メモリと実メモリ(メインメモリ)とのマッピングもある一定の大きさ(ブロック)で行う。そして，このマッピングを仮想メモリ機構が管理する。仮想メモリ空間は実メモリ空間よりも大きいのが普通であり，ある時間に実メモリにマッピングしてある仮想メモリ空間はそのごく一部である。

仮想メモリ(仮想アドレス空間)にあるアクセス対象(命令やデータ)の実体はファイル装置に格納しておく。したがって，ファイル装置はメインメモリのバックアップ装置として機能する。仮想メモリ(仮想アドレス空間)とその実体があるファイル装置ともマッピング(対応付け)しておく。

仮想メモリ機構はオペランドで指定する仮想アドレスを含むブロックが実メモリに存在するかどうかを判定し，次のいずれかを行う。

(1) 実メモリにあれば，仮想アドレスをその実アドレスに変換(**アドレス変換**という)する。

(2) 実メモリになければ，① 仮想メモリ上のアクセス対象を含むブロック(実体はファイル装置にある)と実メモリ上のブロックを入れ替える(**ブロック置換**という)ことによって，アクセス対象の命令やデータを含むブロックを実メモリ上に置く；② 仮想アドレスをその実アドレスに変換(アドレス変換)する；を行う。

メインメモリ(実アドレス空間)にアクセス対象を含むブロックが存在しな

い(2)の場合には，メインメモリから不要なブロックを追い出して，代わりにファイル装置からアクセス対象を含むブロックを取ってくる必要がある。したがって，仮想メモリとその実体を格納しておくファイル装置とのブロックごとのマッピングは仮想アドレスによって行い，このマッピング情報も仮想メモリ機構が管理する。

仮想メモリ機構はハードウェアとソフトウェア(特に，OS)とが機能分担して構成する(7.2.2項で詳述)。仮想メモリは，メインメモリ性能の空間的改善を図るメモリアーキテクチャであり，OSによってその主要な機能を実現するハードウェア/ソフトウェア・トレードオフを採るのが一般的である。現代のノイマン型コンピュータシステムのOSには仮想メモリ機能は必須である。

(b) 仮想メモリの効果

仮想メモリでは，メインメモリ内の対象データ(広義で，マシン命令も含む)の格納場所(アドレス)に関して，オペランドによって指定する論理アドレスと実際のメインメモリに付けてある物理アドレスを各々独立させている。したがって，マシン命令の使用者(プロセッサやOS)や生成者(ほとんどの場合はコンパイラ)からは一定サイズで巨大な仮想メモリ空間が見える。

仮想メモリの効果は，① メインメモリ(実アドレス空間)の利用効率が良くなる；② メインメモリ(実アドレス空間)サイズによる制約を事実上撤廃できる；の2点である。具体的には，ハードウェア/ソフトウェア・トレードオフに関して，次の諸点を実現できる。

(1) コンパイラは，メインメモリの実装容量(実アドレス空間サイズ)を意識することなく，一定サイズで広い仮想アドレス空間を使うマシン命令を生成できる。

(2) OSは一定サイズで広い仮想アドレス空間上で連続する領域をプロセスに割り付けることができるので，実アドレス空間の**フラグメンテーション**(fragmentation；**外部フラグメンテーション**，"割り付け可能なメモリ領域が小片化また断片化して，不連続で効率の悪い割り付けしかできなくなる"こと)を防止できるし，また，気にしなくてもよい。

(3) OSはプログラム(マシン命令)やデータのサイズだけではなく論理的な意味にも配慮したプロセス割り付けやプロセス管理(5.2.3項(c)参照)およびファイル管理を行える。

(4) OSはプログラムを動的にメインメモリ(実メモリ)上で**リロケーション**(relocation；**再配置**，"場所を変えて格納し直す"こと)できる。

（5）メインメモリ（実メモリ）の実装容量の変更が命令セットアーキテクチャに影響しないので，プログラム（マシン命令）の良好な移植性や流通性を確保でき，一方で，いつでもメインメモリの実装容量を変更できる．

（c） **多重仮想アドレス空間**

"OSで管理する仮想アドレス空間を単一にするか複数にするか"によって仮想メモリ方式を分類できる．

（1） 単一仮想アドレス空間：単一の仮想アドレス空間を複数プロセスによって共有利用する．機能の実現は簡単であるが，仮想アドレス空間でのプロセス間保護や動的リロケーション（再配置）機能が必要となる．

（2） **多重仮想アドレス空間**：プロセスやタスクなどの論理的なプログラムブロックごとに仮想アドレス空間を割り付ける．プロセスやタスクごとに論理アドレス空間をもつことができる．"仮想アドレス空間を実アドレス空間から独立させる"という仮想メモリの効果をマルチタスキング（5.2.3項(b)参照）で活用できる．

多重仮想アドレス空間を適用することによって，① コンパイラ（マシン命令の生成者）はプログラムごとに論理アドレス空間を割り当ててコンパイルすればよい；② OSはプロセスやタスクごとに論理アドレス空間を割り付けて管理すればよい；③ ユーザ（プログラマ）はプログラムやデータをファイル装置上のファイルとして扱えばよい；が実現できる．

現代のコンピュータシステムのOSのほとんどは多重仮想アドレス空間方式を採っている．

7.2.2 仮想メモリ機構

仮想メモリの機能はプロセッサ内に設けた**MMU**（Memory Management Unit）と呼ぶメモリ管理機構（ハードウェア）とOS（ソフトウェア）によって実現する．仮想メモリに関するMMUの主な仕事はアドレス変換とブロック置換の管理である．

（a） **仮想メモリ機構の動作**

プロセッサが仮想メモリ空間にあるマシン命令やデータにアクセスする手順に沿って，仮想メモリ機構の動作を説明しよう（図7.14参照）．

（1） プロセッサはフェッチするマシン命令そのものやオペランドのアドレスを仮想（論理）アドレスによって指定する．

（2） マシン命令のオペランドは，アドレス指定モード（アドレッシング

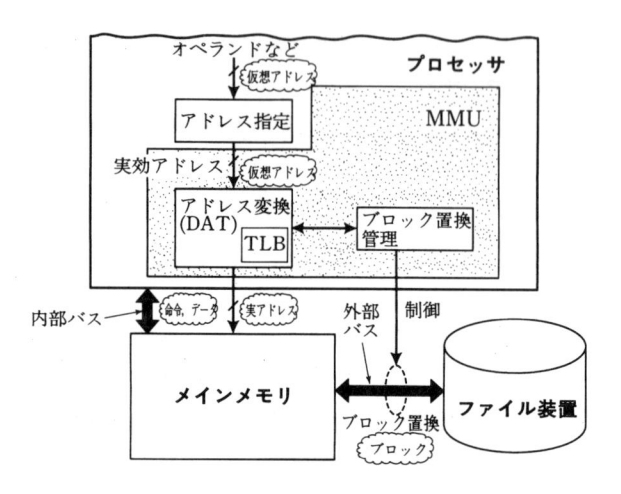

図7.14 仮想メモリ機構

モード,2.2.3項参照)にしたがい,MMUの前段に置いたアドレス指定機構によって実効アドレスとなる.実効アドレスも仮想アドレスである.

(3) MMUは"実効アドレス(仮想アドレス)を含むブロックが実メモリ(実アドレス空間,メインメモリ)上にマッピングしてある(存在する)かどうか"について,アドレス変換テーブルを引くことによって調べる.

① あれば,MMU内の**アドレス変換機構**((b)参照)がアドレス変換テーブルによって仮想アドレスを実(物理)アドレスに変換する.

② なければ,ⓐ MMUが"メモリアクセス例外"あるいは"ページ(セグメント)フォールト"という要因による割り込み(5.3節で詳述)によって,"アクセスしようとしたアドレスがメインメモリ(実メモリ)にない(**フォールト**(fault)という,7.2.4項(a)参照)"ことをOSに知らせる;ⓑ OSは,MMUの**ブロック置換管理機構**((c)参照)と協調して,メインメモリ内の不要なブロックを決定する;ⓒ メインメモリ上の不要なブロックとバックアップメモリ(ファイル装置)にある必要な仮想アドレスを含むブロックとを置換する(入れ替える);ⓓ ①を実行する;を行う.

(b) **アドレス変換機構**

アドレス変換機構は,① 実メモリにアクセス対象を含むブロックが存在するかしないかを検査する機構;② 仮想(論理)アドレス → 実(物理)アドレス変換を実現する機構;によって構成する.

仮想アドレスを実アドレスに変換する**アドレス変換**(address translation)

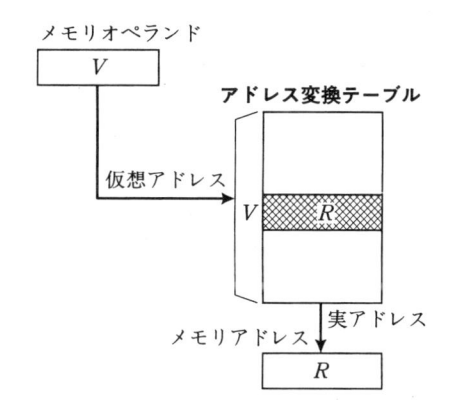

図 7.15 アドレス変換テーブル

はメインメモリへのアクセス時すなわち実行時に行うので，このアドレス変換機構を**動的アドレス変換機構**(Dynamic Address Translator；**DAT**)という。プロセッサは仮想アドレスを DAT によって実アドレスに変換し，メインメモリにある実際の命令やデータにアクセスする。仮想アドレスと実アドレスのマッピングは**アドレス変換テーブル**("マッピングテーブル"ともいう)に記述しておく。そして，図 7.15 に示すように，アドレス変換テーブルを引き，仮想アドレス V によって実アドレス R を求める。アドレス変換テーブルは，ⓐマッピングが変わるたびに動的に書き換える必要がある；ⓑ サイズが大きい；という理由で，通常はメインメモリ内に置く((c)参照)。

(c) ブロック置換管理機構

アクセス対象が実メモリ(メインメモリ)にない場合には，バックアップメモリであるファイル装置からそれをとってくる必要がある。その際，実アドレス空間に空きがない場合には，メインメモリ内のデータとの**置換**(replace；リプレース，入れ換え，**スワップ**(swap))が必要となる。"メインメモリ内の不要なブロックをファイル装置に追い出す(書き込む)"ことを**スワップアウト**(swap-out)，逆に，"必要なブロックをファイル装置からメインメモリ内に取ってくる(読み出す)"ことを**スワップイン**(swap-in)と，それぞれいう。また，メインメモリ内の命令やデータとファイル装置内のそれらとの置換は，命令やデータの参照局所性を利用して，マッピングのブロック単位で行う(**ブロック置換**という)。

ブロック置換を管理する機能には，① メインメモリ-ファイル装置間のデータ転送管理機能；② メインメモリのどのブロックをスワップアウトする(追

い出す)のかを決定する機能；③ 仮想アドレス空間と実アドレス空間のマッピングを示すアドレス変換テーブルの管理；④ 仮想アドレス空間とその実体を展開・格納してあるファイル装置とのマッピングの管理；などがある。これらの機能を OS とハードウェア機構とで分担する。たとえば，ハードウェア機構である MMU が①や③の一部を，OS が②や④のほとんどを，それぞれ分担する。

7.2.3 アドレス変換
(a) 仮想メモリとメインメモリとのマッピング

マッピングは"実メモリと仮想メモリ間のマッピング単位をどのように決めるのか"によって次の2種類に大別できる。また，マッピング単位は実メモリであるメインメモリとそのバックアップメモリであるファイル装置間のデータ転送単位ともなる。

(1) **ページング**(paging)：**ページ**(page)という固定長単位(ブロック)でマッピングする。プログラムの論理的な意味は考慮しない ((b) で詳述)。

(2) **セグメンテーション**(segmentation)：**セグメント**(segment)という論理的に意味のあるプログラム単位(ブロック)でマッピングする。実際には，セグメントとは，1個のプログラムとか1個のデータブロックあるいは1個のタスクやプロセスのように，プログラムの論理的な意味を考慮して設定する。したがって，セグメントサイズは可変長である ((d) で詳述)。

(3) **ページセグメンテーション**(paged segmentation)：(1) と (2) を融合したマッピングである ((e) で詳述)。

(b) ページング

図 7.16 に示すように，仮想アドレス空間も実アドレス空間も一定長のページサイズで区切り，ページ単位で仮想アドレス空間(このアドレス空間にあるページを"仮想ページ"または"論理ページ"という)と実アドレス空間(このアドレス空間にあるページを"実ページ"または"物理ページ"という)とをマッピングする。

仮想アドレス空間には仮想ページごとに仮想ページ番号を，実アドレス空間には実ページごとに実ページ番号を，それぞれ付ける。ページングでは，仮想ページ番号と実ページ番号のマッピングを示すアドレス変換テーブルを**ページテーブル**(page table)という。図 7.16 に示すように，ページテーブルは，仮想ページ番号をアドレス，実ページ番号をそのアドレスで指すエントリ

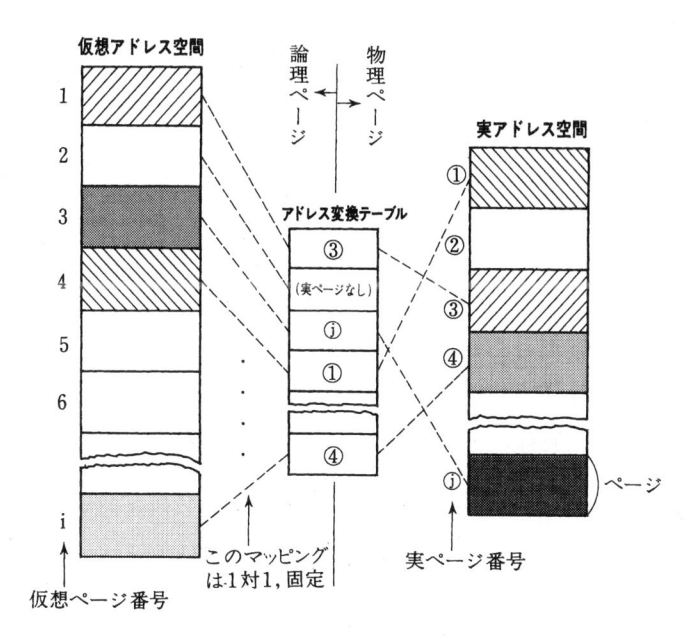

図7.16 ページング

(entry；テーブルの項目)の内容，とする線形(1次元)メモリで構成する。

仮想ページ番号でページテーブルを引くと直接に実ページ番号を得ることができるので，このようなページテーブルを使うページングによるアドレス変換を**直接変換テーブル**方式と呼んでいる。直接変換テーブル方式のページテーブルのサイズ(エントリ数)は仮想ページ数(仮想アドレス空間サイズ)に比例し，固定長となる。

図7.17に示すように，仮想アドレス V は仮想ページ番号 v とページ内(相対)アドレス(オフセット(offset)) o，実アドレス R は実ページ番号 r とページ内アドレス o，でそれぞれ構成する。したがって，仮想アドレス V →実アドレス R 変換は仮想ページ番号 v →実ページ番号 r 変換である。

ページングによるアドレス変換手順は次のようになる。

（1） 仮想ページ番号 v でページテーブルを引く。

（2） ページテーブルによって実ページ番号 r を得る。

ページングの長所は次の通りである。

① マッピングの単位が固定長なので，メインメモリ(実メモリ)やファイル装置(仮想メモリのバックアップメモリ)の管理が簡単になり，また，メイン

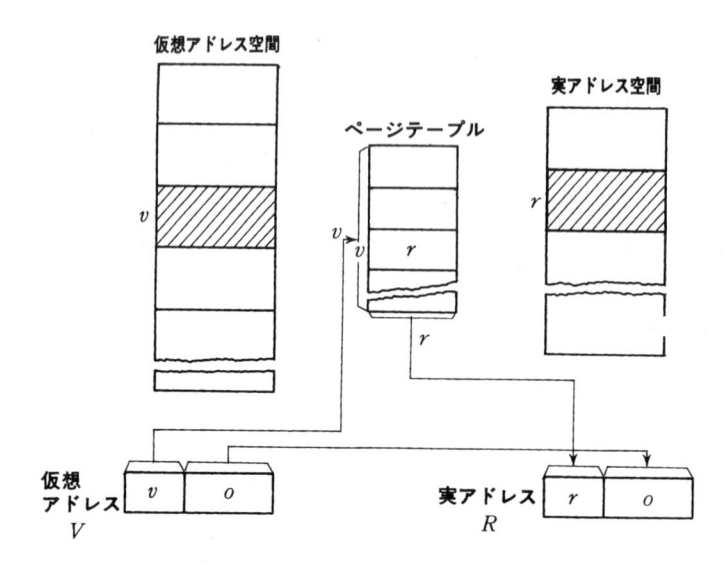

図 7.17 ページングにおけるアドレス変換

メモリでのフラグメンテーション(割り付け可能メモリ領域の小片化や断片化, 外部フラグメンテーション)が発生しにくく, メインメモリの使用効率は良好である。

② メインメモリ(実メモリ)サイズより大きなプログラム(プロセス, タスク)やデータも, 複数ページに分割して, 必要ページだけを実メモリ上に割り付けることが可能となる。

一方, 短所は次の通りである。

③ プログラムやデータの論理的な意味を無視してページに分割し, ばらばらにマッピングするので, 実アドレス空間上でのプログラムやデータの属性管理やリンク(link；関係付け, 連係)などへの参照局所性の適用や利用方法が複雑になる。

④ ページサイズが固定なので, ページサイズよりも格段に小さいプログラムやデータに割り当てたページ内に大きな未使用領域("内部フラグメンテーション"という)の無駄が生じる。

(c) ページングの改良

直接変換テーブル方式のページテーブルのサイズは仮想アドレス空間に比例して大きいので, 通常はメインメモリの一部を使用してページテーブルとする。一方で, ページテーブルをメインメモリに置けば, アドレス変換のたびに

メインメモリへのアクセスが必要となる。

ページテーブルの構成を改良することによって，ページングによるアドレス変換の性能を改良できる。改良ページングとして次の2方式が代表的である。

（1） 2段ページング

図7.18に示すように，仮想アドレス V の仮想ページ番号を2分割し（図7.18では，t と v），"t で指定するページテーブル（テーブルをブロック単位で用意すると t はブロック番号）を v で引く"という2段階のアドレス変換を行う。"ブロックはOSが管理するプロセスやタスクとする"のが一般的である。

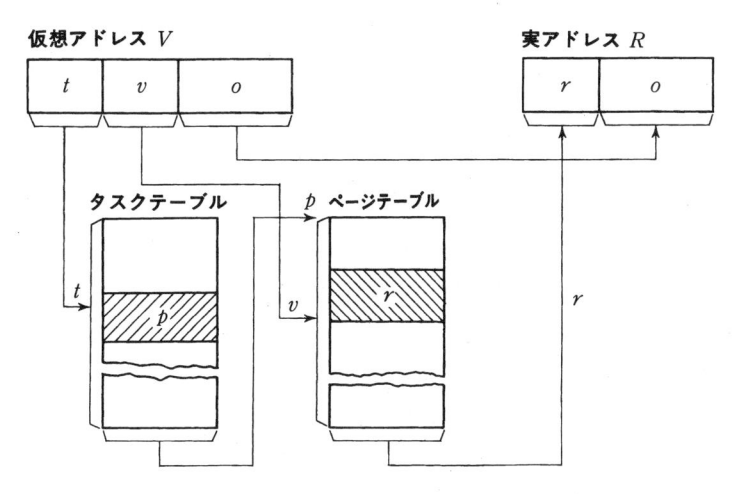

図7.18 2段ページング

2段ページングでは，① ブロック番号 t でブロックテーブル（ブロックがタスクの場合は**タスクテーブル**という）を引き，対応ブロック（タスク）のページテーブル番号 p を得る；② 仮想ページ番号 v によってページテーブル p を引き，実ページ番号 r を得る；の2段階で実アドレス R（実ページ番号 r とページ内アドレス o）を求める。

使用する（実メモリに置いてある）ブロック（タスク）のページテーブルだけをメインメモリ内に用意すればよいので，メインメモリに割り付けなければならないページテーブル用領域サイズは通常のページングよりも小さくなる。

（2） 連想メモリ方式

図7.19に示すように，アドレスを実ページ番号，仮想ページ番号を格納内

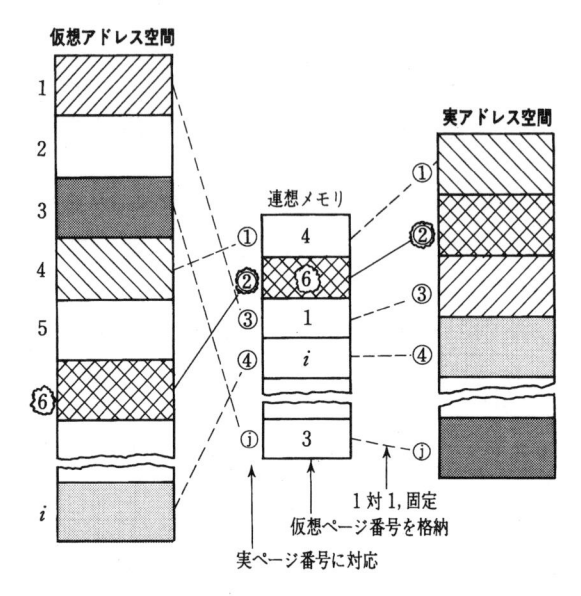

図 7.19 連想メモリ方式によるページング

容(キー)とする連想メモリ(7.1.6項(b)参照)によって実ページ番号と仮想ページ番号とをマッピングし，それを並列検索(連想)することによって実ページ番号を求める。

この方式では，ページテーブルは連想メモリであるので，ページテーブルにメインメモリを流用できない。一方，ページテーブル(連想メモリ)のサイズは仮想アドレス空間サイズではなく実アドレス空間サイズに比例するので，実メモリ(メインメモリ)容量が変わればページテーブルサイズも変えなければならない。そこで，ページテーブルの一部だけをハードウェアで構成する連想メモリとして実装する。

実際には，使用する確率が高い仮想ページ番号と実ページ番号とのマッピングだけ(ページテーブルの一部)を**アドレス変換バッファ**(**TLB**(Translation Look-aside Buffer, Table Look-up Buffer))と呼ぶ専用ハードウェア機構(連想メモリ)としてプロセッサのMMU内に置いておく。そして，アドレス変換時には，メインメモリにあるアドレス変換テーブルではなく，プロセッサ内のTLBを参照する。

TLBは，キャッシュメモリ(7.3節で詳述)の一種であり，図7.20に示すように，仮想アドレス(仮想ページ番号)vをキーとして並列検索(連想)して

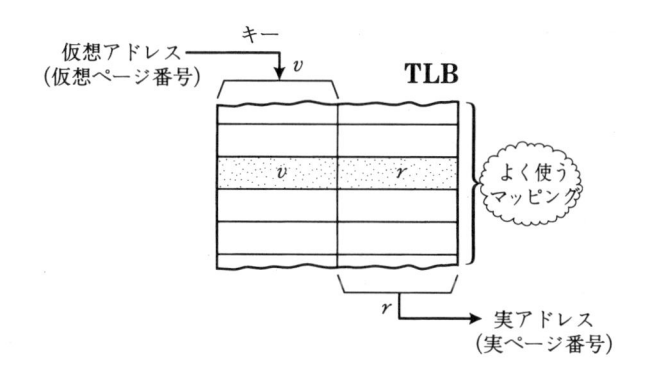

図 7.20 TLB によるアドレス変換の例

実アドレス (実ページ番号) r を読み出す連想メモリである．TLB は MMU の DAT (前の 7.2.2 項 (b) 参照) 内に実装する．

仮想メモリへのアクセスには参照局所性 (7.1.3 項 (c) 参照) があるので，よく使う仮想アドレス (仮想ページ番号) と実アドレス (実ページ番号) とのマッピングが存在する．したがって，このような参照局所性が高いマッピングを TLB に格納しておけば，アドレス変換機能を TLB の参照だけで済ますことができ，アドレス変換を高速化できる．

TLB に目的とするマッピングがない (**TLB ミス**という) 場合には，参照局所性にしたがって TLB を入れ替える必要がある．TLB の入れ替えには，① ハードウェアだけで行う；② TLB ミスを要因とする割り込み (5.3.1 項 (b) 参照) によって OS が行う；の 2 方式がある．

（d） セグメンテーション

図 7.21 に示すように，**セグメントテーブル**と呼ぶアドレス変換テーブルによってセグメント単位で実アドレス空間 ("実セグメント"，"物理セグメント" という) と仮想アドレス空間 ("仮想セグメント"，"論理セグメント" という) とのマッピングをとる仮想メモリである．

図 7.22 に示すように，仮想アドレス V は仮想セグメント番号 v とセグメント内アドレス o，実アドレス R は実セグメント番号 r とセグメント内アドレス o，とでそれぞれ構成する．すなわち，各セグメントごとに仮想アドレス空間に割り付ける．したがって，仮想アドレス V → 実アドレス R 変換は仮想セグメント番号 v → 実セグメント番号 r 変換である．

セグメンテーションにおけるアドレス変換手順は次のようになる．

258   7. メモリアーキテクチャ

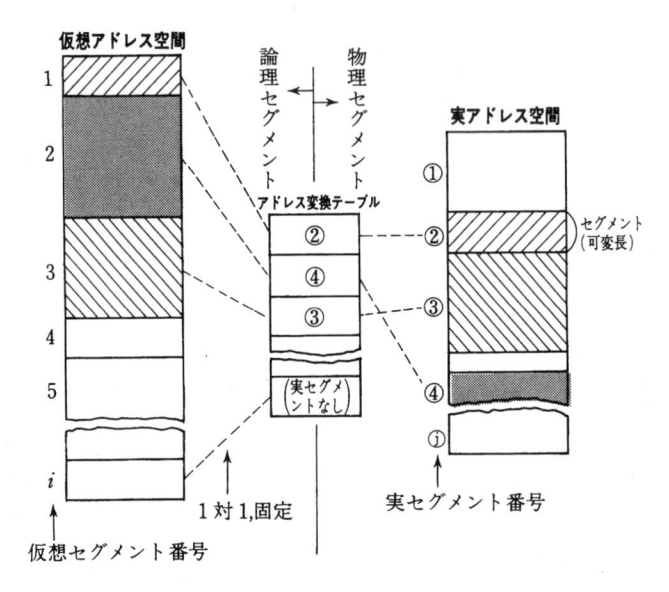

図 7.21 セグメンテーション

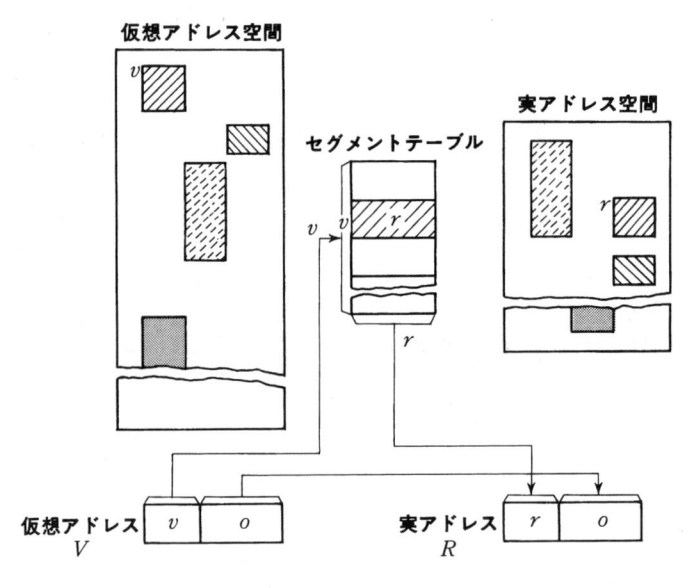

図 7.22 セグメンテーションにおけるアドレス変換

(1) 仮想セグメント番号 v でセグメントテーブルを引く。
(2) セグメントテーブルによって実セグメント番号 r を得る。

セグメンテーションの長所は次の通りである。

① セグメントは論理的に意味のある単位なので，セグメントテーブルにその属性（たとえば，アクセス権，命令かデータかの種別，データ型，他のセグメントとの関係，共用か非共用かの区別など）を記述しておき，OSがアクセス制御時にそれを使用することが可能となる。また，実行時にプログラム間のリンクをとる（参照関係を解決する）動的リンク機能や共用ライブラリの実現が容易となる。

② セグメント単位での割り付けであり，メインメモリ内に割り付け領域を確保できれば，無駄な未使用領域（内部フラグメンテーション）は発生しない。

一方，短所は次の通りである。

③ セグメントサイズが可変であるのでメインメモリ（実メモリ）やファイル装置（仮想メモリのバックアップメモリ）および実メモリと仮想メモリとのマッピングの管理が複雑になる。また，メインメモリ（実メモリ）でのフラグメンテーション（使用可能メモリ領域の小片化や断片化，外部フラグメンテーション）が発生しやすいので，メインメモリの利用効率が悪い。

④ メインメモリサイズより大きな仮想空間をセグメントとして割り付けることができないので，その場合にセグメンテーションの長所①②を失う。

(e) ページセグメンテーション

ページセグメンテーションでは，図7.23に示すように，ⓐ セグメント単位

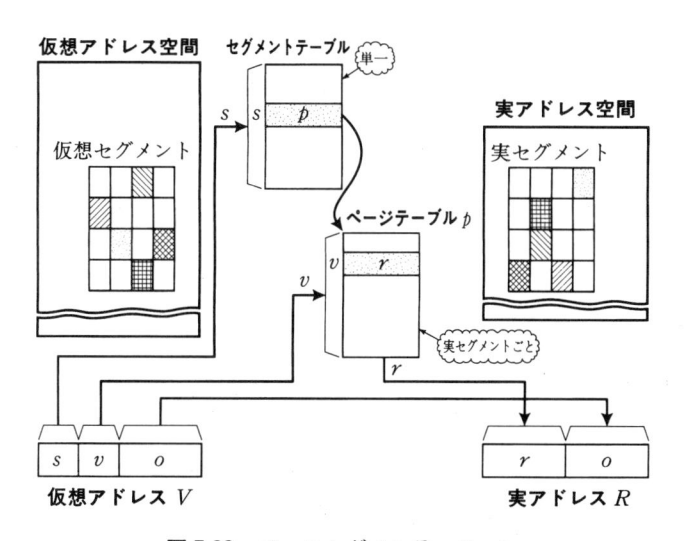

図7.23 ページセグメンテーション

でマッピングする(セグメンテーション);ⓑ 各セグメント内をページ単位でマッピングする(ページング);の2段階のマッピングによって,ページングとセグメンテーションの各方式の特徴を融合した仮想メモリ機構を実現している。

ページセグメンテーションでは,(c)で述べた2段ページングの1段階目にあたるアドレス変換をタスクテーブルではなく**セグメントテーブル**によって行う。すなわち,2段ページングの"ブロック"をページセグメンテーションでは"セグメント"としている。ページセグメンテーションは2段ページングとマッピング(アドレス変換)の原理は同じである。ページセグメンテーションは"実行時に論理的意味があるプロセスやタスクをブロック(セグメント)とする2段ページング"である。

ページセグメンテーションでは,仮想アドレス空間も実アドレス空間も固定長ページに分割しておく。セグメントテーブルによって仮想セグメントと実セグメントとのマッピング(セグメントはひとまとまりであるがサイズはページ単位で可変)をとり,ページテーブルによってそれぞれのセグメント内のページどうしのマッピングをとる。仮想セグメントも実セグメントもひとまとまりであるが,仮想セグメントの連続するページをばらばらにして実セグメント内の任意のページにマッピングしている。

仮想アドレスVは仮想セグメント番号sと仮想ページ番号vとページ内アドレスoで構成する。したがって,仮想アドレスV→実アドレスR変換は"仮想セグメント番号sと仮想ページ番号v"→実ページ番号r変換である。

ページセグメンテーションにおけるアドレス変換手順は次のようになる。

(1) 仮想セグメント番号sでセグメントテーブルを引き,セグメントsのページテーブル番号pを得る。

(2) 仮想ページ番号vによってページテーブルpを引き,実ページ番号rを得る。

ページセグメンテーションの長所は,① ページングとセグメンテーションの両方式の長所を融合できる;であり,一方,短所は,② セグメントテーブルとページテーブルの2種類のテーブルを用意して,2段階のアドレス変換(テーブルの検索)を行う必要がある;である。

この②の短所はページテーブルをTLB(前の(c)で詳述)にすればなくせるので,ページセグメンテーションや2段ページングは仮想メモリの代表的マッピング方式となっている。

7.2.4 ブロック置換

(a) ページフォールト

ページングやページセグメンテーションにおいて，メインメモリ(実メモリ，実アドレス空間)にアクセスを要求した仮想ページが存在しない場合，あるいはページテーブルにアクセス対象の仮想ページを登録していない場合には，**ページフォールト** (page fault) という割り込みが発生する。セグメンテーションでは，要求した仮想セグメントがメインメモリ(実メモリ)上に存在しない場合に**セグメントフォールト** (segment fault) というページフォールトと同様の割り込みが発生する。

"ページフォールト(セグメントフォールト)"という通知を受けたOSは，7.2.2項(c)で述べたブロック置換管理機構による割り込み処理で，仮想メモリのバックアップメモリであるファイル装置に置いてある当該仮想ページ(セグメント)をメインメモリ(実メモリ)の不要な実ページ(セグメント)と置換(スワップ)し，ページ(セグメント)テーブルを書き換える。

ページングやページセグメンテーションの場合のブロック置換(スワップ)を**ページ置換**という。ページ置換での，メインメモリからのスワップアウト(追い出し)を**ページアウト** (page out)，メインメモリへのスワップイン(取り込み)を**ページイン** (page in)，とそれぞれいう。ページ置換はページ単位で行う。

セグメンテーションでの置換("セグメント置換"という)は，スワップアウトする実セグメントとスワップインする仮想セグメントのサイズが通常は異なるので，複雑である。また，前の7.2.3項(d)で述べたセグメンテーションの長所はページセグメンテーションでも実現できる。したがって，ページングを併用しない1段階だけのセグメンテーションを採るコンピュータシステムやOSは少ない。

入れ替え(スワップアウト)対象に決定した実ページが実メモリに存在していた間にデータを更新していない(読み出しアクセスのみの)場合には，そのページを仮想メモリ(実体はファイル装置)へ書き戻す必要がない。この性質を利用するために，ページテーブルに"当該ページへの書き込みがあったかどうか"を示す**更新ビット**を付加しておく。そして，ページ置換時に，メインメモリ上の当該実ページの更新ビットをチェックして，それがオフ(書き込みなし)の場合には，そのページのファイル装置へのスワップアウトを省略する。

仮想メモリにおける代表的なトレードオフとして，"メインメモリ(実メモ

リ)を書き換えた場合，それをどのタイミングで(いつ)バックアップメモリ(仮想メモリ，実体はファイル装置)に反映するか"がある．メインメモリ-ファイル装置間のデータ転送速度はプロセッサによるメインメモリへのアクセス速度に比べると遅く，また一度に転送するデータ量(ブロックやページ単位)も大きいので，それをページ置換時に行う方式(キャッシュにおけるライトバック，7.3.3項(e)参照)の採用が一般的である．

仮想メモリでは，実メモリ容量(実アドレス空間サイズ)が小さいと，実メモリ上で参照局所性を活用できなくなり，ブロック置換が頻発する．"ブロック置換の頻発によって，プロセッサがブロック置換管理にかかりきりとなり本来の処理を行えなくなる"ことを**スラッシング**(thrashing)という．

(b) ページ置換アルゴリズム

仮想メモリでは，できるだけ使用頻度が高い(参照局所性が高い)ページをメインメモリ(実メモリ，実アドレス空間)に置いておきたい．したがって，ページ置換では，アクセスする可能性(参照局所性)が最も低い実ページをスワップアウトするのが有効である．

"ページ置換時にメインメモリのどのページをファイル装置にスワップアウトする(追い出す)か"を決める戦略を**ページ置換アルゴリズム**という．OSがあらかじめ決めておいたページ置換アルゴリズムにしたがってスワップアウトするページを決める．

ページ置換アルゴリズムの評価指標としては，① **ライフタイム**(life-time)：ページフォールト間の平均時間間隔であり，これが長いほど良好なアルゴリズムである；② **ページフォールト率**：ライフタイムの逆数であり，低いほど良好なアルゴリズムである；がある．ページ置換アルゴリズムが適切でないと，実メモリ容量が適度に確保してあっても，(a)で述べたスラッシングを引き起こす要因となる．

現代のコンピュータで利用している代表的なページ置換アルゴリズムを列挙しておこう．

（1） **LRU**(Least Recently Used)：最後のアクセス時(タイミング)が最も古いページをスワップアウトする．"時間的参照局所性を活用しているのでページフォールト率が低い"という長所と，"アクセス履歴を記録し比較するページ置換管理機構が複雑で，置換に要する時間が長くなる"という短所がある．

（2） **FIFO**(First In First Out)：一番最初にメインメモリにスワップイン

したページを最初にスワップアウトする。ページ置換機構の実装コストは (1) と (4) との中間である。参照 (アクセス) をチェックしているわけではないので，参照局所性の活用度は (1) の LRU よりも低い。

（3） **ワーキングセット** (working-set)：あるプログラムを実行している時刻から一定時間の過去の間にそのプログラムが参照したページを要素とする集合を**ワーキングセット**という（図 7.24 参照）。ワーキングセットは "参照局所性が高いページの集合" であり，ワーキングセットでないページをスワップアウトの対象とする。

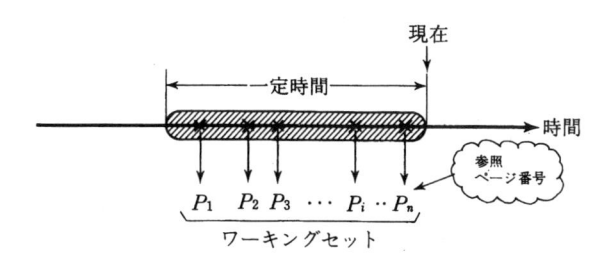

図 7.24 ワーキングセット

（4） **ランダム** (random)：無作為にスワップアウトするページを決める。"実現は簡単である" という長所と，"参照局所性をまったく考慮していない" という短所とがある。

実際には，ページ置換アルゴリズムよりも，むしろ，対象とするプログラムやデータの参照局所性がページフォールト率を左右するので，どの対象 (プログラムやデータ) に対してもページフォールト率が低くなるようなページ置換アルゴリズムを見つけるのは困難である。

(c) ページ置換のタイミング

"仮想アドレス空間からどのページをいつ実アドレス空間に読み出すか" によってページングを次のように分類できる。

（1） **デマンドページング** (demand paging；要求時ページング)：プログラムが実行時に要求 (デマンド) するページを読み出す。"OS とハードウェアの機能分担による動的ページング法" である。"必要なページしか読み出さない" という長所を活用するためには，ページ置換アルゴリズムの適切な選択が重要となる。

（2） **プリページング** (pre-paging；先行ページング，予測ページング)：あ

るプログラムの実行に必要なページ（通常は複数ページ）をあらかじめ予測して，それらを実行前にまとめて読み出しておく。"コンパイラとOSの機能分担による静的ページング法"である。"不心要なページを読み出してくる可能性がある"という短所があるが，"読み出しはブロック転送なので，複数ページを一度に読み出せば，読み出し回数が減り，ページ当たりの平均読み出し時間は減少する"という長所もある。

7.3 キャッシュ

本節では，レジスタとメインメモリの中間に位置するメモリ階層である**キャッシュメモリ** (cache memory) を利用して，プロセッサによるメインメモリへのアクセス時間の改善（高速化）を図るメモリアーキテクチャについて述べる。

7.3.1 メモリ階層とキャッシュ

（a） キャッシュとは

キャッシュメモリはプロセッサの処理速度（特に，レジスタへのアクセス時間）とメインメモリの動作速度（プロセッサによるメインメモリへのアクセス時間）との速度差（通常，メインメモリの方が数～数十倍程度遅い）を埋めてメインメモリ性能の時間的改善を図る。具体的には，図7.25に示すように，メ

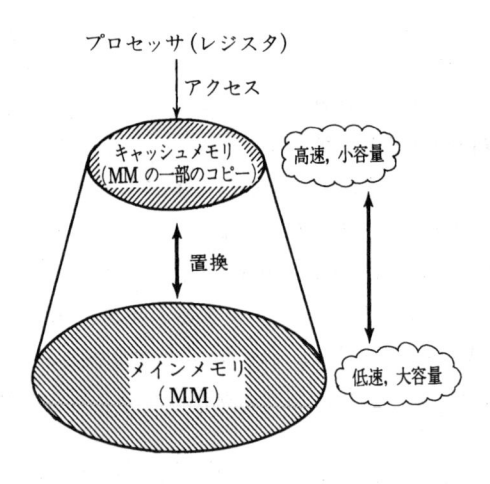

図7.25 メモリ階層におけるキャッシュメモリの位置付け

インメモリ内の命令やデータの一部を**キャッシュメモリ**(**キャッシュ**，本書でも以降は単に"キャッシュ"という)というメインメモリより小容量ではあるが高速アクセス可能なメモリへコピーして格納しておき，プロセッサによるメインメモリへのアクセスを実際にはキャッシュへのアクセスとすることによってその高速化を図る。メインメモリの一部をより高速のキャッシュにもち，"連続してアクセスする命令やデータはまとめて格納してある"というメモリの参照局所性(7.1.3項(c)参照)を利用している。

現代のマイクロプロセッサはプロセッサチップにキャッシュを搭載している。キャッシュは，チップ内実装のために小容量となるが，レジスタへのアクセスとほぼ同程度の速度でアクセスできる。

(b) キャッシュへのアクセス手順

キャッシュでは，プロセッサによるメインメモリへのアクセス(読み出しと書き込み)を次の手順に置き換える。

(1) アクセス対象(命令やデータ)のコピーがキャッシュに存在すれば(**ヒット**(hit)という)，それにアクセスする。

(2) キャッシュに存在しなければ(**ミスヒット**(mis-hit)，**ヒットミス**(hit miss)という)，次の①②を行う。これらを**ミスペナルティ**(mis-penalty)**処理**という。

① キャッシュの一部とメインメモリの一部(この単位を**ライン**(line)あるいは**ブロック**(block)という)を置き換える(**ライン置換**あるいは**ブロック置換**という)ことによって，アクセス対象をメインメモリからキャッシュに読み出す。

② キャッシュに読み出したアクセス対象にアクセスする。

(c) ヒット率

プロセッサが要求するアクセス対象(命令やデータ)がキャッシュに存在する確率を**ヒット率**(hit ratio)という。また，キャッシュを装備するプロセッサから見えるメインメモリ(ヒット時には実際にはキャッシュ)へのアクセス時間を**実効アクセス時間**という。ヒット率を P_h，キャッシュのアクセス時間を T_{ac}，メインメモリへのアクセス時間を T_{am} とする場合の実効アクセス時間 T_{ea} は，

$$T_{ea} = P_h \times T_{ac} + (1 - P_h) \times T_{am} \tag{7.1}$$

で表せる。

また，ヒット率が100%に近ければ($P_h \fallingdotseq 1$ ならば)，式(7.1)は，

$$T_{ea} \fallingdotseq T_{ac} \tag{7.2}$$

となり，実効アクセス時間はキャッシュのアクセス時間とほぼ等しくなる。たとえば，

$$T_{ac}=5\text{ナノ(n)秒}, \quad T_{am}=10\times T_{ac}=50\text{ナノ(n)秒}$$

(メインメモリアクセス時間がキャッシュアクセス時間の10倍)ならば，

$$T_{ea}=(10-9\times P_h)\times T_{ac} \tag{7.3}$$

なので，

$P_h=0.80$ で，　$T_{ea}=14\text{ n 秒}$

$P_h=0.90$ で，　$T_{ea}=9.5\text{ n 秒}$

$P_h=0.95$ で，　$T_{ea}=7.25\text{ n 秒}$

$P_h=0.98$ で，　$T_{ea}=5.9\text{ n 秒}$

$P_h=0.99$ で，　$T_{ea}=5.45\text{ n 秒}$

となる。

　キャッシュの狙いは"キャッシュというメモリ階層を利用することによって，プロセッサによるメインメモリへのアクセス時間をキャッシュへのアクセス時間と同程度(最良の場合には同じ)にする"ことである。

　キャッシュにできるだけ参照局所性が高い命令やデータを置いておくことによって，ヒット率が高くなる。また，実行中のプログラムやそれが使うデータには高い参照局所性がある。したがって，たとえば，実行中のプログラム(マシン命令)の読み出しアクセスに対するヒット率は100%に近いのが普通である。

7.3.2　キャッシュ機構

（a）　キャッシュ制御機構

　キャッシュはメインメモリの時間的性能改善を目的としているので，キャッシュの制御はハードウェア機構("キャッシュ制御機構"という)で行う。

　キャッシュ制御機構は次のような機構によってキャッシュ機能を実現する(図7.26参照)。

● マッピングテーブル管理機構(7.3.3項参照)：キャッシュのブロック(ライン)とメインメモリのブロックとのマッピング(対応付け)を記述しておくマッピングテーブルを管理する。マッピングテーブルは連想メモリで実現するのが一般的である。

● ヒット／ミスヒット判定機構：マッピングテーブルによってアクセス対象へ

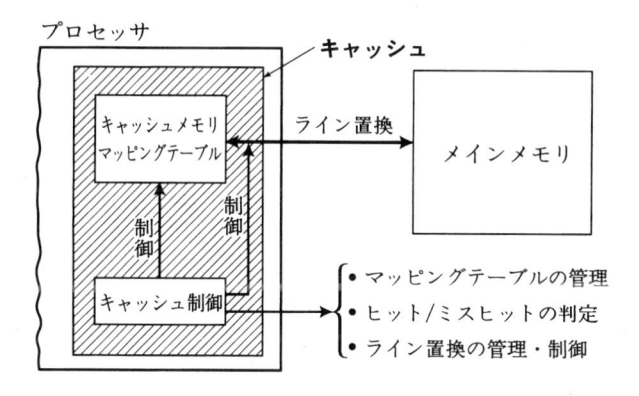

図7.26 キャッシュとキャッシュ制御機構

のヒット/ミスヒットを判定する。
● ライン置換(ブロック置換)管理・制御機構:"必要なライン(ブロック)をキャッシュのどこに読み込むのか"および"どのラインを(7.3.3項(f)参照),どのタイミングで(いつ,7.3.3項(e)参照),キャッシュから追い出すのか"について管理する。また,実際のキャッシュ-メインメモリ間での命令やデータの転送を制御する。

(b) 命令キャッシュとデータキャッシュ

キャッシュ内に格納する情報の性質によって次のようにキャッシュを分類できる。

(1) **命令キャッシュ**(instruction cache):命令には,① 読み出しアクセスだけで書き込みアクセスがないのでコヒーレンシ(メインメモリの内容とそのコピーをもつキャッシュの内容との同一性,7.3.3項(e)参照)保持の問題がない;② 暗黙の順序制御では引き続く命令が実行されるなど,空間的にも時間的にも参照局所性が高い;という性質がある。これらの性質を積極的に利用するために構成する命令専用のキャッシュである。

(2) **データキャッシュ**(data cache):命令オペランドで指定するデータには,① 読み出しおよび書き込みの両アクセス操作を必要とする;② 参照局所性も命令よりは低いのが普通である;という性質がある。①②の性質のため,命令格納用とは分離して構成するデータ専用のキャッシュである。データキャッシュを"オペランドキャッシュ"ともいう。

異なる性質をもつ命令とデータを同じ機構で制御するのは無理があり,また,命令パイプライン処理(5.2.2項で詳述)などによって両者のアクセス競

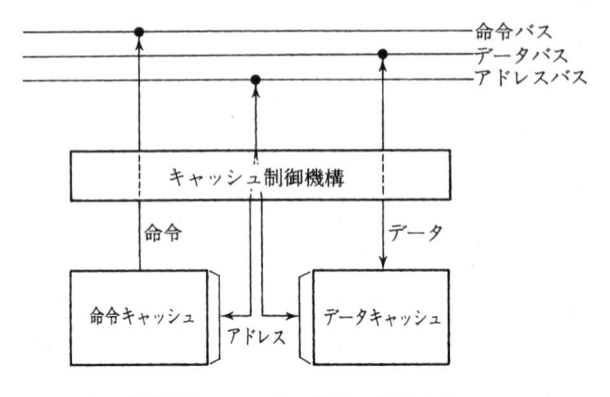

図7.27 ハーバードアーキテクチャ

合が起きる可能性も高い。これらを防ぐために，図7.27に示すように，キャッシュとその制御機構および転送路（バス）を命令用とデータ用に分けるメモリアーキテクチャがあり，これを**ハーバードアーキテクチャ**（Harvard architecture）[†]と呼んでいる。ハーバードアーキテクチャでは，命令へのアクセスとデータへのアクセスの競合がなくなり，プロセッサ-メインメモリ間のデータ転送路が実質的に広くなる（スループットが向上する）ので，現代のコンピュータの大半が採用している。

（c） キャッシュ性能の指標

キャッシュの性能を示す定量的な指標として次のようなものがある。これらはキャッシュの構成方式，容量および制御方式によって決まる。

- ヒット率（7.3.1項(c)参照）：高いほど性能は良好である。
- アクセス時間：キャッシュを構成するメモリ素子によって決まる。キャッシュ容量とトレードオフとなる。ヒット率が高いほどこの指標が効いてくる。
- ミスペナルティ時間：ミスヒット時の処理（ミスペナルティ処理）時間（主としてライン置換時間）である。ライン置換アルゴリズムや割り込み処理性能，メインメモリ-キャッシュ間データ転送速度などによって決まる。短いほど良好である。キャッシュはメインメモリの時間的性能改善が目的なので，ミスペナルティ時間はキャッシュ性能に大きく影響する。
- メインメモリ更新時間（7.3.3項(e)参照）：書き込みアクセスが多い場合は

[†] ハーバードアーキテクチャ：ハーバード大学が開発したコンピュータがこのアーキテクチャを採用したことによる。

この指標が効く。短いほど良好である。メインメモリを構成するメモリ素子やブロックサイズによって決まる。
- キャッシュ容量：マッピング方式を左右する。
- ラインサイズ((d)参照)

(d) ラインサイズ

メインメモリとキャッシュとのマッピング(対応関係)単位であるブロックを**ライン**(line)という。また，このラインの大きさを**ラインサイズ**(ブロックサイズ)という。ラインサイズはメインメモリとキャッシュ間の命令やデータの置換単位ともなる。

ラインサイズを大きくすると，① 参照局所性が高い場合にはヒット率は高くなる；② キャッシュ内のライン個数は少なくなり，その識別に要するアドレス(**キャッシュタグ**(cache tag)という)も小さくできるので，マッピングテーブルの構成に要するコストが安くなる；などの長所が，一方，③ メインメモリ-キャッシュ間でのライン置換に時間がかかる；④ キャッシュ内のブロック個数が少なくなりすぎると，参照局所性を活用できなくなってヒット率が低下する；などの短所が，それぞれ顕在化してくる。逆に，ラインサイズを小さくすると，①～④ がそれぞれ逆の現象となり，長所と短所が逆転する。ラインサイズの大小によって生じる長所と短所は互いにトレードオフ関係にあり，ラインサイズは対象とする応用や実装できるハードウェア資源量などを考慮してアーキテクチャ設計時に決める。

7.3.3 キャッシュアーキテクチャ

(a) キャッシュとメインメモリとのマッピング

キャッシュとメインメモリとのマッピング(mapping)はライン単位で行い，参照局所性を活用する。マッピングはマッピングテーブルに記述しておく。

以下のマッピングの説明で使用する定量的な指標について定義しておこう。
- ラインサイズ(マッピング単位)：S_L
- メインメモリ容量：S_M
- キャッシュ容量：S_C

とすると，
- メインメモリのライン数：L_M

$$L_M = \frac{S_M}{S_L} \tag{7.4}$$

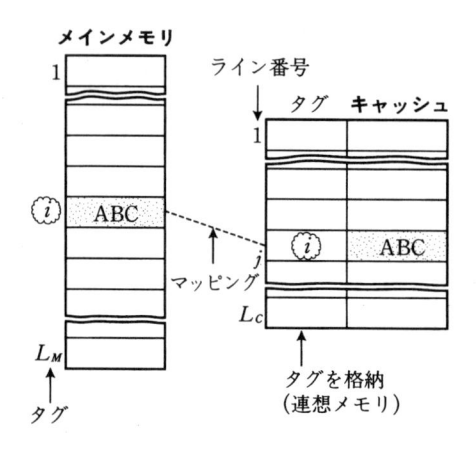

図 7.28 メインメモリとキャッシュのマッピング

● キャッシュのライン数：L_C

$$L_C = \frac{S_C}{S_L} \tag{7.5}$$

となる．

図 7.28 に示すように，マッピングテーブルは**タグテーブル** (tag table) あるいは**タグフィールド** (tag field) と呼ぶ連想メモリ (7.1.6 項(b) 参照) である．タグテーブルの各エントリはキャッシュの各ラインと 1 対 1 対応しており，タグテーブルはキャッシュの一部 (タグフィールド) として一体構成するのが一般的である．すなわち，キャッシュのあるラインに対応するタグテーブルエントリには，そのキャッシュラインにコピーしてある内容 (図 7.28 では "ABC") のコピー元であるメインメモリアドレス (ライン番号，**キャッシュタグ** (cache tag) あるいは単に**タグ** (tag) という，図 7.28 では "i") を置く．

メインメモリへのアクセス時には，まず，タグ (図 7.28 では "i") をキーとしてタグテーブルを並列検索 (連想) する．① タグと一致するエントリがあればヒットであり，そのキャッシュアドレス (ライン番号，図 7.28 では "j") のキャッシュライン (図 7.28 では "ABC") がアクセス対象である．② タグと一致するエントリがなければミスヒットであり，ミスペナルティ処理を行う．

キャッシュとメインメモリとのマッピング方式は次の 3 種類に大別できる．

（1）**ダイレクト** (direct；直接) (図 7.29 参照，(b) で詳述)："メインメモリのあるラインをキャッシュのどのラインにマッピングするか" について，あらかじめ定めて固定しておく．

（2）**フルアソシアティブ**(full associative：完全連想)(図7.30参照，(c)で詳述)：メインメモリの各ラインをキャッシュのどのラインにも自由にマッピングできる．

（3）**セットアソシアティブ**(set associative；部分連想)(図7.31参照，(d)で詳述)：複数個のキャッシュラインを**セット**(set)とし，セットへのマッピングでは(1)のダイレクトを適用し，セット内では(2)のフルアソシアティブを適用する．

(2)および(3)のマッピングにおいては，メインメモリを割り付けることができるキャッシュラインは複数個存在する．したがって，ライン置換時には，それをどこへ割り付けるか(すなわち，どのキャッシュラインを追い出すか)について選択する必要があり，この戦略を**ライン置換アルゴリズム**((f)で詳述)という．

（b）**ダイレクトマッピング**

メインメモリの第i番目のライン(ブロック)がマッピングできるキャッシュの第j番目のラインの決め方(固定)としては，たとえば，$j=(i \bmod L_c)$などを使う．

ダイレクトマッピングでは，たとえば，図7.29に示すように，"メインメモリの第6ライン(ブロック)のマッピング先はキャッシュの第2ライン"というようにマッピングが固定して(定めて)ある．したがって，ヒット/ミスヒットの判定は"キャッシュの第2ラインのタグがメインメモリの第6ラインであ

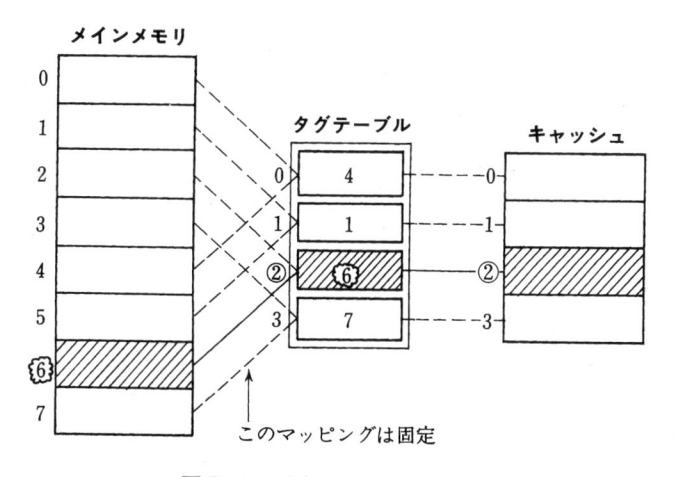

図7.29 ダイレクトマッピング

るかどうか"をチェックするだけで済む．すなわち，ダイレクトマッピングのタグテーブルには連想機能は不要であり，タグテーブルは連想メモリではない単純なハードウェアテーブルとして実装すればよい．

ダイレクトマッピングの長所は，マッピングが固定してあるので，① ハードウェア化や実現が簡単；② キャッシュアクセスにタグ検索(連想)というオーバヘッドが生じない；であり，短所は，③ ライン置換の自由度が少ないので，同一キャッシュラインに割り付ける複数の相異なるメインメモリライン(ブロック)に参照局所性が高くて，それらへのアクセスが同時発生したり連続する場合にヒット率が激減する；である．

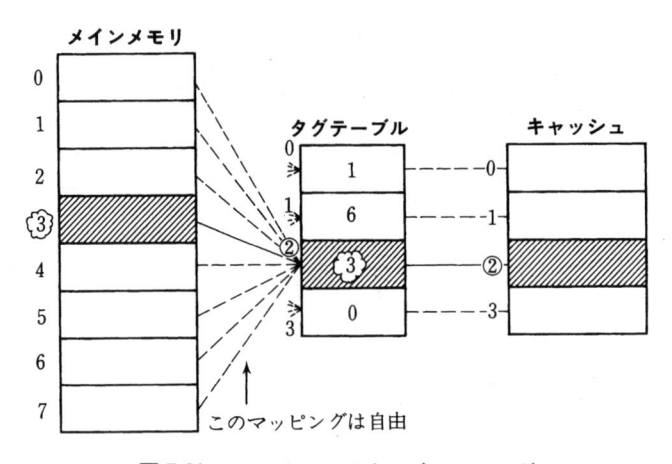

(c) フルアソシアティブマッピング

図7.30に示すように，フルアソシアティブマッピングのタグテーブルはメインメモリのタグ(ライン番号)をキーとしてL_cエントリを並列(同時)に検索(連想)する連想メモリである．

フルアソシアティブマッピングの長所は，① マッピングが完全に自由なので，メインメモリの管理方法やライン置換アルゴリズムなどの決定における自由度も大きい；であり，短所は，大容量のタグテーブル(連想メモリ)が必要となることによって，② 実現するためのコストが高い；③ キャッシュへのアクセス時間がダイレクトマッピングよりもタグ検索(連想)分だけ大きくなる；などである．

(d) セットアソシアティブマッピング

セットアソシアティブマッピングはダイレクトマッピングとフルアソシア

図7.30 フルアソシアティブマッピング

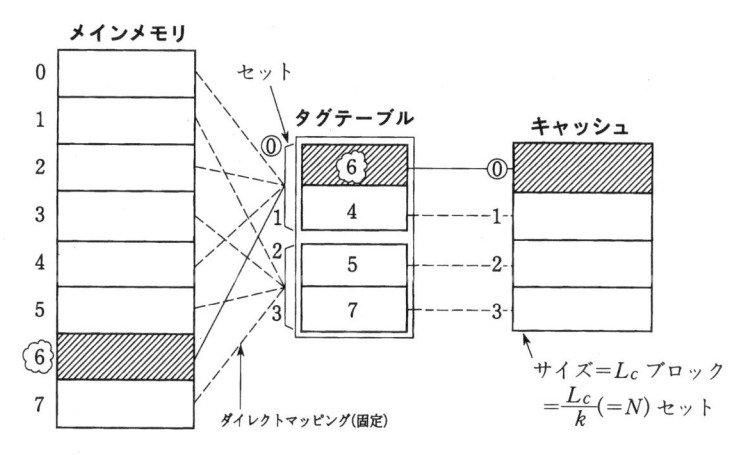

図7.31 セットアソシアティブマッピング

ティブマッピングを組み合わせたマッピング方式である。

図7.31に示すように，① メインメモリのあるラインとキャッシュの複数ライン（**セット** (set) という）とのマッピングはあらかじめ定めて固定しておくダイレクトマッピング；② セット内でのマッピングはフルアソシアティブマッピング；とする。アクセス対象のメインメモリのタグ（ライン番号）が決まれば，対応するセットが決まる。そのセットのタグテーブル（連想メモリ）だけをタグ検索（連想）する。

1セットをk個のラインで構成する場合を**kウェイセットアソシアティブマッピング**（k-way set associative mapping）という。kは実際には，$2^1(=2)$〜$2^4(=16)$程度である。

図7.31に示すように，キャッシュのセット数Nは，

$$N = \frac{L_c}{k}$$

となる。このとき，kエントリサイズのタグテーブル（連想メモリ）がN個必要となる。フルアソシアティブマッピング（L_cエントリサイズのタグテーブルが1個）の場合に比べて，セットアソシアティブマッピングの場合は，タグテーブルはN個必要となるが，各タグテーブルのサイズ（kエントリ）がN分の1で済む。したがって，検索（連想）時間は短くなり（次の(2)参照），また，タグテーブル（連想メモリ）全体としてのハードウェア実装コストは格段に低くなる。

セットアソシアティブマッピングにおけるマッピング手順は次のようにな

る。
　(1) セットアドレス("セット番号"あるいは"タグテーブル番号"ともいう)によってタグテーブル(それぞれ k エントリの連想メモリ)が決まる。
　(2) そのタグテーブルの k エントリを並列検索(連想)する。この操作はフルアソシアティブマッピングと同じであるが，並列検索(連想)対象エントリは N 分の1で済む。
　セットアソシアティブマッピングにおいて，
- $k=1$ (ウェイ)，$N=L_c$ (セット) の場合がダイレクトマッピング；
- $k=L_c$ (ウェイ)，$N=1$ (セット) の場合がフルアソシアティブマッピング；

である。
　セットアソシアティブマッピングでは，ダイレクトマッピングとフルアソシアティブマッピングでトレードオフになる特徴を，1セット当たりのライン数(ウェイ数) k によって，各メモリアーキテクチャごとに調節できるので，現代のコンピュータのキャッシュのほとんどがこのセットアソシアティブマッピングを採用している。

(e) メインメモリ更新

　データキャッシュには，読み出しだけではなく書き込みアクセスもあり，その書き込みアクセスがヒットすれば，キャッシュ内容は書き換わる。キャッシュはメインメモリの一部のコピーであるので，書き換わったキャッシュ内容をコピー元のメインメモリにも反映・書き込む(**メインメモリ更新**という)必要がある。メインメモリとキャッシュとの内容の同一性を**コヒーレンシ**(coherency)という。キャッシュ機構は，コヒーレンシ保持のために，書き込みアクセスのヒット時には，メインメモリ更新を行わねばならない。

　メインメモリに置いてある元のデータをどの時点(タイミング)で書き換えてコヒーレンシを再保証するかによって次の2種類のメインメモリ更新方式がある。

　(1) **ライトスルー**(write-through)：図7.32(1)に示すように，キャッシュの書き換えと同時にメインメモリにも書き込む(更新する)。**ストアスルー**(store-through)ともいう。ライトスルーの長所は，① コヒーレンシを常に保証しており，メインメモリ更新のタイミングをはからなくてもよいので，制御が簡単になる；であり，短所は，② 書き込みアクセスは実質的にメインメモリアクセスになってしまうので，キャッシュの効果がなくなり，メインメモリの書き込みアクセス性能は改善されない；である。

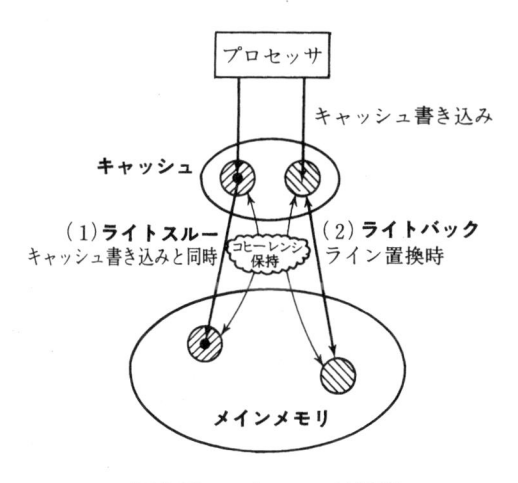

図 7.32 メインメモリ更新

（2）**ライトバック**(write-back)：図7.32(2)に示すように，キャッシュへの書き込み時にはキャッシュだけを書き換えておき，書き込み対象を含むライン（ブロック）をメインメモリへ追い出す（ライン置換する）時にメインメモリを更新する。**コピーバック**(copy-back)，**ストアバック**(store-back)，**ストアイン**(store-in)，**スワップ**(swap)などともいう。ライトバックでは，メインメモリの書き換えタイミングがキャッシュの書き換えタイミングよりも遅くずれている。ライトバックには，(1)のライトスルーとは逆に，① ヒット時にはキャッシュ性能が十分に発揮できる；② ライン（ブロック）でまとめて転送するので，メインメモリへのアクセス回数が減る；という長所と，③ キャッシュ書き換えからメインメモリ更新までの間はコヒーレンシが壊れているので，コヒーレンシを管理・保持（修復）するハードウェア機構が必要となる；④ そのコヒーレンシの管理・保持機構の制御は複雑である；という短所がある。ライトバックでは，"キャッシュへの書き込みアクセスがあったかどうか"を示すフラグとして**更新ビット**（仮想メモリの更新ビットについては，7.2.4項(a)参照）が必要である。更新ビットはタグテーブルに置いておき，ライン置換時にこの更新ビットが"オン"になっているラインだけをメインメモリに書き戻す（更新する）。

現代のコンピュータのキャッシュの多くは，③や④の短所をハードウェア機構の強化で補い，①や②の長所を生かすライトバック方式を採っている。

一方，データキャッシュへの書き込みアクセスがミスヒットした場合には，

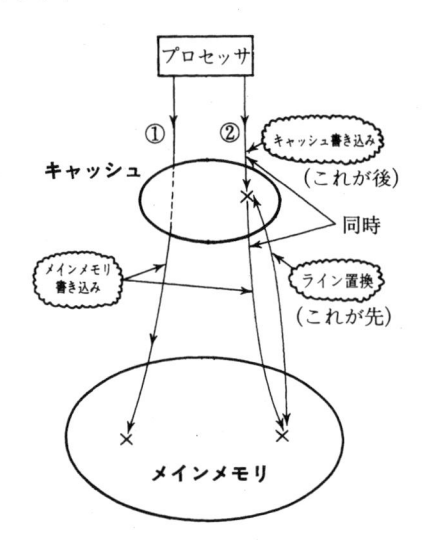

図7.33 書き込みアクセスのミスヒット時のメインメモリ更新

キャッシュには該当ラインは存在しないことを示しており，"コヒーレンシの保持のためのメインメモリ更新"は不要である。しかし，この場合には，データのメインメモリへの書き込みそのものは（方式によっては，キャッシュへの書き込みも）行わねばならない。書き込みアクセスがミスヒットした場合のメインメモリ更新（書き込み）方式としては，図7.33に示すように，① **ノーライトアロケート**（no write allocate）：メインメモリへの書き込みだけでライン置換（当該ラインのキャッシュへの読み出し）を行わないライトスルーの一種；② **ライトアロケート**（write allocate）：まず，ライン置換（当該ラインのキャッシュへの読み出し）を行ってから，キャッシュとメインメモリへ書き込むライトスルーの一種；などがある。一般的に ⓐ 読み出しアクセスが書き込みアクセスより多い；ⓑ 参照局所性が高い（直前に読み出したデータそのものへの上書きかその近接アドレスへの書き込みが多い）；などから書き込みアクセスのミスヒットは少ない。

（f） ライン置換アルゴリズム

キャッシュ機構においては，読み出しアクセスのミスヒット時に，アクセス対象のメインメモリライン（ブロック）をキャッシュに読み出す必要がある。そのとき，キャッシュに空きがない場合には，メインメモリへ追い出す（更新ビットがオンの場合）あるいは廃棄する（更新ビットがオフの場合）キャッシュラインを決める必要がある。

また，書き込みアクセスのミスヒット時にライン置換を行う方式（前の(e)で述べたライトアロケートなど）でも，キャッシュから追い出したり廃棄するラインを決める必要がある。

どのラインをキャッシュからメインメモリへ追い出したり廃棄したりするかを決める方法を**ライン置換アルゴリズム**という。キャッシュにおける主要なライン置換アルゴリズムには次のようなものがあり，いずれかをハードウェアで実現する。

（1） **LRU** (Least Recently Used)：最終のアクセス時刻が最も古いラインを追い出す。参照局所性を活用しているので，ヒット率が良好ではあるが，アクセス時刻を保存・管理する機構が必要となり，判定時間がオーバヘッドとなる。

（2） **FIFO** (First In First Out)：一番最初にキャッシュにコピーしたラインを最初に追い出す。(1)と比べると，参照局所性の活用度は劣るが，機構は簡単になる。

（3） **FINUFO** (First In Not Used First Out)：一定時間アクセスのないラインのうちで最初にキャッシュにコピーしたラインを追い出す。

（4） **LFU** (Least Frequently Used)：一定時間内のアクセス回数が最小のラインを追い出す。

（5） **ランダム** (random)：無作為に追い出すラインを決める。機構が簡単である。

(3)と(4)は仮想メモリのページ置換アルゴリズム(7.2.4項(b)参照)のワーキングセット方式にあたる。

ライン置換で用いるキャッシュラインの種々の属性（アクセス時刻，キャッシュへのコピー時刻，アクセス回数など）はタグテーブルに記述しておく。

キャッシュにおけるライン置換アルゴリズムは仮想メモリにおけるページ置換アルゴリズムと，置換対象となるメモリ階層が異なるだけで，基本的には"不要な追い出すべきライン（ブロック）を決める"という同じ目標をもつ。キャッシュにおけるライン置換アルゴリズムの選択において，仮想メモリのページ置換アルゴリズムの選択と比べて注意すべき点としては，① キャッシュはメインメモリより格段に小さいので置換の候補となるライン数が少数である；② キャッシュはメインメモリ性能の時間的改善を目的としており，機能のほとんどすべてをハードウェアが分担する(OSの分担部分がほとんどない)；③ キャッシュのヒット率は高いので，キャッシュアクセス時間がキャッ

シュ性能を左右する；④ ミスペナルティ時間がオーバヘッドとなるのを避ける；などがある。①～④の特徴によって，キャッシュでは適用できる置換アルゴリズムが仮想メモリに比べるとやや限られる。

（g）物理キャッシュと論理キャッシュ

7.2節で述べたように，現代のコンピュータの大半は仮想メモリを採用している。仮想メモリを採るコンピュータのプロセッサはマシン命令のアドレス指定モード(2.2.3項参照)にしたがう実効アドレスを論理(仮想)アドレスで表現する。そして，MMU内のアドレス変換機構によって論理(仮想)→物理(実)のアドレス変換を行ってメインメモリ(実メモリ)にアクセスする。

図7.34に示すように，"仮想メモリの論理アドレス→物理アドレス変換機構を，① プロセッサとキャッシュとの中間；② キャッシュとメインメモリとの中間；のいずれに置くのか"によって，キャッシュ内のアドレス指定方式が異なる。すなわち，①では物理(実)アドレス，②では論理(仮想)アドレスとなる。

"キャッシュ内のアドレス指定方式を，① 物理アドレス；② 論理アドレス；のいずれで行うのか"によってキャッシュを分類できる。

① **物理キャッシュ**：仮想メモリのアドレス変換機構がプロセッサとキャッシュの間に入り，キャッシュは物理アドレスでアドレス指定する。キャッシュへのアクセス時にアドレス変換が必要となり，キャッシュアクセス時間が長くなるという短所がある。

② **論理キャッシュ**：仮想メモリのアドレス変換機構がキャッシュとメインメモリの間に入り，キャッシュは論理アドレスでアドレス指定する。ⓐ マッ

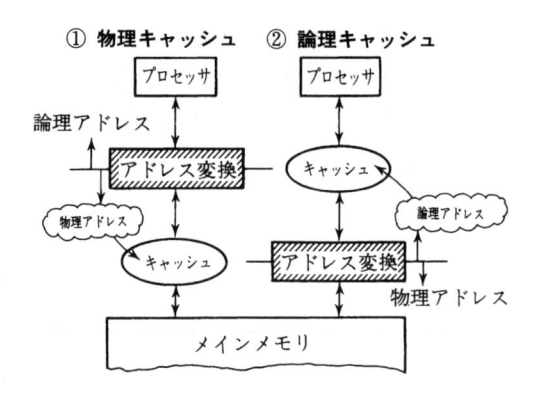

図7.34 キャッシュのアドレス指定

ピング機構にアドレス変換機能が必要となり，コヒーレンシの保持が複雑な処理となる；ⓑ 論理アドレス空間の切り替えごとにキャッシュの無効化（**フラッシュ** (flush) という）が必要となり，キャッシュ容量が大きい場合にはこれがオーバヘッドとなる；という短所がある．

① の方式の短所は ② の方式では逆転して長所となる．また，② の方式の短所は ① の方式では逆転して長所となる．したがって両方式にはトレードオフがある．

（**h**） **命令デコードのタイミングによる命令キャッシュの分類**

命令キャッシュから命令を読み出し（フェッチし），デコードするタイミングによって命令キャッシュを分類できる（図 7.35 参照）．

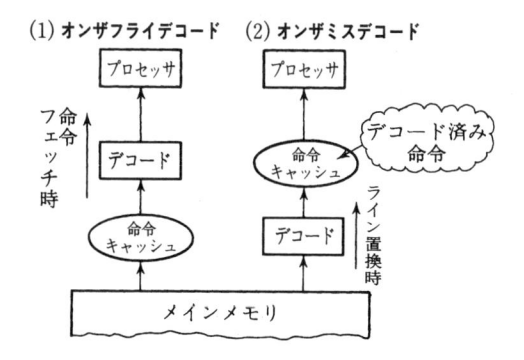

図 7.35 命令キャッシュと命令デコードのタイミング

（１） **オンザフライ** (on-the-fly) **デコード**：プロセッサがキャッシュから命令を読み出す（命令フェッチ）時にデコードを行う．キャッシュアクセス時間にデコード時間が加わるので，命令フェッチおよび命令デコードのステージが長くなる．一方で，必要な（フェッチした）命令のみをデコードすればよい．

（２） **オンザミス** (on-the-miss) **デコード**：メインメモリからキャッシュへの読み出し（ライン置換）時にデコードを行う．命令フェッチ時にデコードは不要となる．一方で，キャッシュ内で（デコード済み）命令が占有する領域が大きくなり，また，実行しない（フェッチしない）命令もデコードする無駄がある．オンザミスデコードによるキャッシュは，デコード済み命令をキャッシュするので，**デコードキャッシュ** (decoded cache) ともいう．

(1) の方式の短所（長所）は (2) の方式では逆転して長所（短所）となり，この両方式にもトレードオフがある．

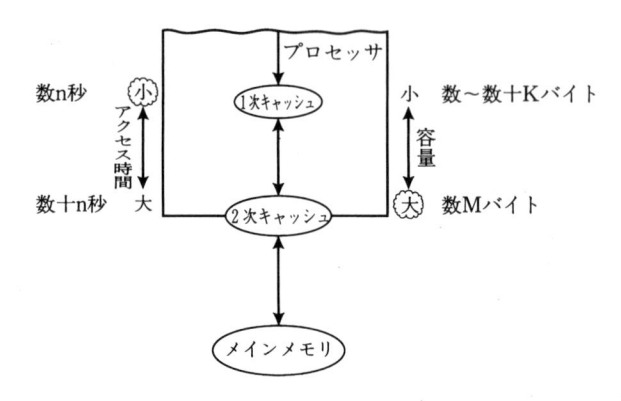

図中のラベル:
- プロセッサ
- 1次キャッシュ
- 2次キャッシュ
- メインメモリ
- 数n秒・数十n秒（アクセス時間 小・大）
- 小 数〜数十Kバイト
- 大 数Mバイト（容量）

図7.36 2次キャッシュのメモリ階層での位置付け

(i) キャッシュの高機能化

キャッシュ機構を高機能化するために次のような種々の方法がある。このうち，(1)〜(4)はキャッシュのさらなる高速化を図る手法である。

(1) **2次キャッシュ**(図7.36参照)：通常のキャッシュ(こちらは"1次キャッシュ"という)とメインメモリとの中間に位置するメモリ階層である。"中間キャッシュ"ともいう。プロセッサ内部に設ける場合とプロセッサ外部に設ける場合とがある。

(2) **ライトバッファ**(write buffer)(**書き込みバッファ**)(図7.37参照)：データキャッシュやメインメモリへのプロセッサによる書き込みアクセス(ストア)時に，書き込みデータを一時的に保持する機構である。**ストアバッファ**ともいう。プロセッサ内部に設ける。ライトバッファを使用すると，キャッシュやメインメモリおよびキャッシュ-メインメモリ間転送路が競合あるいは混雑している場合でも，書き込みアクセスの終了を待つ必要がなくなる。競合や混雑が解消した時点で，ライトバッファからキャッシュあるいはメインメモリにデータを書き込めばよい。

(3) **リードバッファ**(read buffer)(**読み込みバッファ**)(図7.37参照)：データキャッシュやメインメモリからのプロセッサによる読み出しアクセス(ロード)時に，読み出しデータを一時的に保持する機構である。**ロードバッファ**ともいう。プロセッサ内部に設ける。通常は，アクセス対象そのものだけではなく，引き続いてアクセスする可能性(参照局所性)が高い命令やデータもリードバッファに**先読み**(**プリフェッチ**(pre-fetch)という)するので，**先読みバッファ**あるいは**プリフェッチバッファ**ともいう。

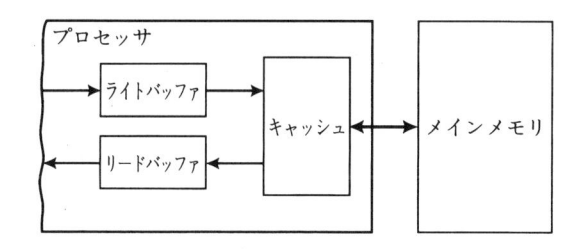

図 7.37 ライトバッファとリードバッファ

(2) や (3) はバッファへの到着順でメインメモリ ((2) のライトバッファの場合) やプロセッサ ((3) のリードバッファの場合) へ送り出すキュー (7.1.6 項 (a) 参照) で構成する。

(4) **ロードスルー** (load-through)：ライン置換時のメインメモリからキャッシュへの読み出し (ラインの転送) において，ライン内のアドレス順ではなく"要求順"に転送する方式である。

(5) **高機能キャッシュ**：通常のキャッシュ制御機構のほかに，次命令予測 (**命令プリフェッチ**という，(3) 参照)，データ予測 (**データプリフェッチ**という，(3) 参照)，命令デコード (デコードキャッシュ，前の (h) 参照) などの高機能順序制御機構を付加したキャッシュである。

(6) **専用キャッシュ**：キャッシュに格納する情報の性質によってキャッシュを物理的に分割実装する方式である。たとえば，① 命令キャッシュとデータキャッシュの分離 (7.3.2 項 (b) 参照)；② システム (OS) 用とユーザ (OS 以外) 用に分割；などが代表的である。

(7) **スヌープキャッシュ** (snooping cache)：キャッシュ-メインメモリ間のデータ転送路 (外部バス) を監視する (**バススヌープ** (bus snoop) という) 機構によって，コヒーレンシの保持・更新を行うキャッシュである。スヌープキャッシュでは，コヒーレンシの保持・更新を次の手順で行う。① ⓐ メインメモリが未更新であるためにキャッシュとのコヒーレンシが壊れているメインメモリからの読み出しアクセスと，ⓑ ライトバック方式のキャッシュへの書き込みアクセス (メインメモリが未更新となるのでコヒーレンシが壊れる) とを検出する。② ⓐ に対しては，"メインメモリからの読み出しデータの無効"を外部バスに通知する。③ ライン置換 (ライトバック) によってメインメモリを更新し，コヒーレンシを再保証する。ライトバック方式のキャッシュでは，コヒーレンシの保持機能が重要であるので，スヌープキャッシュとすることが

ある。

(j) キャッシュと仮想メモリの比較

　キャッシュの実現技術は種々の点で仮想メモリのそれと似ている。しかし，キャッシュと仮想メモリのそれぞれが対象とするメモリ階層とそれに起因する導入目的は，次に示すように，相異なる。

　(1) 仮想メモリ：メインメモリ-ファイル装置のメモリ階層関係を対象とし，メインメモリの空間的性能改善(メモリ空間の拡大)を目的とする。

　(2) キャッシュ：キャッシュメモリ-メインメモリのメモリ階層関係を対象とし，メインメモリの時間的性能改善(メモリアクセスの高速化)を目的とする。

　したがって，メモリ階層間のマッピング方式やブロック置換アルゴリズムなどの基本的な機能や実現機構はキャッシュと仮想メモリとでは同じ方式が適用できるが，対象メモリ階層と導入目的の違いによって，ハードウェア機構とソフトウェア機能(特にOS機能)との機能分担方式(すなわちハードウェア/ソフトウェア・トレードオフ)が異なる。たとえば，仮想メモリには，次のようなハードウェア/ソフトウェア・トレードオフ上でのキャッシュとの相違点がある。

　(1) 仮想メモリのブロック置換機能については，キャッシュほど高速処理の要求は厳しくないので，"ソフトウェア(OS)がそのほとんどを分担し，DATやTLBだけをハードウェア化する"方法で十分である。

　(2) キャッシュ-メインメモリ間に比べると，メインメモリ-ファイル装置間のデータ転送速度は遅く，また転送時のデータ量(ブロック)も大きいので，仮想メモリのバックアップメモリ(ファイル装置)更新はブロック置換時に行うライトバックの方が全体としての性能は良好である。

　(3) 仮想メモリの実現においては，プログラムの論理的な意味(たとえば，OSかユーザプログラムか)やサイズに配慮することも必要となるので，キャッシュのマッピングとしては不適切なセグメンテーションによるマッピングも仮想メモリでは有効な選択肢となる。

　(4) キャッシュの実装容量はハードウェア量や高速性の要求などによって厳しい制限を受けるが，仮想メモリ空間のバックアップメモリであるファイル装置に対するその制限はゆるい。すなわち，仮想メモリ空間サイズの自由度は大きく，仮想メモリのアドレス変換機構(たとえばページテーブルサイズやアドレス変換方式)の構成には拡張性や可変性が必要となる。

演習問題

7.1 メモリアーキテクチャは"メモリ装置のハードウェアとシステムプログラム(OSおよびコンパイラ)との機能分担方式である。このとき,メモリ装置のハードウェア,OSおよびコンパイラのそれぞれで分担するメモリ機能を具体的に列挙せよ。

7.2 メモリ装置を分類する指標について列挙し,特にメモリアーキテクチャの設計に与える影響について述べよ。

7.3 メモリ装置の性能を測る代表的な指標を2つあげよ。

7.4 メモリ階層とは何か,7.3であげたメモリの性能指標と関連付けて,説明せよ。

7.5 主要なメモリ階層を4つあげ,それぞれの特徴をアーキテクチャの観点から比較して述べよ。

7.6 参照局所性とは何か説明せよ。

7.7 代表的な半導体メモリ素子を2種類あげて,それぞれの特徴についてそれを使うメモリ階層を具体例として示すことによって説明せよ。

7.8 プロセッサによるメインメモリへのアクセスの制御手順について,読み出しと書き込みとに分けて,説明せよ。

7.9 DRAMアクセスの高速化手法について,具体例をあげて説明せよ。

7.10 メインメモリに関する次の単語について説明せよ。① メモリインタリーブ,② メモリ保護。

7.11 メモリ階層を利用するメインメモリ機能の改善方式を2種類示し,それぞれについて改善目標とメモリ階層の具体的な活用方法を明らかにせよ。

7.12 ファイル装置(補助メモリ)というメモリ階層について,メインメモリ階層と比較して説明せよ。

7.13 いろいろな種類のファイル装置をあげて,それぞれの特徴についてメモリ階層の観点から具体的に述べよ。

7.14 次のメモリ機構のそれぞれについて,汎用メモリとの違いを明確にして説明せよ。① スタック,② キュー,③ 連想メモリ,④ ハッシュメモリ,⑤ 構造化メモリ,⑥ タグメモリ,⑦ ビデオメモリ。

7.15 仮想メモリがメモリアーキテクチャの設計に及ぼす具体的な効果について述べよ。

7.16 仮想メモリにおけるマッピング方式をあげ,それぞれの特徴をハードウェア/ソフトウェア・トレードオフの観点から比較して説明せよ。

7.17 仮想メモリに関連する次の単語について説明せよ。① 動的アドレス変換 (DAT)，② アドレス変換バッファ (TLB)，③ ブロック置換，④ 2段ページング，⑤ ページフォールト．

7.18 仮想メモリにおけるページ置換アルゴリズムを具体的にあげ，それぞれの特徴について述べよ．

7.19 仮想メモリにおけるデマンドページングとプリページングとの相違を明らかにせよ．

7.20 キャッシュがメモリアーキテクチャの設計に及ぼす具体的な効果について述べよ．

7.21 キャッシュに関連する次の単語について説明せよ．① ヒット率，② ミスペナルティ時間，③ ライン置換．

7.22 命令キャッシュとデータキャッシュの各目的の相違について，参照局所性の観点から述べよ．

7.23 キャッシュにおけるマッピング方式をあげ，それぞれの特徴をハードウェア/ソフトウェア・トレードオフの観点から比較して説明せよ．

7.24 キャッシュにおけるメインメモリ更新方式をあげ，それぞれの特徴をハードウェア/ソフトウェア・トレードオフの観点から比較して説明せよ．

7.25 キャッシュにおけるライン置換アルゴリズムを具体的にあげ，それぞれの特徴について述べよ．

7.26 論理キャッシュと物理キャッシュとについて，キャッシュでのアドレス指定の観点から，比較して説明せよ．

7.27 オンザフライデコードとオンザミスデコードとについて，命令デコードのタイミングとキャッシュアーキテクチャとの関係の観点から，比較して説明せよ．

7.28 キャッシュの高機能化手法について，具体的に述べよ．

7.29 仮想メモリとキャッシュの類似点と相違点について，特にメモリ階層およびハードウェア/ソフトウェア・トレードオフの観点から比較して述べよ．

8

入出力アーキテクチャ

"コンピュータと人間(ユーザ)との情報(広義のデータやプログラム)の授受を実現する機構"を**入出力装置** (input/output unit, I/O unit) という。本章では，この入出力装置や入出力機能におけるハードウェア/ソフトウェア・トレードオフすなわちハードウェアとソフトウェアの機能分担方式について述べる。入出力機能におけるハードウェア/ソフトウェア・トレードオフを本書では**入出力アーキテクチャ** (I/O architecture) という。

8.1 入出力機能

8.1.1 入出力と入出力制御

（a） コンピュータの入出力

広義の入出力とは次のような機能である（図8.1参照）。

（1） **入力** (input)：コンピュータが情報を読み込む，すなわち人間が**入力**

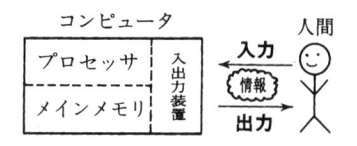

図8.1 広義の入出力

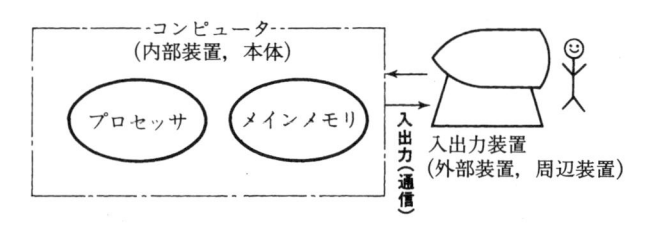

図8.2 狭義の入出力

装置 (input unit) を介してコンピュータへ情報を送り込む機能である。

(2) **出力** (output)：コンピュータが情報を書き出す，すなわち人間が**出力装置** (output unit) を介してコンピュータから情報を取り出す機能である。

(3) **通信** (communication)：入出力機能を併せた機能である。この意味で，入出力装置を**通信装置** (communication unit) ということもある。

一方，図8.2に示すように，"入出力装置とコンピュータ本体(プロセッサとメインメモリ)との通信"を"狭義の入出力"という。

コンピュータと人間との通信の場合，コンピュータ(本体，内部装置)に対して入出力装置はコンピュータ外部にある**外部装置**であり，入出力装置を**端末装置** (terminal) あるいは**周辺装置**ともいう。また，人間の代わりにマシン(他の入出力装置やコンピュータ)が相手になる通信もある。① 通信相手が人間の場合，情報処理速度，情報媒体，使用言語の違いなどに配慮する必要があり，特に媒体(メディア)変換機能が必須となる。一方，② 通信相手がコンピュータの場合，アーキテクチャの違いや通信路の形態に配慮する必要があり，通信規約の設定が必須となる。①については本章で，②については次の第9章で詳述する。

(**b**) **入出力制御機能**

コンピュータ本体特にプロセッサによる入出力装置の制御(**入出力制御**という)機能が満たすべき要件は次の2点である。

(1) プロセッサやメインメモリに比べると格段に低速の入出力装置の制御機能をプロセッサやメインメモリの本来の機能から独立させる。これによって，コンピュータの主要なハードウェア構成要素であるプロセッサ，メインメモリ，入出力装置が相互に共用する種々の資源を効率的に利用できるようになり，コンピュータシステムとしての全体性能が向上する。

(2) 人間が扱う多種多様な情報メディア(媒体)に合わせて種々ある入出力装置とプロセッサやメインメモリとの接続形態の多彩な組み合わせを実現する。また，入出力制御装置を通信路の途中に置くことによって，コンピュータ本体と入出力装置とのインタフェースの一元化を図り，多種多様な入出力装置の制御を統一的なインタフェースで行うようにする。

すなわち，プロセッサ(制御機構と演算装置)やメインメモリと入出力装置が並行して動作するように制御する機能が"入出力制御"である。

(**c**) **入出力コントローラ**

コンピュータと入出力装置とのインタフェースとなり，コンピュータ-入出

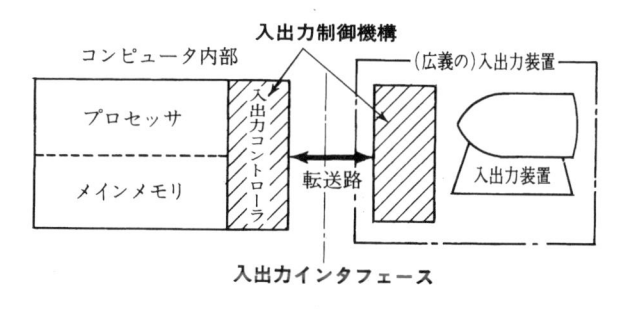

図 8.3 入出力制御機構

力装置間のデータ転送を制御する機構を**入出力制御機構**(I/O control unit)あるいは**入出力コントローラ**(I/O controller)という。実際には，図 8.3 に示すように，入出力制御機構はコンピュータ側と入出力装置側の両方さらにはそれらの中間にあり，これらが互いに通信し合うことによってデータ転送(入出力動作)を制御する。8.2 節では，特に"コンピュータ側(内部装置，本体)の入出力コントローラ"(**入出力アダプタ**(I/O adapter)ともいう，メインフレームコンピュータでは**入出力チャネル**(I/O channel)ともいう)について説明する。以降で特に断りのない場合には，"入出力コントローラ"といえば"コンピュータ側の入出力コントローラ"を指す。入出力コントローラの詳細については 8.2.2 項で述べる。

(d) 入出力インタフェース

コンピュータから見える入出力装置の機能も**入出力アーキテクチャ**といえる。したがって，"入出力アーキテクチャ"とは，"コンピュータ本体(プロセッサとメインメモリ)と入出力装置のインタフェース(**入出力インタフェース**という，図 8.3 参照)となる入出力コントローラの機能あるいはその機能の実現におけるハードウェア/ソフトウェア・トレードオフ"ともいえる。

入出力インタフェースは，実際には，プロセッサ側の入出力コントローラと入出力装置側の入出力制御機構とを接続する情報転送路である。パソコンやワークステーションでは，この情報転送路を入出力コントローラや入出力装置によって共用するのが普通である。この共用情報転送路は**バス**(bus)であり，**外部バス**あるいは**入出力バス**という。パソコンやワークステーションでは，プロセッサ側の入出力コントローラとそれに接続する入出力バスを併せて**入出力コントローラ**ということもある。

具体的に入出力インタフェースを規定する項目としては，① 論理的な信号

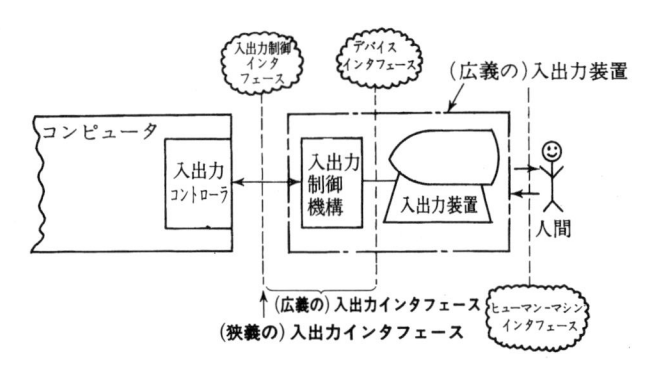

図 8.4 入出力インタフェース

授受方式や接続方式（たとえば通信規約など）；と，② 物理的な信号授受方式や接続方式（たとえばコネクタ形状，信号ピン割り付け，電気的仕様など）；とがある。

　コンピュータ本体側の入出力コントローラと入出力装置間を"広義の入出力インタフェース"という。この広義の入出力インタフェースは次の2種類のインタフェースの総称である（図8.4 参照）。

（1）　**入出力制御インタフェース**：コンピュータ本体側の入出力コントローラと入出力装置側の入出力制御機構間のインタフェースを**入出力制御インタフェース**といい，その仕様はコンピュータアーキテクチャによって決まる。"入出力制御インタフェース"を"狭義の入出力インタフェース"ということがある。本書では，以降で特に断りのない場合，"入出力インタフェース"とは"狭義の入出力インタフェース"すなわちこの"入出力制御インタフェース"のことを指す。

（2）　**デバイスインタフェース**（device interface；装置インタフェース）：入出力装置側の入出力制御機構と入出力装置間のインタフェースを**デバイスインタフェース**といい，その仕様は入出力装置の仕様（アーキテクチャ）によって決まる。

　本書では，入出力装置そのものと入出力装置側の入出力制御機構を併せて"広義の入出力装置"ととらえ，以降で特に断りのない場合は，"入出力装置"は"広義の入出力装置"を意味する。

（e）　**入出力アーキテクチャ**
　入出力アーキテクチャとは，コンピュータにおけるデータの入出力機能に関するハードウェア/ソフトウェア・トレードオフであり，具体的には次のような

項目としてとらえることができる。
- 入出力機能の実現方式。
- 入出力制御方式。
- プロセッサから見える入出力装置の機能すなわち入出力操作に関連する命令セット。
- 入出力インタフェース(入出力制御インタフェース)。
- 入出力操作に関してユーザ(人間)から見えるコンピュータの機能。

(f) 入出力機能におけるハードウェア/ソフトウェア・トレードオフ

(e)で述べた入出力機能の実現におけるハードウェア/ソフトウェア・トレードオフについては，たとえば次のような機能分担方式がある。

(1) **ハードウェア**：入出力コントローラ，信号線(情報転送路)，入出力装置などのハードウェア機構である。

(2) **OS**：入出力命令(入出力装置や入出力コントローラの操作，SVC命令の一種)の実行，入出力割り込み処理などである。物理的(ハードウェア的)機能としては入出力コントローラによる入出力および通信の制御と管理であり，論理的(ソフトウェア的)機能としてはプロセス管理(入出力プロセス状態の管理)である。入出力プロセス管理機能の具体例としては，① 入出力装置が使用中か空いているかのチェック；② 入出力制御プログラム(**入出力プログラム**という，8.2.2項(f)で詳述)の実行；③ 入出力プロセスの管理とスケジューリング；④ 入出力動作終了処理；⑤ 入出力処理の再試行；などがある。OSの分担する入出力機能の一部(特に割り込み処理機能など)を高速処理のためにハードウェア化することもある。

(3) **コンパイラ**：入出力命令(入出力装置の操作や制御に関するSVC命令)の生成である。主な入出力動作は入出力プログラムとしてサブルーチン化してあるので，ユーザが記述したプログラムをSVC命令や入出力命令から成る入出力プログラムにコンパイルする。

(4) **ユーザプログラム**：ユーザ自身による入出力装置の管理(たとえば特殊な入出力割り込み処理)などである。

8.1.2 入出力装置

(a) 入出力装置の要件と評価指標

図8.4に示すように，ヒューマン(human；人間，ユーザ)とマシン(コンピュータ)は入出力装置を介して通信する。この場合の入出力装置の使用法や

使い勝手を**ヒューマン-マシンインタフェース**(human-machine interface)，**ヒューマン-コンピュータインタフェース**(human-computer interface)あるいは**ユーザインタフェース**(user interface)という．コンピュータの性能向上とともに，コンピュータの処理対象となる情報媒体(メディア)は文字から図形，画像，音声へと広がり(多種多様な情報媒体を**マルチメディア**という)，入出力装置も多種多様になっている．

　ユーザ(人間)が道具としてコンピュータを使う際に接するのがヒューマン-マシンインタフェースであり，人間から見た場合のヒューマン-マシンインタフェースに対する最も重要な要件は"装置の使い勝手などの操作性"である．

　コンピュータの入出力相手が人間の場合，"情報の処理速度，情報の処理方式，情報の表現媒体(メディア)などが人間とコンピュータのそれぞれで異なる"ことに配慮する必要がある．特に，人間が扱う情報媒体は多種多様(マルチメディア)であり，また，それをコンピュータで処理しようとする．ところが，コンピュータの内部装置では，情報はすべて2進数(コンピュータ内部での数表現については，3節で詳述)で表現する．したがって，人間⇔コンピュータ間の対話では，"マルチメディア⇔2進数表現間のメディア変換機能"が必須となる．

　入出力装置そのものの評価指標としては，① 入出力速度；② 操作性(使い勝手，ユーザインタフェース)；③ 品質(たとえば解像度など，次の(b)の(6)参照)；④ 耐故障性(故障の頻度，信頼性)；⑤ 取り扱える媒体(適用性，応用性)やその量；⑥ 物理的サイズ(大きさ)や重量；などがある．

(b)　入出力装置の分類

　入出力装置を分類する指標は種々ある．主な指標によって入出力装置を分類してみよう．

(1)　情報の転送方向による分類

　① **入力装置**：(人間あるいはコンピュータ外部→)**入力装置**→コンピュータ(本体，内部装置)((d)で詳述)．

　② **出力装置**：コンピュータ(本体，内部装置)→**出力装置**(→人間あるいはコンピュータ外部)((e)で詳述)．

　③ **入出力装置**：(人間あるいはコンピュータ外部⇔)**入出力装置**⇔コンピュータ(本体，内部装置)．(例)通信装置(9.1.2項で詳述)やファイル装置(7.1.5項で詳述，次の(c)参照)など．

（2） 入出力する情報媒体（メディア）による分類
① **文字入出力装置**：(例) キーボード (keyboard)，スタイラスペン (stylus pen)，ボタン，スイッチなど。
② **図形入出力装置**：(例) ディスプレイ (display)，プリンタ (printer)，スタイラスペン，タブレット (tablet)，プロッタ (plotter) など。
③ **画像入出力装置**：(例) スキャナ (scanner)，デジカメ (ディジタルカメラ (digital camera))，ディスプレイなど。
④ **音声入出力装置**：(例) マイク (マイクロフォン (microphone))，スピーカ (speaker) など。
（3） 入出力装置の付加機能による分類
① 文字やコードの認識機能：(例) 光学式文字読み取り装置 (OCR；Optical Character Reader)，バーコード読み取り装置など。
② 格納機能：(例) **ファイル装置** (補助メモリ，7.1.5項で詳述，次の (c) 参照) はメモリ装置および外部装置であるが，入出力制御 (次の8.2節で詳述) の観点からは"入出力装置"と見なせる。
（4） 入出力機構の原理による分類：たとえば，機械，電気，磁気，熱，光学の各方式，さらにはそれらを複合した原理などである。
（5） 入出力動作速度による分類
① 低速：(例) キーボード，マウス (mouse)，プリンタ，スタイラスペンなど。
② 中速：(例) スキャナ，スピーカ，マイク，デジカメなど。
③ 高速：(例) ディスプレイ，ファイル装置 (次の (c) 参照) など。
（6） 入出力機能の品質による分類：たとえば，"モノクロ (monochrome；白黒) だけか，カラーも可能か"，"モノクロであれば，階調 (明るさや色調の段階表現) はいくらか"，"カラーであれば，何色を表現可能か" などの入出力機能の品質による。また，**解像度** (resolution) は，隣接する2点を相異なる点として入出力できる2点間の最小単位であり，"単位距離あたり識別可能な点をいくつ入出力できるか"を表し，その単位は1インチ当たりのドット (点) 数 (dpi) あるいはドットピッチ (間隔) である。したがって，解像度は画像や図形の入出力装置 (例：ディスプレイ，プリンタ，スキャナなど) の性能評価指標すなわち"鮮明さ"や"精細さ"の指標として用いる。
（c） 入出力装置としてのファイル装置
人間に最も近いところに置くメモリ階層としての**ファイル装置** (補助メモ

リ，外部メモリ，7.1.5項で詳述）は，入出力や格納およびその管理単位を個々の命令やデータではなく"ファイル"という"人間が直接作成したり取り扱うひとまとまりのプログラムやデータ"とする外部装置である．そして，ファイル装置は大容量の格納機能だけではなく，高速の入出力機能も兼備している．

外部装置としてのファイル装置が示す入出力装置との類似点は，① コンピュータの内部装置（プロセッサとメインメモリ）から見ると，双方向の入出力機能を備えている；② 内部装置との情報の授受（転送）については，入出力制御や入出力割り込みの各機能を使う；の2点である．一方，入出力装置との相違点は，③ メモリとしての"格納"が主たる機能であり，"入出力"は"格納"を補助する付随的な機能である；④ "人間とコンピュータ（本体，内部装置）とが共用する大容量メモリ装置"という位置付けであり，人間と内部装置とがファイル装置を介して間接的にファイルを授受するが，人間が内部装置に情報を直接入出力するために使うハードウェア装置（入出力装置）ではない；の2点である．

ファイル装置は，次の理由で，コンピュータの内部装置（特にプロセッサ）からは"高速の入出力装置"とみなせる．

（1） コンピュータの内部装置（プロセッサとメインメモリ）とのやりとりが"入出力"機能そのものであり，その装置どうしのやりとりに人間が直接には介在（関係）しないので"高速"である．

（2） 1回で転送する情報の単位が"ファイル"という比較的大きなまとまり（"大量"あるいは"多量"）である．

したがって，ファイル装置に対する入出力制御のためのソフトウェア機能やハードウェア機構は他の入出力装置と兼用するのが一般的である（8.2節参照）．

(d) 入力装置

人間がコンピュータ（本体，内部装置）に情報（命令やデータ）を送り込む装置である**入力装置**は，"何をどのようにして入力するのか"によって，次のように細分類できる．

（1） **ディジタル信号入力装置**：読み取ったディジタル信号値（2進数値あるいはビット列）をそのまま内部装置（プロセッサとメインメモリ）に送り込む入力装置である．代表的なものとして，図形や画像（静止画像と動画像）の入力装置であるスキャナやデジカメ（ディジタルカメラ）などがある．

（2） **符号入力装置**：入力した情報を内部装置で取り扱う文字コード（3.3.2項参照）にコード化して送り込む装置である．たとえば，**キーボード**は，ユー

ザが押下したキーに対応する文字をあらかじめ定めてある1バイトの2進コードに変換して内部装置に送り込む。

（3） **位置入力装置**：ディスプレイなどの出力装置を補助的に使って（それによって確認しながら），絶対的あるいは相対的な位置座標を内部装置に送り込む装置である。**座標入力装置**あるいは**ポインティング装置**（pointing device）ともいう。たとえば，**マウス**，スタイラスペン，タブレット（tablet），タッチパネル（touch panel），トラックパッド（track pad），トラックボール（track ball），キーボードのカーソルキー（cursor key），ジョイスティック（joystick）などがある。

（e） **出力装置**

出力装置は，コンピュータの内部装置（プロセッサとメインメモリ）が処理（計算）した結果（データ）を人間が得るためのハードウェア装置であり，コンピュータ内部での数表現（2進数値やビット列）を人間が理解できる情報メディアとして提示する能力を備えている。

出力の方法には，① 内部装置からの2進数値やビット列をディジタル信号としてそのまま直接出力する；② 内部装置からの情報を2進コードとして受け取り，それを文字形状（**フォント**（font）という）や色情報などを含む様々なメディアに変換してから出力する；などがある。

代表的な出力装置は次の2種類である。

（1） **ディスプレイ（表示装置）**

出力情報の一時的な表示を行う出力装置である。キーボードやマウスなどの入力装置と組み合わせて，人間（ユーザ）-コンピュータ（本体，内部装置）間の対話のための標準的な出力装置として使用する。パソコンやワークステーションの代表的なユーザインタフェースである。現代のディスプレイは高解像度（640×480〜3840×2400 dpi）であり，このような高解像度（高精細）ディスプレイを**グラフィックディスプレイ**（graphic display）ともいう。

時間経過とともに（動的に）変化する情報（たとえば，映像や動画像）を提示できる。一方で，永続して記録する機能をもたないので，同一の表示を続けるためには，表示を繰り返す必要がある。このために，ディスプレイの表示制御を専門に行う入出力コントローラ（8.2.2項(a)(b)参照）を内部装置側に備えるのが普通である。

(2)のプリンタに比べると，ディスプレイの出力は速いが，一度に表示できる情報量や解像度は，画面の大きさによって，かなり限られる。

画面上のすべてのドット（ディスプレイでは"画素"ともいう）ごとの点滅を制御できて，このドット列を1行（ライン（line））ごとに電子ビームによってスキャン（scan；走査）して文字，図形，画像を表示する，**ラスタスキャンディスプレイ**（raster scan display）が代表的である。

表示方式や表示メディアの相違によって，① 安価であるが装置自体が大きく高熱になる **CRTディスプレイ**（Cathod Ray Tube display；陰極線管ディスプレイ）；② 装置規模は小さいが，①のCRTディスプレイに比べるとやや高価な**液晶ディスプレイ**；③ コントラストが①のCRTディスプレイ並みで，②の液晶ディスプレイよりも大画面構成が可能な**プラズマディスプレイ**（plasma display）；など，いろいろなラスタスキャンディスプレイがある。

（2） **プリンタ（印刷装置）**

出力先の印刷メディア上に出力情報をほぼ永続して記録しておくことができる。プリンタに出力できる情報メディアとしては，文字，図形，静止画像などがあり，また，記録対象となる印刷メディアは"紙"が普通である。

ⓐ 印刷するときに印刷メディアに印刷機構が接触するかしないか；ⓑ 1～数ドットずつ横方向に順次印刷する**シリアルプリンタ**（serial printer）か1ページ分まとめて印刷する**ページプリンタ**（page printer）か；ⓒ 印刷機構として機械，熱，光，静電気など（前の(b)の(4)参照）のいずれを利用しているのか；などの相違によっていろいろな出力装置がある。また，ⓐ～ⓒによって解像度などの品質評価指標が定まる。

たとえば，① 高速で高解像度ではあるが，他と比べると大型で高価な**レーザビームプリンタ**（laser beam printer, LBP）；② 軽量小型で，かつ，安価なカラー印刷も可能で広い印刷メディアを持つが，他と比べると低速の**インクジェットプリンタ**（ink-jet printer）；③ 軽量で小型ではあるが印刷紙（メディア）が限られる**感熱プリンタ**；などである。

8.2 入出力制御

8.2.1 入出力制御機能

（a） **入出力制御の必要性**

入出力装置の性能評価指標の1つに"入出力装置の動作速度"がある。人間（ユーザ）とは独立して勝手に動作する内部装置（本体，プロセッサとメインメモリ）とは違い，入出力インタフェースやユーザインタフェースとして人間

-コンピュータ間の対話を実現する入出力装置は人間の動作によっても影響を受ける。すなわち，人間が入出力装置を使う速さやタイミングが入出力装置の動作速度にも影響を及ぼす。

たとえば，入力は，原則として（スキャナのように，入力機構によって動作速度が決まるような例外もある），人間がその操作を意志として示すことによって行う。したがって，①いつ入力するか；②どれくらいの速さで入力するか；の2点については，入力装置を使う（入力する）人間が決める。すなわち，"コンピュータの内部装置と入力装置とは独立して動作する"のが原則である。

一方，出力装置の動作速度は次のようにして定まる。③ 出力方式や機構によって上限が決まってしまう場合：人間がいくら速く動作させようとしても，出力装置のハードウェア機構が追従できない場合であり，この例の代表的出力装置としてプリンタがある。④ ある一定以上の速度を超えて出力しても人間にとって意味がない場合：ディスプレイが代表例であり，約30ミリ(m)秒に1枚の画像しか認識できない人間にとって，それ以上の速度で画像を表示（出力）してもほとんど意味がない。③④のいずれの場合も，"コンピュータの内部装置と出力装置とは独立して動作する"のが原則である。

このように，コンピュータを使う人間（ユーザ）とは無関係に動作することができる内部装置と，人間の動作が動作速度やタイミングに影響する入出力装置とは，独立して動作するのが普通であり，また，独立して動作する方が互いに効率が良くなる。コンピュータシステムにおいては，同時に実行できる機能はできる限り並行して動作させることによって，特にハードウェア機構の効率的な活用を図ることができる。

一方で，入出力装置は人間がコンピュータを道具として使うために必須のハードウェア装置であり，コンピュータの内部装置の動作と次のような深い関係がある。ⓐ 内部装置には，命令やデータを入力してほしいタイミングがある。ⓑ 内部装置がプログラム（命令）によって情報を出力することを指令する場合には，そのタイミングは内部装置が決める。

したがって，**入出力制御**とは"独立して動作する内部装置（特に，プロセッサの順序制御機構）と入出力装置（最終的には，入出力装置を使う人間）とのタイミングを合わせる機能"といえる。

（b） プロセッサと入出力制御

プロセッサによる入出力装置（広義の入出力装置，入出力装置側の入出力制

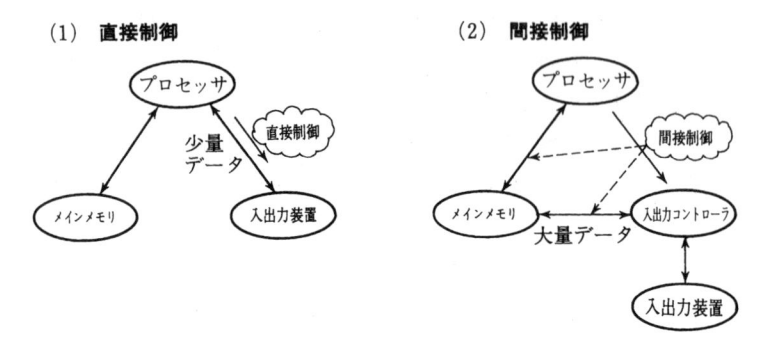

図 8.5 プロセッサと入出力制御

御機構を含む)の制御形態によって入出力制御方式を次のように分類できる(図8.5参照)。

（1）**直接制御**：プロセッサが入出力装置を直接制御する。実際には，プロセッサがマシン命令あるいはプログラムによって入出力装置を制御し，プロセッサ-入出力装置間の直接(少量)データ転送を行う。プロセッサとキーボードや低速プリンタを代表とする文字入出力装置間の少量データの転送(入出力)を制御する方式である。

（2）**間接制御**：プロセッサが入出力コントローラを介して間接的に入出力装置を制御する。実際には，プロセッサがマシン命令あるいはプログラムによって入出力コントローラに入出力装置の制御を依頼する。主として，メインメモリ-入出力装置間の大量データ転送に適用する。8.1.1項の(b)で述べた入出力制御の要件である，① 多種多様な入出力インタフェースに対応できる；② 入出力装置の多種多様性を入出力コントローラの機能によって吸収できるので命令セットが大きくなるのを抑えることができる；③ プロセッサによる処理と入出力装置の動作を並列実行できるので入出力処理にかかるプロセッサのオーバヘッドを少なくすることができる；を満たす入出力制御方式である。現代のコンピュータシステムは入出力装置の大半をこの間接制御方式によって制御している。次の8.2.2項では，間接制御方式によって入出力装置を制御する入出力コントローラについて詳述する。

（c）**入出力制御の規格**

8.1.2項(b)で述べたように，人間-コンピュータ間の対話の形態に応じて様々な入出力装置がある。したがって，前の(b)で述べた主要な入出力制御方式である間接制御においても，それぞれの入出力装置ごとに個別の入出力コン

トローラを内部装置側に用意するのでは，そのハードウェア機構の規模は非常に大きくなり現実的ではない．また，入出力装置の変更や追加などに対処しにくい．これを避けるために，入出力制御方式に対して一定の"規格"あるいは"仕様"を定め，内部装置側には規格ごとに少数の入出力コントローラを装備するようにする．このようにすれば，ある内部装置といろいろな入出力装置との共用情報転送路として外部バス（**入出力バス**という，次の(d)で詳述）を使ったり，一部の入出力コントローラを共用したりすることによって，入出力制御に要する内部装置側のハードウェア機構（入出力コントローラ）の規模を小さくすることができる．

このような入出力制御の規格はそれぞれバスや制御信号線の種類，本数，媒体，および，入出力速度などの入出力制御方式を具体的に定めており，入出力装置の特徴に合わせて適切な規格を選択する必要がある．

（d）入出力インタフェースの分類

内部装置（プロセッサとメインメモリ）-入出力装置間の情報転送路の構成上の相違を指標として，入出力インタフェースを分類できる．

（1）入出力装置の接続形態による分類：内部装置側の入出力コントローラと個々の入出力装置との接続形態による分類である（図8.6参照）．

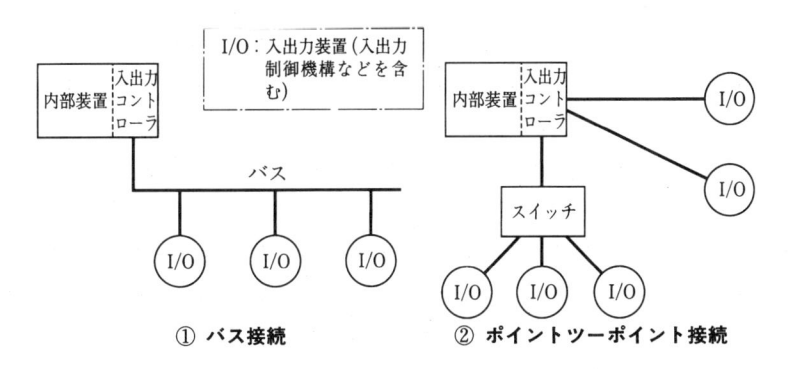

図8.6 入出力コントローラと入出力装置との接続形態

① **バス接続**：ある入出力コントローラが制御する情報転送路である外部バスを各種の入出力装置で共用する．入出力装置を接続する外部バスを**入出力バス**という．入出力バスには規格（入出力インタフェース）を設定し，その入出力インタフェースを満たす入出力装置や入出力コントローラを接続できる．ⓐ汎用性や拡張性がある；ⓑ入出力コントローラを共用できる；という長所と，

ⓒ 共用(時分割使用)のためにバス使用権の調停機構(**バスアービタ**(bus arbiter)，8.2.4項(d)で詳述)が必要となる；ⓓ 入出力バスを時分割使用するので低速である；という短所とがある。パソコンやワークステーションの代表的な入出力インタフェースである。入出力バスについては8.2.4項で詳述する。メインフレームコンピュータの汎用チャネル(8.2.2項(b)参照)もこの入出力インタフェースの一種である。

② **ポイントツーポイント**(point-to-point)**接続**：ある入出力装置に専用の入出力コントローラを用意して，入出力コントローラと入出力装置を1対1接続する。ⓐ 入出力コントローラは特定の入出力装置だけを制御すればよいので，きめ細かな入出力制御が可能となる；ⓑ 転送路を占有使用できるので高速である；という長所と，ⓒ 汎用性や拡張性に欠ける；ⓓ 入出力装置ごとに入出力コントローラが必要となる；という短所がある。メインフレームコンピュータの専用チャネル(8.2.2項(b)参照)はこの入出力インタフェースの一種である。図8.6の②に示すように，スイッチで接続先の入出力装置を切り替える方式を併用すれば，ⓒやⓓの短所は目立たなくなる。たとえば，この方式のパソコン用の規格として，**シリアルATA**(serial ATA；"シリアル"については(2)で，ATAについては8.2.4項(c)で詳述)などがある。

(2) データ転送路幅による分類：データ転送に使用する信号線の本数すなわち"データ転送路幅(ビット)が複数かどうか"による分類である。

① **直列**(**シリアル**(serial))：1本の転送路によって1ビットずつ順次送るデータ転送方式である。直列方式の長所としては，ⓐ 信号線が1本ですむ；ⓑ 同期制御が簡単である；があり，短所としては，ⓒ 一般的に低速である；ⓓ 直列⇔並列変換が必要となる；がある。通信回線を利用した長距離のデータ転送(9.1.1項(c)参照)で用いる。高速のクロックによる同期制御や専用化を行えば，ⓒやⓓの短所が目立たなくなるので，(1)の②のポイントツーポイント接続する入出力装置の入出力方式としても使える。

② **並列**(**パラレル**(parallel))：複数本の転送路によって複数ビットのデータを同時に(並列に)転送する。並列方式の長所としては，ⓐ 高速である；ⓑ 直列⇔並列変換が不要である；があり，短所としては，ⓒ 並列転送幅が広くなるにつれて同期崩れ(ばらつき)のおそれが出てくるので同期制御は難しい；ⓓ 信号線を敷設するコストは高い；がある。メインフレームコンピュータのチャネルなどは特に広い(データ線の本数が多い)並列データ転送路を装備している。

(e) 入出力制御機能の分類

入出力制御機能を種々の観点から分類してみよう。

(1) 入出力コントローラと入出力装置との信号授受方式による分類

① **非同期**：リクエスト（要求）とそれに対するアクノリッジ（応答）の制御信号で転送ごとに確認を取りながらデータ転送を進める。(2) の分類方法での"プログラム制御入出力"、(3) の分類方法での"インタリーブモード"と共通する点が多い。入出力装置（入出力速度）の多様性に対処できるが、信号授受ごとに確認をとるので一般的に低速である。**ハンドシェイク**(handshake；応答確認) 方式ともいう。

② **同期**："制御信号（同期信号）から一定時間内のデータ転送が正しく行われる"ことを保証する入出力制御方式である。(2) の分類方法での"DMA"、(3) の分類方法での"バーストモード"と共通する点が多い。高速ではあるが、入出力装置ごとに保証できるデータ入出力時間を決めて、その時間を固定する必要がある。

(2) データ転送の制御を行う主体による分類

① **プログラム制御入出力**：プロセッサのマシン命令が制御する。(3) の分類方法での"インタリーブモード"と共通点がある。8.2.3項(d)で詳述する。

② **ダイレクトメモリアクセス**（**DMA**, Direct Memory Access）：入出力コントローラが入出力制御手順の大半を実行し、また、メインメモリ-入出力装置間で直接データ転送する。プロセッサは入出力動作の開始時と終了時に入出力コントローラと通信する（これは ① のプログラム制御入出力で行う）だけである。(3) の分類方法での"バーストモード"と共通点がある。8.2.3項(e)で詳述する。

(3) 入出力コントローラ-入出力装置間の論理的結合関係を解放するタイミングによる分類

これは、"1個(1回)の入出力命令で転送するデータ量（単位）による分類"ともいえる。

① **インタリーブモード**(interleave mode)：少量(1〜数バイト程度) データ転送ごとに解放する。低速かつ少量データ転送向きであり、データ単位によって"バイト転送方式"、"ワード転送方式"ともいう。

② **バーストモード**(burst mode)：データのかたまり（ブロック）すべてのデータ転送が完了するまで結合関係を解かない。高速かつ大量データ転送向きであり、"ブロック転送方式"、"連続転送方式"ともいう。

(1)～(3)はいずれも"低速転送か高速転送かあるいは少量転送か大量転送かのそれぞれいずれに適しているか"による分類といえる。すなわち，① 低速・少量転送向き入出力制御機能が非同期(ハンドシェイク)，プログラム制御入出力，インタリーブモード，② 高速・大量転送向き入出力制御機能が同期，DMA，バーストモード；である。

実際の入出力制御機能としては(1)～(3)で述べた各方式を組み合わせる。たとえば，大量データ転送の場合には，ハンドシェイクやインタリーブモードによって入出力制御機構や入出力装置の初期化のための制御情報(メインメモリアドレスや転送データ量など)の転送を行い，実質的なデータ転送は同期，バーストモード，DMAなどで行う。

8.2.2 入出力コントローラ

（a） 入出力プロセッサ

内部装置側の**入出力コントローラ**は"入出力操作を専門に行う小規模なコンピュータ(**入出力プロセッサ**(I/O processor)という)"である。メインフレームコンピュータの場合，入出力コントローラを特に**入出力チャネル**(I/O channel)ということもある。入出力コントローラは入出力装置を直接制御する指令(**入出力コマンド**(I/O command)あるいは**チャネルコマンド**(channel command)という)を入出力装置に送出し，その機能を実行・制御する。

入出力コントローラ(入出力プロセッサ)が入出力装置に送出する入出力コマンドは，① メインメモリ；② 入出力コントローラ自身が備える専用メモリ；のいずれかに格納しておく。

（b） 入出力コントローラの適用範囲による分類

情報転送路を含めた入出力コントローラ(メインフレームコンピュータの場合は入出力チャネル)は適用範囲の観点から次の2種類に分類できる(図8.7参照)。

（1）**汎用入出力コントローラ**：入出力制御機能が制御対象とする入出力装置の種類に依存しない入出力コントローラである。入出力インタフェースを規格によって統一(標準化)できる。また，可用性や拡張性に優れている。入出力装置側の入出力制御機構を入出力コントローラが示す入出力インタフェースに合わせる。パソコンやワークステーションの入出力バス(8.2.4項で詳述)とそれを制御する入出力コントローラがこの代表例である。メインフレームコンピュータの汎用入出力コントローラは**汎用チャネル**という。

(1) 汎用入出力コントローラ　　(2) 専用入出力コントローラ

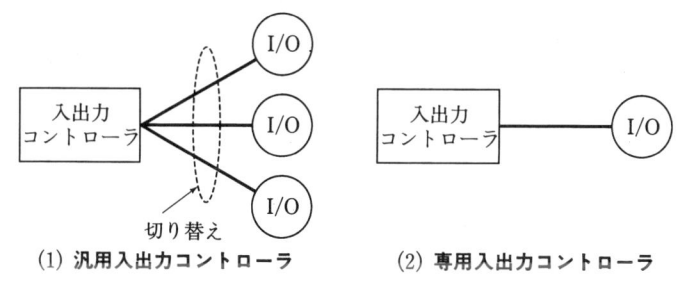

図 8.7 適用範囲による入出力コントローラの分類

メインフレームコンピュータの汎用チャネルは"1台の入出力チャネルと複数台の入出力装置の対応関係をどのように実現しているか"あるいは"複数の入出力プログラムの実行を1台の入出力チャネル上でどのように多重化するか"によって，次の2種類に大別できる．

① **セレクタチャネル** (selector channel)：図8.8の①に示すように，入出力プログラム（入出力装置）単位で入出力チャネルと入出力装置との対応関係を切り替える．ある入出力装置に対する入出力プログラムの実行中は（その実

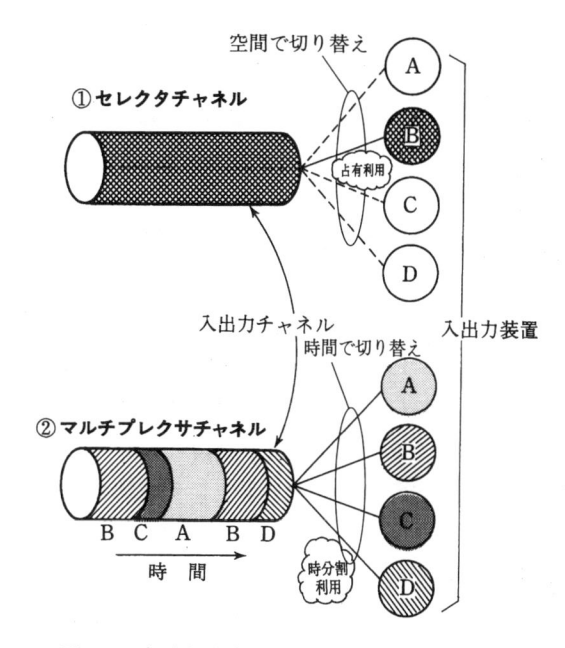

図 8.8 多重化方式による汎用チャネルの分類

行が終了するまで)他の入出力プログラムを実行できない.すなわち,データ転送の終了まで入出力チャネル-入出力装置間の物理的結合関係を解かずに一度に(バーストモード,8.2.1項(e)参照)データ転送(入出力動作)を行う.セレクタチャネルは単一の入出力装置が占有利用できるので,高速データ転送が可能である.したがって,入出力チャネルを空ける時間がほとんどない高速入出力装置(たとえば半導体ディスクなど)の制御に向いている.

② **マルチプレクサチャネル**(multiplexor channel):図8.8の②に示すように,複数の入出力プログラム(入出力装置)が入出力チャネルを時分割利用する.入出力チャネル-入出力装置間の物理的結合関係を時間単位で切り替えながらデータ転送(入出力動作)を行う.複数入出力装置による入出力チャネル利用の時間的多重化方式である.低速データ転送(入出力動作)時に無駄な空き時間を作らないので,利用効率が良好となる.一方で,結合関係の切り替えごとに入出力装置の識別などの入出力チャネルの初期化が必要となる.マルチプレクサチャネルは多重化単位によって,ⓐ **バイトマルチプレクサチャネル**(byte-multiplexor channel):バイト単位に結合関係を切り替える,人間が1回ごとに介在する入出力動作(たとえばキーボード入力)などの低速少量データ転送に向いている;ⓑ **ブロックマルチプレクサチャネル**(multiplexor channel):データのブロック転送動作ごとに結合関係を切り替える,空き時間をシーク動作待ちや回転動作待ちにあてることができる回転型メモリのファイル装置による高速大量転送に向いている;にさらに細分できる.

②のⓑのブロックマルチプレクサチャネルは①のセレクタチャネルと②のⓐのバイトマルチプレクサチャネルとの融合方式である.

(2) **専用入出力コントローラ**:特定の入出力装置だけを制御できる入出力コントローラである.入出力コントローラの入出力制御機能を特定の入出力インタフェースだけに合わせる.高速データ転送が可能である.たとえば,メインフレームコンピュータのハードディスク装置用などがある.メインフレームコンピュータの専用入出力コントローラは**専用チャネル**という.

(c) **入出力コントローラのハードウェア構成**

入出力コントローラは次のようなハードウェア機構で構成する(図8.9参照).

● データバッファ:転送データの一部を一時的に置くことによって,内部装置(プロセッサとメインメモリ)と入出力装置との動作の速度差を吸収する.
● コントローラ:入出力コマンドを実行する.

8.2 入出力制御   303

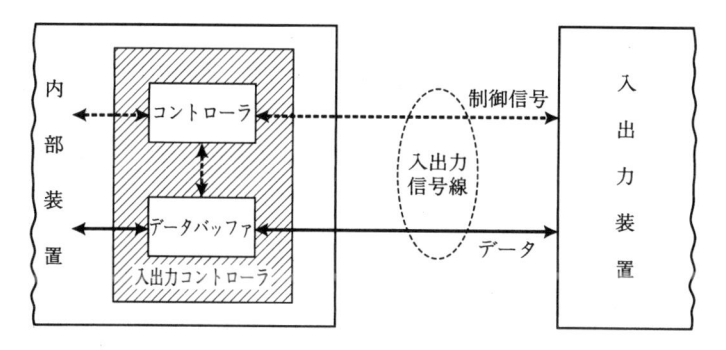

図8.9 入出力コントローラのハードウェア構成

- 特殊レジスタ：データ転送開始アドレスと終了アドレス，コマンド，入出力装置の状態フラグ，データ転送量，選択した入出力装置の識別番号などを格納・保持する。
- カウンタ：データ転送量などをカウントする。
- 入出力信号線：入出力バスなどの入出力コントローラ-入出力装置間の情報転送路である。

（d）　入出力制御信号

　実際に入出力コントローラと入出力装置とで送受する主な入出力制御信号としては次のようなものがある。

- アドレス：入出力装置内のデータ格納場所を示す。データ線を共用することも多い。
- リクエスト (REQuest, REQ)：入出力コントローラが入出力装置にデータ転送 (入出力動作) を要求する。
- アクノリッジ (ACKnowledge, ACK)：入出力装置が入出力コントローラからのリクエストに対して確認応答する。
- ストローブ (strobe)：タイミング制御のために入出力コントローラがデータやアドレスの有効時を示す。
- 割り込み：入出力装置が内部装置 (プロセッサ) に対して "動作終了" や "動作異常" などの事象を示す。
- 状態 (ステータス)：入出力装置が "ビジー (busy；入出力動作中，使用中) かアイドル (idle；空き) か" を内部装置 (プロセッサやメインメモリ) に通知する。
- 転送方向："入力か出力か" を示す。

（e） 入出力命令と入出力コマンド

入出力コントローラが入出力装置に対して発する**入出力コマンド**は，① プロセッサが実行する入出力用マシン命令（**入出力命令**という，8.2.3項(a)で詳述）そのものに直接1対1対応するコマンド（指令）；② プロセッサが実行する入出力命令によって起動する一連のコマンド列（"コマンドチェイン（command chain）"という）；の2通りがある．入出力コントローラは，簡素な機能しか備えていない場合は ① で，高度な機能を備えている場合は ① と ② の併用で（次の(f)参照），それぞれ入出力コマンドを実行するのが一般的である．

具体的な入出力コマンドとしては次のようなものがある．

（1） 入出力装置（入出力機能）の起動（入力，出力，初期化，位置決めなどの制御）．

（2） 入出力装置との通信（データ転送）．

（3） 入出力装置（入出力機能）の停止（終了確認）．

（4） 入出力装置の状態の読み出し．

（5） 入出力装置の異常の有無の検査．

（6） プロセッサとの通信（データ転送も含む）．

（7） メインメモリとの通信（データ転送）．

（8） 入出力コントローラと入出力装置との論理的な結合．

（9） 入出力コマンド実行の制御（入出力コントローラ自身の制御）．

（f） **入出力プログラム**

入出力コントローラ（入出力チャネル）が実行する一連の入出力コマンド列を**入出力プログラム**あるいは**チャネルプログラム**という．

(e)で述べたように，入出力コントローラが実行するコマンド列（入出力プログラム）はプロセッサが実行する**入出力命令**（8.2.3項(a)で詳述）によって生成する．したがって，入出力プログラムの機能は，① プロセッサが入出力コントローラに対して発する入出力命令列と，② ① を受けて入出力コントロー

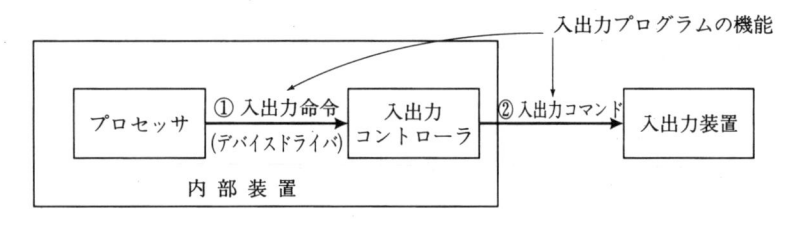

図 8.10 入出力プログラム

ラが入出力装置に対して発する入出力コマンド列とで実現する(図8.10参照)。
　①の入出力命令列(入出力プログラム)はOS機能の一部として実行する。OSが実行するこの入出力装置ごとの入出力プログラムを**デバイスドライバ**(device driver)という。コンピュータシステムに入出力装置を新たに接続すると，その装置に対応するデバイスドライバをOSに組み込む。
　入出力プログラムの実行手順は次のようになる。
　(1)　プロセッサ(論理的にはOSのデバイスドライバ)が入出力コントローラへ入出力命令に対応する指令(入出力装置の識別番号と入出力プログラムの先頭アドレス)を送出することで入出力動作を始める。この時点で入出力コントローラと入出力装置とを物理的に結合したことになる。
　(2)　入出力コントローラが入出力コマンドを順次実行する。
　①　メインメモリあるいは入出力コントローラ内メモリより入出力コマンドを読み出す。
　②　入出力装置を選択する。これによって入出力コントローラと入出力装置とを論理的に結合したことになる。
　③　入出力装置(動作)を起動する。
　④　入出力装置の状態をプロセッサに報告する。これによってプロセッサは入出力処理からいったん解放される。
　⑤　入出力コマンド列として，たとえば，ⓐ　内部装置(プロセッサかメインメモリ)-入出力装置間のデータ転送開始；ⓑ　入出力動作；ⓒ　入出力装置の状態検査；ⓓ　データ転送終了；という順で実行する。
　(3)　入出力動作の終了処理を行う。
　①　入出力装置が入出力動作の終了を"入出力割り込み"としてプロセッサに知らせる。これによって入出力コントローラと入出力装置との論理的結合関係を解く。また，プロセッサ(論理的にはOSのデバイスドライバ)による入出力動作終了処理(割り込み処理の一部)を開始する。
　②　その入出力命令に対応する入出力プログラムの実行を終了する。この時点で入出力コントローラと入出力装置との物理的結合関係を解く。

8.2.3　内部装置と入出力制御
(a)　入出力命令の形式と実現

　8.1.1項(f)で例示した入出力アーキテクチャすなわち入出力機能におけるハードウェア/ソフトウェア・トレードオフは，①　**ハードウェア**：入出力コン

トローラによる入出力コマンドの実行，および，入出力バスや入出力装置などのハードウェア機構による入出力動作；② OS：デバイスドライバ (8.2.2 項 (f) 参照) や入出力割り込みハンドラ (5.3.1 項 (d) 参照) 処理などの入出力プログラムの実行；という典型的な機能分担に見ることができる。

このハードウェアとソフトウェア (OS) とのトレードオフは，内部装置 (特にプロセッサ) では，"プロセッサが備える入出力機能"すなわち**入出力命令**機能の実現で具体化する。プロセッサが実行する入出力命令は"内部装置 (プロセッサとメインメモリ)-入出力装置間の情報転送の制御指令"および"プロセッサによる入出力装置へのアクセス制御指令"である。したがって，内部装置が入出力装置と授受する情報には，ⓐ 制御情報 (入出力コマンド)；と，ⓑ データ (入出力装置の状態を含む)；とがある。

プロセッサが直接行う入出力制御は"入出力機能を実現するマシン命令 (**入出力命令**) の実行"である。入出力命令が入出力コントローラや入出力装置に対する入出力コマンド (列) を生成する (前の 8.2.2 項 (e) 参照)。

プロセッサは入出力命令によって個々の入出力コントローラや入出力装置を制御 (入出力制御) する。プロセッサが実行する入出力命令の形式とそれによる入出力機能の実現 (入出力装置の識別と制御指令の入出力装置への送出) 方式には次の 2 通りがある。

（1）**入出力命令**：入出力専用のマシン命令すなわち入出力命令を命令セットとして備えておき，その入出力命令のオペランドとして対象入出力装置の識別番号や入出力制御動作 (機能) を指定する。オペランドも含めると"入出力装置や入出力動作ごとにマシン命令がある"とみなせる。命令セットの設計時に入出力装置や入出力機能を定めるので，拡張性はなく，入出力装置の多様性に対処できない。接続する入出力装置があらかじめ定まっている専用コンピュータや接続する入出力装置を限定するコンピュータの方式である。

（2）**メモリマップ入出力** (memory mapped I/O)：メインメモリ空間の一部 (**IO 空間**と呼ぶ特定のアドレス空間) を入出力装置との通信用として確保しておき，入出力データや入出力制御指令などを IO 空間に読み書きすることで入出力装置や入出力制御機能を識別する。IO 空間と個々の入出力装置との対応付け (マッピング) は OS が行うので，拡張性に優れ，入出力装置の多様性にも対処できる。パソコンやワークステーションを代表とする汎用コンピュータが採っている方式である。メモリマップ入出力については (c) で詳述する。

(b) 入出力割り込みと入出力制御

8.2.1項(a)で述べたように，入出力制御とは"非同期動作している内部装置と入出力装置とのタイミング合わせ(同期)"である。内部装置の動作と入出力のタイミングについて，入出力制御の観点から再考してみよう。

入力のタイミングについては，次のような性質がある。

- "いつ(どのタイミングで)，ユーザ(人間)が入力装置を使用して情報を内部装置に送り込むか"については，原則として，内部装置にとっては不定である。だから，ユーザによる入力は一種の"不測の事態"であり，5.3節で詳述した割り込み要因となる。そして，内部装置は情報が入力された時点で直ちにそれを処理しなければならない。
- 内部装置が外部からの情報の入力を求めるタイミングがある。このときは，入力用の入出力命令を実行すればよいが，"その指令に応じてユーザや入力装置が直ちにまた正しく入力してくれるかどうか"は不定である。

一方，出力のタイミングについては，次のような性質がある。

- 内部装置が情報を出力したいタイミングがある。このときは，出力用の入出力命令を実行すればよいが，"その指令に応じて出力装置が直ちにまた正常に動作するかどうか"は不定である。
- 出力装置の動作が完了するタイミングについては，原則として，内部装置にとっては不定である。これは"内部装置と出力装置が並行して動作している(動作できる)"ことを示している。

このような内部装置(特にプロセッサ)と入出力装置との実際のタイミング合わせを実現する機能が**入出力割り込み**である。入出力割り込みは入出力装置の動作に起因する割り込み(5.3.1項(i)で詳述)である。

入出力割り込みが発生する要因には，次のような具体例がある。

(1) "入力装置が動作(正常終了)した"ことをプロセッサに知らせる。たとえば，ユーザがキーボードを押下したり，マウスを動かしたりした場合で，入力タイミング合わせである。

(2) "出力装置の動作が正常終了した"ことをプロセッサに知らせる。出力タイミング合わせである。たとえば，プリンタによる印刷終了である。

(3) "入出力装置が異常終了したり，異常動作した"ことをプロセッサに知らせる。たとえば，電源不投入や印刷用紙切れなどである。

割り込みに対しては割り込み処理(5.3.1項(c)参照)を行う。"入出力割り込みに対する割り込み処理"は**入出力制御**である。(1)～(3)を要因とする入出

力割り込みに対する割り込み処理(入出力制御)例をそれぞれ示しておこう。

（1）　入力された情報を内部装置内に取り込むために，入力命令などで構成する入力プログラムを実行する。

（2）　その出力動作を指令した出力命令に関係する出力プログラムを実行する。たとえば，"新しい(次の)情報を作成し出力する"などである。

（3）　入出力装置の異常動作に対処する入出力プログラムを実行する。たとえば，"ディスプレイ上への異常通知の表示"などである。

(1)(2)の入出力動作の正常終了を要因とする割り込み発生のタイミングは，① プログラム制御入出力((d)参照)の場合：その入出力命令による入出力動作ごと；② DMA((e)参照)の場合：ブロック転送の終了時；が普通である。

(c)　メモリマップ入出力

図8.11に示すように，"メインメモリ領域の一部を入出力装置へのアクセスポート(窓口)とすることによって，入出力アクセスをロード命令やストア命令(2.2.6項(d)参照)などを代表とするメインメモリアクセスと同じマシン命令で行う"方式を**メモリマップ入出力**(memory-mapped I/O)という。

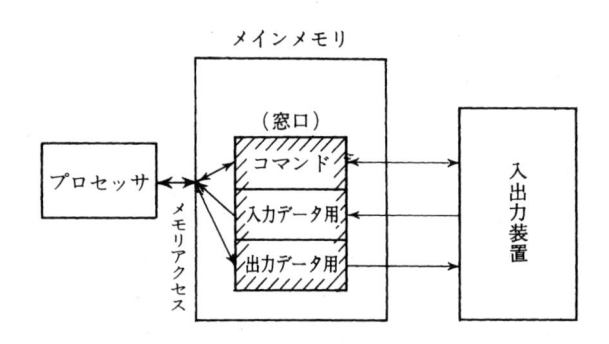

図8.11　メモリマップ入出力

メモリマップ入出力では，① メインメモリのアドレス空間の一部を入出力装置の窓口(入出力データ用と入出力コマンド用)とする；② メインメモリアドレスの一部を入出力装置の識別番号とする；③ データ転送はメインメモリへのアクセス命令で定めてある単位(バイトとかワードが多い)で行う；などによって入出力処理機能を実現する。

入出力アクセス用窓口として確保するメモリアドレスを**IOアドレス**，また，そのメモリアドレス空間を**IO空間**という。

メモリマップ入出力手順は次のようになる。

（1）入力：① プロセッサがアクセス対象の入力装置の窓口（コマンド）であるIOアドレスへ入力コマンドをストア命令などで書き込む；② 入出力コントローラが入力動作を入力装置に指令する；③ 入力装置がデータや状態情報を入力する；④ 入力したデータや状態情報はその入力装置の窓口（データ用とコマンド用）であるIOアドレスに書き込む；⑤ プロセッサがそのIOアドレスからデータや状態情報をロード命令などで読み出す。

（2）出力：① プロセッサがアクセス対象の出力装置の窓口（データ用とコマンド用）であるIOアドレスへデータと出力コマンドをストア命令などで書き込む；② 入出力コントローラが出力動作を出力装置に指令する；③ 出力装置がデータを出力する；④ 出力装置の状態情報はその出力装置の窓口（コマンド用）であるIOアドレスに書き込む；⑤ プロセッサがそのIOアドレスから状態情報をロード命令などで読み出す。

メモリマップ入出力では，プロセッサによる入出力操作や入出力装置とのデータ転送は"メインメモリへのアクセス操作やメインメモリとのデータ転送"とみなす。また，プロセッサと入出力装置の間にメインメモリを置くことによって，プロセッサから入出力装置を隠している。したがって，メモリマップ入出力の長所は，ⓐ 入出力命令が不要である；ⓑ ハードウェア構成が簡単である；ⓒ 入出力インタフェースの拡張性が高い；などであり，一方短所は，ⓓ メインメモリ空間（実アドレス空間）の一様性がなくなるので，OSによるメインメモリ（実メモリ）管理や制御が複雑になる；などである。マルチメディアを扱う汎用コンピュータには多種多様な入出力装置を接続する。したがって，汎用コンピュータでは，これらの多様性を吸収できて拡張性が高いメモリマップ入出力を採用するのが一般的である。

（d）プログラム制御入出力

プログラム制御入出力（programmed I/O）では，図8.12に示すように，内部装置（プロセッサあるいはメインメモリ）-入出力装置間データ転送をプロセッサによる入出力命令列（入出力プログラム）で直接行う。8.2.1項(b)で述べた**直接制御**にあたる。

プログラム制御入出力には，① 入出力動作がプロセッサの処理速度を左右するので，少量転送向きである；② 入出力プログラムが単一あるいは単純な入出力制御に向いている；③ 入出力コマンドに対応する機能を実現する入出力命令（(a)参照）がある；などの特徴がある。

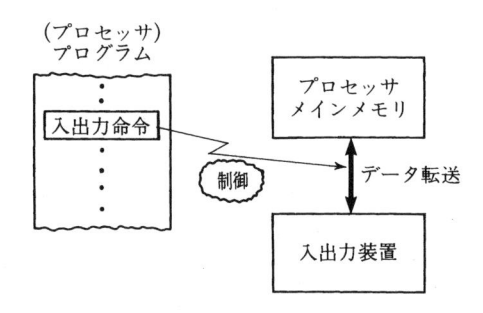

図 8.12 プログラム制御入出力

また，プログラム制御入出力は，次の (e) で詳述する DMA によるブロック転送に先行して入出力コントローラを初期化するための入出力コマンドを送出する場合にも用いる。

プログラム制御入出力は，"入出力装置の状態のプロセッサによる検知方法が能動的 (ⓐ) か受動的 (ⓑ) かのいずれか" によって，ⓐ **ポーリング** (polling，順次問い合わせ)：入出力装置の状態はプロセッサが確認する；ⓑ **割り込み**：入出力装置の状態はプロセッサへの**入出力割り込み**による；の 2 方式に細分できる。"プログラム制御入出力" というと普通は ⓑ を指す。

(e) ダイレクトメモリアクセス

ダイレクトメモリアクセス (Direct Memory Access；**DMA**) では，図 8.13 に示すように，プロセッサを介さずにメインメモリと入出力装置間で直接データ転送を行い，その制御は入出力コントローラが行う。8.2.1 項 (b) で述べた**間接制御**にあたる。

DMA では，プロセッサが入出力命令によって入出力コントローラの入出力

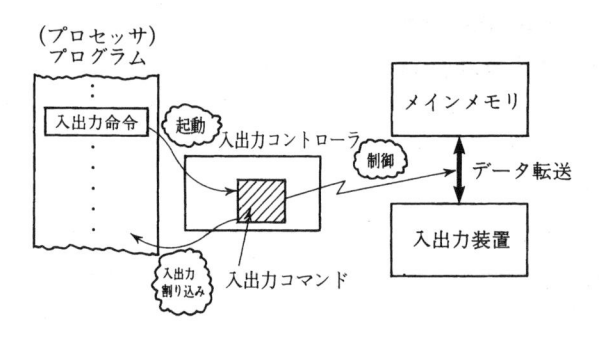

図 8.13 ダイレクトメモリアクセス (DMA)

コマンド列を起動する(プログラム制御入出力)。その後のバーストモードのデータ転送(ブロック転送)は入出力コントローラが制御するメインメモリ-入出力装置間の直接通信によって実行する。"ブロック転送の完了"は入出力装置からの割り込み(入出力割り込み)によって通知してもらう(プログラム制御入出力)。

DMA転送専用の入出力コントローラを**DMA コントローラ**という。

DMAが動作するとメインメモリにおいて,プロセッサによるメインメモリアクセス(命令やデータのフェッチおよび結果の格納)と入出力装置によるダイレクトメモリアクセス(DMA)とが競合する。このアクセス競合の解決方法によってDMAを次の2種類に分けることができる。

（1）**サイクルスチール**(cycle steal)：図8.14に示すように,アクセス競合が生じた場合には,入出力装置(入出力コントローラ)によるダイレクトメモリアクセス(DMA)を優先する。この優先は"プロセッサによるメインメモリへのアクセスサイクルをDMAコントローラが奪う(steal；スチール,盗む)"ことによって実現する。メインメモリの利用効率は良好であるが,競合調停機構(アービタ)が必要となり制御も複雑になる。

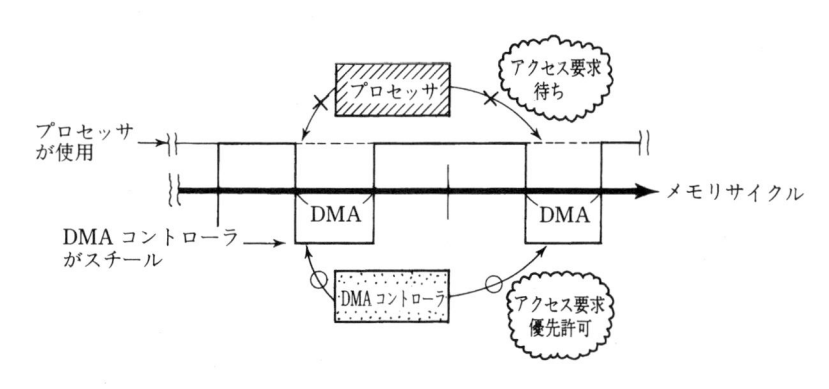

図8.14 サイクルスチールによるDMA

（2）**インタロック**(interlock)：図8.15に示すように,アクセス競合が生じた場合には,DMAコントローラがプロセッサ動作の停止(プロセッサによるメインメモリアクセスの禁止)を要求し,入出力装置がメインメモリを占有してデータ転送を行う。制御は簡単であるが,入出力装置がメインメモリを占有使用すると,処理速度(プロセッサ性能)が低下する。

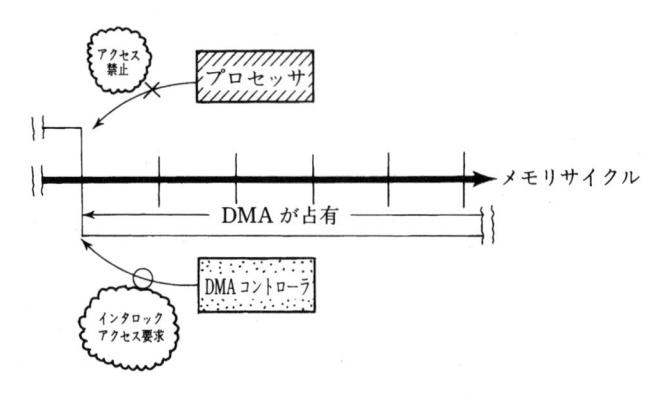

図 8.15 インタロックによる DMA

ほとんどの DMA は (1) のサイクルスチールを採っている。

8.2.4 入出力バス

(a) 入出力バスの要件

パソコンやワークステーションが標準的に備える**入出力バス**(**外部バス**)は内部装置(本体,プロセッサとメインメモリ)と入出力装置間の共用データ転送路である。"入出力バスを制御する入出力コントローラ"を**バスアダプタ**(bus adapter)あるいは**バスコントローラ**(bus controller)という。バスアダプタは 8.2.2 項 (b) で述べたマルチプレクサ方式の汎用入出力コントローラの代表例である。実際には,バスアダプタと入出力バスは,入出力装置側の入出力制御機構を含めて,入出力制御規格となっている。

一方,プロセッサとメインメモリとを接続するバスは,2.1.2 項 (f) で述べたように,**内部バス**あるいは**プロセッサ-メインメモリ間バス**という。

表 8.1 に,プロセッサ-メインメモリ間バスと比較した入出力バスの一般的な各種要件を示す。プロセッサ-メインメモリ間バスはメインメモリとのデータ転送機能に最適化できるのに対して,入出力バスには多種多様な入出力装置を接続できることが必要である。したがって,入出力バスは,プロセッサ-メインメモリ間バスと比較すると,① 転送速度(**バス性能**あるいは**バススループット**という)は低い;② 1 回の転送量は少ない;③ バス長は長い;④ バス幅は直列(シリアル)で逐次転送;⑤ 非同期制御;⑥ 高い可用性と拡張性をもつ;⑦ 標準規格にするのが普通(標準規格の入出力バスを**標準バス**という);という要件と特徴をもつ。

表 8.1　内部バスと外部バスの特徴と要件の一般的な比較

	内部バス (プロセッサ-メインメモリ間バス)	外部バス (入出力バス)
接続装置	少数(メインメモリなどに限定)	多種類・多数の入出力装置
① 転送速度	高速	低速
② 1回の転送量	大量(ブロック転送)	少量
③ バス長	短い	長い
④ バス幅	並列(パラレル)	直列(シリアル)
⑤ 制御方式	同期	非同期
⑥ 可用性と拡張性	なくてもよい	必須
⑦ 規格	独自が多い	標準がある

このうち，①のバス性能を左右する要件は，②の1回の転送量，④のバス幅，⑤の制御方式である．また，バスの多重化の有無もバス性能に影響する．たとえば，7.1.4項(b)で述べたマルチプレクサ型バスのように，データバスとアドレスバスを共用する場合には，総合的なバス性能は低くなる．

(b)　入出力バスのハードウェア構成

入出力バスのハードウェア構成は，プロセッサ-メインメモリ間バス(内部バス)との関係と入出力コントローラとの接続形態によって，次の3方式に大別できる(図8.16参照)．

（1）　単一バスの共用：プロセッサ-メインメモリ間バス(内部バス)と入出力バスを単一バスとして共用する．バス構成そのものは単純であるが，メインメモリやグラフィックディスプレイなどの高速ハードウェア装置やハードウェア機構の性能を生かすバス制御は難しい．"バックプレーン(backplane)"と呼ぶ標準規格のケースに共用バスを備え，それに接続する装置や機構(基板)を収納することから，共用バスを**バックプレーンバス**(backplane bus)という．この方式による最も単純な構成は"入出力コントローラとしてのバスアダプタに接続したバックプレーンバスをメインメモリや各種の入出力装置が共用する"方式である．

（2）　独立入出力バス：プロセッサ-メインメモリ間バス(内部バス)に**バスブリッジ**(bus bridge)と呼ぶバス間接続装置を介して入出力バス(外部バス)を独立に接続する．バスブリッジは内部バスと外部バスとをそれぞれの相反す

314　8. 入出力アーキテクチャ

```
(1) 単一バスの共用
    P ―― バックプレーンバス ―― MM
         │    │    │
        I/O  I/O  I/O

(2) 独立入出力バス
    P ―― 内部バス ―― MM
         │      │
        高速   バスブリッジ
        I/O     │
                入出力バス
                │―― I/O
                └―― I/O

(3) 複数バスの階層構成
    P ―――― 内部バス ―――― MM
         │       │
        高速   バスブリッジ
        I/O   (メモリブリッジ)
                │
         ―――― バックプレーンバス ――――
         │       │          │
        I/O   バスブリッジ  バスブリッジ
              (I/O ブリッジ) (I/O ブリッジ)
                │ 入出力バス  │ 入出力バス
               I/O  I/O      I/O  I/O

P：プロセッサ　MM：メインメモリ
I/O：入出力装置（入出力コントローラ
     などを含む）
```

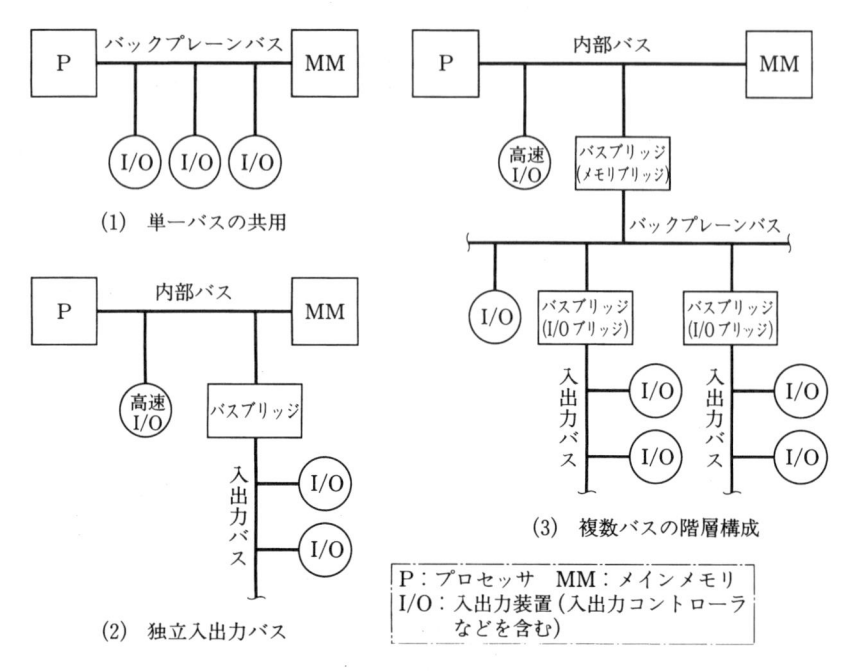

図 8.16　入出力バスのハードウェア構成

る要件や特徴（前の (a) や表 8.1 参照）を生かしたまま接続できる．

（3）**複数バスの階層構成**：プロセッサ-メインメモリ間バス，バックプレーンバス，いろいろな規格の入出力バスを複数のバスブリッジによって階層的に組み合わせて，内部装置と入出力装置とを接続する．図 8.16 の (3) の構成では，プロセッサ-メインメモリ間バスとバックプレーンバスとのバスブリッジを"ホストブリッジ (host bridge)"あるいは"メモリブリッジ (memory bridge)"と，また，バックプレーンバスと入出力バスとのバスブリッジを"入出力ブリッジ"あるいは"IO ブリッジ"と，それぞれ呼んでいる．

バス接続の入出力インタフェースでは，バスを共用（時分割使用）するために**バスアービタ**（バス競合調停機構）が必須となる．バスアービタによるバス使用権の調停方式については (d) で述べる．"バス調停方式は入出力バスの規格とする"のが普通である．また，バスアービタは，バス調停方式にしたがって，入出力コントローラやバスブリッジ（バスアダプタ）に組み込む．

バス間に挿入するハードウェア機構であるバスブリッジの役割は，ⓐ バス規格（入出力インタフェース）の変換；ⓑ バス性能（バススループット）差の吸収；ⓒ 非同期動作バスの同期（通信）；ⓓ バス使用権の調停（バスアービタ

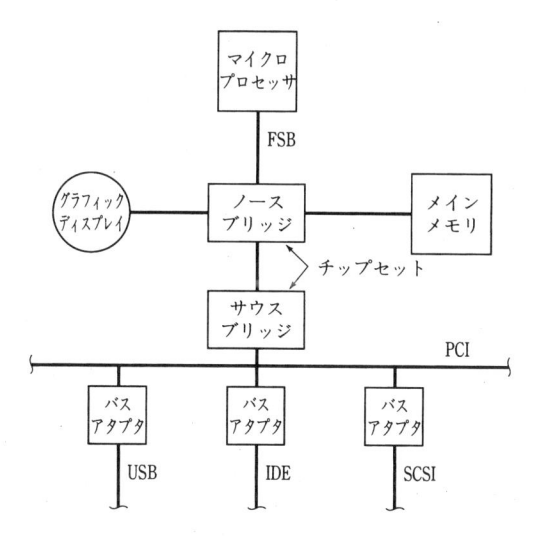

図 8.17　パソコンのバス構成例

機能)；である。ⓑ~ⓓはバスアダプタとしての機能でもある。バスブリッジは，バスアダプタと同様に，それに接続できる入出力装置(入出力インタフェース)の規格(入出力制御規格)をもつ。

現代のパソコンやワークステーションは(3)のバス構成方式を採っている(図8.17にパソコンでの実例を示す)。この構成例では，プロセッサ-メインメモリ間バスは **FSB**(Front Side Bus)という。また，メモリブリッジとIOブリッジの各LSIの組み合わせを**チップセット**(chip set)と呼んでいる。図8.17の実例では，"ノースブリッジ(north bridge)"と呼ぶメモリブリッジと"サウスブリッジ(south bridge)"と呼ぶIOブリッジがチップセットとなっている。ノースブリッジには高速動作するメインメモリとグラフィックディスプレイを，サウスブリッジにはそのほかの入出力装置を，それぞれ接続する(図8.17でのバス規格の名称については次の(c)参照)。マイクロプロセッサアーキテクチャに合わせた各種のチップセットが存在する。

(c)　**入出力バスの規格**

入出力バス規格では，コネクタ(connector)の形状，電気的仕様や条件，信号線種類，バス媒体(銅線，光ファイバ，無線など)などの物理的規格と論理的入出力インタフェース(入出力制御規格)とをそれぞれ統一して定めておく。

パソコンやワークステーションで使用する入出力バス規格には，たとえば次のようなものがある。

（1） **PCI**（Peripheral Component Interconnect）：汎用バックプレーンバス規格として，パソコンの代表例となっている。32か64ビット幅の並列転送で同期制御方式を採る。最大データ転送速度は533Mバイト/秒である。集中型バス調停方式（(d)参照）を用いる。

（2） **IDE**（Integrated Device Electronics）：ANSI（米国規格協会）が**ATA**（AT Attachment）と呼ぶ規格として策定している。パソコンの内蔵ハードディスク用入出力インタフェースとして標準的である。16ビットの並列転送である。製品として採用している規格では100Mバイト/秒が最大データ転送速度である。**ATAPI**（ATA Packet Interface）と呼ぶ規格に拡張し，ハードディスク以外の各種ファイル装置を接続可能としている。プログラム制御入出力（8.2.3項(d)参照）とDMA（8.2.3項(e)参照）の両転送方式が可能である。

（3） **SCSI**（Small Computer System Interface；**スカジ**）：ANSIが策定した最大データ転送速度が320Mバイト/秒の並列（パラレル）入出力インタフェース規格である。同期転送方式で，データ転送幅は8ビットか16ビットである。入出力装置は**デイジチェイン**（daisy chain；いもづる，図8.18参照）接続する。自己判定分散型のバス調停方式（(d)参照）を用いる代表例である。

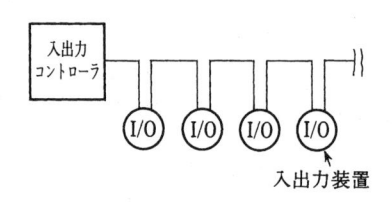

図8.18 デイジチェイン接続

（4） **USB**（Universal Serial Bus）：パソコンの標準入出力インタフェース規格となっている。直列（シリアル）インタフェースである。パソコン本体を稼働したまま入出力装置の着脱ができる**プラグアンドプレイ**（plug & play）（"**ホットプラグ**（hot plug）"ともいう）に対応しており，可用性は高い。また，デイジチェインだけではなく**ハブ**（hub；9.3.3項(c)参照）と呼ぶバス分岐機構（簡易バスブリッジ）によってツリー（tree）接続も混在する階層接続が可能となっている。最大データ転送速度は当初は12Mバイト/秒（USB1.1）であったが，現在では最大480Mバイト/秒（USB2.0）である。"フレーム（frame）"と呼ぶ時分割単位（1ミリ秒または1マイクロ秒）ごとにスケジュー

リングして転送する。各種の転送モードを適用できる。

（5）**AGP**(Accelerated Graphics Port)：グラフィックディスプレイ用の高速入出力インタフェースである。メモリブリッジとディスプレイ用入出力コントローラ(実際には"ビデオチップ"と呼ぶ専用LSI)を結ぶ。並列同期転送方式で，最大データ転送速度は1Gバイト/秒である。パソコンやワークステーションでは，メモリブリッジ(図8.17の例ではノースブリッジ)に接続する。

（6）**RS-232C(シリアル)**：EIA (Electronic Industries Association；米国電子工業会)が策定したモデム(9.1.2項(e)参照)やマウス用の直列(シリアル)入出力インタフェース規格である。最大データ転送速度が1Mバイト/秒以下である。全二重と半二重の双方向同期制御転送に対応している。

（7）**パラレル**(IEEE1284)：IEEE(国際電気電子学会)が策定したプリンタやスキャナ用の双方向入出力インタフェースである。プリンタの標準規格である**セントロニクス**(Centronics)互換モードも含む各種の動作モードがある。8ビット幅の並列インタフェースであり，(6)のシリアル転送規格のRS-232Cに比べると，最大データ転送速度は8Mバイト/秒で速い。

（8）**PCカードスタンダード**(PC Card Standard)：PCMCIA (Personal Computer Memory Card International Association；国際PCメモリカード協会)とJEIDA (Japan Electronic Industry Development Association；日本電子工業振興協会)が共同で標準化した**PCカード**の入出力インタフェース規格である。PCカードはクレジットカード大の周辺装置で，① メモリ系：フラッシュメモリ(7.1.5項(c)参照)，ハードディスク，SRAMなど；② 入出力装置系：入出力装置，入出力コントローラ，バスアダプタ，LANアダプタ(9.3.2項(i)参照)など；がある。16または32ビット幅の並列入出力インタフェース(32ビット幅の規格を**CardBus**という)である。最大データ転送速度は16Mバイト/秒あるいは132Mバイト/秒(CardBus)である。プラグアンドプレイ((4)参照)可能で可用性が高い。

（9）**IEEE1394**：動画や音声などのマルチメディア情報のハードディスクなどのファイル装置へ入出力するのに向いた高速(最大データ転送速度：50Mバイト/秒)入出力インタフェースである。IEEEが標準化した直列(シリアル)インタフェースである。デイジチェイン接続とツリー接続を混在できる。プラグアンドプレイも可能である。非同期転送と同期転送のいずれも可能である。

（10）**IrDA** (Infrared Data Association；赤外線データ協会)：赤外線(光)

による無線データ転送の入出力インタフェース規格である。最大データ転送速度は4Mビット/秒("bps(bit per second)"という,9.1.2項(h)参照)である。

(11) **Bluetooth**:2.5GHzの電波(電磁波)を利用する無線入出力(双方向)インタフェース規格である。最大データ転送速度は721Kビット/秒(bps)で低速であるが,小型,軽量で,低消費電力という特徴がある。非同期転送と同期転送のいずれも可能である。

(**d**) **バス調停**

バスアービタによるバスへのアクセス競合の調停(**バス調停**(bus arbitra-

(1) 集中型

(2) 分散型

(3) デイジチェイン

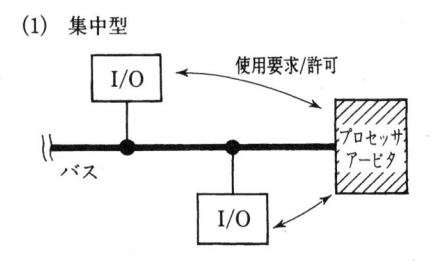

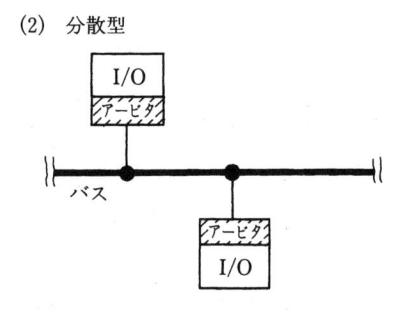

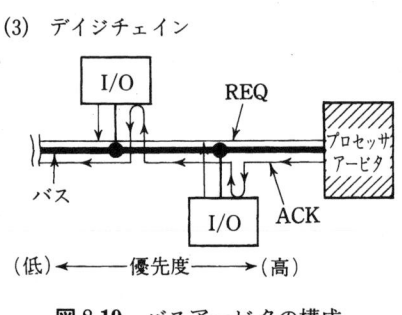

図 8.19 バスアービタの構成

tion) という) 方式は次の3種類に大別できる (図8.19 参照)．

（1） **集中型**：単一のプロセッサや入出力コントローラに組み込んだバスアービタ（"バスマスタ (bus master)" という）がバス使用権の競合をリクエスト (REQ；要求) とアクノリッジ (ACK；応答) によって調停する．調停機構は簡単であるが，拡張性が低い．調停方式によって次の2種類に細分できる (前の8.2.3項(d)参照).

① **割り込み**：REQがプロセッサ (バスアービタ) への割り込み (5.3節参照) となっている．動作は高速であるが，アービタ内に割り込み処理機構が必要となる．前の(c)で例示したPCIはこの調停方式である．

② **ポーリング**：バスアービタがREQを順に調べていく．構成は簡単であるが，共用を求める入出力装置が増えるにつれて低速になり，またアービタの負担が重くなる．

（2） **分散型**：バスを共用するごとに調停機構を装備する．拡張性は高いが，調停機構は複雑になる．① **自己判定分散型**：バス使用を要求する各入出力装置がREQとACKを使用して自分で優先順位を判定する；② **衝突検出分散型**：バス使用を要求する入出力装置が独自にバスを使用し，衝突があれば調停する；の2方式に細分できる．前の(c)で例示したSCSIは①の，また，LANにおけるネットワーク使用権の調停方式としてイーサネット (9.3.2項(d)(e)参照) は②の，それぞれ方式を採っている．

（3） **デイジチェイン**：(1)と(2)の両方式を融合した調停方式である．バスアービタから1組のREQ線とACK線をデイジチェイン (図8.18参照) でバスを共用する入出力装置に直列接続しておき，バスの使用要求の有無はREQのOR(論理和)で調べる．ACKはアービタに最も近い資源から順に伝達し，要求を出している入出力装置がこれを検知すると以降 (下流) のACKには "0" を流す (オフする)．構成は簡単であるが，接続順で優先権が固定 (アービタに近い資源ほど優先順位が高い) されてしまい，また，信頼性や性能が低い．

（e） **バスボトルネック**

入出力バスの最重要要件は "入出力装置の多様性の吸収" である．したがって，一般的に，入出力バス (外部バス) は，プロセッサ-メインメモリ間バス (内部バス) と比較して，時間的性能 (動作速度) に対する要求は低い．

しかし，ファイル装置などの入出力動作に人間が介在しない高速入出力装置では，動作速度も重要な性能指標となる．プロセッサから見た高速入出力装置

の速度性能は，入出力装置そのものの動作速度ではなく，それら入出力装置とそれを制御する内部装置（プロセッサとメインメモリ）間のデータ転送路（たとえば，入出力バス）の速度性能で決まる。"ファイル装置などの高速入出力装置の速度性能がそれらを内部装置に接続する入出力バス（外部バス）の速度性能でほとんど決まる"ことを**バスボトルネック**(bus bottleneck)あるいは"チャネルボトルネック"という。

　ファイル装置を代表とする高速入出力装置の速度性能の向上には，"入出力バスを高性能化してバスボトルネックを解消する"ことが効果的である。たとえば，① バス媒体の変更（例：銅線から光ファイバへ）；② バス幅の拡大（拡幅）；などによるバススループットの向上である。しかし，ほとんどの入出力バスはその要件である多様性の吸収を"入出力バス規格の設定"で実現しており，この"多様性の吸収"と"速度性能の向上"とはトレードオフになることが多い。このトレードオフを適切に決定することも入出力アーキテクチャの設計では重要となる。

演習問題

8.1 入出力機能の必要性について述べよ。

8.2 入出力コントローラ，入出力インタフェース，入出力装置の関係を図示することによって明らかにせよ。

8.3 入出力機能におけるハードウェア/ソフトウェア・トレードオフについて，具体例を示すことによって説明せよ。

8.4 次の単語について説明せよ。① ユーザインタフェース，② 解像度，③ ポインティング装置。

8.5 入出力装置を分類する指標を列挙し，それらによって具体的に入出力装置を分類せよ。

8.6 入出力装置としてのファイル装置の特徴を，一般的な入出力装置と比較して，説明せよ。

8.7 ディスプレイとプリンタの出力装置としての特徴について比較せよ。

8.8 入出力制御機能の必要性について述べよ。

8.9 プロセッサによる入出力装置の制御形態によって入出力制御方式を2種類に大別し，それぞれの特徴について述べよ。

8.10 入出力コントローラの役割は何か，具体的に述べよ。

8.11 入出力コントローラを適用範囲によって分類せよ。

8.12 プロセッサ-入出力装置間転送路の構成上の相違によって入出力インタフェースを2種類に大別して，その特徴について説明せよ．

8.13 入出力コマンドを具体的に列挙せよ．

8.14 プロセッサの入出力命令と入出力コントローラの入出力コマンドとの関係について明らかにせよ．

8.15 入出力コントローラによる入出力プログラムの実行手順を具体的に説明せよ．

8.16 マシン命令としての入出力命令の命令形式(方式)を2種類あげて説明せよ．

8.17 入出力割り込みの必要性について説明せよ．

8.18 入出力制御機能を低速少量転送向きと高速大量転送向きとに分け，具体的な各方式について説明せよ．

8.19 次の単語について説明せよ．① サイクルスチール，② 入出力バス，③ メモリマップ入出力，④ ポーリング，⑤ プログラム制御入出力．

8.20 ダイレクトメモリアクセス(DMA)をアクセス競合の解決方法によって細分し，それぞれの特徴について説明せよ．

8.21 バスアービタの構成とそれによるバス調停方式を分類して具体的に述べよ．

9

通信アーキテクチャ

本章では，広義の入出力装置に含む**通信装置**(communication unit)のアーキテクチャについて述べる。本書では，コンピュータの通信機能におけるハードウェア/ソフトウェア・トレードオフを**通信アーキテクチャ**(communication architecture)という。

9.1 通信機能

9.1.1 通信と通信制御

（a） データ通信

本節で述べる"通信"とは情報（広義のデータ）をコンピュータどうしで送受する**コンピュータ間通信**である。コンピュータ間通信には，① **コンピュータ-コンピュータ間通信**（"狭義のコンピュータ間通信"）；② **コンピュータ-端末装置間通信**；の2種類がある（図9.1参照）。このコンピュータ間通信を**データ通信**あるいは**データ伝送，データ交換**ともいう。

② での通信者である**端末装置**には，ⓐ 人間どうしのコミュニケーション（通信）を主な用途とする**電話機**のデータ通信への流用（9.1.2項(c)参照）；ⓑ コンピュータ本体へのデータ入出力（データ通信）を専用に行う通信機能付き

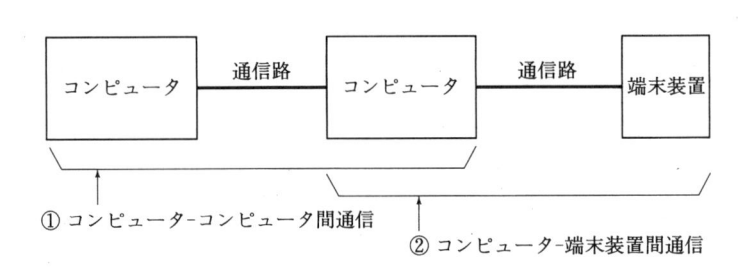

図9.1 コンピュータ間通信

入出力装置(**データ端末**とか**データ端末装置**という)；とがある。ⓑのデータ端末の通信機能を高度化した高機能端末装置(一種の通信装置)として**ネットワーク端末**や**ネットワークコンピュータ**がある(9.1.2項(g)参照)。

現代の端末装置はⓐⓑともにマイクロプロセッサあるいはコンピュータを装備しているのが普通である。その点で，②の"コンピュータ-端末装置間通信"も①の"コンピュータ-コンピュータ間通信"に含めることができる。したがって，①と②を併せたものが"広義のコンピュータ間通信"であり，本章では，この"広義のコンピュータ間通信"について述べる。また，単に"コンピュータ間通信"という場合は"広義のコンピュータ間通信"を指す。

2.2.1項(a)で述べたように，コンピュータはディジタル情報を処理する。したがって，コンピュータ間通信(データ通信)ではコンピュータ間でディジタル情報を送受(伝送)する。"ディジタル情報による通信"を**ディジタル通信**という。本書では，"データ通信"，"データ伝送"，"データ交換"，"ディジタル通信"を"コンピュータ間でのディジタル情報の送受(伝送)"という同義で用いる。また，本章では，特にまぎれがない場合には，これらの"コンピュータ間通信"を単に"通信"という。

(b) 情報と通信路

通信の際に情報の伝送に使用する媒体を**通信路**あるいは**伝送路**，**通信線**という。

ディジタル信号による伝送を**ディジタル伝送**，ディジタル伝送を行う通信路(伝送路)を**ディジタル通信路**あるいは**ディジタル伝送路**，とそれぞれいう。"ディジタル通信はディジタル伝送を行うディジタル通信路を使用する"のが普通である。

一方，人間はアナログ情報を取り扱い，人間どうしの通信(コミュニケーション)ではアナログ情報を送受する。"アナログ情報の送受"を**アナログ通信**という。アナログ信号による伝送を**アナログ伝送**，アナログ伝送を行う通信路(伝送路)を**アナログ通信路**あるいは**アナログ伝送路**，とそれぞれいう。"アナログ通信はアナログ伝送を行うアナログ通信路を使用する"のが普通である。

しかし，ディジタル情報の伝送(ディジタル通信)をアナログ通信路で行ったり，逆に，アナログ情報の伝送(アナログ通信)をディジタル通信路で行うこともある。

"通信する情報の形式がアナログ情報かディジタル情報か"と"伝送方式(通信路の形態)がアナログ通信かディジタル通信か"の組み合わせは次の4種類

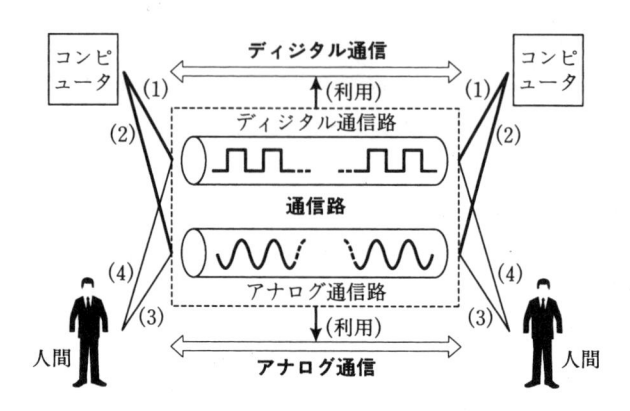

図 9.2 ディジタル通信とアナログ通信

である(図9.2参照)。

(1) ディジタル伝送(通信路)による**ディジタル通信**：(例)コンピュータ間通信(情報通信)のほとんど。

(2) アナログ伝送(通信路)による**ディジタル通信**：(例)コンピュータ間通信(情報通信)でアナログ電話回線などを使用する場合(9.1.2項(c)参照)。

(3) アナログ伝送(通信路)によるアナログ通信：(例)人間どうしの音声や音声電話(アナログ電話とアナログ電話回線)による会話。

(4) ディジタル伝送(通信路)によるアナログ通信：(例)人間どうしのディジタル電話(ディジタル電話回線も含む)による会話。

(a)で述べたように，本章で詳述する**データ通信**すなわち**ディジタル通信**は(1)と(2)であり，"コンピュータ間のディジタル情報の通信(伝送)"である。また，(2)や(4)では，通信路の出入り口でアナログ⇔ディジタル変換を行う必要がある。

(c) 通信機能と入出力機能との比較

8.1.1項(a)で述べたように，"広義の入出力"は"狭義の入出力"と"狭義の通信"の両方を含む。また，"広義の通信"はこの"広義の入出力"と同義であり，"狭義の入出力"(8章で詳述)と"狭義の通信"(本9章で詳述)の両方を含む(図9.3参照)。本章では，特に断りがない場合，"狭義の入出力"を単に"入出力"，"狭義の通信"を単に"通信"という。本章の以降では，この"(狭義の)通信"について詳述する。

通信機能は前の8章で述べた入出力機能の特殊形とみなせる。入出力機能と比較した通信機能の一般的な特徴(相違点)をまとめてみよう。これらは，入

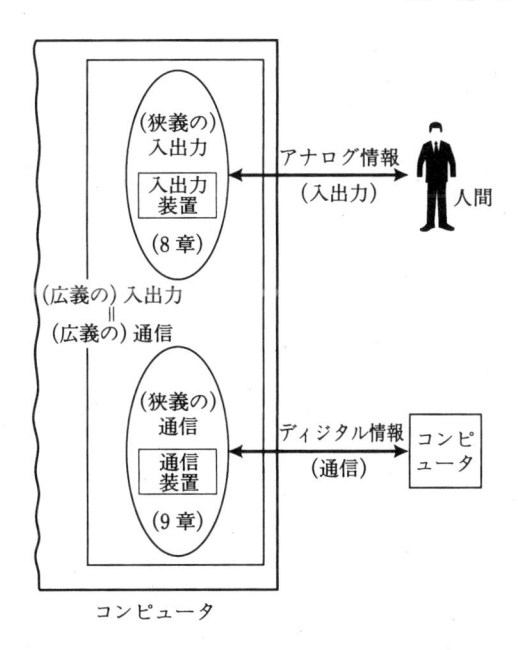

図 9.3 入出力機能と通信機能

出力が"コンピュータ-人間間でアナログ情報を送受する（アナログ通信）機能"であるのに対して，通信は"コンピュータ-コンピュータ間でディジタル情報を送受する（ディジタル通信）機能"であることから派生する特徴である（図9.3 参照）．

（1） 通信者間（コンピュータどうし）に原則として主従関係がない．

（2） 通信は双方向であり，また，両方の通信者が同時に通信することを許す"同時性"がある．

（3） ファイルにしたディジタル情報（広義のデータ）のコンピュータ間での送受が主である．

（4） 長距離伝送が主であり，その転送に要するコストを考慮すると**直列転送**(8.2.1項(d) 参照)が一般的である．したがって，データ線と制御信号線との多重化が必要となる．また，伝送速度は"ビット/秒(bps)"で表す．

（5） 通信相手のコンピュータのOSおよび通信装置や通信制御機構（機能）は様々であり，それらの相互通信には**通信プロトコル**(communication protocol；**通信規約**，単に**プロトコル**ともいう) を設定する必要がある．

（.6） 通信にインターネット(9.3.3項(e) 参照)を活用するために，既設の

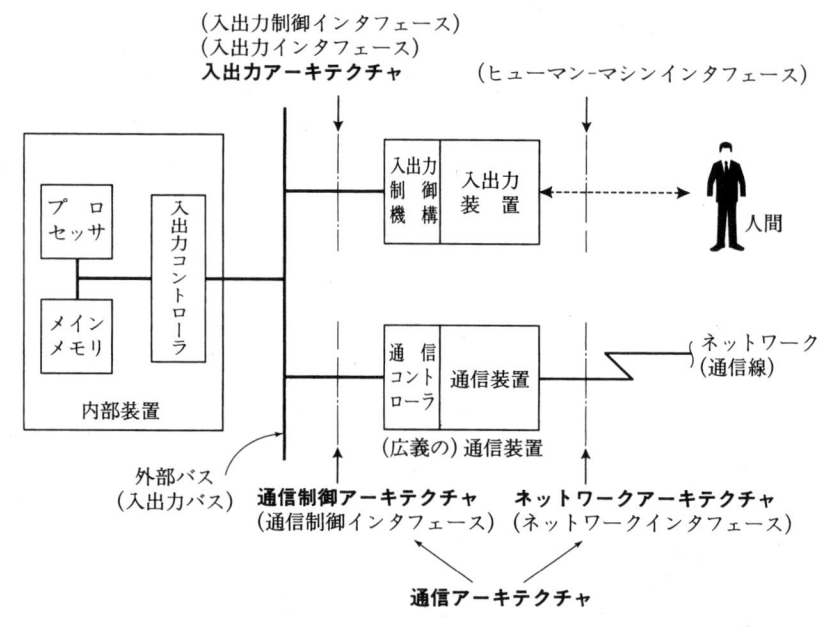

図 9.4 通信アーキテクチャと入出力アーキテクチャの比較

公衆ネットワークあるいは専用ネットワークの利用やローカルエリアネットワーク (LAN) どうしの相互接続が必要となる。

（d） 通信アーキテクチャと入出力アーキテクチャの比較

通信アーキテクチャとは，プロセッサ（マシン命令セット）から見える通信機能（通信用マシン命令）であり，入出力アーキテクチャの特殊形である。すなわち，通信機能におけるハードウェア/ソフトウェア・トレードオフ，あるいはプロセッサやメインメモリおよび通信相手（コンピュータや端末装置）から見た通信装置の機能や機構である。

図 9.4 に示すように，コンピュータの内部装置と通信装置とのインタフェースを**通信制御アーキテクチャ**（9.2 節で詳述），通信装置と通信線（ネットワーク）とのインタフェースを**ネットワークアーキテクチャ**（9.3 節で詳述）という。すなわち，**通信アーキテクチャ**とは"通信制御アーキテクチャとネットワークアーキテクチャとの総称"である。

（e） 通信機能におけるハードウェア/ソフトウェア・トレードオフ

通信機能におけるハードウェア/ソフトウェア・トレードオフすなわち通信アーキテクチャとして，たとえば次のような機能分担方式がある（9.2.1 項（b）

参照)。

（1）**ハードウェア**：通信コントローラ，通信装置，通信線(ネットワーク)などのハードウェア機構である。

（2）**OS**：通信管理，通信制御，通信プロトコル処理などの各機能を実現する通信および通信制御用マシン命令("通信命令"という，実体は入出力命令である)の実行である。

（3）**コンパイラ**：通信(入出力)命令列や通信および通信制御用プログラム("通信プログラム"という，実体は入出力プログラムである)への変換機能である。

（4）**ユーザプログラム**：通信機能を利用する応用プログラムなどである。

（f）**OS と通信機能**

OS は，通信(入出力)機能や通信(入出力)制御機能を分担することによって，ユーザプログラムを通信処理から解放する。OS は通信プログラムや通信装置用デバイスドライバ(8.2.2項(f)参照)によって通信装置の制御や通信コントローラへの指令を実行する。したがって，ユーザプログラムは論理的な通信開始指令を出すだけでよい。

OS による通信制御の具体例は，通信プロトコルのチェックや実行，データ送受信，通信線の多重利用(アービタ)，障害からの回復処理などである。

コンピュータの内部装置(特にプロセッサ)から見ると，通信装置は外部バス(入出力バス)に接続する入出力装置の一種である。したがって，OS が実行する通信プログラムとそれによって通信コントローラが通信装置に対して送出する通信コマンドとの関係は 8.2.2項(e)(f)で述べた入出力プログラムと入出力コマンドとの関係と同じである。

9.1.2 通信装置

（a）**通信装置と通信コントローラ**

通信装置は入出力装置の一種であり，広義の入出力装置に分類できる。したがって，コンピュータ(内部装置)側の通信制御機構は入出力コントローラ(8.2.2項で詳述)が兼ねる。この場合，内部装置側の入出力コントローラ(通信制御機構)と通信装置側の**通信制御機構**(**通信コントローラ**という)とのインタフェースである**通信制御アーキテクチャ**(通信制御インタフェース)は入出力制御インタフェース(狭義の入出力インタフェース)すなわち入出力アーキテクチャ(8.1.1項(d)の図8.4および図9.4参照)である。そして，コン

ピュータ(内部装置)-通信装置間データ転送路は外部バス(入出力バス，8.2.4項参照)を使用する(図9.4参照)．通信制御アーキテクチャ(通信制御インタフェース)については入出力制御インタフェースとして8.2節で詳述している．

通信制御アーキテクチャを通信装置側で構成するのは**通信コントローラ**である．本書の以降で特に断りなく"通信コントローラ"という場合は"通信装置側の通信制御機構"を指す．

また，"通信機能"は"通信制御機能"でもあるから，通信装置と通信コントローラとの機構上の区別がつかないことも多い．通信装置と通信コントローラを併せて"広義の通信装置"あるいは単に"通信装置"ということもある．

本項の以降では，通信コントローラも含めた通信装置全般について説明する．

(b) 通信装置と通信路

物理的に網の目状に張りめぐらした通信路を**ネットワーク**(network)あるいは**網**という．通信装置はネットワーク(通信線，通信路)を介して他のコンピュータ(の通信装置)と直接通信する．したがって，ネットワークには通信プロトコル(規約，規格)を設定しておき，コンピュータ間の情報通信はその通信プロトコルに合わせて行わねばならない．通信装置から見たネットワークの通信プロトコルや規格が**ネットワークアーキテクチャ**(ネットワークインタフェース)である(図9.4参照)．

図9.4に示すように，"通信アーキテクチャ"は"通信(入出力)制御機構の構成方式としての通信制御アーキテクチャと通信装置の構成方式としてのネットワークアーキテクチャとの総称"である．したがって，通信装置の構成方式(アーキテクチャ)すなわち**通信アーキテクチャ**は通信制御アーキテクチャとネットワークアーキテクチャとの両方を考慮して設計しなければならない．具体的には，通信装置は"外部バス(入出力バス)の規格とネットワークの通信プロトコルとの機能変換を行う**機構**"となる．

入出力装置の機能は対象とする入出力機能の特性によって決まるので，入出力アーキテクチャの設計ではコンピュータ(内部装置)と入出力装置(外部装置)とのインタフェース(狭義の入出力インタフェース)だけを考慮すればよい．一方，通信装置には通信路(ネットワーク)を介して多種多様なコンピュータと接続できる機能が必須となる．また，通信装置は，"通信路(ネットワーク)"というハードウェア機構の両端で，通信するコンピュータどうし

を接続する。この点で，通信装置のハードウェア構成方式（これはハードウェアとソフトウェアとの機能分担方式でもある）は通信路（ネットワーク）が備えている機能や通信路（ネットワーク）が満たしているネットワークアーキテクチャの影響を受ける。

前の9.1.1項(b)で述べたように，"通信路がディジタル通信路（ディジタル伝送）なのかアナログ通信路（アナログ伝送）なのか"によってそれに接続する（それを使用する）通信装置の要件が異なる。特に，アナログ通信路（代表例は公衆電話回線）を使用してディジタル通信（データ通信）を行う通信装置の機能として**アナログ⇔ディジタル変換 (A/D 変換)** が必須となる。アナログ⇔ディジタル変換機能を装備する通信装置の代表例は**モデム** (modem) である。モデムについては(e)で詳述する。

一方，ローカルエリアネットワーク (LAN, 9.3.2項で詳述) などのディジタル通信路に接続する通信装置には，アナログ⇔ディジタル変換機能は不要であるが，コンピュータ（内部装置）の通信機能をそのディジタル通信路が提供する通信プロトコルに合わせる機能が必須となる。LANに接続する通信装置を **LAN アダプタ** (LAN adapter) という。LAN アダプタについては 9.3.2 項(i)で詳述する。

（c）データ通信ネットワーク

データ通信に使用するネットワーク（網）を**データ通信ネットワーク（データ通信網）**という。現代の汎用コンピュータのほとんどはデータ通信ネットワークを利用して相互接続しデータ通信する機能を備えている。データ通信ネットワークは"コンピュータ間を相互接続するネットワーク"であるので，これを**コンピュータネットワーク** (computer nework) という。

データ通信ネットワークはその利用者を特定するしないかで**公衆ネットワーク**と**専用ネットワーク**とに大別できる。

（1）公衆ネットワーク

誰でもいつでもどこでも自由に使用できるデータ通信ネットワークである。(2)の専用ネットワークと比較すると，利用料金は低額（従量制が普通である）で手軽に利用できるが，不特定多数の利用者の共用であるので低速である。したがって，パソコンによる通信などの個人利用が主である。通信線（"回線"という）がアナログ通信路（アナログ伝送）かディジタル通信路（ディジタル伝送）かによってさらに次の①②の2種類に分類できる。

① **公衆電話ネットワーク**：**公衆電話回線ネットワーク**ともいう。回線交換

方式による音声電話用公衆ネットワークである。人間どうしの通信(音声電話や電子メール交換)が主利用であり，それをコンピュータ間のデータ通信に流用する。通信線が有線か無線かによってさらに次の ⓐ～ⓒ に細分できる。

　ⓐ **有線公衆電話ネットワーク**：全世界に張りめぐらしてある音声電話用(日本での周波数帯域：4 KHz)の公衆電話回線ネットワークである。"(狭義の)公衆電話ネットワーク"である。アナログ通信路(アナログ伝送)であるので，データ通信に使用するには，通信路の両端でモデム((e)で詳述)というアナログ⇔ディジタル変換機能を備えた通信装置が必要となる。ネットワークの多重アクセス制御方式は FDMA(9.2.2項(a)参照)である。

　ⓑ **携帯電話ネットワーク**：携帯電話の無線ネットワークはディジタル通信路であり，データ通信にそのまま(アナログ⇔ディジタル変換なしで)利用できる。日本では，**PDC**(Public Digital Cellular)と呼ぶ規格の携帯電話ネットワークが主である。PDC規格のネットワークの多重アクセス制御方式はTDMA(9.2.2項(a)参照)，変調方式は位相変調(PM)(9.2.2項(a)参照)，使用周波数は 800 MHz と 1.5 GHz である。回線交換方式(9.2.2項(a)参照)の標準サービスによるデータ通信(ディジタル伝送)の伝送速度は 9600 bps であり，伝送速度が 28.8 Kbps のパケット交換(9.2.2項(b)参照)サービスもある。ネットワークの多重アクセス制御方式を CDMA(9.2.2項(a)参照)にして，論理的通信路の増加および通話品質や秘話性の向上を図っている携帯電話("cdmaOne"という)もある。また，電話機そのものをインターネットに接続する端末装置としてウェブの閲覧や電子メールの送受信などに利用できるパケット交換サービス(日本では"iモード"が代表的)もある。

　ⓒ **PHSネットワーク**：PDC規格の携帯電話とは異なる周波数(1.9 GHz)を使用する **PHS**(Personal Handyphone System)の無線ネットワークもディジタル通信路であり，データ通信にそのまま(アナログ⇔ディジタル変換なしで)利用できる。PHS も，PDC規格の携帯電話と同じく，ネットワークの多重アクセス制御方式は TDMA，変調方式は位相変調(PM)である。日本では，**PIAFS**(PHS Internal Access Forum Standard；ピアフ)と呼ぶ標準規格のデータ通信用 PHS ネットワークがある。PIAFS の伝送速度は 32 Kbps か 64 Kbps であり，伝送制御手順(9.2.3項(b)参照)も規定している。

　② **公衆データ通信ネットワーク**：データ通信専用の公衆ネットワークである。ITU-T(国際電気通信連合・電気通信標準化部門)の前身の CCITT(国際電信電話諮問委員会)の勧告による **ISDN**(Integrated Services Digital Network；総合サービスディジタルネットワーク，"総合ディジタル通信ネットワーク"ともいう) が代表的である。日本では "INS ネット" と呼ぶ ISDN によるデータ通信サービスがある。INS ネットによるデータ通信サービスには，伝送速度が 64 Kbps と 1.5 Mbps の 2 種類の回線交換方式およびパケット交換方式 (9.2.2 項 (a) (b) 参照) とがある。

（2） **専用ネットワーク**

特定の利用者だけが占有使用できるデータ通信専用のデータ通信ネットワークである。**専用線**ともいう。(1) の公衆ネットワークと比較すると，利用料金は高額 (定額制が普通である) で専用通信装置が必要となるが，高速で利用者はその専用ネットワーク (専用線) の性能を最大限に利用できる。したがって，LAN (9.3.2 項で詳述) や LAN の拠点間接続 (LAN 間接続) に主として利用する。

（**d**） **ブロードバンドネットワーク**

前の (c) で述べた (1) の公衆ネットワークに属し，"データ通信専用で伝送速度が数百 Kbps 以上の高速ネットワーク" を特に**ブロードバンドネットワーク** (broadband network；**広帯域ネットワーク**) という。普及しているブロードバンドネットワークには次のようなものがある。

（1） **ADSL ネットワーク**：既設の有線公衆電話ネットワーク (アナログ通信路，いわゆる "加入者線 (subscriber line)") を音声電話とは異なる周波数帯域 (80 KHz 以上，帯域幅：400 KHz) で利用することでデータ通信 (ディジタル通信) を実現する通信方式を **xDSL** (x Digital Subscriber Line；ディジタル加入者線，"x" は DSL を実現する要素技術名のアルファベット 1 字であり，A：Asymmetric, H：High bit rate, I：ISDN, S：Single line, V：Very high bit rate などがある) と総称する。そのうち，日本で最も普及している **ADSL** (Asymmetric Digital Subscriber Line；非対称 DSL) は電話交換局から電話端末への下りの伝送速度 (1.5 M～12 Mbps) と電話端末から電話交換局への上りの伝送速度 (16 K～1 Mbps) を非対称として通信する方式で，通信 (伝送) 距離は数 Km である。ADSL は末端まで敷設済みの有線公衆電話ネットワーク (アナログ通信路) を利用してブロードバンドネットワークを簡単に実現できる通信方式として普及している。

（2） **B-ISDN** (Broadband-ISDN；**ブロードバンド ISDN**，広帯域 ISDN)：伝送速度が 100 Mbps 以上の ISDN (前の (c) の (1) ② 参照) である。B-ISDN のパケット交換方式は **ATM** (非同期転送モード，9.2.2 項 (b) で詳

述)である。

（3） **CATV ネットワーク**：**CATV** (CAble TeleVision；ケーブルテレビ，有線テレビ)の空きチャンネルを利用するネットワーク(一種の専用ネットワーク)である。最高伝送速度は対称型(上りと下りが同速度)が 10 Mbps で，非対称型の下りは 30 Mbps, 上りは 4 Mbps である。

（4） **光ファイバネットワーク**：光ファイバを伝送媒体とするデータ通信専用ネットワークである。最大伝送速度は 100 Mbps で，ネットワークのトポロジ (topology；幾何学的形状)はスター (star；星)型である(9.3.2項(b)参照)。日本では，日本電信電話(NTT)が電話やISDN, CATV までも含めた総合通信ネットワークを光ファイバで構築する **FTTH** (Fiber To The Home)や"πシステム"という構想を推進している。

（e） **モデム**

既設で広範に普及していて誰もが手軽に使えるネットワークとしては，前の(c)で示した公衆電話ネットワークがある。これらの公衆電話ネットワークはもともと音声電話による通信装置として用いられているものがほとんどである。特に，全世界で最も普及している有線公衆電話ネットワークはディジタル信号ではなく"音声"というアナログ信号によって情報を伝送するアナログ通信路である。

アナログ通信路をデータ通信ネットワークとして流用したり，一般の音声電話機をデータ通信用通信装置として流用するためには，① **ディジタル→アナログ変換(DA 変換)**：コンピュータ(内部装置)が出力するディジタル情報(ディジタル信号)をいったんアナログ信号にしてアナログ公衆電話ネットワークに送出(送信)する；② **アナログ→ディジタル変換(AD 変換)**：①とは逆に，アナログ公衆電話ネットワークを介して受信したアナログ信号をコンピュータ(内部装置)のためにディジタル情報(ディジタル信号)に変換する；が必須となる。①と②には，公衆電話ネットワークの伝送方式に合わせてディジタル信号を変復調(9.2.2項(a)の(11)参照)する機能も含んでいる。

また，携帯電話ネットワークやPHSネットワークというディジタル公衆電話ネットワーク(ディジタル通信路)を使用してデータ通信を行う場合は，アナログ⇔ディジタル変換は不要であるが，③ **伝送速度変換**：公衆電話ネットワークサービスが提供しているデータ転送速度(伝送速度)とコンピュータ(内部装置)が送受処理できる速度との相互変換を行う；などの機能が必要となる。

9.1 通信機能　333

コンピュータ (内部装置) と電話ネットワークとの間に置いて, ①②のアナログ⇔ディジタル変換, ③の伝送速度変換の機能を実現する通信装置を**モデム** (modem; 変復調装置) という.

モデムなどの通信装置を通信路中のどの位置に設置するかによって, 通信装置を次のように分類できる (図9.5参照).

（1）**DCE** (Data Circuit terminating Equipment; データ回線終端装置): 通信路 (データ通信ネットワーク) との物理的なインタフェース (**ネットワークインタフェース**という) を提供する. ネットワークインタフェースはネットワークアーキテクチャ (9.1.1項(d)参照) の一部である. 通信路がアナログかディジタルかによって, ① **モデム**: "狭義のモデム"である, 普通"モデム"というとこの"狭義のモデム"を指す, 有線公衆電話ネットワークを代表例とするアナログ通信路とのネットワークインタフェースを提供する; ② **DSU** (Digital Service Unit): ISDNを代表例とするディジタル通信路 (ディジタル伝送によるデータ通信ネットワーク) とのネットワークインタフェースを提供する (図9.6参照); に分類できる.

（2）**DTE** (Data Terminal Equipment; データ端末装置): 通信路 (データ通信ネットワーク) に接続してデータ通信する機能を備えるコンピュータや端末装置 (電話機も含む) を指す. コンピュータの場合には, コンピュータ (内部装置) 側の通信制御機構すなわち入出力コントローラを指すこともある.

DTEとDCEとのインタフェースを**モデムインタフェース**あるいは**DTEインタフェース**, **DTE-DCEインタフェース**という. モデムインタフェースとしての規格には旧CCITTの勧告にしたがうV.24やV.28などがある. DTEがコンピュータ (内部装置) の場合には, モデムインタフェースは入出力インタフェース (図9.4参照および8.1.1項(d)) でもある. 入出力インタフェースがモデムインタフェースを兼ねる場合には, モデムインタフェースは8.2.4項(c)に示したUSB, RS-232C, PCカードスタンダードなどの入出力バス規格に

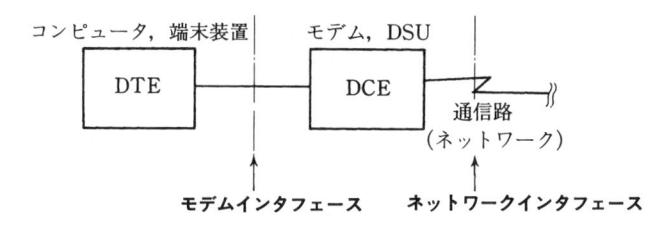

図 9.5　DCE と DTE

なる。

　モデムやモデム-公衆電話ネットワーク間インタフェースの規格("モデム規格"という)は"モデムインタフェース"と"ネットワークインタフェース"の総称であり，ITU-T勧告の**Vシリーズ**や**MNP**(Microcom Networking Protocol)はこれにあたる。しかし，モデムインタフェースの方は"入出力インタフェース"として規格化してあるのが普通であり，"モデム規格"は"モデム-公衆電話ネットワーク間の物理的なインタフェース(ネットワークインタフェース)"の方だけを指すことが一般的となっている。本章では，この物理的なネットワークインタフェースを"狭義のモデム規格"とし，以降特に断りがない場合には，これを単に"モデム規格"という。

　モデム規格としての**Vシリーズ**は，ⓐ 伝送速度；ⓑ 変調方式；ⓒ 同期方式；ⓓ データ圧縮やエラー訂正機能およびフロー制御(9.2.3項(e)参照)の有無や方式；ⓔ テストや保守の方法；などを定めている。たとえば，**V.34**は伝送速度：最高28.8 Kbps，直交振幅変調(QAM，9.2.2項(a)の(12)参照)，同期通信と規定している。有線公衆電話ネットワーク用モデム規格としては最高速(56 Kbps)の伝送速度を規定している**V.90**や**V.92**はパルス符号変調(PCM，9.2.2項(a)の(12)参照)である。

　MNPはデータ圧縮や伝送エラー訂正と再送機能を中心に規定し，それらの付加機能によって9クラスに階層分けしている。

　モデムはモデム規格に合わせて種々ある。一方，モデムが対象とする公衆電話ネットワークは共通であり，モデムを介した通信(伝送)速度は通信路の両端にあるモデム規格で決まる。

　パソコンやワークステーション(プロセッサ)がモデムを制御するコマンド(**通信コマンド**という，モデムを入出力装置とみなせば入出力コントローラが

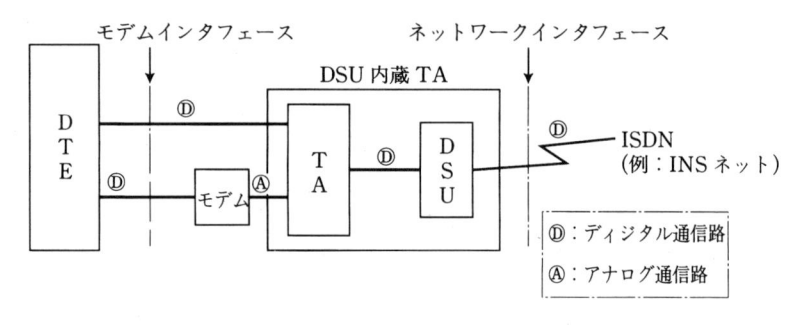

図9.6　ISDNとターミナルアダプタ(TA)

モデムに対して発する"入出力コマンド"である，8.2.2項(f)の図8.10参照)としては **AT コマンド**が一般的である．モデムを介した通信プロトコル(伝送制御手順など)を AT コマンドの組み合わせによって規定し，その通信プロトコルにしたがってパソコンやワークステーション間でファイル転送などのデータ通信を行う．モデムを介したパソコンやワークステーション間データ通信プロトコルには，**XMODEM**(X モデム)や **ZMODEM**(Z モデム)などがある．XMODEM は伝送エラーの検出および再送機能を付加した伝送制御手順である．ZMODEM は XMODEM にデータ圧縮機能を追加している．

(f)　そのほかのデータ通信ネットワーク用通信装置

前の(e)で述べた一般的なモデム以外には，接続するデータ通信ネットワークに合わせて次のような通信装置がある．

(1)　**ADSL モデム**：有線公衆電話ネットワークをブロードバンドネットワークとして利用する ADSL ネットワーク((d)参照)用モデムである．

(2)　**ケーブルモデム**(cable modem)：ブロードバンドネットワークである CATV ネットワーク((d)参照)を使用してデータ通信を行うためのモデムである．

(3)　**ターミナルアダプタ**(**TA**(Terminal Adapter)，端末アダプタ)：図9.6に示すように，INS ネットなどの ISDN((c)参照)とのネットワークインタフェースとモデムインタフェース(入出力インタフェース)とのプロトコル変換を行う通信装置である．ネットワークインタフェースを提供する DSU とモデムインタフェースを提供する DTE 間に設置する．DSU を内蔵する TA が標準的である．ルータ(9.3.3項(d)参照)や LAN アダプタ(9.3.2項(i)参照)を備えて，SOHO(Small Office Home Office；小規模事業所・自宅兼用事業所)向け LAN や家庭内 LAN を構築できる高機能 TA もある．TA のネットワークインタフェース側の通信プロトコルは **PPP**(Point-to-Point Protocol；9.3.3項(e)参照)である．64 Kbps の ISDN チャネルを2本束ねて 128 Kbps の伝送速度を実現する **MP**(Multilink protocol PPP；マルチリンク PPP)やイーサネット上で PPP を実行する **PPPoE**(PPP over Ethernet；9.3.3項(e)参照)などの機能を備える TA もある．

(4)　**LAN アダプタ**：LAN や専用ネットワークとのネットワークインタフェースを提供する通信装置である．9.3.2項(i)で詳述する．

図9.7に，一般的なモデムも含めて，前の(e)とこの(f)で述べた通信装置とデータ通信ネットワークとの接続例をまとめてある．

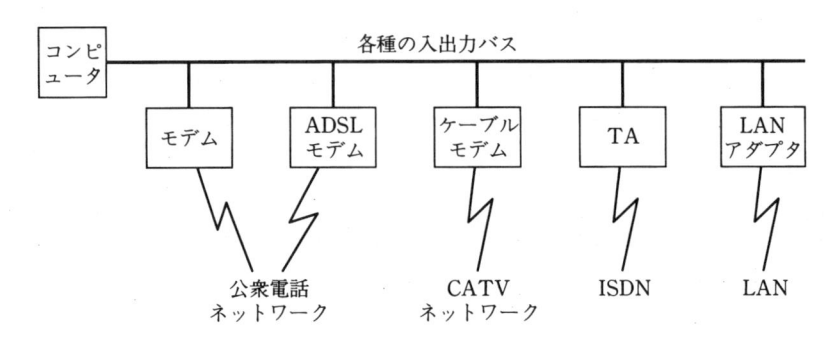

```
                        各種の入出力バス
┌──────┐─────┬─────┬─────┬─────┬─────
│コンピ │     │     │     │     │
│ュータ │     │     │     │     │
└──────┘  ┌──┴──┐┌─┴──┐┌─┴──┐┌─┴─┐┌─┴──┐
          │モデム││ADSL ││ケーブル││TA ││LAN │
          │     ││モデム││モデム││   ││アダプタ│
          └──┬──┘└─┬──┘└─┬──┘└─┬─┘└─┬──┘
```

図 9.7　通信装置とデータ通信ネットワークの例

（g）　通信コントローラの機能

(a)～(f) で述べてきたように，"通信装置の機能（通信機能）の主要部分は通信制御機能である"から通信コントローラは通信装置と一体化している（広義の通信装置，図 9.4 参照）のが一般的である．通信装置が内蔵する通信コントローラの機能についてまとめておこう．

通信コントローラの機能には次のようなものがある．

（1）　通信装置の実行制御：コンピュータ（内部装置）側の通信制御機構（入出力コントローラが普通）からの指令（通信コマンド）によって通信装置の動作や実行を制御する．

（2）　通信プロトコル変換：通信制御アーキテクチャ（通信制御インタフェース）とネットワークアーキテクチャ（ネットワークインタフェース）とで相異なる通信プロトコルの相互変換やそれぞれの通信プロトコルのエンコードおよびデコードを行う（図 9.4 参照）．通信機能レベルごとに種々の通信プロトコル変換がある．たとえば（以下の①②において，最後のカッコ内は 9.2.1 項 (a) で述べる標準プロトコルの OSI 参照モデルにおける機能レベルを示す），① 回線（通信線）制御：モデムインタフェース（(e) 参照）⇔ ネットワークインタフェースの物理的規格（(b) 参照）間変換のハードウェア機構による実現（第 1 層の物理層）；② 伝送制御：伝送制御手順，伝送エラー訂正，フロー制御などの通信コマンドによる実現（第 2, 3, 4 層のデータリンク，ネットワーク，トランスポート層）；である．

（3）　ネットワーク制御：ネットワーク（通信線，通信チャネル）の管理やアクセス競合の調停などである．(2) の通信プロトコル変換のネットワークアーキテクチャ（ネットワークインタフェース）の通信プロトコル処理（エン

コードとデコード)に含むのが一般的である。この機能を専門に行うハードウェア機構を**ネットワークコントローラ**(ネットワーク制御装置，ネットワーク制御機構)という。9.3.2項(i)で述べるLANアダプタは代表的なネットワークコントローラである。

（4）　データ変換：アナログ⇔ディジタル変換(変復調)や直列⇔並列変換のハードウェア機能レベルから文字コード変換などのソフトウェア機能レベルまで種々ある。(2)の通信プロトコル変換の一部でもある。

（5）　通信データのバッファ：内部装置(プロセッサとメインメモリ)の処理速度と通信(データ通信，データ転送)速度との差を吸収するために，通信装置内で一時的に通信データを保持する。パケット交換(9.2.2項(b)で詳述)ではパケットの蓄積機能となる。

　通信装置や通信コントローラは，通信アーキテクチャにしたがって，通信機能をいろいろなハードウェア機構とソフトウェア機能とで分担している。一般的に，通信装置や通信コントローラの中核はマイクロプロセッサであり，そのソフトウェア機能("ファームウェア(firmware)"ともいう)とコンピュータ本体のソフトウェア(OSとユーザプログラム，9.2.1項(b)参照)とで通信機能のソフトウェアによる実現を分担する。通信機能に関するコンピュータ本体のソフトウェアの一部(特にOSによる通信プロトコル処理機能)を通信装置のマイクロプロセッサに任せることによって通信機能を高度化した通信装置あるいは通信コントローラを**ネットワークプロセッサ**(network processor)という。

　また，ネットワークへの接続だけに機能を特化した通信装置(端末装置)を**ネットワーク端末**，同様に，ネットワークへの接続だけに機能を特化したコンピュータを**ネットワークコンピュータ**(network computer)，とそれぞれいう。ネットワーク端末やネットワークコンピュータのユーザは，これらの高機能端末装置によって，ウェブの閲覧や電子メールの送受，さらには，ネットワーク上にあるコンピュータのリモート(remote；遠隔)端末装置("仮想端末"という)としての利用やファイル転送を行うことができる。

（h）　**通信装置の性能評価指標**

　通信装置の性能評価指標としては次のようなものがある。

- **通信速度**：単位時間当たりのデータ転送量(スループット)で表す。通信における応答時間を左右する。"単位時間あたりの通信量(単位はビット(bit))"を示す **bps** (bit per second) が代表的な単位である。

●**伝送品質**：通信方式が左右する。たとえば，"伝送した総ビット数に対する伝送誤りビット数の割合"を示す"ビット誤り率"などがある。

9.2 通信制御

コンピュータアーキテクチャや通信アーキテクチャは多種多様であり，それらのアーキテクチャが異なるコンピュータ間を相互接続したり，ネットワークによる相互通信を制御するには**通信プロトコル**が必須となる。特に，9.1.1項(d)で述べたネットワークアーキテクチャをプロトコルによって標準化する必要がある。

9.2.1 通信制御の標準化

(a) OSI 参照モデル

ISO (国際標準化機構) が標準化した通信アーキテクチャの標準モデルを **OSI** (Open System Interconnection；開放型システム間相互接続) あるいは **OSI 参照モデル**という。

OSI 参照モデルでは，図9.8に示すように，相互接続するシステム (コンピュータやネットワークおよび端末装置) の通信機能 (通信アーキテクチャ，ネットワークアーキテクチャ) を機能レベルごとに7階層 (**層**，**レイヤ** (layer)) に分け，各階層ごとにプロトコルを定める。

OSI 参照モデルの各階層の機能とその階層で取り決めるプロトコルを最下

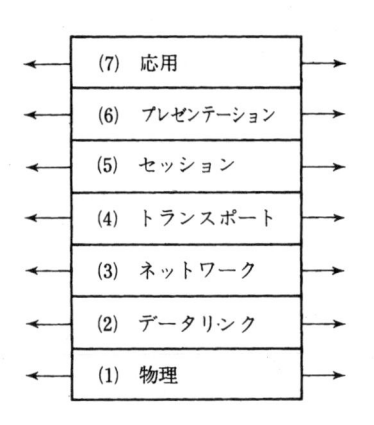

```
  ← (7) 応用           →
  ← (6) プレゼンテーション →
  ← (5) セッション      →
  ← (4) トランスポート   →
  ← (3) ネットワーク    →
  ← (2) データリンク    →
  ← (1) 物理           →
```

図9.8 OSI 参照モデル

層(第1層)から最上層(第7層)へ順に説明してみよう。

（1）　**物理**(physical)**層**：通信装置や通信線(通信媒体)間の物理的かつ電気的な接続機能レベルである。コネクタ形状やモデムの信号条件，伝送制御手順など物理的なインタフェースを規定する。ネットワークインタフェース(9.1.2項(b)参照)の物理的な規格(仕様)や**モデムインタフェース**(9.1.2項(e)参照)もこの機能レベルである。

（2）　**データリンク**(data-link)**層**：伝送誤りを発生させずに通信を行う機能レベルである。伝送誤りの検知や訂正機能(伝送誤り制御機能)，HDLC手順(9.2.3項(d)参照)などの高レベル伝送制御手順を規定する。データリンク層の通信プロトコルについては9.2.3項で詳述する。

（3）　**ネットワーク**(network)**層**：データ交換機能を備えるネットワークの両端にある通信装置("エンドシステム"という)間での正確な通信を行う機能レベルである。中継や交換，プロトコル変換などのネットワーク間接続機能も規約として含む。たとえば，ルータ(9.3.3項(d)参照)は最下層からこの階層までを実現する。

（4）　**トランスポート**(transport)**層**：ネットワーク層プロトコルによって接続したエンドシステム間の通信に必要な伝送性能(速度や品質)を保証する機能レベルである。下位層の物理的なネットワークの種類に影響されない均質な伝送性能を上位層に提供する。この階層では，ユーザが要求する伝送性能とネットワーク層が提供するそれとの差を埋めるために，それらのプロトコルの組み合わせ(トランスポート層プロトコルクラス)が選択できる。パソコンによる公衆電話ネットワークを利用したダイヤルアップ接続(9.3.3項(e)参照)からLANまで広く使用している。

（5）　**セッション**(session)**層**：応用を実現するプログラム(応用プログラム)間での論理的通信に関する種々の機能レベルである。対話，同期，ブレークポイント(5.3.1項(b)参照)の設定，送信許可と抑止などの論理的な機能について規定する。簡単な端末機能から電子メール機能まで広く利用している。

（6）　**プレゼンテーション**(presentation)**層**：情報交換(通信)における表現形式(シンタックス)を実現する機能レベルである。ファイル，データベース，図形などの伝送情報ごとに標準的な(仮想的な)情報表現形式を提供する。応用プログラムにおけるデータ構造などの違いを吸収する。

（7）　**応用**(application；**アプリケーション**)**層**：通信における応用プログラムや情報のもつ意味(セマンティクス)の相違を吸収する機能レベルである。

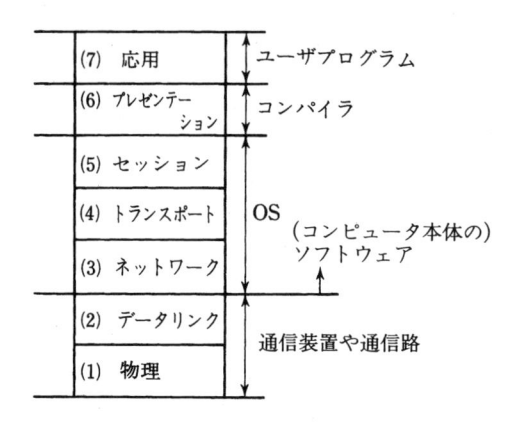

```
┌─────────────────┐
│ (7) 応用        │ ─ ユーザプログラム
├─────────────────┤
│ (6) プレゼンテー │
│     ション      │ ─ コンパイラ
├─────────────────┤
│ (5) セッション  │
├─────────────────┤
│ (4) トランスポート│  OS
├─────────────────┤      (コンピュータ本体の)
│ (3) ネットワーク │      ソフトウェア
├─────────────────┤
│ (2) データリンク │
├─────────────────┤ ─ 通信装置や通信路
│ (1) 物理        │
└─────────────────┘
```

図 9.9 OSI 参照モデルの実現例

通信情報のセマンティクスの標準化(仮想化)を図り，OSI 参照モデル全体の管理も行う．通信情報のセマンティクスとしては，① ファイル管理情報；② システム(仮想端末装置)管理情報；③ ネットワーク管理情報；④ ユーザ管理情報；などがある．

OSI 参照モデルでは，通信における通信装置の機能をモデルの各層ごとに対応付けできるので，ⓐ 各階層ごとの通信プロトコル(規約)；および，ⓑ 各階層の機能を上位の階層にサービスとして提供する仕様；をそれぞれ定めている．

(b) OSI 参照モデルにおけるハードウェア/ソフトウェア・トレードオフ例

(a) で述べた OSI 参照モデルの各機能階層をハードウェア機構とソフトウェア機能のいずれによって実現するのかはトレードオフとなる．たとえば，次のような実現例(ハードウェア/ソフトウェア・トレードオフ例)がある(図 9.9 参照)．

- 通信装置のハードウェアや通信路による分担機能：(1)
- 通信装置のソフトウェア(ファームウェア)による分担機能：(2)
- ソフトウェア(OS)による分担機能：(3)，(4)，(5)
- ソフトウェア(コンパイラ)による分担機能：(6)
- ソフトウェア(ユーザプログラム)による分担機能：(7)

これは一例であって，特に (2)〜(6) のハードウェア/ソフトウェア・トレードオフには種々の形態が考えられる．たとえば，入出力プロセッサ(8.2.2 項(a) 参照)やネットワークプロセッサ(9.3.2 項(i) 参照)においては，コン

ピュータ本体の OS の機能を高機能な通信装置が分担している.

9.2.2 通信制御機能
(a) 通信制御機能による通信方式の分類

通信方式を通信制御機能の種々の観点から分類・整理してみよう.本項では,"通信"は"コンピュータ間通信"すなわち"データ通信"に限る.データ通信用の通信路(通信線)すなわちデータ通信ネットワークを**通信チャネル**(channel)ともいう.以下の分類では通信チャネルの分類も含む.

(1) 伝送方式による分類

9.1.1項(b)で述べた伝送方式(通信路の形態)による分類である.

① **アナログ伝送**:伝送信号("搬送波(career)"という)が連続値のアナログ信号であり,アナログ通信路(伝送路)を用いて通信する.

② **ディジタル伝送**:伝送信号が離散値のディジタル信号であり,ディジタル通信路(伝送路)を用いて通信する.

(2) 双方向通信の実現方式による分類

単方向通信が主の入出力とは異なり,データ通信は双方向通信が主である.この双方向通信の同時性による分類である.

① **半2重通信**:ある時刻では単方向であるが,送受を時分割制御で切り替える方法で双方向通信を実現する.1組(2本)の線対(ペア線)で実現できるので,"2線式"ともいう.(例)イーサネットによる LAN(9.3.2項(e)参照).

② **全2重通信**:同時に双方向通信が可能である.2組(4本)の線対で実現するのが普通であるので,"4線式"ともいう.(例)公衆電話ネットワーク.

1組(2本)の線対でも,それを多重化して双方向で同時使用すれば,全2重通信を実現できる.2線式による全2重通信には,ⓐ **周波数多重**:双方向(2個)の信号を異なる周波数で変調(変調方式については(12)参照)する,(例)ADSL(9.1.2項(d)参照);ⓑ **時間多重**:双方向(2個)の信号の使用を一定時間(たとえば,数ミリ秒)ごとに交互に切り替える,(例)ISDN(9.1.2項(c)参照);などがある.通信路の多重化方式については(9)で詳述する.

(3) データ交換方式による分類

データ通信(データ交換)に際して通信者(コンピュータ)間の通信路(通信線)の設定とその使用方法とによる分類である.

① **蓄積交換**:通信データを一時通信装置内に蓄積し,通信路の空き状況にしたがってその伝送(送出)を制御する.通信者を通信路で接続せずに(コネク

ションレス (connectionless)) ネットワーク上に情報を送出し，ネットワーク上で経路を選びながら (ルーティング (routing)，9.3.3項(d)参照) データ伝送する．"コネクションレス型通信"という．蓄積交換する情報の単位によって，さらに，ⓐ **メッセージ交換**：論理的な意味をもつ"メッセージ (message)"単位で蓄積交換する，(例) ファクシミリ通信；ⓑ **パケット交換**：データ通信における代表的なデータ交換方式である，(b)で詳述，(例) ほとんどのLAN；に細分類できる．

② **回線交換**：通信に先立って通信者間を物理的な通信路で接続してから通信する．"コネクション型通信"という．通信 (データ交換) 中は通信者がその通信路を占有する．(例) 公衆電話ネットワークによる通信．

(4) タイミング制御方式による分類

① **同期通信**：同一周期の信号を連続して伝送する．
② **非同期通信**：一定の情報単位を間欠的な不定長の時間間隔で伝送する．

これらについては(c)で詳述する．また，パケット交換通信の転送モード (同期と非同期) については次の(b)で詳述する．

(5) 伝送制御手順による分類

① **無手順**；② **BSC手順**；③ **HDLC手順**；などがある．9.2.3項(b)で詳述する．

(6) 通信者間の論理的主従関係による分類 (図9.10参照)

論理的な通信者数や通信形態による分類である．

① **サーバークライアント** (server-client)：種々の情報や資源を一元管理し，それによるサービス (ファイル格納，計算，印刷，通信，データベース検索，インターネットへの接続など) を提供するコンピュータ (**サーバ** (server) という) と，そのサーバに要求を出して (依頼して)，そのサービスを受けるコン

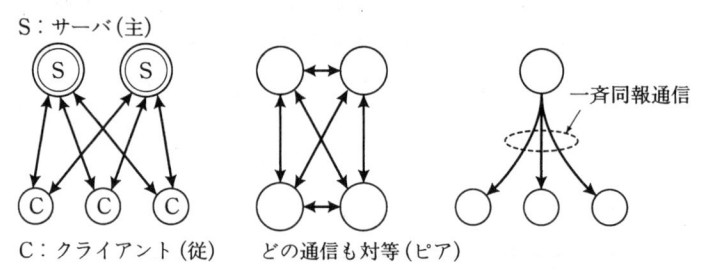

S：サーバ (主)

C：クライアント (従)

① **サーバークライアント**　　② **ピアツーピア**　　③ **ブロードキャスト**

一斉同報通信

図 9.10　通信者間の論理的主従関係による通信方式の分類

ピュータ(**クライアント**(client)という)とによる通信である。サーバは**マスター**(master；主)，クライアントは**スレーブ**(slave；従)であるので，"マスター-スレーブ"ともいう。(8)のマルチポイント(多対多)通信と親和性がある。

② **ピアツーピア**(peer-to-peer)：通信者間に主従関係がなく，対等(peer；ピア)な通信である。高機能なサーバが不要であり，パソコン間でのファイル交換などが手軽に行える。(8)のポイントツーポイント(1対1)通信と親和性がある。

③ **ブロードキャスト**(broadcast)：ネットワークに接続している通信者が他の通信者に同時に同一情報を送信("一斉同報"あるいは"放送"という)する通信である。たとえば，データ通信に先立って宛先のコンピュータがもつネットワーク上での物理アドレスを識別するための通信(たとえば LAN における ARP，ARP については 9.3.2 項(f)参照)などで利用する。一斉同報の宛先を全部ではなく一部(複数)に限定する通信を**マルチキャスト**(multicast)という。

(7) 通信媒体による分類

通信路(ここではデータ通信路すなわち通信チャネル)の媒体による分類である。

① **有線チャネル**：さらに，ⓐ **銅線**：コストが安いおよび敷設が簡単という長所と，信号減衰が大きいおよび電磁干渉に弱いという短所とがある，(例)平行線，同軸ケーブル，より対線(twisted-pair)など；ⓑ **光ファイバケーブル**(optical fiber cable)：信号減衰が小さいおよび電磁干渉に強いという長所と，コストが高いおよび光⇔電気信号変換が必要であるという短所とがある；などに細分類できる。

② **無線チャネル**：電磁波(電波)によるデータ通信が主である。(例)Bluetooth(8.2.4 項(c)参照)，無線公衆電話ネットワーク(9.1.2 項(c)で詳述)，無線 LAN(9.3.2 項(g)参照)。

(8) 物理的な通信形態による分類(図 9.11 参照)

物理的な通信者数や通信形態による分類である。

① **ポイントツーポイント通信**(poit-to-point, P2P)：1対1通信であり，"2点間通信"ともいう。(3)の回線交換による通信の実現形態である。通信路使用のための競合調停機能は不要であり，通信装置のハードウェア規模は小さくてすむ。また，物理的な通信路を確保すれば，通信制御は簡単であり，無手順

① **ポイントツーポイント通信**

② **マルチポイント通信**

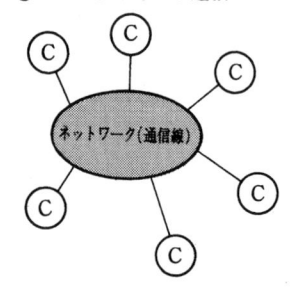

図 9.11 物理的な通信形態による通信方式の分類

(伝送制御手順なし) でもよい。通信中は通信者が通信路を占有する。ポイントツーポイント通信を論理的に実現する通信プロトコルを **PPP** (Point-to-Point Protocol; 9.3.3 項 (e) 参照) という。(例) 公衆電話ネットワーク, 公衆データ通信ネットワーク (ISDN が代表的)。

② **マルチポイント通信** (multi-point):多対多通信である。通信路利用の競合調停機能やネットワーク上での経路の選択・決定機能が必要となり, 通信装置のハードウェア規模は大きくなる。また, 通信制御は複雑であり, 9.2.3 項 (d) で述べる HDLC 手順などの高レベル伝送制御手順の採用が必要となる。(例) LAN や LAN 間接続, たとえばイーサネット。

(9) 通信路の多重化方式による分類

通信路のスループットを上げるために 1 本の通信路を複数同時 (見かけ上も含む) の通信に使用する (**多重通信** (multiplex communication) という)。この多重通信方式による分類である。たとえば, 半 2 重通信路で全 2 重通信を行うためには多重通信が必須となる ((2) 参照)。

① **周波数分割多重** (**FDM**, Frequency Division Multiplex):1 本の通信路を複数の周波数帯域に分割し, それらを論理的な通信路として用いる空間的多重通信方式である。アナログ通信路の多重化に適用する。(例) 有線公衆電話ネットワーク (9.1.2 項 (c) 参照)。

② **時分割多重** (**TDM**, Time Division Multiplex):1 本の通信路の使用を時間によって分割し, 見かけ上複数の論理的な通信路を用意する時間的多重通信

方式である．ディジタル通信路の多重化に適用する．(例)無線公衆電話ネットワーク，ISDN を代表例とする公衆データ通信ネットワーク(それぞれ 9.1.2 項 (c) 参照)．

③ **波長分割多重**(**WDM**, Wavelength Division Multiplex)：光ファイバを伝送媒体とする通信の多重化に適用する．1 本の光通信路を複数の波長の光によって分割し，それらを論理的な通信路として用いる空間的多重通信方式である．2 種類の波長光を用いる**シングルモード**(single mode) と数～数十波を多重化する **DWDM** (Dense WDM) とがある．DWDM では最大伝送速度は数テラ† bps に達する．

(10) 通信路の多重アクセス制御方式による分類

多重化した通信路には複数同時の使用(アクセス)要求がある．競合したアクセス要求を制御する(**多重アクセス制御** (multiple access control) という)方式による分類である．それぞれの方式がその通信路が採っている多重化方式(前の (9) 参照)との親和性が高い．特に，電話ネットワーク(9.1.2 項 (c) 参照)の通信方式の分類指標として使う．

① **周波数分割多重アクセス**(**FDMA**, Frequency Division Multiple Access)：特定個所に集中する通信や 1 本の通信路を相異なる周波数帯域を用いて分割して複数同時接続できるようにする空間的多重アクセス制御方式である．アナログ通信路での多重アクセス制御に用いる．(例) 有線公衆電話ネットワーク．

② **時分割多重アクセス**(**TDMA**, Time Division Multiple Access)：特定個所に集中する通信や 1 本の通信路を時間分割によって見かけ上複数同時接続できるようにする時間的多重アクセス制御方式である．ディジタル通信路の多重アクセス制御方式である．(例) 携帯電話ネットワーク．

③ **コード分割多重アクセス**(**CDMA**, Code Division Multiple Access)：1 本の通信路を複数の周波数帯域に分割し，さらに，論理的な通信路ごとに固有のコード(符号)を伝送情報に重畳することで送信周波数帯域("スペクトラム (spectrum)" という)を広げる("スペクトラム拡散" という)．① の FDMA や ② の TDMA と比較すると，エンコードおよびデコード機能が必要となるが，帯域幅あたりの論理的通信路数は多くなる．(例) 一部の携帯電話ネットワーク．

---

† テラ(Tera；T)：$1T = 10^{12}$．

(11) 変調の有無による分類

ディジタル信号を通信路で伝送するときに，"その搬送波の周波数帯域を変える(**変調**(modulation)という，(12)参照)か変えないか"による分類である．通信路がアナログかディジタルかによって変調の必要性が決まる．

① **ベースバンド**(baseband)**伝送**：ディジタル信号を変調せずに(無変調で)2進コード化(エンコード)だけを行って，それをそのまま電気信号や光信号でディジタル通信路に送出する．ハードウェア機構は簡単であるが，低速で雑音の影響を受けやすい．近距離通信用である．イーサネットなどのLAN(9.3.2項参照)が採用している．ベースバンド伝送では，ディジタル通信路によって2進コード化したディジタル信号を伝送する．この2進コードを伝送するディジタル通信路の両端では，一種のディジタル⇔ディジタル変換(**ディジタル変調**という)を行う．ディジタル変調はコンピュータや端末装置内のディジタル信号と通信路上のディジタル信号との間の物理レベル(OSI参照モデルでは第1層の物理層)での相互変換である．

② **ブロードバンド**(broadband)**伝送**：ディジタル信号をアナログ信号に変調して広帯域(最大数百MHz)の異なる周波数の複数搬送波によって同時にアナログ通信路に送出する．多重伝送できるので転送スループットは高いが，ハードウェア機構は複雑になる．CATV(9.1.2項(d)参照)や無線チャネル((7)参照)では必須である．変調(ディジタル→アナログ変換)と多重化は行うが，狭帯域(2 M～30 MHz)の搬送波しか使わないものを**キャリアバンド**(careerband)**伝送**という．

(12) 変調方式による分類

アナログ通信路や無線電波を用いてディジタル情報を伝送する場合には，もとのディジタル情報に合わせて通信路の搬送波の振幅，周波数，位相などを変える**変調**(ディジタル→アナログ変換)が必要となる．その変調方式や適用範囲によって通信方式も次のように分類できる．① **振幅変調**(**AM**, Amplitude Modulation)；② **周波数変調**(**FM**, Frequency Modulation)：(例)1.2 Kbpsまでの低速モデム(変復調装置，9.1.2項(e)で詳述)；③ **位相変調**(**PM**, Phase Modulation)：(例)1.2 K～4.8 Kbpsの中速モデム；④ **直交振幅変調**(**QAM**, Quadrature AM)：PMとAMの両方を利用する融合方式である，(例)4.8 K～33.6 Kbpsの高速モデム；などである．

また，①～④とは逆に，ディジタル通信路を用いてアナログ情報を伝送する場合の変調(アナログ→ディジタル変換)方式としては，アナログ信号を

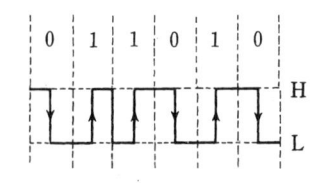

図 9.12 マンチェスタコード

ディジタル信号に変換後，2進コードにエンコードして伝送する**パルス符号変調**（**PCM**, Pulse Code Modulation）が代表的である。PCM は 56 Kbps の最高速モデムで使用している。

PCM や (11) で述べたベースバンド伝送では，ディジタル通信路によって2進コードを伝送する。この伝送に使用する2進コードの代表例として**マンチェスタコード**（Manchester code）がある。マンチェスタコードでは，図 9.12 に示すように，"0" はビットパルスの中央で伝送信号を高 (High) → 低 (Low) へ，逆に，"1" は低 (Low) → 高 (High) へ，それぞれ変化する2進コード（ビット列）で伝送する。イーサネット (9.3.2 項 (e) 参照) がマンチェスタコードを採用している。

（b） パケット交換

図 9.13 に示すように，**パケット交換**は通信装置内に通信データを一時蓄積（"バッファリング (buffering)" という）してデータ通信 (データ交換) する蓄積交換の代表例である。蓄積交換の長所としての，① 通信路の使用効率が良好である；② 伝送誤りの検出や訂正，伝送速度変換，ブロードキャスト通信（前の (a) の (6) 参照），コード変換などの多様な通信機能の実現が可能である；と，その短所としての，③ 蓄積時間や蓄積可能容量が伝送速度を制限す

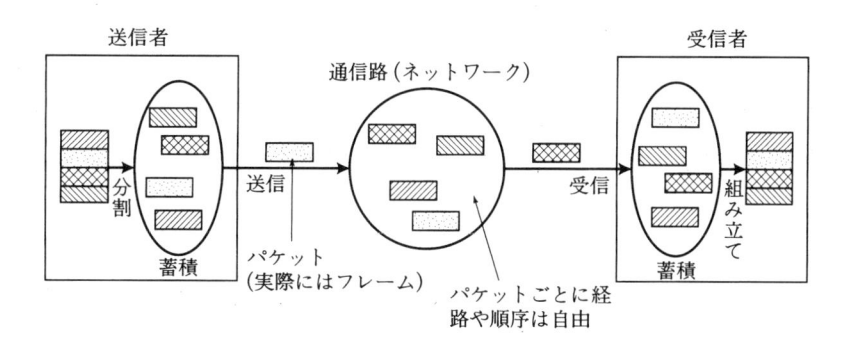

図 9.13 パケット交換

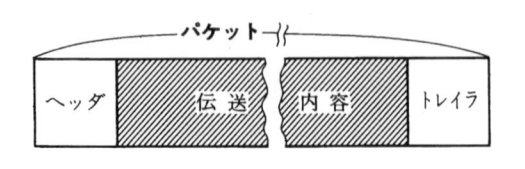

図9.14 パケット

る；とが回線交換と比較した特徴である。

パケット交換は現代の代表的なデータ通信(データ交換)方式である。

パケット交換は**パケット**(packet；小包)と呼ぶ一定長以下に分割したデータブロック単位で蓄積交換を行う。パケットは，図9.14に示すように，① ヘッダ(header)：宛先，パケット長などのパケットの先頭に付ける制御情報；② 一定長以下に分割した伝送内容；③ トレイラ(trailer)：パケットの末尾に付ける制御情報；から構成する。

送信元のコンピュータで送信データを分割して作ったパケットは通信路(ネットワーク)の空きを待ってパケットごとに送り出す。パケットはパケットごとに適当な(空いている)通信路(経路)を通って宛先へ到着する。受信先(宛先)のコンピュータでは，到着したパケットをいったん蓄積し，すべてのパケットが到着するのを待って，パケットから受信データを組み立てる。

パケット交換では，物理的な通信装置の性能(蓄積可能容量や伝送速度など)に応じて最適パケット長を選択できるので，蓄積時間の短縮が可能となる。一方で，パケットの分割と組み立て機能が必要となる。さらには，伝送遅延やネットワーク上でのパケットの喪失の恐れがあり，再送などの対策が必須である。

実際には，パケットは**フレーム**(frame)と呼ぶ"一定長のデータブロック"にして通信路に送出する。フレームはパケットの先頭と末尾を示すフラグ(しるし)，エラー検出，フレーム(パケット)順序番号などをパケットに付加して構成する。

パケット交換によるデータ通信はタイミング制御方式によって次の2種類に大別できる(図9.15参照)。

（1）**同期転送モード**(**STM**, Synchronous Transfer Mode)：1個の通信チャネルを時分割で多重使用するパケット交換方式である。フレームを通信チャネルの周期ごとに設定した割り当て時間(タイムスロット(time slot))に合わせて分割して伝送する。フレームとその部分の順序はタイムスロットの時

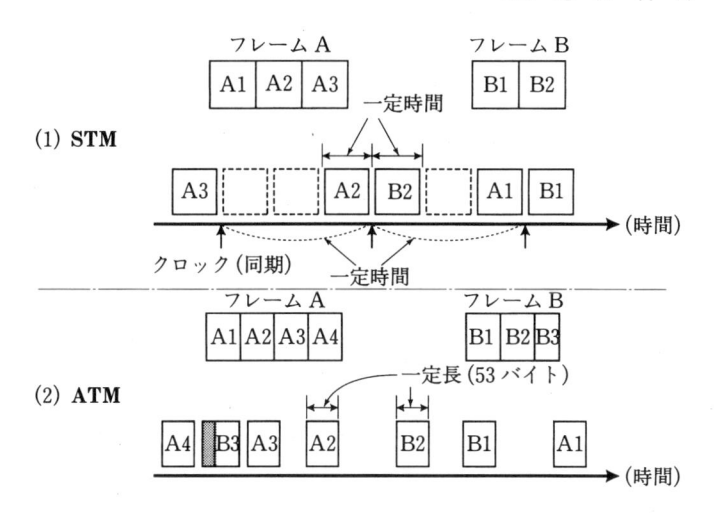

図 9.15 STM と ATM

間位置で識別する。通信チャネルの最大伝送速度（スループット）が一定であるので，マルチメディア情報などの伝送速度が異なったり変化したりする場合には，1 個のフレームに対して最大伝送速度に合わせた複数の通信チャネルを割り当てる必要がある。また，送信しなくてもタイムスロットを割り当てるので，空きスロットが生じ，通信チャネルの使用効率は悪い。制御は簡単なので，パケット交換方式では一般的な転送モードとなっている。

（2） **非同期転送モード**（**ATM**, Asynchronous Transfer Mode）：フレームは固定長（53 バイト）のセル（cell：基本単位，"ATM セル"という）に分割して通信チャネルに送出する。53 バイトの ATM セルは 48 バイトの情報と 5 バイトのヘッダとで構成する。ヘッダには宛先情報，ルーティング（9.3.3 項（d）参照）情報，転送制御情報などを含んでいる。セルごとに宛先情報やルーティング情報をもっているので，ネットワーク上の通信装置が自律的にセルを転送（中継）できる。したがって，通信チャネルの使用効率は良い。ポイントツーポイント通信（前の（a）の（8）参照）との親和性が高い。ブロードバンドネットワークである **B-ISDN**（9.1.2 項（d）参照）の転送モードでもある。LAN や LAN 間接続のためのパケット交換方式としても普及している。ATM による LAN を "ATM LAN" という（9.3.2 項（d）で詳述）。

（c） **同期通信と非同期通信**

同期通信は同期単位によって次の方式に分類できる（図 9.16 参照）。

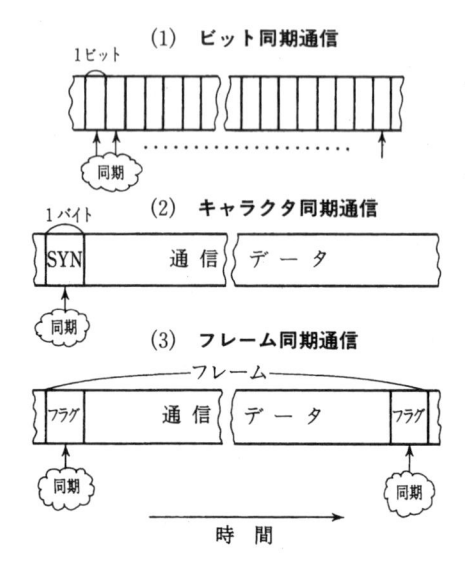

図 9.16 同期単位による同期通信の分類

(1) **ビット同期通信**(**連続同期通信**): ビット単位で同期をとる。同期信号の取り出し方法によってさらに次の2方式に細分類できる。

① **外部同期通信**: 通信線(送信側)から通信データとは別に同期信号を受ける。

② **内部同期通信**: 通信データから受信側で同期信号を取り出す。あるいは、受信側で同期信号を供給する。**自己同期通信**ともいう。

(2) **キャラクタ同期通信**: 通信データ(キャラクタ列,文字列)の前に付加した1バイトの特定のコード("SYN"という)によって同期をとる。9.2.3項(b)で述べるBSC手順などのキャラクタ指向伝送制御手順(プロトコル)と併用する。

(3) **フレーム同期通信**: 通信データを情報の開始と終了を表すフラグ(8ビットの特定の信号列)によって挟み("フレーム(frame)"という),同期をとる。**フラグ同期通信**ともいう。9.2.3項(d)で述べるHDLC手順などのビット指向伝送制御手順(プロトコル)と併用する。パケット交換の同期転送モード(STM,前の(b)参照)の基本となっている。

一方,**非同期通信**では同期信号が不要であるので,非同期通信を**調歩同期通信**ともいう。非同期通信では,図9.17に示すように,1キャラクタ(文字,8ビット)の信号列の前にスタートビット(普通"0")を付加する。そして,通信

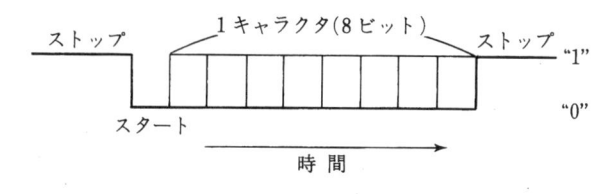

図 9.17 非同期通信

データがない時間はストップビット（普通は"1"）を連続伝送する．

9.2.3 データリンク層プロトコル

9.2.1項(b)で示した例のように，OSI参照モデルの第2層であるデータリンク層と第3層であるネットワーク層とが，"通信機能におけるハードウェア機構（コンピュータ本体から見た通信装置）とソフトウェア機能とのインタフェース"あるいは"通信機能における通信装置（ハードウェアが主）とコンピュータ本体（OSが主）とのインタフェース"になるのが一般的である．すなわち，データリンク層とネットワーク層とが"通信機能におけるハードウェアとソフトウェアの機能分担方式（通信アーキテクチャ）"の主要部分を決める．前の9.2.1項(b)では，データリンク層を通信装置のハードウェア機構およびソフトウェア機能で，ネットワーク層をコンピュータ本体のソフトウェア機能で，それぞれ構成する例を示している．本項では，このデータリンク層のプロトコル（**データリンク層プロトコル**あるいは単に**データリンクプロトコル**という）について説明する．

(a) 転送単位によるデータリング層プロトコルの分類

転送単位によってデータリンク層プロトコルを分類してみよう．

(1) **ビット指向プロトコル**：ビット単位転送を指向している．① 任意長のビット列を伝送できるので伝送効率や通信路の使用効率は良好である；② ビット列として転送するので任意のコードを転送できる；などの特徴（長所）がある．データ通信に用いる．前の9.2.2項(c)で述べたフレーム同期通信方式との親和性が高い．（例）HDLC手順（(d)参照）．

(2) **キャラクタ指向プロトコル**：キャラクタ単位転送を指向している．転送単位が1バイトなので，① 実現が容易である；② 入出力装置との親和性が高い；などの長所がある．一方，③ 伝送効率や通信路の使用効率は悪い；④ 信頼性が低い；⑤ 通信データとして送ることのできるコードが限られる；な

どの短所がある。コンピュータ本体とその端末装置（入出力装置）との通信に用いる。キャラクタ同期通信方式との親和性が高い。(例) BSC 手順 (次の (b) 参照)。

（3） **バイト指向プロトコル**：任意の（可変）バイト長単位での転送を指向している。伝送データ長をヘッダとして通信データに付加する。ヘッダとしては，伝送データ長，同期用コード，制御情報などがある。(1)のビット指向プロトコルと(2)のキャラクタ指向プロトコルとの融合を図っており，ビット指向プロトコルに近い伝送効率や信頼性をそれよりも簡単に実現できる。

（**b**） **伝送制御手順**

通信装置間でのデータ伝送の制御に関するプロトコルを**伝送制御手順**という。伝送制御手順は伝送情報の形式（フォーマット）と伝送情報（特に制御情報）の意味について規定する。

伝送制御手順の主な機能としては，① 制御情報の交換；② データリンクの設定と解放；③ データ転送（伝送）；④ フロー制御 ((e) 参照)；⑤ 伝送誤り制御；などがある。

主な伝送制御手順として次のようなものがある。

（1） **BSC** (Binary Synchronous Communication) **手順**：ASCII や EBCDIC コード (3.3.2 項 (a) 参照) の一部として定めてある伝送制御キャラクタ（文字）によって伝送を制御するキャラクタ同期通信（前の 9.2.2 項 (c) 参照）である。特に，ISO や JIS によって標準化した BSC 手順を**ベーシック手順**（基本形データ伝送制御手順）という。コンピュータ間通信用として利用する半2重のキャラクタ指向伝送制御手順（プロトコル）である。

（2） **HDLC** (High-level Data Link Control) **手順**：高レベル伝送手順である。(d) で詳述する。

（**c**） **伝送誤り制御**

伝送誤り制御とは，通信における伝送誤りの検出と回復の機能を指す。

伝送効率を配慮すると，誤りを検出し再送する方式が一般的である。LAN の代表であるイーサネットが採る **CSMA/CD** (9.3.2 項 (c) 参照) が代表的である。

誤り検出・再送方式において，冗長ビットを付加して誤りの検出および訂正機能を実現する方式には次のようなものがある。

● **パリティチェック**：ある規則にしたがって送信元が数ビット（7ビットか8ビットが多い）ごとに1～数ビットの**パリティビット** (parity bit) という冗長

ビットを付加し，受信先でそれを含めて通信データをチェックすることでエラーを検出したり訂正したりする。
- **CRC**：送信元で通信データのブロック（ひとかたまり）ごとに CRC (Cyclic Redundancy Check；巡回冗長チェック) コードをエンコードして付加しておき，それを受信先でデコードして伝送誤りを検出・訂正する。HDLC 手順（次の (d) 参照）でのフレームの伝送誤り制御に用いている。

(d) **HDLC 手順**

HDLC 手順は OSI 参照モデルにおけるデータリンク層プロトコルとして ISO が標準化している。旧 CCITT (国際電信電話諮問委員会) が X.25 (パケット交換プロトコル，OSI 参照モデルの第 1～3 層をカバーする) 規格に採用している伝送制御手順である。ビット指向プロトコルであり，フレーム単位の通信を行うフレーム同期通信 (前の 9.2.2 項 (c) 参照) の規格化でもある。HDLC 手順の"フレーム"はフラグ，宛先，制御情報，通信データ，誤り検査情報などによって構成する。

HDLC 手順の主な機能としては，① 任意のビット列の転送；② CRC (前の (c) 参照) による伝送誤りの検出；③ 再送による伝送誤りの回復；④ 受信者がビジー時の送信抑止；⑤ 連続フレーム転送；がある。

したがって，HDLC 手順は大量データ伝送 (データ通信) 向きであり，かつ高信頼性を実現できるので，コンピュータ間のデータ通信で利用する。また，ポイントツーポイント通信だけではなく，マルチポイント通信にも適用可能である。

(e) **フロー制御**

通信アーキテクチャを構成するハードウェア機構 (通信装置，通信コントローラ，ネットワークなど) における通信データ量 (流量，フロー (flow)) を制御する機能を**フロー制御**という。実際には，受信側の能力 (バッファ容量，処理速度など) を越えるデータ伝送を中断および再開できる送信側の機能であり，通信用ハードウェア機構の有効利用を図るためには必要となる。

フロー制御には次のような方式がある。

(1) **ストップアンドウェイト** (stop and wait)：① 受信側がビジー時には，データ送信を停止 (ストップ) する；② ビジー状態解除を待つ (ウェイト)；③ ビジー状態解除によって送信を再開する；の手順でフロー制御を行う。実現は簡単である。

(2) **ウィンドウ予約**：送受信者の相互があらかじめ連続伝送可能なパケッ

ト数("ウィンドウ (window)"という)を取り決めておき，このウィンドウサイズ以下のデータ伝送を許可する。パケット交換では必須であり，たとえば，HDLC 手順や CCITT 勧告の X.25 などが採用している。

9.3 ネットワークアーキテクチャ

9.1.1 項(d)で述べたように，**ネットワークアーキテクチャ** (network architecture) は通信制御アーキテクチャと併せて通信アーキテクチャを構成する。ネットワークアーキテクチャは，コンピュータネットワークの構成方式あるいはハードウェアとソフトウェアの機能分担方式として定義できる。本節では，通信装置やそれを含めたコンピュータから見たネットワークアーキテクチャについて再考する。

9.3.1 コンピュータネットワーク

本項では，9.1.2 項(c)で述べたデータ通信ネットワークも含めて，**コンピュータネットワーク** (computer network) 全般についてネットワークアーキテクチャの観点から再考する。本節の以降では，"コンピュータネットワーク"を単に"ネットワーク"ということがある。

(a) **コンピュータネットワークの定義と分類**

コンピュータは人間の道具であるから，それらのコンピュータ間を結ぶコンピュータネットワークやそれによるデータ通信は人間どうしのコミュニケーション(通信，情報交換や共有)の道具となる。

コンピュータネットワークは，① コンピュータや端末装置を相互に接続する；② それぞれのコンピュータが備える情報の処理(変換，伝達，表現，蓄積)機能("ネットワーク資源"という)を相互通信によって共用する；ためのデータ通信ネットワークである。コンピュータネットワークは，単なる①の"コンピュータ間の物理的な接続"だけではなく，②の"論理的に意味がある接続"すなわち"通信(データ通信)"を実現する機能であり機構である。

①②の実現のためにコンピュータネットワークが相互接続するコンピュータ(端末装置も含む)群の地理的な散らばり具合すなわちネットワーク規模によって，コンピュータネットワークを分類できる。

(1) **ローカルエリアネットワーク** (Local Area Network；**LAN**, ラン)：その地理的規模を一部地域や同一機関内(同一構内，同一建物内)の比較的狭

い範囲に限定しているコンピュータネットワークである。第4世代(1.2.2項(f)参照)に出現したUNIXワークステーション間を結ぶイーサネット(次の9.3.2項(e)参照)から発展してきている。現代の**インターネット**(the Internet；9.3.3項(e)参照)を構成する最小単位のコンピュータネットワークでもある。LANとそのネットワークアーキテクチャについては次の9.3.2項で詳述する。

(2) **ワイドエリアネットワーク**(Wide Area Network；**WAN，広域ネットワーク，ワン**)：その地理的規模が比較的広範な地域(都市や都市間)から国内(全国)さらには全世界にまたがるコンピュータネットワークである。(1)のLANどうしを相互接続してWANにすることもできる。また，9.1.2項(c)で述べたデータ通信ネットワークのうちの公衆ネットワークもWANである。"全世界(地球)規模のWAN"を現代では**インターネット**(the Internet；9.3.3項(e)参照)と呼んでいる。WANとそのネットワークアーキテクチャについては，インターネットを代表例として，9.3.3項で詳述する。

(1)のLANと(2)のWANとを定義上で定量的に分類する指標は定まっていない。このほかにも，① **広域LAN**：LANどうしの拠点間を既存のLANインタフェース(LAN技術)で安価に接続する；② **MAN**(Metropolitan Area Network；大都市圏ネットワーク)：空間的規模は50 Km程度で，伝送媒体は光ファイバを採用するブロードバンドネットワーク(9.1.2項(d)参照)；なども地理的規模によるコンピュータネットワークの区分としてある。

コンピュータネットワークの地理的(空間的)規模の大小はそのネットワークアーキテクチャの要件を左右する。

(b) **ネットワーク透明性**

"ユーザが，ネットワークの存在を意識せずに，データ通信が可能である"ことを**ネットワーク透明性**あるいは"ネットワーク透明性がある"という。"ネットワーク透明性"とは，コンピュータアーキテクチャを設計する立場からは，"ネットワークアーキテクチャの違いを意識せずに通信機能(通信アーキテクチャやOS)を実現可能である"ことともいえる。あるコンピュータのネットワーク透明性を実現するためには，通信アーキテクチャやネットワークアーキテクチャの設計において適切なハードウェア/ソフトウェア・トレードオフを設定する必要がある。

(c) **ネットワークアーキテクチャの標準化**

9.1.1項(d)で述べたように，ネットワークに接続する種々の資源(コン

```
            ╭─────────────╮
          ネットワーク
     ─────────────────── ネットワークアーキテクチャ
              ↑          （ネットワークインタフェース）
          ┌───────┐
          │ ノード │
          └───────┘   （ノード：コンピュータや端末装置）
```

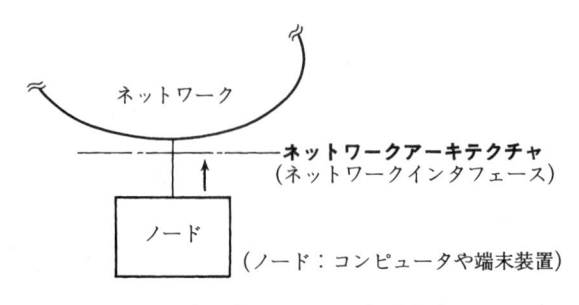

図 9.18 ネットワークアーキテクチャ

ピュータ，端末装置など，**ノード**(node) という）から見たコンピュータネットワークの機能が**ネットワークインタフェース**(network interface) すなわち**ネットワークアーキテクチャ**(network architecture) である（図 9.18 参照）。ネットワークアーキテクチャは通信アーキテクチャの主要部分であり，接続しようとする種々の資源に対して，通信プロトコルとして規定したそのコンピュータネットワークの通信機能を提供する。

前の(b)で述べたネットワーク透明性は"適切に統一した標準的ネットワークアーキテクチャの設定"によって実現できる。

ネットワークアーキテクチャでは，そのコンピュータネットワークに接続する多種多様な資源（コンピュータや端末装置などのノード，他のネットワーク）に対して，その標準的な通信機能を統一的に示す通信プロトコルが必須となる。標準的な通信プロトコルはそれを適用するコンピュータネットワーク全体のネットワークアーキテクチャとして唯一であり，そのネットワーク規模に対応できる必要がある。すなわち，LAN ならその LAN アーキテクチャを，WAN ならその WAN アーキテクチャを，それぞれ規定するのがそのコンピュータネットワークの通信プロトコルである。したがって，ネットワークとネットワークとの相互接続（"インターネット[†]"という）機能や機構では，"接続するネットワーク相互で通信プロトコルを合わせる"ことが要件となる。

コンピュータ技術史上で重要な位置を占めるネットワークアーキテクチャは次の通りである。

（1） **SNA** (System Network Architecture)：IBM が 1974 年に提案して

[†] インターネット (internet)：ここでは，一般的な"ネットワーク間接続"あるいは"相互接続したネットワーク"を指し，固有名詞の"インターネット (the Internet)"(9.3.3項(e)で詳述)とは区別している。

いる。(2) の OSI 参照モデルと同様に，通信機能を7階層でモデル化しているが，OSI 参照モデルとの互換性はない。

（2）**OSI 参照モデル**：通信機能を7階層でモデル化し，各階層や隣接階層間ごとに通信プロトコルを設定している。ISO が 1978 年から検討を開始し，1990 年代半ばまでに各階層の最終的な国際規格 (International Standard；IS) 化を行っている。9.2.1 項で詳述している。

（3）**TCP/IP** (Transmission Control Protocol / Internet Protocol)：米国の DARPA (Defense Advanced Research Project Agency；国防総省高等研究計画局) が学術研究機関用 WAN として構築した ARPANET (1960 年代末〜1990 年) の要素技術である。UNIX ワークステーションが LAN 用ネットワークとして採用したイーサネット (OSI 参照モデルの第 1〜2 層に対応) の上位層プロトコルとして爆発的に普及し，現代の**インターネット** (the Internet；9.3.3 項 (e) 参照) の事実上の標準プロトコルとなっている。TCP は (2) の OSI 参照モデルの第 4 層，IP はその第 3 層に，それぞれほぼ対応する。9.3.2 項 (h) で詳述する。

9.3.2 ローカルエリアネットワーク (LAN)

（a）LAN の定義

ローカルエリアネットワーク (LAN) の厳密な定義は定まっていないが，おおよそ次のような要件を満たすコンピュータネットワークを "LAN" と呼んでいる。
- ディジタル通信専用のデータ通信ネットワークである。
- 限定された地域，機関内，構内，建物内などに私設した専用ネットワークである。
- 空間的規模は数 Km 程度までである。
- 通信速度は数 M〜数 Gbps 程度の高速通信である。
- データ交換方式はパケット交換である。
- 接続するノード (コンピュータあるいは端末装置) にふるアドレスはその LAN に限定 (**ローカルアドレス** (local address) あるいは**プライベートアドレス** (private address) という) してある。

（b）ネットワークトポロジによる LAN の分類

物理的な**ネットワークトポロジ** (topology；幾何学的形状) を指標にして LAN を分類してみよう (図 9.19 参照)。

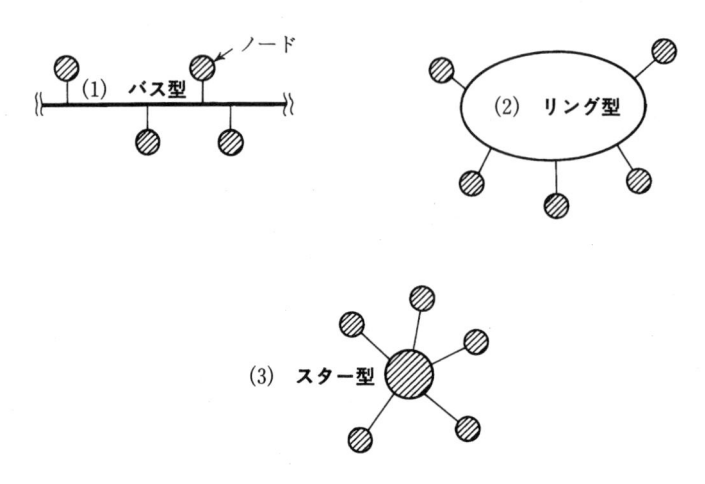

図9.19 ネットワークトポロジによるLANの分類

（1）**バス型ネットワーク**：バス (bus) と呼ぶ1本の通信路を，それにデイジチェイン接続したノードで共有・共用する。① 敷設コストが安価である；② ノードの追加や削除が簡単である；③ 相互接続することによって簡単に拡張できる；④ ノードの接続は受動的であり，ノードの障害はネットワークそのものには波及しない；などの長所があり，最も普及している。一方で，⑤ 1個所のネットワーク障害（断線など）がネットワーク全体の故障（停止）となる；⑥ バス長には制限があり，それを超えて延長する場合には，中継装置(9.3.3項(b)参照)が必要となる；という短所がある。LAN 規格にバス使用の競合を調停する機能や機構（アービタ）を盛り込んでおく必要がある。(例) イーサネットの一部 (10BASE5 や 10BASEA2, (e) で詳述) など。

（2）**リング型ネットワーク**：リング (ring；環) 状のネットワークである。① (1)のバス型ネットワークに比べると，2点間（ポイントツーポイント）通信において双方向の通信路が常に確保できる点で，信頼性が高い；② "リング" というネットワーク形状を活用する LAN 規格（たとえば，(d) で述べるトークンリングネットワーク）との親和性が高い；という長所と，一方で，③ ②の規格を満たすためにはネットワークに接続するノードが能動的に動作する必要があり，ノードの障害がネットワークそのものにも影響する；という短所がある。ⓐ ネットワーク使用の競合調停機能をネットワークに接続しているすべてのノードに分散して自律的に制御する；ⓑ 競合調停機構（アービタ）をリングの中心に置いてそこで集中制御する（"ループ (loop) 型ネットワーク"

ともいう）；の2方式に細分できる。(例) トークンリングネットワークやFDDI（いずれも (d) で詳述）など。

（3） **スター型ネットワーク**：**スター** (star；星) 状のネットワークである。① 通信するノードが通信路を占有できるので高速である；② ネットワーク使用の競合調停の機能や機構は簡単あるいは不要である；という長所と，一方で，③ スター状の中心に位置するノードの障害でネットワーク全体が故障（停止）する；④ 敷設コストは最も高価で，ノードの追加や削除が面倒である；という短所がある。(例) イーサネットの一部 (10BASE-T，ファストイーサネット (Fast Ethernet)，ギガビットイーサネット (Gigabit Ethernet；GbE)，イーサネットについては (e) で詳述）など。

また，9.3.3項 (b) で述べるネットワーク接続装置によって (1)～(3) を組み合わせて階層型の LAN を構成する場合もある。

（c） **LAN のアクセス制御**

LAN に接続するノード（コンピュータや端末装置）はその LAN を共有かつ共用する。LAN の使用要求が競合した場合にはそれらを調停する機能が必要となる。この機能を**アクセス制御** (access control) という。LAN のアクセス制御は"LAN への接続を要求しているノードにその LAN の使用許可を与える (LAN を割り当てる)"ことである。

アクセス制御機能は OSI 参照モデルでは第2層（データリンク層）内の最下位の部分機能層（部分機能層を"副層 (sublayer)"という）すなわち第1層（物理層）とのインタフェースとして定める。データリンク層の最下位に位置する

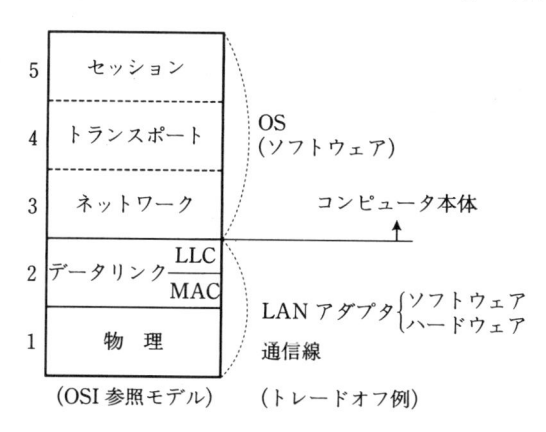

図 9.20 LAN における OSI 参照モデルとそれによるハードウェア/ソフトウェア・トレードオフ例

このアクセス制御副層を **MAC** (Media Access Control；**メディアアクセス制御**) 層という (図 9.20 参照)。

LAN の代表的なアクセス制御 (MAC) には次の 2 種類がある。

（1） **CSMA/CD** (Career Sense Multiple Access / Collision Detection；搬送波検知多重アクセス/衝突検出)

CSMA では，ノードが，① ネットワークへのアクセスに先立ち，他のノードがそのネットワークを使用している (ビジー，使用中) か使用していない (アイドル，空き) かを搬送波 (キャリア) の有無によって検知する；② 空いている場合にアクセスし，使用中の場合は空くのを待つ；という手順でアクセス制御を行う。

しかし，CSMA だけでは，伝送遅延の存在によってアクセス競合の可能性は残っており，完全な競合検出機能を実現していない。この CSMA にネットワークを常時監視することによってアクセス競合を検出する**衝突検出** (**CD**) 機能を付加して，CSMA を改良した方式が **CSMA/CD** である。CSMA/CD では，アクセス競合時はアクセスを中断し再度アクセスを試みる。また，再試行までの待ち時間はランダムに定める。

半 2 重通信路向きの CSMA/CD には，① 各ノードが自律分散してアクセス制御するので，機能や機構が簡単で耐故障性が高い；という長所と，一方で，② ネットワークの負荷がある一定量を超えると，急激に遅延時間が大きくなり性能が落ちる；という短所とがある。したがって，ノード数が余り多くない小・中規模で，かつ，伝送速度が数～10 Mbps の低・中速の LAN 向きアクセス制御方式である。

UNIX ワークステーションが，初期のイーサネット (10BASE5 や 10BASE2) の半 2 重通信路における標準的なアクセス制御方式 (データリンク層プロトコル) として，CSMA/CD を採用している。その後，CSMA/CD はイーサネットの規格である IEEE 802.3 の一部となり，現代では，物理層のイーサネット ("狭義のイーサネット"という) とデータリンク層の CSMA/CD などを併せて "広義のイーサネット" あるいは単に "イーサネット" と呼んでいる。

（2） **トークンパシング** (token passing)

図 9.21 に示すように，**トークン** (token；しるし) という信号を 1 個だけ一方向に循環しておき，アクセスを要求するノードがそのトークンを捕獲することによってアクセス権を取得するアクセス制御方式を**トークンパシング**とい

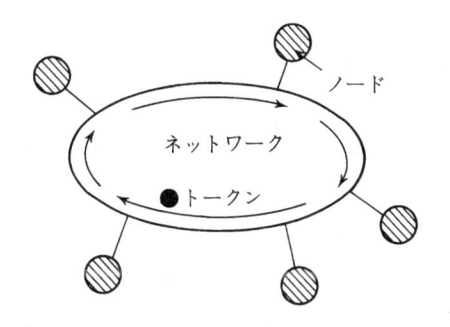

図 9.21 トークンによるアクセス競合の回避

う．適用するネットワークトポロジによって次のように細分できる．

① **トークンリング** (token ring)：リング型ネットワークにおけるトークンパシングである．トークンを捕獲してアクセス権を得た送信元はリング状のネットワークにデータを送出し，そのデータはネットワークを一周して送信元へ戻ってくる．この一周する間に受信先がデータを捕獲する．送信元は，データの戻りによってデータ転送(アクセス)の完了を検知し，トークンを再びネットワーク上に放出する．一定時間内にデータ転送が完了しないあるいはトークンが検出できない場合をネットワーク障害として検知できる．正式には"トークンパシングリング"という．**IEEE 802.5** 規格となっている．

② **トークンバス** (token bus)：バス型ネットワーク上のノードを仮想的にリング状に順序付けることによって行うトークンパシングである．

アクセス制御 (MAC) はアクセス競合が生じないスター型 LAN (代表例はATM-LAN, ほかにイーサネットの一部も) では不要である．

（d）**LAN の規格**

LAN の規格は OSI 参照モデル (9.2.1 項 (a) 参照) の第 1 層 (物理層) と第 2 層 (データリンク層) に対応する通信プロトコルによって定める．具体的には，① 伝送媒体 (ケーブル) や物理的な仕様；② 伝送速度；③ アクセス制御方式 (前の (c) 参照)；④ 伝送制御手順 (9.2.3 項 (b) 参照) および伝送誤り制御 (9.2.3 項 (c) 参照) やフロー制御 (9.2.3 項 (e) 参照) の各方式；などを規格として定める．

代表的な LAN 規格は次の通りである．

（1）**イーサネット** (Ethernet)：現代に最も普及している LAN 規格である．伝送速度が 10 Mbps の標準的な**イーサネット**から伝送速度が 100 Mbps

の**ファストイーサネット**や1Gbpsの**ギガビットイーサネット**の高速イーサネットまで種々の規格がある。次の(e)(f)で詳述する。

（2） **トークンリングネットワーク**(token ring network)：リング型ネットワークでトークンパシングのアクセス制御方式(前の(c)で述べた**トークンリング**である)を採るLAN規格である。

（3） **FDDI**(Fiber Distributed Data Interface)：ANSI(米国規格協会)が定める伝送媒体に光ファイバを使用する高速・大規模・高品質LANの規格である。伝送速度は100 Mbpsで，アクセス制御方式はトークンパシングである。FDDIの代表的なネットワークポロジはリング型であるが，そのほかにもスター型あるいはリング型とスター型の組み合わせがある。全2重通信路を構築できるので，その場合，片方向の通信路の障害だけではネットワーク全体は停止しない高信頼性LANである。伝送媒体として光ファイバの代わりに銅線(より対線)を使うものを**TPDDI**(Twisted-Pair Distributed Data Interface)という。TPDDIは，FDDIに比べて，安価で取り扱いが容易であるが，一方で，低品質で伝送距離が短い。

（4） **ATM LAN**(Asynchronous Transfer Mode LAN)：パケット交換のタイミング制御が非同期転送モード(**ATM**，9.2.2項(b)参照)のLANである。伝送媒体は光ファイバやより対線を使う。ネットワークポロジはスター型である。伝送速度が数十〜百数十Mbpsであり，代表的な高速LANとして普及している。ATMの原理はポイントツーポイント通信であるので，ATM LANではLAN機能として重要なブロードキャスト(一斉同報)通信を仮想的に実現する。すなわち，ATM LAN上でブロードキャストすると，既存のLAN(例：イーサネット)のパケットをATMのパケット形式に組み立て直す(分割する)とによって，LANの利用者(ユーザおよびソフトウェア，上位層通信プロトコル)に対してATM LANを既存のLAN(たとえばイーサネット)に見せかける。これを**LANエミュレーション**(LAN emulation)という。LANエミュレーションによって実際のLAN(この場合はATM LAN)上に実現する仮想的なLAN(例ではイーサネット)を"仮想LAN"という。

(1)〜(4)のうち，伝送速度が100 Mbps以上と高速の，① (1)のうちのファストイーサネットやギガビットイーサネット；② (3)のFDDI；③ (4)のATM LAN；を**バックボーンLAN**(backbone LAN)あるいは**バックボーンネットワーク**(backbone network)という。バックボーンLANは基幹LANやLAN間接続に使用する。

（e）イーサネットの規格

イーサネットは現代に最も普及しているLAN規格である。ベースバンド伝送方式（9.2.2項（a）の（11）参照）で，10M～1Gbpsの伝送速度を実現している。

"狭義のイーサネット"はOSI参照モデルの第1層（物理層）規格を指す。広義のイーサネットは第1層（物理層）とCSMA/CDによるアクセス制御などを規定する第2層（データリンク層）とを併せた規格を指す。普通"イーサネット"というとこの"広義のイーサネット"を指す。

イーサネットは1980年に米国のXerox, Digital Equipment (DEC), Intelの3社が共同でUNIXワークステーションに標準装備するLAN規格として策定している。その後，IEEEが**IEEE 802.3**として規格化している。IEEE 802.3では，物理層とその上位のデータリンク層および両層のインタフェースについて定めている。IEEE 802.3規格にしたがってイーサネットを分類してみよう。イーサネットは伝送速度によって次の(1)～(4)に大別でき，それぞれはさらに伝送距離や伝送媒体などによって細分できる。この分類は物理層仕様の相違による分類である。表9.1にも一覧にしてまとめてある。

表9.1 イーサネットの規格

通称	イーサネット			ファストイーサネット	ギガビットイーサネット		テンギガビットイーサネット
規格	10BASE5	10BASE2	10BASE-T	100BASE	1000BASE-T	1000BASE-X	10GBASE-X
IEEE規格	802.3	802.3a	802.3i	802.3u	802.3ab	802.3z	802.3ae
伝送速度(bps)	10M	10M	10M	100M	1G	1G	10G
伝送媒体	同軸ケーブル	同軸ケーブル	UTP	-T2/4：UTP -TX：UTP, STP -FX：光ファイバ	UTP	-LX/SX：光ファイバ -CX：STP[†1]	光ファイバ
ネットワークトポロジ	バス	バス	スター	スター	スター	スター	スター
伝送距離(m)	500	185	100	-T2/4/X：100 -FX：412[†2]	100	-LX/SX：550[†3] -CX：25	最大40K
全2重通信	なし	なし	あり	-TX -FX }あり	あり	あり	あり

（†2 全2重通信路：2K）　（†1 平衡型銅線）
　　　　　　　　　　　　（†3 -LXのSMF：5K）

（1）**イーサネット**（Ethernet）：最初のまた標準的なイーサネット規格である。伝送速度は10 Mbpsで"10 BASE（テンベース）"と呼ぶ。伝送媒体によってさらに次の3種類に細分できる。

① **10BASE5**：伝送媒体が0.4インチ（12 mm）径の同軸ケーブルでバス型半2重通信路である。"シックイーサネット（thick Ethernet）"あるいは"イエローケーブル（yellow cable）[†]"ともいう。UNIXワークステーション間を相互接続するLANとして現代のLAN隆盛の先駆けとなっている。

② **10BASE2**：伝送媒体が汎用の0.25インチ（5 mm）径同軸ケーブルでバス型半2重通信路である。①の10 BASE5よりも小型化と敷設コストの低減を図っている。その意味で、"シンイーサネット（thin Ethernet）"あるいは"チーパイーサネット（cheaper Ethernet）"ともいう。

③ **10BASE-T**：伝送媒体をより対線にして、②よりもさらに敷設コストの低減を図っている。①②のバス型からスター型になっている。スターの中心に置く集配線装置を**ハブ**（hub；9.3.3項（b）（c）参照）という。現代のイーサネットの主流である。

（2）**ファストイーサネット**（Fast Ethernet）：伝送速度が100 Mbpsの高速イーサネットである。"100 BASE（ハンドレッドベース）"と呼ぶ。伝送媒体および伝送距離の違いによって、① **100BASE-T2**：伝送媒体は2対の**UTP**（Unshielded Twisted Pair；シールドなしより対線）**カテゴリ**3以上（category；最低保証伝送速度の違いによって1〜5の5カテゴリに分ける、カテゴリ3の伝送速度は10 Mbps）、半2重通信路で伝送距離は100 mである；② **100BASE-T4**：伝送媒体は4対のUTPカテゴリ3以上、半2重通信路で伝送距離は100 mである；③ **100BASE-TX**：伝送媒体は2対のUTPカテゴリ5以上（カテゴリ5の伝送速度は100 Mbps）か**STP**（Shielded Twisted Pair；シールド付きより対線）で、伝送距離は100 mである；④ **100BASE-FX**：伝送媒体は2芯光ファイバで、全2重通信をサポートする、伝送距離は**MMF**（Multi-Mode Fiber；マルチモードファイバ、光信号が光ファイバ中を"反射"伝播）通信で412 m、**SMF**（Single-Mode Fiber；シングルモードファイバ、光信号が光ファイバ中を"直線"伝播）通信で2 Kmである；に細分できる。いずれもスター型である。

（3）**ギガビットイーサネット**（Gigabit Ethernet；GbE）：伝送速度が1

[†] イエローケーブル（yellow cable）：初期の10 BASE5では伝送媒体である同軸ケーブルのカバーが黄色だったので、こう呼んでいる。

Gbps の高速イーサネットである。"1000 BASE (サウザンドベース，ギガベース)" と呼ぶ。伝送媒体および伝送距離の違いによって，① **1000BASE-T**：伝送媒体は 4 対の UTP カテゴリ 5 以上で，伝送距離は 100 m である；② **1000BASE-LX**：伝送媒体は 2 芯の長波長光ファイバ (MMF または SMF) で，伝送距離は MMF 通信で 550 m，SMF 通信で 5 Km である；③ **1000BASE-SX**：伝送媒体は 2 芯の短波長光ファイバ (MMF) で，伝送距離は 550 m である；④ **1000BASE-CX**：伝送媒体はシールド付き平衡型銅線で，伝送距離は 25 m である；に細分できる。いずれもスター型で，全 2 重通信をサポートする。

(4) **テンギガビットイーサネット** (10 Gigabit Ethernet；10 GbE)：伝送速度が 10 Gbps の超高速イーサネットである。"10 GBASE (テンギガベース)" と呼ぶ。伝送媒体は光ファイバで，全 2 重通信のみをサポートする。光信号波長や伝播方式 (MMF か SMF か) の違い (この違いがそれぞれで規格となる) によって伝送距離は異なり，最大 40 Km である。

(f) **イーサネットの通信プロトコル**

IEEE 802.3 では，物理層について，① データ ⇔ 符号変換 (エンコードとデコード)；② 符号 ⇔ 伝送信号変換；③ 送受信制御；④ 信号レベルでの衝突検出；などについて定めている。特に，伝送媒体の違いによって，②～④ で定める仕様が異なる。これが前の (e) の (1)～(4) と表 9.1 で述べたイーサネット規格のそれぞれを生み出している。

IEEE 802.3 では，データリンク層について，図 9.20 に示したように，① **MAC** (Media Access Control；**メディアアクセス制御**)：伝送制御手順やアクセス制御方式を定める，CSMA/CD はこの機能に含む ((c) 参照)，物理層とのインタフェースとなるので伝送媒体に依存する；② **LLC** (Logical Link Control；**論理リンク制御**)：上位層 (イーサネットでは TCP/IP が主，TCP/IP については (h) 参照) とのインタフェースとなって上位層からのアクセス手段を統一する，伝送媒体には依存しない；の 2 副層の仕様として定めている。データリンク層は伝送速度ごとに共通仕様である。

イーサネットの MAC (アクセス制御) では，通信するノード (通信装置) 相互を各通信装置に物理的に付けた 48 ビットのアドレス (**MAC アドレス** (MAC address) という) で識別する。MAC アドレスはメーカが全世界で出荷する通信装置 (LAN アダプタなど) ごとに物理的にユニークに (重なりがないように) 付けてある。MAC アドレスによる通信者の特定を **ARP** (Address

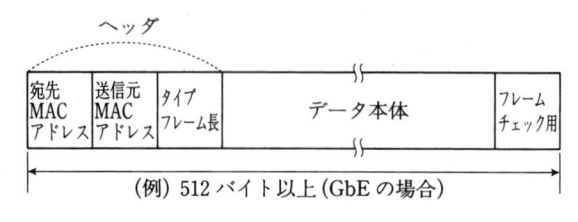

```
           ヘッダ
    ┌─────────┴─────────┐
   ┌────┬────┬────┬──────────┬────┐
   │宛先 │送信元│タイプ│          │フレーム│
   │MAC │MAC │／    │ データ本体 │チェック用│
   │アドレス│アドレス│フレーム長│          │    │
   └────┴────┴────┴──────────┴────┘
   └─────────────┬─────────────┘
        (例) 512 バイト以上 (GbE の場合)
```

図 9.22 イーサネットのフレーム

Resolution Protocol；アドレス解決プロトコル）という．ARP では，① 送信元の通信装置は送信先の MAC アドレスをパケットにして LAN 上にブロードキャスト（一斉同報）送信する；② その MAC アドレスをもつ通信装置が応答する；によって通信前に通信リンクやアクセス手段の確保を行い，上位層の通信プロトコル（イーサネットの場合は TCP/IP が一般的，TCP/IP については (h) で詳述）に提供する．

CSMA/CD によるアクセス制御は，半 2 重通信路であるバス型イーサネット (10BASE5 と 10BASE2) や 100BASE-T2/T4 では必須であるが，全 2 重通信路でスター型イーサネットである 100BASE-TX/FX やギガビットイーサネット (1000BASE や 10GBASE) では不要である．"全 2 重通信路（表 9.1 参照）では同時に送受信できるので通信路使用の競合（衝突 (collision)）が生じない"からである．

イーサネットのフレーム（9.2.2 項 (b) 参照）には，図 9.22 に示すように，通信者の MAC アドレスなどをヘッダとして付ける．

(g) 無線 LAN

伝送媒体を電磁波（電波）とする LAN を**無線 LAN** (wireless LAN) という．

無線 LAN は，有線 LAN に比べると，① ノード（ネットワークに接続するコンピュータや端末装置）の移動が簡単である；という長所と，② 通信速度と通信距離が限定される；③ 雑音の影響を受けやすい；④ 情報セキュリティの確保に注意することが必要である；⑤ 通信装置が高価である；という短所とがある．②～⑤ の短所が技術革新で目立たなくなるにつれ，① の長所によって，いつでもどこでも（ユビキタス）LAN の普及を後押しし，第 6 世代（ユビキタス時代，1.2.2 項 (h) 参照）を特徴付ける通信機構となっている．無線 LAN は SOHO (Small Office Home Office) などの建物内 LAN や**ホットスポット** (hotspot；**アクセスポイント** (access point) と呼ぶネットワークへの接続口ノードへ無線アクセスできる場所限定無線 LAN，図 9.23 ⓑ 参照) に

よるユビキタスLANの普及を支えている。

　無線LANでは，ディジタル信号の伝送信号への変調に，広い周波数帯域へ信号を拡散して多重化を図る**スペクトラム拡散変調**(spread spectrum modulation；スペクトラム拡散については9.2.2項(a)の(10)参照)を用いる。

　無線LANのデータリンク層(MAC副層)のアクセス制御はイーサネットが採用するCSMA/CDの無線版である**CSMA/CA**(Carrier Sense Multiple Access / Collision Avoidance；搬送波検知多重アクセス/衝突回避)で行う。CSMA/CAでは，通信路使用の衝突(競合)を"宛先からの応答信号(ACK)なし"によって検出・回避(**CA**；Collision Avoidance，**衝突回避**)する。

　また，CSMA/CAの効率を上げるために，宛先に送信してよいかどうかの許可を求め("RTS(Request To Send)"という)，許可を得て("CTS(Clear To Send)"という)からデータを送信する**RTS/CTS**も併用できる。RTS/CTSを使うと，衝突可能性をチェックできるので，通信路への無駄なデータ送出を減らせる。

　無線LANの規格は，物理層とデータリンク層を対象に，**IEEE 802.11**として定めてあり，伝送媒体として使用する無線周波数帯の違いによって次の2種類がある。

　(1)　**IEEE 802.11b**：2.4 GHz帯を使用し，最大データ転送速度は11 Mbpsである。無線LANの主流であり，"Wi-Fi (Wireless Fidelity)"と呼ぶ仕様(商標)がある。スペクトラム拡散変調では，ランダムに生成した拡散符号(疑似雑音符号)を信号に直接乗じて拡散する**直接拡散**(**DS**；Direct Sequence)を使う。上位互換で最大データ転送速度を56 Mbpsとする**IEEE 802.11g**もある。

　(2)　**IEEE 802.11a**：5 GHz帯を使用し，最大データ転送速度は56 Mbpsである。複数の搬送波の各周波数成分が重なり合うのを許す**直交周波数分割多重**(**OFDM**；Orthogonal FDM，FDMについては9.2.2項(a)の(9)参照)といたディジタル変調方式(ディジタル通信路の多重化方式)を用いる。

　無線LANの通信形態には，ⓐ **アドホックモード**(adhoc mode)：無線通信装置(子機)どうしのピアツーピア通信；ⓑ **インフラストラクチャモード**(infrastructure mode)：アクセスポイント(LANへの接続口ノード，親機)を経由するサーバ-クライアント通信；の2種類がある(図9.23および9.2.2項(a)の(6)参照参照)。いずれのモードでも，通信者は同じグループに属さねばならない。このグループを識別する符号を**ESSID**(Extended Service Set ID)

ⓐ アドホックモード　　　ⓑ インフラストラクチャモード

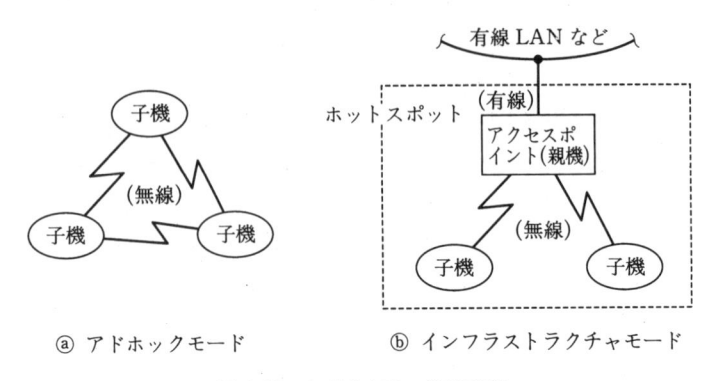

図 9.23　無線 LAN の通信形態

という。ⓑ のインフラストラクチャモードでは，あるアクセスポイントを中心とするグループ内の無線通信装置に 1 個の ESSID を割り振る。

　無線 LAN に特有の機能に**ローミング**(roaming) がある。ローミングは無線通信装置 (端末) の移動によってそれまで接続していたアクセスポイントとの接続が切断しても，別のアクセスポイントに自動的に接続が切り替わり，ネットワークや LAN への接続が切断なしに保持できる機能である。

　また，無線 LAN では無線電波が届く範囲で誰もが自由にアクセスができるので，通信に対するセキュリティの確保が重要となる。一般に無線 LAN では，① ESSID による相互認証；② アクセスポイントによる MAC アドレス (前の (f) 参照) のチェック；③ **WEP** (Wireless Equivalent Privacy) と呼ぶ共通鍵 (40 ビットか 104 ビット，いずれもさらに 24 ビットのランダムコードを付けてそれぞれ 64 ビットか 128 ビットとする) による暗号化通信；などによってセキュリティを確保している。

(h)　TCP/IP

　TCP/IP は，UNIX ワークステーションがイーサネット (物理層とデータリンク層) の上位層通信プロトコルとして採用して以来，LAN のプロトコル，LAN 間接続プロトコル，WAN のプロトコルとして普及し，現代のインターネットの事実上の標準プロトコルとなっている。

- **TCP** (Transmission Control Protocol)：OSI 参照モデルの第 4 層 (トランスポート層) に対応する ((j) 参照))。ポイントツーポイント通信における伝送制御手順を実現する。送信確認，到着順序制御，フロー制御などの機能を含む。
- **IP** (Internet Protocol)：OSI 参照モデルの第 3 層 (ネットワーク層) に対応

する((j)参照))。パケット交換ネットワークの伝送制御手順を実現する。送信確認，到着順序制御，フロー制御などの機能は含まない(上位のTCPに任せる)。IPでのパケットは**データグラム**(datagram)ともいう。

TCP/IPでの通信では通信者の識別に**IPアドレス**という論理アドレスを使用する。現代に普及しているIPアドレスは"IPv4"と呼ぶ32ビット(4バイト)のビット列である。32ビットのIPアドレスは8ビットずつ4個に区切り，ピリオドで区切った4個の10進数("0"〜"255")で示す(例：123.45.67.89)。IPアドレスには，① **グローバルアドレス**(global address)：全世界(インターネット)でユニークな(重なりがない)IPアドレス；② **ローカルアドレス**(local address)：ユーザが独自に(ローカルに)設定できる特定のIPアドレス，**プライベートアドレス**(private address)ともいう；とがある。

グローバルアドレスは，図9.24に示すように，**ネットワークアドレス**(network address；LANのアドレス)と**ホストアドレス**(host address；LAN内アドレス)とで構成する。ネットワークアドレスの長さによって，ⓐ クラスA：1バイトのネットワークアドレスと3バイトのホストアドレスで構成する(先頭の1バイトアドレスは"0"〜"127")；ⓑ クラスB：2バイトのネットワークアドレスと2バイトのホストアドレスで構成する(先頭の1バイトアドレスは"128"〜"191")；ⓒ クラスC：3バイトのネットワークアドレスと1バ

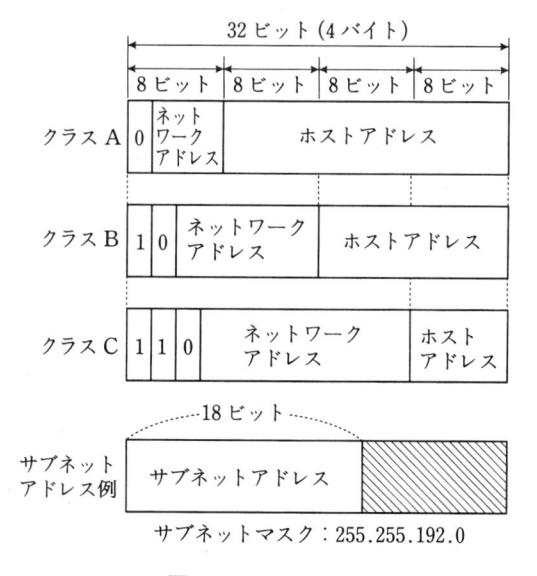

図9.24 IPアドレス

イトのホストアドレスで構成する(先頭の1バイトアドレスは"192"～"223");とがある。ⓐの大規模LAN(ホストアドレスはおよそ1600万個),ⓑの中規模LAN(ホストアドレスはおよそ6万4千個),ⓒの小規模LAN(ホストアドレスは256個)とでIPアドレスを使い分ける。

IPアドレスのグローバルアドレスを使用すればインターネット上のノード(コンピュータや端末装置)どうしでユニークな通信が可能となる。IPアドレスによるインターネットへの接続を **IP接続**(IP connection)という。

インターネットの普及とともにIPアドレスの枯渇が問題となり,IPアドレスを128ビットとする"IPv6"も規格化されている。

グローバルアドレスが通用するインターネット(9.3.3項(e)参照)はルータ(9.3.3項(b)～(d)参照)などのネットワーク間接続装置で区切ったネットワークの集まりである。ルータなどで区切ったLANやネットワークおよびそれらの一部をグループ分けして**サブネット**(subnet)あるいは**セグメント**(segment)という。サブネットも**サブネットアドレス**を付けて管理する。サブネットアドレスは,図9.24に示すように,IPアドレスのうちのネットワークアドレスとホストアドレスの一部(上位ビット)で構成する。サブネットアドレスを識別するために,**サブネットマスク**(subnet mask)と呼ぶビット列(たとえば,IPアドレスの上位24ビットをサブネットとするならばサブネットマスクは"255.255.255.0",26ビットならば"255.255.255.192")で指定する。

(i) **LANアダプタ**

コンピュータ本体に通信装置として付加して種々のLAN(規格)に対するネットワークインタフェースを実現する機構を**LANアダプタ**(LAN adapter),**ネットワークアダプタ**あるいは**NIC**(Network Interface Card;ネットワークインタフェースカード,ニック)という。ハードウェア機構の形状に合わせて,"LAN接続ボード"(拡張スロットに装着)や"LANカード"(PCカードとして装着)ともいう。

LANアダプタは物理層からデータリンク層までの通信プロトコルをそのハードウェア機構とソフトウェア機能とでカバーするのが普通である。したがって,LANアダプタは物理層の通信路(伝送媒体)の規格ごとに用意する。

LANアダプタのハードウェア機構は,① 入出力インタフェースコントローラ:入出力インタフェースとネットワークインタフェースとのフォーマット変換を行う;② 通信バッファ:入出力インタフェース側とネットワークインタフェース側とのデータ転送速度の相違を吸収する一時メモリ機構(DRAM

9.3 ネットワークアーキテクチャ 371

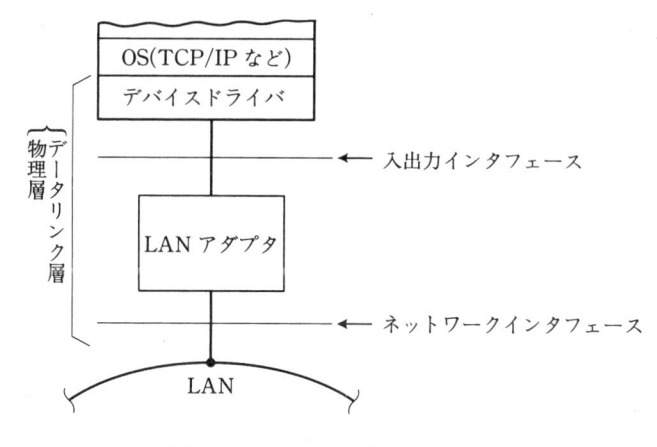

```
        ┌─────────────────────┐
        │  OS(TCP/IPなど)      │
    ┌  │  デバイスドライバ      │
 デ │   └─────────────────────┘
 │ │        │  ← 入出力インタフェース
 タ │        │
 リ │   ┌─────────────────────┐
 ン │   │                     │
 ク │   │    LANアダプタ       │
 層 │   │                     │
 物 │   └─────────────────────┘
 理 │        │  ← ネットワークインタフェース
 層 └   ─────┴─────
              LAN
```

図 9.25 LANアダプタの位置付け

で構成するのが一般的）；③ 通信バッファコントローラ：②の通信バッファの動作を制御する；④ MACコントローラ：LAN規格に合わせてパケットの組み立てや分割，伝送誤り訂正，アクセス制御などを行う；⑤ 物理層コントローラ：符号（データ）⇔信号（電気や光）変換を行う；⑥ 信号増幅器：伝送信号の整形や増幅を行う；などで構成する。

LANアダプタはそれを装着したコンピュータ本体(OS)に組み込んだLANアダプタ用デバイスドライバによって駆動する。したがって，LANアダプタ用デバイスドライバはコンピュータ本体(OS)のネットワーク機能（ネットワーク制御専用OSを"ネットワークOS"という）とLANアダプタとのデータリンク層レベルでのインタフェースとなる（図9.25参照）。現代に業界標準として普及しているLAN用デバイスドライバには，ⓐ **NDIS**(Network Driver Interface Specification)：主としてWindows用である；ⓑ **ODI** (Open Datalink Interface)：NovellのネットワークOSであるNetware用である；とがある。LAN用デバイスドライバによって，LANアダプタはネットワーク層より上位の通信プロトコルに依存しなくなる。

LANアダプタがマイクロプロセッサとメモリを装備してTCP/IPなどのネットワーク層より上位の通信プロトコルをコンピュータ本体のOSの代わりに実現する高機能LANアダプタ（"ネットワークプロセッサ"あるいは"ネットワークコンピュータ"という，9.1.2項(g)参照）もある。

（j）LANの通信プロトコルとハードウェア/ソフトウェア・トレードオフ例
LANでは，(a)〜(i)で述べてきたように，各機能階層（レベル，レイヤ）ご

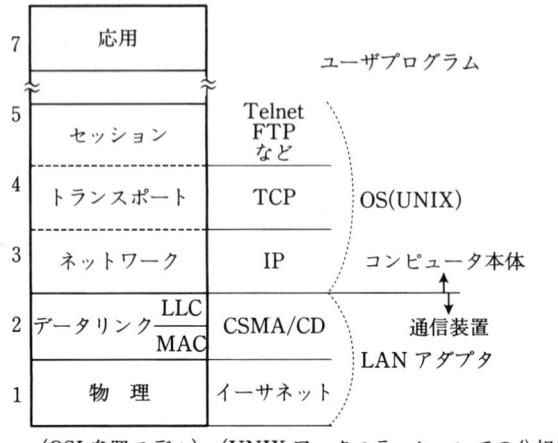

```
   7  │  応用         │
      ≈              ≈           ユーザプログラム
   5  │ セッション    │ Telnet
      │               │ FTP
      │               │ など
   4  │トランスポート │ TCP      ┐
      │               │           │ OS(UNIX)
   3  │ ネットワーク  │ IP       ┘  コンピュータ本体
   2  │データリンク LLC│CSMA/CD     ↕
      │           MAC │            通信装置
   1  │  物理         │イーサネット  LANアダプタ
```

(OSI 参照モデル) (UNIX ワークステーションでの分担例)

図 9.26 UNIX ワークステーション間 LAN と OSI 参照モデル

とに通信プロトコルを定める必要がある。したがって，ネットワークアーキテクチャの設計とは"各通信プロトコルの機能に対して，コンピュータ本体（プロセッサとメインメモリ）とその通信装置（端末装置も含む）との機能分担方式，および，コンピュータ本体と通信装置それぞれでのハードウェア機構とソフトウェア機能との機能分担方式を決める"ことになる。

LANの通信プロトコルとそのハードウェア/ソフトウェア・トレードオフについて，現代のLAN隆盛の先駆けとなったUNIXワークステーション間LANを代表例にとって，OSI参照モデルと対照しながら再考してみよう。

典型的な UNIX ワークステーション間 LAN では，図 9.26 と次に示すようなトレードオフを採っている。

（1）**物理層**：狭義の**イーサネット**（物理層規格のイーサネット，(e)参照）をあてている。物理的な通信路（ハードウェア機構）が分担する。

（2）**データリンク層**：**CSMA/CD** などの **MAC**（アクセス制御）にあたる（(e)参照）。LAN アダプタ（前の(i)参照）が分担する。LAN アダプタのハードウェア機構が主として下位の物理層向け機能（MAC副層）を，ソフトウェア（ファームウェア）機能が主として上位のネットワーク層向け機能（LLC副層）を，それぞれ分担するのが一般的である。

（3）**ネットワーク層**：**IP** にあたる。上位の TCP と併せてコンピュータ本体の OS 機能として実現するのが一般的である。UNIX ワークステーション

のOSやパソコンのOS(たとえば,Windows)などがIPを実装するようになって,ほとんどのコンピュータや端末装置がこの機能レベル(通信プロトコル)でインターネット(9.3.3項(e)参照)を介して相互接続できるようになっている.現代のインターネットを支える基盤通信プロトコルであり,インターネットを"IPネットワーク"ともいう.

(4) **トランスポート層**:**TCP**にあたる.下位のIPと併せてコンピュータ本体のOS機能として実現するのが一般的である.

(5) **セッション層**:下位のTCP/IPのアプリケーションプロトコルである,① **Telnet**:リモート(remote;遠隔,ネットワークを介したアクセス)仮想端末機能,リモートのコンピュータなどをネットワークを介して接続したコンピュータの端末装置に仮想的に見せかける;② **FTP**(File Transfer Protocol):TCP/IP間でのファイル転送機能;③ **SNMP**(Simple Network Management Protocol):ネットワーク管理機能,LAN間接続装置(ルータ,ハブ,ゲートウェイなど,次の9.3.3項(b)参照)のネットワーク管理情報("MIB(Management Information Base)"と呼ぶ)をネットワークの管理者であるコンピュータに送信する際の標準プロトコル;④ **SMTP**(Simple Mail Transfer Protocol):電子メールの送受信機能,特に送信要求に使う;⑤ **POP**(Post Office Protocol)や**IMAP**(Internet Messaging Access Protocol):電子メールの受信(取得)専用機能;などにあたる.これらはいずれもインターネットの標準プロトコルとなっている.

ただし,実際には,TCP/IPとそのアプリケーションである①~⑤などを併せて(3)~(5)に対応するOSのネットワーク機能(ソフトウェア,システムプログラム)として実装するのが一般的である.その場合には,(3)~(5)のOSI参照モデルに対応する機能レベルでの相違が明確でないことが多い.

9.3.3 ワイドエリアネットワーク(WAN)

(a) WANの定義

前の9.3.2項で詳述したLANと同じく,**WAN**(**ワイドエリアネットワーク**,広域ネットワーク)の厳密な定義は定まっていないが,おおよそ次のような要件を満たすコンピュータネットワークを"WAN"と呼んでいる.また,これらの特徴はLANとの相違点でもある.

● 数百~数万Km(全国~全世界規模)の広範囲をカバーするデータ通信ネットワークである.

- ネットワーク透明性(9.3.1項(b)参照)を保証するために，WANを構成する資源(コンピュータ，端末装置，通信装置，ネットワーク間接続装置，LANなど)どうしの通信プロトコルをWAN全体で統一する必要がある。
- 接続するノード(コンピュータや端末装置)にふるアドレスはWAN全体でユニークに，**グローバルアドレス**(global address)という，9.3.2項(h)参照)である。
- 通信事業者が提供する公衆ネットワーク(公衆電話ネットワークと公衆データ通信ネットワーク)や専用ネットワークなどはそれら自身がWANであり，また，WANの構成に不可欠な部分(サブ)ネットワークでもある。
- ネットワーク間接続装置によってLANを相互接続してもWANを構築できる。

(b) ネットワーク間接続装置

図9.27に示すように，LANやネットワークどうしを接続する通信装置を**ネットワーク間接続装置**という。ネットワーク間接続装置は，その機能をOSI参照モデルの各層に対照して，次のように分類できる。

(1) **リピータ**(repeater)：物理層(第1層)での接続機能を装備した**中継装置**である。データ(ビット列)を意識せずに，伝送信号の物理的な整形と増幅および中継だけを行う。ネットワークの延長や分岐などに使う。物理的な機能レベルでの接続であり，リピータで接続したネットワークは上位層からは単一に見える。バス型イーサネット(10BASE5と10BASE2)や無線LANで使用する。

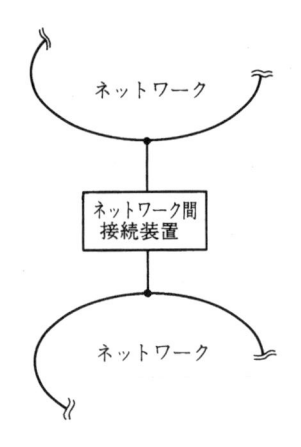

図9.27 ネットワーク間接続装置

（2）**ハブ**(hub)：スター型イーサネット(10BASE-Tや100BASE-T2/T4/TX)で用いる多分岐可能なリピータを指し，"マルチポートリピータ(multi-port repeater)"ともいう．現代では，"ネットワークの集配線装置"を一般的に指し，上位のデータリンク層やネットワーク層のプロトコルを処理できる高機能なハブもある．次の(c)で詳述する．

（3）**ブリッジ**(bridge)：物理層(第1層)とデータリンク層(第2層)の下位のMAC副層での接続機能を装備している．たとえば，イーサネットのCSMA/CD(9.3.2項(c)参照)やMACアドレスの**フィルタリング**(filtering；宛先のMACアドレスを抽出・認識して，自分がカバーする宛先へのパケットは通し，そうでないパケットは通さない機能)などの機能を備えている．

（4）**ルータ**(router)：物理層(第1層)からネットワーク層(第3層)までの3層の接続機能を装備している．**ルーティング**(routing；通信経路の選択)機能だけに特化したゲートウェイ((6)参照)である．ルータおよびルーティングについては，(d)で詳述する．

（5）**ブルータ**(brouter)：(3)のブリッジの機能と(4)のルータの機能を併せて装備している．通信プロトコルによっていずれかの機能を使い分けることができる．

（6）**ゲートウェイ**(gateway)：ネットワーク間接続専用のコンピュータである．トランスポート層(第4層)以上の通信プロトコルを処理する機能を装備している．異なる通信プロトコルを接続する場合にはプロトコル変換機能が働く．ネットワークアーキテクチャの違いにも対処できる．通信プロトコルの処理機能はソフトウェアによって実現するので，汎用のワークステーションなどをあてる場合が多い．LANどうしあるいはLAN-WANの論理的な接続を実現するためには必須となる．

（7）**ファイアウォール**(firewall)：LANをインターネットなどのWANや他のLANに接続する際に，そのLANの接続口に設置するセキュリティ管理専用のコンピュータである．セキュリティ管理機能はソフトウェアで実現するので，設定を補助するGUIを備えた汎用ワークステーションなどをあてる．IPアドレスの識別によるパケットのフィルタリングなどによってそのLANに対する不正アクセスを防御する．ファイアウォールは，ⓐ アクセス制御：LANからインターネットあるいはインターネットからLANへのアクセス権限をきめ細かく制御する；ⓑ キャッシュ：インターネット上のホームページ

のコピーをキャッシュ(cache；一時格納)しておき，LAN-インターネット間の通信量を軽減する；を主として行う**プロキシサーバ**(proxy server；代理サーバ，単に**プロキシ**ともいう)の機能も装備するのが普通である。

（c）ハブ

ネットワークの集配線装置である**ハブ**はその機能によって次の2種類に大別できる。

（1）**共有ハブ**：マルチポート(複数の接続口)を装備するリピータとして，信号の物理的な整形と増幅および中継(物理層レベルの機能)を行う。共有ハブは送信元からの信号をほかのすべてのポートにそのままブロードキャスト(一斉同報)転送する1対多(ブロードキャスト)通信を行う。その際に，データリンク層の機能としてCSMA/CDによるアクセス制御を行う。共有ハブは，ⓐ 複数ポートでの同時信号受信；と，ⓑ あるポートでの同時送受信；とを"衝突"として検知(CD)し，それを全ポートにブロードキャストで通知する(衝突検出通知信号を"ジャム(jam)信号"という)。

（2）**スイッチングハブ**(switching hub)：パケットの蓄積(バッファリング，一時保持)とMACアドレスの認識機能を備えるハブである。スイッチングハブは，① 送信元が送ってきたパケットをいったん蓄積する；② 一時的に蓄積しているパケットの宛先(MACアドレス)を認識する；③ 宛先のMACアドレスをもつノードが接続してあるポートを特定する；④ その宛先ポートが空いていれば(空くのを待って)，そのポートだけにパケットを送出する；という1対1(ポイントツーポイント)通信を行う。ポートとMACアドレスとの対応は，過去に扱ったパケットとその流れ(送信元と宛先)の履歴を学習し，対応表(実際には連想メモリ，連想メモリについては7.1.6項(b)参照)に記録しておく。したがって，③ では"ポート番号とMACアドレスとの対応表を引く(連想メモリへのアクセス，連想)"という操作を行っている。スイッチングハブでは通信者が通信路を占有できるので，より対線を使えば送受信を同時に行う全2重通信を簡単に実現でき，CSMA/CDによるアクセス制御も不要である。パケットを一時的に保持しておくバッファは転送速度の違いを吸収する機構としても機能するので，転送速度が異なる10BASE-Tと100BASE-T2/T4/TXも相互接続できる。

ハブによる接続では，ハブどうしを接続してポート数を増やせる。しかし，共有ハブでは，パケットが通り抜けるだけなので，通信者間に挟み込むハブの段数が伝送速度に影響する。したがって，共有ハブの最大接続段数はLAN規

格ごとに定めてある(例:10BASEA-T では4段，100BASE-TX では2段)。一方，スイッチングハブでは，パケットをいったんバッファリングできるので，スイッチングハブの接続段数に制限はない。

スイッチングハブはスター型の LAN とともに爆発的に普及している。スイッチングハブは普及とともに高機能化も著しい。スイッチングハブの高機能化には，次のような例がある。

① **仮想 LAN の実現**:ハブに接続したネットワーク端末をグループ分けして，各グループを論理的な LAN (**仮想 LAN** (**VLAN**, Virtual LAN) という) として構築できる。仮想 LAN 内では MAC アドレスだけで直接通信ができる。したがって，ⓐ 通信がグループ内に論理的に閉じており，セキュリティが確保できる；ⓑ IP アドレスの問い合わせ(次の(d)参照)などの無駄なブロードキャストパケットを減らせる；ⓒ ネットワーク端末を移動(物理的な接続先の切り替え)しても IP アドレスを変更する必要がない；などが実現できる。ⓐ ⓑ はルータ(次の(d)参照)の機能であり，ⓒ はルータでも実現不可能である。

② **レイヤ3スイッチ** (layer 3 switch):IP アドレスによるルーティングや IP アドレスのフィルタリングの処理ができる高機能スイッチングハブである。**IP スイッチ** (IP switch) ともいう。これらの機能はネットワーク層(第3層)の通信プロトコルであり，普通はルータ(次の(d)参照)が担当する。スイッチングハブとルータを併せた機能を実現するので，ハブというよりも"ルータ"である。

③ **ネットワーク管理機能の装備**:スイッチングハブに流れるパケットやネットワークの状態をネットワーク管理情報としてネットワークの管理者(コンピュータ)に送る SNMP (前の 9.3.2 項(j)参照) 機能を実現できる。SNMP は TCP/IP のアプリケーションプロトコルである。

(d) **ルーティングとルータ**

ネットワークを介したパケット交換通信において，宛先アドレスによって中継経路(**ネットワークパス** (network path) という)の設定を行うことを**ルーティング** (routing)，それを専門に行うネットワーク間接続装置を**ルータ** (router)，とそれぞれいう。

ルーティング機能やルータは OSI 参照モデルの下位3層(物理層，データリンク層，ネットワーク層)の通信プロトコルを実現する。ネットワーク層の宛先アドレスによってルーティングを行うので，データリンク層や物理層では異

なる通信プロトコル(伝送媒体，ネットワークインタフェース)間の中継も行える。したがって，ルータは複数種類のLAN規格(9.3.2項(d)(e)参照)用接続ポートを備えている。

TCP/IPでは，パケットのIPアドレスによってルーティングを行う。TCP/IPだけに対応するルータを**IPルータ**という。一方，TCP/IPだけではなくネットワーク層の複数のプロトコルに対応するルータを**マルチプロトコルルータ**(multi-protocol router)という。また，汎用のパソコンやワークステーションのソフトウェアで実現するルーティング機能を"ソフトルータ"という。

IPルータの場合，送信元はパケットをネットワークに向けてブロードキャストする。それを受けたルータはそのパケットのIPアドレスからサブネットアドレス(9.3.2項(h)参照)を認識して，自分が関係する(自分が宛先までのネットワークパス上に位置する)かどうかを判断する。そして，自分が関係する(自分が宛先までのネットワークパス上に位置する)宛先であれば，そのパケットの次の中継先を決める。関係するかどうかと中継先の決定は**ルーティングテーブル**(routing table)と呼ぶネットワークパス情報を列挙した表(実際には連想メモリ，連想メモリについては7.1.6項(b)参照)によって行う。ネットワークパス情報はサブネットアドレスとそれへのネットワークパス上にある最近接の中継先(ルータ名)との対応である。

たとえば，図9.28の例において，サブネットaに属するノードがサブネッ

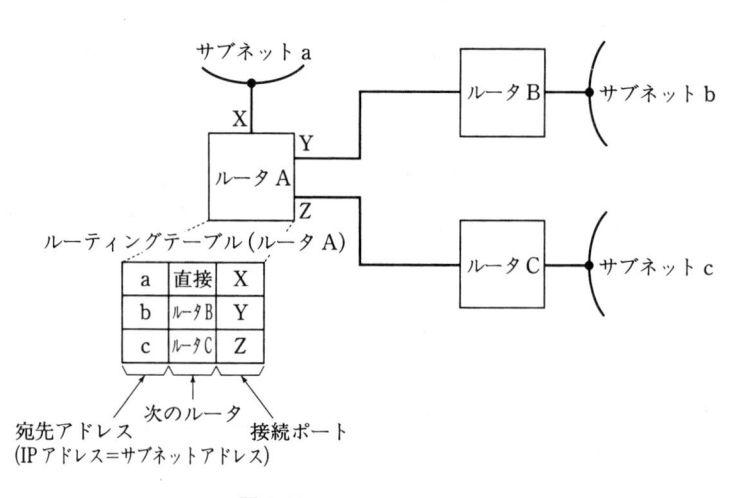

図9.28 ルーティングの例

トaに属するルータAにパケットを送ると，ルータAは自分のルーティングテーブルによって，"同じサブネットaに属するノードへ送るパケットは直接（ルータを介さずに）に送る"，"サブネットbに属するノードへ送るパケットは次は接続ポートYからルータBに送る"などを決定する（ルーティングする）。

ルータには，それが管理するサブネットから外への無駄なブロードキャスト通信を防ぐ役割もある。

ルーティングには，"ルーティングテーブルをどのタイミングで作成するか"によって次の2種類に分類できる。

（1）**スタティックルーティング**（static routing）：ルーティングテーブルをあらかじめ手動でセットし，それを固定して使うルーティングである。ルータ自身がルーティングテーブルを更新しなくてもよいので，ルーティング時にオーバヘッドはないが，一方で，ネットワークやネットワークパス情報の変更への対応が面倒である。小規模LAN向きである。

（2）**ダイナミックルーティング**（dynamic routing）：ネットワークやネットワークパス情報の変更を直ちに自動的にルーティングテーブルに反映するルーティングである。更新したネットワークパス情報をルータどうしでも交換して常に最新かつ最適なネットワークパス情報を保持する。ルーティングテーブルの管理がオーバヘッドとなるが，一方で，ネットワークやネットワークパス情報の変更への対応は自動的に行える。中・大規模LAN向きである。LAN間接続およびWANやインターネットでは必須である。

また，ルータは，ルータに接続するネットワーク種類で，次のように分類できる。① **リモートルータ**（remote router）：LAN（イーサネットが代表的）とデータ通信ネットワーク（公衆ネットワークと専用ネットワーク，9.1.2項(c)参照）とを接続する。接続するデータ通信ネットワーク種類ごとに"ISDNルータ"，"ブロードバンドルータ"，"ATMルータ"などと呼んでいる。LAN側に無線LAN（9.3.2項(g)参照）への接続ポートがあるルータ（すなわち，アクセスポイントでもある）を"無線ルータ"という。② **ローカルルータ**（local router）：LAN（イーサネットが代表的）どうしを接続する。

LANをプライベートアドレスで管理し，それからインターネットへの接続にルータをあてる場合には，ルータにインターネット上のグローバルアドレスとLAN内のプライベートアドレスとの変換機能（**NAT**（Network Address Translator）という）が必要となる。1個のグローバルアドレス（インターネッ

ト側からはそのルータが属するサブネットの代表アドレスに見える）と複数のプライベートアドレス（ポート番号も異なる）との変換機能を **IP マスカレード** (IP masquerade) または **NAPT** (Network Address Port Translation) という。ルータには IP マスカレード機能を搭載するのが普通である。

（e） **インターネット**

現代世界で最も大規模な WAN は固有名詞としての**インターネット** (the Internet) である。インターネットはコンピュータネットワーク (LAN や WAN) どうしを **IP** (Internet Protocol ; OSI 参照モデルの第3層のネットワーク層にあたる，9.3.2 項 (h) (j) 参照) で統一して論理的に接続する (**IP 接続** (IP connection) という，図 9.29 に例を示す) ことによってまたたくまに全世界に広がっている。インターネットにおける，物理層（第1層）やデータリンク層（第2層）では相異なるネットワークどうしの接続，および，相異なる上位層（第4層以上）ソフトウェア（たとえば，相異なる OS や相異なる OS が管理する応用ソフトウェア）間の通信，の両方を"IP"というネットワーク層（第3層）の統一通信プロトコルで実現している（図 9.29 参照）。この意味で"インターネット"を **IP ネットワーク** (IP network) という。

インターネットの元祖は，IP とその上位のトランスポート層（第4層）の TCP (Transmission Control Protocol) とを併せた **TCP/IP** (9.3.2 項 (h) で詳述) を標準プロトコルとして相互接続した UNIX ワークステーションの LAN である。爆発的に普及しているパソコンの事実上の標準 OS である Windows が TCP/IP とそのアプリケーションソフトウェアを標準装備しているこ

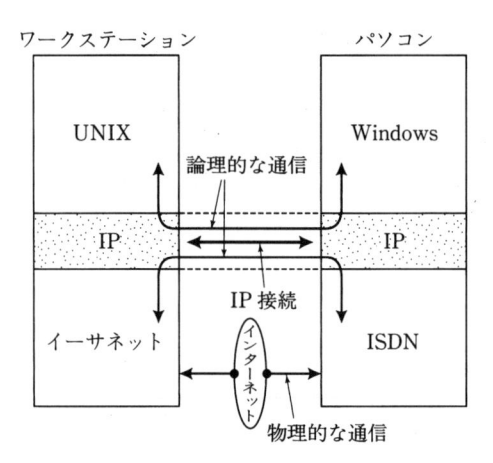

図 9.29 IP 接続の例

ともインターネットの普及を後押ししている．インターネットに接続するネットワーク端末のほとんどを占めるワークステーション(UNIX)とパソコン(Windows)がTCP/IPを採用することで，TCP/IPがインターネットの事実上の標準プロトコルとなっている．

　LAN上でIPアドレスの自動割り当てを行うTCP/IP機能の1つを**DHCP**(Dynamic Host Configuration Protocol)，それを専門に行うサーバを**DHCPサーバ**という．DHCPを使えば，TCP/IPにしたがうLANやインターネットへのIP接続において，接続するユーザ(クライアント，実際にはコンピュータや端末装置)がDHCPサーバからIPアドレスを動的に取得できる．したがって，ユーザごとのIPアドレスの設定が不要となり，動的な接続先の切り替えを容易に行える．

　パソコンの物理的なインターネットへの接続は普通公衆ネットワークを使う．通信事業者が公衆ネットワークでのIP接続を標準的なサービスとして提供するようになり，誰もがいつでもどこでも(ユビキタス)手軽にインターネットへ接続できるようになっている．現代では，有料でインターネットへのIP接続をサービスする"商用インターネット"も続々と出現している．

　公衆ネットワーク(公衆電話ネットワークやISDNなどの公衆データ通信ネットワーク，9.1.2項(c)参照)によるインターネットへのIP接続は**プロバイダ**(provider；インターネットへの接続サービスを提供する通信事業者，**ISP**(Internet Service Provider)ともいう)が提供するアクセスポイントへ電話をかけて接続する**ダイヤルアップIP接続**(単に"ダイヤルアップ接続"ともいう)で行う．ダイヤルアップIP接続では，ポイントツーポイント通信用データリンク層プロトコルとして**PPP**(Point-to-Point Protocol；9.1.2項(f)参照)を使うのが一般的である．PPPは，ⓐ パケットの圧縮；ⓑ 接続してきたユーザの認証；ⓒ ユーザへのIPアドレスの動的割り当て(**IPCP**(IP Control Protocol)という)；などの機能を提供する．

　また，ブロードバンドネットワーク(ADSLネットワーク，B-ISDN，CATVネットワーク，光ファイバネットワークなど，9.1.2項(d)参照)を経由するインターネットへのIP接続はそのネットワークへの接続が時間的に途切れない"常時接続"であり，ユーザからは接続しているブロードバンドネットワークがTCP/IPにしたがうLAN(代表例はイーサネット)に見える．ブロードバンドネットワークのようにユーザからはLANに見えているネットワークやLANそのものへのIP接続をダイヤルアップIP接続用プロトコル

であるPPPで行うために，**PPPoE**(PPP over Ethernet)がある．PPPoEを使えば，常時接続のブロードバンドルータやLAN上でダイヤルアップIP接続と同じようなユーザ認証や接続先の切り替えなどを行える．

公衆ネットワークやWANを使用するインターネットはグローバルに（全世界に）開いたネットワークであり，専用ネットワークやLANのようなある閉じたグループ内と同等のセキュリティの確保は難しい．そこで，インターネットやWANのようなグローバルネットワーク上に仮想的な私設ネットワーク(**VPN**(Virtual Private Network)という)を構築し，そのVPN内でのセキュリティを確保する．VPNはファイアウォール((b)参照)による認証や暗号化通信あるいはプライベートアドレス(9.3.2項(h)参照)の設定などによって実現する．インターネットのようなIPネットワークに設けるVPNを**IP-VPN**という．VPNでパケット通信を行う場合には，物理的にはインターネット上にパケットが流れる．このときに，パケットにユーザ認証などのセキュリティ情報を埋め込んでインターネット上でのセキュリティを高める（インターネットの一部分を論理的に"ローカルに閉じたサブネットワーク"に見せかける）技術を**IPトンネリング**(IP tunneling)という．

演 習 問 題

9.1 通信機能と入出力機能との相違について述べよ．

9.2 通信制御アーキテクチャとネットワークアーキテクチャとの相違について，図示することによって明らかにせよ．

9.3 通信機能におけるハードウェア/ソフトウェア・トレードオフについて，具体例を示すことによって説明せよ．

9.4 データ通信ネットワークを種々の観点より分類してみよ．

9.5 次の単語について説明せよ．① ISDN，② ブロードバンドネットワーク，③ モデム，④ モデムインタフェース．

9.6 通信コントローラの機能について具体的に述べよ．

9.7 通信装置の性能評価指標について具体的に述べよ．

9.8 OSI参照モデルについて説明し，各階層の実現におけるハードウェア/ソフトウェア・トレードオフ例を理由を添えて示してみよ．

9.9 通信方式の分類指標としての通信制御機能を具体的に列挙せよ．また，それらの指標によって通信方式を分類してみよ．

9.10 次の単語について説明せよ．① 全2重通信，② 蓄積交換，③ ブロード

キャスト，④ ポイントツーポイント通信，⑤ 波長分割多重 (WDM)，⑥ 通信路の多重アクセス制御，⑦ ベースバンド伝送，⑧ パルス符号変調 (PCM)，⑨ 非同期転送モード (ATM)．

9.11 パケット交換の手順と特徴について述べよ．

9.12 次の単語について説明せよ．① 伝送制御手順，② 伝送誤り制御，③ HDLC 手順，④ フロー制御．

9.13 ネットワーク透明性とは何か，ネットワークアーキテクチャの設計の観点から説明せよ．

9.14 LAN と WAN の相違について述べてみよ．

9.15 ネットワークトポロジによって LAN を分類してみよ．

9.16 LAN のアクセス制御方式を列挙して，それぞれの特徴について説明せよ．

9.17 LAN の規格を列挙して説明せよ．

9.18 イーサネットの規格を列挙して，それぞれの特徴について説明せよ．

9.19 次の単語について説明せよ．① MAC（メディアアクセス制御），② MAC アドレス，③ CSMA/CD，④ 無線 LAN．

9.20 TCP/IP について，OSI 参照モデルと関連付けて，説明せよ．

9.21 LAN アダプタの役割と機能について具体的に説明せよ．

9.22 典型的な UNIX ワークステーション間 LAN を例にとって，LAN に対する OSI 参照モデルの適用例について述べよ．

9.23 ネットワーク間接続装置の具体例を列挙し，OSI 参照モデルと対応付けてそれぞれの機能について説明せよ．

9.24 次の単語について説明せよ．① IP アドレス，② サブネットアドレスとサブネットマスク，③ Telnet，④ FTP．

9.25 ハブを 2 種類に大別し，それぞれの特徴を比較して述べよ．

9.26 ルーティングとルータの役割と機能について述べよ．また，ルーティングとルータを種々の観点から分類してみよ．

9.27 次の単語について説明せよ．① 仮想 LAN (VLAN)，② レイヤ 3 スイッチ，③ IP ルータ，④ IP マスカレード．

9.28 固有名詞としてのインターネット (the Internet) について，一般名詞のインターネット (internet) との違いを明確にして，説明せよ．

9.29 次の単語について説明せよ．① DHCP あるいは DHCP サーバ，② ダイヤルアップ IP 接続，③ PPP，④ VPN．

演習問題のヒント

各章の最後に付けてある演習問題の解答は必ず本書のどこかに書いてある。ここでは，解答を述べている項番号などを演習問題のヒントとして示しておく。

1.1 1.1.2 項 (a) 参照。
1.2 1.1.2 項 (b) 参照。
1.3 1.2.2 項 (b) 参照。各世代については 1.2.2 項 (c)～(h) 参照。
1.4 1.2.2 項 (h) 参照。

2.1 基本原理については 2.1.1 項 (a)，特徴については 2.1.1 項 (b) をそれぞれ参照。
2.2 2.1.1 項 (c) 参照。
2.3 2.1.2 項 (a) および図 2.2 参照。
2.4 2.2.1 項 (a) 参照。
2.5 2.2.2 項 (d) 参照。
2.6 2.2 節参照。アキュミュレータマシンについては 2.2.2 項 (d) および図 2.11 参照。
2.7 2.2.2 項 (e) 参照。
2.8 2.2.2 項 (c) 参照。
2.9 2.2.3 項 (a) (b) 参照。
2.10 2.2.3 項 (c)～(e) 参照。
2.11 2.2.4 項 (c)～(h) 参照。
2.12 2.2.4 項 (g) 参照。
2.13 2.2.5 項参照。1・1/2 アドレス形式については 2.2.2 項 (d) 参照。
2.14 2.2.6 項 (a)～(d) および図 2.29 参照。
2.15 データ操作命令については 2.2.6 項 (a)，プログラム制御命令については 2.2.6 項 (e) をそれぞれ参照。
2.16 2.2.6 項 (e) 参照。
2.17 2.2.6 項 (f) 参照。

2.18 プログラミング言語処理ソフトウェアとのインタフェースについては 2.2.7 項(b)、OS とのインタフェースについては 2.2.7 項(c)をそれぞれ参照。

2.19 2.2.7 項(d)参照。

2.20 2.2.7 項(h)参照。

2.21 2.2.7 項(i)参照。

3.1 3.1.3 項(a)参照。

3.2 3.1.3 項(b)参照。8 進数と 16 進数については 3.1.1 項(d)参照。

3.3 3.2.1 項(a)参照。

3.4 3.1.3 項(c)参照。

3.5 3.2.1 項(b)〜(d)参照。

3.6〜3.8 いずれも、1 の補数については 3.2.1 項(c)、2 の補数については 3.2.1 項(d)をそれぞれ参照。

3.9 3.2.2 項(d)参照。

3.10 ①は 3.2.2 項(c)、②は 3.2.2 項(e)、③は 3.2.2 項(f)および図 3.12 をそれぞれ参照。

3.11 3.3.1 項参照。

3.12 3.3.1 項(a)参照。

3.13 3.3.2 項(b)参照。

4.1 4.1.1 項(a)参照。

4.2〜4.3 いずれも、4.1.1 項(b)参照。

4.4 4.2.3 項(b)参照。

4.5 4.2.4 項(a)参照。

4.6 4.3.1 項参照。

4.7 4.3.1 項(c)および図 4.25 参照。

4.8 4.3.2 項(a)および図 4.26 参照。

4.9 4.3.2 項(c)参照。

5.1 5.1.1 項(b)参照。

5.2 5.1.1 項(c)参照。

5.3 5.1.2 項(b)参照。

5.4 相違が明確な命令デコードステージについては 5.1.2 項(c)参照。

5.5 5.1.4 項(a)および図 5.6 参照。

5.6 5.1.4 項(c)参照。

5.7 5.1.4 項(d)参照。

演習問題のヒント　387

5.8　5.1.4項(e)参照。
5.9　5.1.3項(c)参照。
5.10　5.2.1項(c)参照。
5.11　5.2.2項(a)参照。
5.12　5.2.2項(b)参照。
5.13　5.2.2項(c)参照。
5.14　5.2.2項(e)参照。
5.15　5.2.3項の，①は(b)，②は(e)，③は(f)，④と⑤は(j)，⑥は(k)，をそれぞれ参照。
5.16　5.2.3項(a)参照。
5.17　5.2.3項(d)参照。
5.18　5.2.3項(f)参照。
5.19　5.2.3項(g)参照。
5.20　5.2.3項(i)参照。
5.21　5.3.1項(a)参照。
5.22　5.3.1項(b)参照。
5.23~5.24　5.3.1項(c)参照。
5.25　5.3.1項(g)参照。
5.26　5.3.1項(f)参照。
5.27　5.3.1項(i)参照。
5.28　5.3.2項(b)および図5.28参照。

6.1　6.1.1項(e)参照。
6.2　6.1.1項(f)参照。
6.3　6.1.1項の，①は(e)(f)，②は(e)，をそれぞれ参照。
6.4　6.1.1項(e)参照。
6.5　6.1.1項(f)参照。
6.6~6.7　NとMの各符号(ビット)によって4種類の演算に場合分けして考えてみよ。
6.8　6.1.2項(c)~(e)参照。
6.9　6.1.2項(d)参照。
6.10　6.1.2項(f)参照。
6.11　6.1.3項(c)参照。
6.12　6.1.3項の，①は(a)，②は(e)，をそれぞれ参照。
6.13　乗算器については6.1.3項(g)，除算器については6.1.4項(h)，をそれぞれ参照。

6.14 6.1.4項の，引き戻し法については (c)，引き放し法については (e)，をそれぞれ参照。

6.15 6.1.4項の，①は (f)，②は (g)，をそれぞれ参照。

6.16 6.2.1項 (a) 参照。

6.17 6.2.2項 (d) 参照。

6.18 6.2.2項 (e) 参照。

6.19 6.3.2項の，逐次シフタについては (b)，バレルシフタについては (c)，をそれぞれ参照。

6.20 6.4.1項 (d) 参照。

6.21 6.4.1項 (b) 参照。

6.22 6.4.2項参照。

7.1 7.1.1項 (b) 参照。

7.2 7.1.2項 (a) 参照。

7.3 7.1.2項 (b) 参照。

7.4 7.1.3項 (a) 参照。

7.5 7.1.3項 (b) 参照。

7.6 7.1.3項 (c) 参照。

7.7 7.1.2項 (c) 参照。

7.8 7.1.4項 (b) 参照。

7.9 7.1.4項 (e) 参照。

7.10 7.1.4項の，①は (c)，②は (g)，をそれぞれ参照。

7.11 7.1.4項 (f) 参照。

7.12 7.1.3項 (b) 参照。

7.13 7.1.5項 (b) (c) 参照。

7.14 7.1.6項の，①②は (a)，③は (b)，④は (c)，⑤は (d)，⑥は (e)，⑦は (f)，をそれぞれ参照。

7.15 7.2.1項 (b) 参照。

7.16 7.2.3項 (a) および (b) (d) (e) 参照。

7.17 ①は7.2.2項 (b)，②は7.2.3項 (c)，③7.2.2項 (c) (詳細は7.2.4項)，④は7.2.3項 (c)，⑤は7.2.4項 (a)，をそれぞれ参照。

7.18 7.2.4項 (b) 参照。

7.19 7.2.4項 (c) 参照。

7.20 7.3.1項 (a) 参照。

7.21 7.3.1項の，①は (c)，②③は (b)，をそれぞれ参照。

7.22 7.3.2項 (b) 参照。

演習問題のヒント　389

7.23　7.3.3 項 (a) および (b) (c) (d) 参照。
7.24　7.3.3 項 (e) 参照。
7.25　7.3.3 項 (f) 参照。
7.26　7.3.3 項 (g) 参照。
7.27　7.3.3 項 (h) 参照。
7.28　7.3.3 項 (i) 参照。
7.29　7.3.3 項 (j) 参照。

8.1　8.1.1 項 (a) 参照。
8.2　8.1.1 項 (c) および図 8.3 参照。
8.3　8.1.1 項 (f) 参照。
8.4　8.1.2 項の，①は (a)，②は (b)，③は (d)，をそれぞれ参照。
8.5　8.1.2 項 (b) 参照。
8.6　8.1.2 項 (c) 参照。
8.7　8.1.2 項 (e) 参照。
8.8　8.1.1 項 (b) および 8.2.1 項 (a) 参照。
8.9　8.2.1 項 (b) 参照。
8.10　8.2.2 項 (a) 参照。
8.11　8.2.2 項 (b) 参照。
8.12　8.2.1 項 (d) 参照。
8.13　8.2.2 項 (e) 参照。
8.14　8.2.2 項 (f) および図 8.10 参照。
8.15　8.2.2 項 (f) 参照。
8.16　8.2.3 項 (a) 参照。
8.17　8.2.3 項 (b) 参照。
8.18　8.2.1 項 (e) 参照。
8.19　①は 8.2.3 項 (e)，②は 8.2.4 項，③は 8.2.3 項 (c)，④⑤は 8.2.3 項 (d)，をそれぞれ参照。
8.20　8.2.3 項 (e) 参照。
8.21　8.2.4 項 (d) 参照。

9.1　9.1.1 項 (c) 参照。
9.2　9.1.1 項 (d) および図 9.2 参照。
9.3　9.1.1 項 (e) 参照。
9.4　9.1.2 項 (c) 参照。
9.5　9.1.2 項の，①は (c)，②③④は (d)，をそれぞれ参照。

9.6 9.1.2項(g)参照。

9.7 9.1.2項(h)参照。

9.8 9.2.1項(a)参照。トレードオフ例については，9.2.1項(b)および図9.9参照。

9.9 9.2.2項(a)参照。

9.10 9.2.2項の，①は(a)(2)，②は(a)(3)，③は(a)(6)，④は(a)(8)，⑤は(a)(9)，⑥は(a)(10)，⑦は(a)(11)，⑧は(a)(12)，⑨は(b)，をそれぞれ参照。

9.11 9.2.2項(b)参照。

9.12 9.2.3項の，①は(b)，②は(c)，③は(d)，④は(e)，をそれぞれ参照。

9.13 9.3.1項(b)参照。

9.14 9.3.1項(a)参照。

9.15 9.3.2項(b)参照。

9.16 9.3.2項(c)参照。

9.17 9.3.2項(d)参照。

9.18 9.3.2項(e)参照。

9.19 9.3.2項の，①②は(f)，③は(c)，④は(g)，をそれぞれ参照。

9.20 9.3.2項(h)参照。

9.21 9.3.2項(i)参照。

9.22 9.3.2項(j)および図9.26参照。

9.23 9.3.3項(b)参照。

9.24 9.3.2項の，①②は(h)，③④は(j)，をそれぞれ参照。

9.25 9.3.3項(c)参照。

9.26 9.3.3項(d)参照。

9.27 9.3.3項の，①②は(c)，③④は(d)，をそれぞれ参照。

9.28 9.3.3項(e)参照。

9.29 ①〜④ともに9.3.3項(e)参照。

索　引

あ 行

アキュムレータ　41,49
アクセス　222
アクセス権　235
アクセス時間　225
アクセス制御　359
アクセスポイント　366
アクセス保護違反　151
アセンブラ　11
アセンブリ言語　11
アセンブリプログラミング　11
アドホックモード　367
アドレス空間　43
アドレス修飾　44
アドレス指定モード　44
アドレス変換　247,250
アドレス変換機構　250
アドレス変換テーブル　251
アドレス変換バッファ　256
アドレッシング　43
アドレッシングモード　44
アドレスバス　33,229
アドレスストローブ　231
アナログ　35
アナログ通信　323
アナログ通信路　323
アナログ⇔ディジタル変換　329
アナログ→ディジタル変換　332
アナログ伝送　323,341
アナログ伝送路　323
アナログ量　35
アービタ　115
アプリケーション層　339
あふれ　60

アルゴリズム　4
アレイ乗算器　185
アンダフロー　204
アンド　99
イクスクルーシブオア　101
イーサネット　21,363
位相変調　346
位置入力装置　293
イベント　144
イミーディエート　48
入れ替え　62
インクジェットプリンタ　294
インクリメンタルコンパイル　69
インターネット　18,22,355,380
インタプリタ　67
インタプリト　67
インタリーブモード　299
インデックス　50
インデックスアドレス指定　50
インデックスレジスタ　13,50
インフラストラクチャモード　367
ウィンドウズシステム　18
ウィンドウ予約　353
ウェイ　231,273
ウェイクアップ　154
ウォリスの木　186
液晶ディスプレイ　294
エミュレーション　129
エンコーダ　106
エンコード　55
演算　58
演算アーキテクチャ　34,164
演算装置　164
演算パイプライン処理　217
演算幅　171,188

392　索　引

演算例外　151
エンドアラウンドキャリ　167
エンドキャリ　169
オア　99
応用層　339
オーバフロー　60,166,180,204
オーバヘッド　149
オブジェクト指向プログラミング　18
オフセット　46
オープンシステム　21
オペランド　38
オペランドフェッチ　57
オペレーションコード　38
オペレーティングシステム　7,9,66,142
重みつきコード　93
オンザフライデコード　279
オンザミスデコード　279
音声入出力装置　291
オンラインファイル　240

か　行

回線交換　342
解像度　291
回復型除算法　193
外部装置　31
外部バス　33,287,312
外部フラグメンテーション　248
外部メモリ　33
外部割り込み　152
カウンタ　111
書き込み　222,230
書き込みバッファ　280
隠しビット　91
格納　222
加減算　166,169
加算　165
加数　165
仮数部　87
仮想アドレス　246
仮想アドレス空間　247
仮想マシン　149
仮想メモリ　13,234,246

仮想LAN　377
カーネル　148
可変長命令　43
借り　165
関係演算　60
間接アドレス　47
間接アドレス指定　48
間接制御　296
感熱プリンタ　294
記憶　222
ギガビットイーサネット　27,364
基数　73
基数変換　76
擬補数　81
キーボード　17,293
基本データ型　53
基本命令セット　58
基本論理素子　101
キャッシュ　235,265
キャッシュタグ　269,270
キャッシュメモリ　228,264,265
キャラクタ指向プロトコル　351
キャラクタ同期通信　350
キャリ　164
キャリアバンド伝送　346
キュー　242
行アドレス　231
共有ハブ　376
切り上げ　208
切り捨て　208
近似値　79
区点コード　95
組み合わせ回路　103
組み合わせ論理回路　103
組み込みシステム　24
グラフィックディスプレイ　17,293
クライアント　240,343
繰り返し乗算器　183
繰り返し乗算法　181
繰り返し除算器　191
繰り返し除算法　190
グリッドコンピューティング　25

グローバルアドレス　369
携帯電話　330
計算モデル　4
げた履き表現　89
けち表現　91
ゲートアレイ　120
ゲートウェイ　375
ケーパビリティ　236
桁　73
桁上げ　164,180
桁上げ先見加算器　175
桁上げ伝播加算器　174
桁上げ保存加算器　177
桁合わせ　203
結果格納　57
結果データ　58
減数　166
減算　166
語　37
公衆電話回線ネットワーク　329
公衆電話ネットワーク　329
公衆ネットワーク　329
更新ビット　261,275
構造化メモリ　244
高速ページDRAM　233
広帯域ネットワーク　331
高レベルプログラミング言語　13
小型PCカード　240
互換性　16
誤差　79,209
固定小数点数　80
固定小数点数表現　54,80
固定長命令　43
コード　55
コード変換　60
コード分割多重アクセス　345
コピーバック　275
コヒーレンシ　274
コマンド　68
コール　63
コンディション　64,189,202,209
コンパイラ　7,13,65,66

コンパイル　66
コンパイル-インタプリト　68
コンパレータ　106
コンピュータアーキテクチャ　1,6
コンピュータ間通信　322
コンピュータシステム　1
コンピュータネットワーク　329,354
コンピュータの世代　9

さ　行

サイクルスチール　311
再構成可能論理回路　117
再配置　51,248
先読み　280
先読みバッファ　280
サーバ　240,342
サーバ-クライアント　342
サーバ-クライアントシステム　21
座標入力装置　293
サブネット　370
サブネットアドレス　370
サブネットマスク　370
サブルーチン　13,63
サブルーチン分岐　63,135
算術演算　59
算術演算命令　59
算術シフト　61,210
算術論理演算装置　32,164
参照局所性　229
サンプリング　36
シェルスクリプト　68
時間多重　341
磁気コアメモリ　11,13
磁気ディスク　13,15,22,224
磁気テープ　13,239
シーケンサ　32,133
事象　144
指数部　87
システムLSI　23
システムオンチップ　23
システムコール　151
システムソフトウェア　7,65

索引

システムプログラム　4,7,65
実アドレス空間　247
実行　57
実効アクセス時間　265
実効アドレス　13,45,246
実行可能　144
実行時コンパイル　68
実行中　144
実行待ち　144
実行モード　147
実数　53,75
実数値　75
シフタ　110,210
シフト　60
シフトJIS　95
時分割制御　142
時分割多重　344
時分割多重アクセス　345
次命令アドレス決定　57
ジャストインタイムコンパイル　69
集積回路　14
周波数多重　341
周波数分割多重　344
周波数分割多重アクセス　345
周波数変調　346
周辺装置　31,286
出力　32,286
出力装置　286,290,293
循環桁上げ　167
循環シフト　61
純小数　87
順序回路　107
順序制御機構　32
順序制御命令　58
順序論理回路　107
商　189
条件　64
条件分岐　63
条件分岐命令　135
乗算収束型除算法　199
乗数　180
小数点　75

衝突回避　367
衝突検出　360
情報セキュリティ　27
除数　189
剰余　189
ジョンソンカウンタ　113
シリアル　298,317
シリアルプリンタ　294
シリコンディスク　238
真空管　11
シンクロナスDRAM　234
真の補数　83
振幅変調　346
真理値表　101
垂直型マイクロ命令形式　131
スイッチングハブ　376
水平型マイクロ命令形式　131
数値　53,74
数表現　74
図形入出力装置　291
スケジューリングアルゴリズム　146
スター　359
スタック　42,241
スタティックルーティング　379
ステージ　55
ストア　62,222
ストアイン　275
ストアスルー　274
ストアバック　275
ストアバッファ　280
ストップアンドウェイト　353
ストリーマ　239
ストリング　55
スヌープキャッシュ　281
スーパコンピュータ　17,21
スーパスカラ　27,140
スーパバイザコール　151
スーパバイザ状態　147
スラッシング　262
スレッド　146
スレッドコンテキスト　146
スワップ　251,275

索引 395

スワップアウト 251
スワップイン 251
正規化 88
正規化浮動小数点数 88
制御 123
制御アーキテクチャ 34, 123
制御回路 128
制御機構 32, 123
制御装置 123
制御フロー 30
制御メモリ 129, 132
整数 53, 54, 75
整数表現 80
精度 53, 79, 85, 89, 165
正論理 102
セクタ 237
セグメンテーション 252, 257
セグメント 252, 370
セグメントテーブル 257, 260
セグメントフォールト 261
積 180
セッション層 339
絶対アドレス 46
絶対アドレス指定 46
絶対値 75
セット 273
セットアソシアティブマッピング 272
セマンティックギャップ 4, 6
セレクタチャネル 301
ゼロ 180
ゼロ除算エラー 202
全加算器 173
先行制御 136
セントロニクス 317
全2重通信 341
専用化 2
専用線 331
専用チャネル 302
専用ネットワーク 331
専用メモリ 245
層 338
相互排除 148

ソースオペランド 38
相対アドレス 46
相対アドレス指定 46, 49, 50
即値 48
ソフトウェア 1
ソフトウェア割り込み 151

た 行

大小比較器 106
ダイナミックルーティング 379
ダイヤルアップIP接続 381
ダイレクトマッピング 271
ダイレクトメモリアクセス 310
第1世代 11
第2世代 13
第3世代 14
第3.5世代 14
第4世代 16
第5世代 18
第6世代 23
タイマ 152
タイマ割り込み 152
タイミング生成回路 114
タイミングパルス 114
ダイレクトメモリアクセス 299
ダウンサイジング 17
タグ 245, 270
タグテーブル 270
タグフィールド 270
タグメモリ 245
多項加算 177
多重アクセス制御 345
多重仮想アドレス空間 249
多重タスキング 15
多重通信 344
多重プログラミング 13, 15, 143
多重レベル割り込み 158
タスク 142
タスクテーブル 255
多倍精度 90
単精度 90
多層プリント基板 14

単一命令形式　43
端末装置　14, 286, 322
遅延分岐　136
置換　251
逐次コンピュータ　30
逐次シフタ　210
蓄積交換　341
チップセット　315
チャネルコマンド　300
チャネルプログラム　304
中間言語　68
超並列コンピュータ　21
調歩同期通信　350
直交振幅変調　346
直接アドレス　47
直接アドレス指定　47
直接制御　296
直接変換テーブル　253
直列　298
直列演算器構成　214
直列乗算器　183
直接乗算法　181
直列除算器　191
通信　286
通信アーキテクチャ　34, 322, 326
通信機能　324
通信コマンド　334
通信コントローラ　328
通信制御アーキテクチャ　326, 327
通信制御機構　327
通信線　323
通信装置　32, 286, 322
通信チャネル　341
通信プロトコル　338
通信路　323
ディジタル　36
ディジタル→アナログ変換　332
ディジタル信号入力装置　292
ディジタル通信　323, 324
ディジタル通信路　323
ディジタル伝送　323, 341
ディジタル伝送路　323

ディジタル変調　346
ディジタル量　36
デイジチェイン　316, 319
低消費電力　23
ディスクキャッシュ　239
ディスプレイ　293
ディスプレースメント　46
デコード　55, 105
デコードキャッシュ　279
デスチネーションオペランド　38
データ　38, 53
データ型　53
データキャッシュ　267
データ交換　322
データ先取り　139
データ操作命令　58, 59
データ端末　323
データ端末装置　323
データ通信　322, 324
データ通信ネットワーク　329
データ通信網　329
データ伝送　322
データバス　33, 212, 229
データフェッチ　57
データプリフェッチ　139, 281
データベース　15
データリンク層　339
データリンク層プロトコル　351
データリンクプロトコル　351
デッドロック　148
デバイスインタフェース　288
デバイスドライバ　305
デマルチプレクサ　105
デマンドページング　263
テンギガビットイーサネット　365
転送　62
伝送誤り制御　352
伝送路　323
伝送制御手順　352
伝播遅延時間　103
電話機　322
同期　299

索 引

同期カウンタ　113
同期式制御機構　128
同期順序回路　108
同期通信　342,349
同期転送モード　348
動的アドレス変換機構　251
トークン　360
トークンバス　361
トークンパシング　360
トークンリング　361
特権モード　147
トラック　237
トラップ　151
トランジスタ　13
トランスポート層　339
トレードオフ　2

な 行

内部装置　31
内部バス　33
内部割り込み　150
ナンド　101
日本語文字コード　95
入出力アーキテクチャ　34,285,287,288
入出力アダプタ　287
入出力インタフェース　287
入出力コマンド　300,304
入出力コントローラ　287,300
入出力制御　286,295,307
入出力制御インタフェース　288
入出力制御機構　287
入出力装置　285,290
入出力チャネル　13,287,300
入出力バス　287,297,312
入出力プログラム　289,304
入出力プロセッサ　300
入出力命令　306
入出力割り込み　152,159,307
入力　32,285
入力装置　32,285,290,292
ネットワーク　328
ネットワークアーキテクチャ　326,328,

354,356
ネットワークアドレス　369
ネットワークインタフェース　333,356
ネットワーク間接続装置　374
ネットワークコントローラ　337
ネットワークコンピュータ　337
ネットワーク層　339
ネットワーク端末　337
ネットワーク透明性　355
ネットワークトポロジ　357
ネットワークパス　377
ネットワークファイル　240
ネットワークファイル装置　240
ネットワークプロセッサ　337
ノア　101
ノイマン型コンピュータ　12,29
ノット　99
ノード　356
ノーライトアロケート　276
ノンプリエンプティブ　146

は 行

バイアス値　89
バイアス表現　89
倍精度　90
配線論理制御　123,124
配線論理制御機構　127
排他制御　148
排他的論理和　101
バイト　37
バイトアドレス　43
バイト指向プロトコル　352
バイナリ　36
パイプラインインタロック　139
パイプライン処理　14,15,135
配列型乗算器　185
配列型除算器　201
パケット　348
パケット交換　347
バス　33,358
バスアダプタ　312
バスアービタ　318

バススヌープ　281
派生データ　58
パソコン　16, 20
バスコントローラ　312
バススループット　312
バス性能　312
バス接続　297
バス調停　318
バスブリッジ　313
バスボトルネック　320
バーストモード　299
バックボーンLAN　22, 362
波長分割多重　345
バックプレーンバス　313
バックボーンネットワーク　362
ハッシュメモリ　243
バッチ処理　13
バッファ　33
バッファ素子　101
ハードウェア　1
ハードウェア障害　152
ハードウェア/ソフトウェア・トレードオフ　4
ハードウェア割り込み　152
ハードディスク　224, 228, 237
ハーバードアーキテクチャ　268
ハブ　316, 375, 376
パラレル　298, 317
パリティチェック　352
パルスエッジ検出回路　115
パルス符号変調　347
バレルシフタ　211
範囲　53, 85, 89
半加算器　172
バンク　231
半導体ディスク　238
半導体メモリ　14, 224, 225
ハンドシェイク　299
半2重通信　341
汎用化　2
汎用チャネル　300
汎用レジスタ　32, 228

ピアツーピア　343
非重みつきコード　93
非回復型除算法　197
被加数　165
光磁気ディスク　239
光ディスク　22, 239
光ファイバ　332
引き放し法　197
引き戻し法　193
被減数　166
被乗数　180
被除数　189
非数　209
非数値型　53
ヒット　265
ビット　37, 74
ビット指向プロトコル　351
ビット同期通信　350
ヒットミス　265
ヒット率　265
ビット列　54
ビット列操作　59, 62
ビット列操作命令　60
ビット列変換　60
否定　60, 99
ビデオメモリ　245
非同期　299
非同期式制御機構　128
非同期順序回路　108
非同期通信　342, 350
非同期転送モード　349
ヒューマン-コンピュータインタフェース　290
ヒューマン-マシンインタフェース　290
標準バス　312
標本化　36
ファイアウォール　375
ファイル装置　22, 33, 228, 236, 291, 292
ファイル保護　241
ファストイーサネット　364
ファームウェア　124
フィルタリング　375

索引

フィールドプログラム可能ゲートアレイ 120
フォント 293
フォンノイマン 8,12
フォンノイマンボトルネック 30
復号 55
複数命令形式 43
符号 75,180
符号化 55
符号-絶対値表現 80
符号入力装置 292
負数 80
ブースの方法 184
不正確 209
布線論理制御 123
物理キャッシュ 278
物理層 339
浮動小数点数 87,203
浮動小数点数算術演算機構 13
浮動小数点数表現 87
部分商 189,195
部分剰余 189
部分積 180
プライオリティ 106
プライオリティエンコーダ 106
プライベートアドレス 369
フラグ 64
プラグアンドプレイ 316
フラグメンテーション 248
プラズマディスプレイ 294
フラッシュ 279
フラッシュメモリ 22,240
プリエンプティブ 146
プリチャージ 226
ブリッジ 375
フリップフロップ 107,108
プリフェッチ 136,280
プリフェッチバッファ 280
プリページング 263
プリンタ 294
フルアソシアティブマッピング 272
ブルータ 375

ブール代数 99
ブレークポイント 151
プレゼンテーション層 339
フレーム 348
フレーム同期通信 350
プロキシ 376
プロキシサーバ 376
プログラマブル論理回路 117
プログラミング 4
プログラミング言語 4,6,9,66
プログラミングパラダイム 4
プログラム 4,37
プログラムカウンタ 30,38
プログラムカウンタアドレス指定 52
プログラム可能 AND アレイ 119
プログラム可能 OR アレイ 119
プログラム可能 ROM 119
プログラム可能ロジックアレイ 120
プログラム可能論理回路 117
プログラム状態ワード 145
プログラム制御入出力 299,309
プログラム制御命令 58,62
プログラム内蔵 12,29
フロー制御 353
プロセス 142
プロセスコンテクスト 145
プロセススイッチ 145
プロセス制御ブロック 145
プロセステーブル 145
プロセッサ 30,31,142
プロセッサアーキテクチャ 34
プロセッサ状態 147
プロセッサ状態ワード 145
プロセッサモード 147
ブロック 265
ブロックサイズ 269
ブロック置換 247,251,265
ブロック置換管理機構 250
フロッピーディスク 22,240
ブロードキャスト 343
ブロードバンド 26
ブロードバンド ISDN 331

400　索　引

ブロードバンド伝送　346
ブロードバンドネットワーク　331
プロバイダ　381
負論理　102
分岐　13
分岐命令　62
分岐予測　136
分散処理　17,19
並列　298
並列演算　217
並列演算器構成　214
並列コンピュータ　21
並列乗算器　185
並列処理　17
並列プリフェッチ　136
ベクトル　217
ベクトルコンピュータ　21,218
ベクトル命令　218
ベクトルレジスタ　218
ページ　252
ページアウト　261
ページイン　261
ページセグメンテーション　252,259
ページ置換　261
ページ置換アルゴリズム　262
ベーシック手順　352
ページテーブル　252
ページフォールト　151,261
ページフォールト率　262
ページプリンタ　294
ページング　252
ベースアドレス　46
ベースアドレス指定　51
ベースインデックスアドレス指定　52
ベースバンド伝送　346
ベースレジスタ　51
ポインティング装置　293
ポイントツーポイント接続　298
ポイントツーポイント通信　343
補助メモリ　13,228,236
補数器　178
補数表現　81

ホストアドレス　369
ホストコンピュータ　14
ホットスポット　366
ボロウ　165

ま　行

マイクロコンピュータ　19
マイクロプログラム　124
マイクロプログラムカウンタ　129
マイクロプログラムシーケンサ　129
マイクロプログラム制御　15,124
マイクロプロセッサ　16,20
マイクロ命令形式　131
マイクロ命令レジスタ　129
マイコン　19
マウス　17,293
マグニチュードコンパレータ　106
マシン語　4,6
マシン語プログラミング　1
マシンサイクル　115
マシン命令　37
マシン命令セット　35
マッピング　247
マルチキャスト　343
マルチスレッド　27
マルチスレッド処理　146
マルチタスキング　15,143,155
マルチプレクサ　104
マルチプレクサチャネル　302
マルチプログラミング　143
マルチプロセッサ　25
マルチプロトコルルータ　378
マルチポイント通信　344
マルチメディア　18,19
マルチメディアUI　24
丸め　208
丸め誤差　209
マンチェスタコード　347
ミスヒット　265
ミスペナルティ時間　268
ミスペナルティ処理　265
ミニコン　15

索　引

ムーアの法則　18, 226
無効　209
無条件分岐　62
無条件分岐命令　134
無線チャネル　343
無線 LAN　27, 366
命令　37
命令キャッシュ　267
命令形式　40
命令語　38
命令コード　38
命令先取り　136
命令実行サイクル　55
命令実行順序制御　126, 133
命令実行例外　151
命令セット　30, 35
命令セットアーキテクチャ　7, 35
命令デコード　56
命令デコードステージ　125
命令パイプライン処理　136
命令バス　33
命令フェッチ　56
命令プリフェッチ　281
命令レベル並列処理　139, 219
命令レベル並列性　139
命令ワード　38
メインフレームコンピュータ　15, 21
メインメモリ　14, 32, 39, 222, 227
メインメモリ空間　43
メインメモリ更新　274
メッセージ交換　342
メディアアクセス制御　360, 365
メモリ　30, 32, 107
メモリアーキテクチャ　34, 222
メモリアクセス時間　225
メモリアクセス速度　225
メモリアドレス　43
メモリアドレスレジスタ　38
メモリアレイ　231
メモリインタリーブ　13, 231
メモリオペランド　40, 47
メモリ階層　227

メモリ空間　43
メモリサイクル時間　225
メモリスループット　225
メモリ装置　222
メモリ素子　9
メモリ保護　235
メモリマップ入出力　306, 308
網　328
文字　55
文字コード　94
文字入出力装置　291
文字列　55
モデム　22, 333
モデムインタフェース　333
モバイル　20

や　行

ユーザインタフェース　17, 290
ユーザ状態　147
ユーザモード　147
有線チャネル　343
ユビキタス　23
ユビキタスコンピューティング　26
容量　225
横取り　146
横取り可能　146
横取り不可能　146
読み出し　222, 230
読み出し専用メモリ　118
読み込みバッファ　280

ら　行

ライト　230
ライトアロケート　276
ライトスルー　274
ライトバック　275
ライトバッファ　280
ライフタイム　262
ライン　265
ラインサイズ　269
ライン置換　265
ライン置換アルゴリズム　271, 277

ラウンドロビン　146
ラスタスキャンディスプレイ　294
ラッチ　110
ランダム　263,277
ランダムアクセス　224
離散値　54
離散量　36
リセット　152
リターン　63
リード　230
リードバッファ　280
リピータ　374
リプルカウンタ　111
リプルキャリ　111
リフレッシュサイクル　226
量子化　36
リロケーション　51,248
リング　358
ルータ　375,377
ルーティング　375,377
ルーティングテーブル　378
レイヤ　338
レイヤ3スイッチ　377
レーザビームプリンタ　294
レジスタ　32,39,110,228
レジスタアドレス指定　49
レジスタオペランド　40,49
レジスタ間接アドレス指定　49
列アドレス　231
連想メモリ　243,255
連続量　35
ローカルアドレス　369
ローカルエリアネットワーク　17,354,357
ロード　62
ロードスルー　281
ロードバッファ　280
ローミング　368
論理演算　59,99
論理演算器　209
論理演算命令　60
論理回路　99,103

論理関数　103
論理キャッシュ　278
論理シフト　61,210
論理積　60,99
論理素子　9,100
論理代数　99
論理値　54,99
論理比較器　106,210
論理リンク制御　365
論理和　60,99

わ　行

ワイドエリアネットワーク　355,373
ワイヤードロジック制御　123
ワーキングセット　263
ワークステーション　17,20
ワード　37
割り出し　150
割り込み　149
割り込み検知機構　160
割り込み処理　152,153
割り込み処理ルーチン　153
割り込みハンドラ　153,154
割り込みフラグ　160
割り込みフラグレジスタ　160
割り込みベクトル　161,162
割り込みマスク　160
割り込みマスクレジスタ　160
割り込み待ち時間　157
割り込み要因　150
割り込み要因識別機構　161

英　数　字

0アドレス形式　42
1アドレス形式　41
1・1/2アドレス形式　41
1の補数　81
1の補数表現　81,166
2×5進コード　93
2-out-of-5コード　93
2アドレス形式　41
2次キャッシュ　280

索引

2進カウンタ　112
2進コード　55, 92
2進コード化　55
2進コード化10進数　92
2進数　29, 36, 74
2進数→10進数変換　76
2進数演算　12
2進数値　55
2の補数　83
2の補数表現　83, 169
2段ページング　255
3アドレス形式　40
3-増しコード　93
8進数　74
8mmテープ　240
10 BASE 2　364
10 BASE 5　364
10 BASE-T　364
10 GBASE　365
10進数　55, 73
10進小数→2進小数変換　78
10進整数→2進整数変換　77
16進数　74
100 BASE　364
1000 BASE　365
2421コード　93
AD変換　332
A/D変換　329
ADSL　26, 331
AGP　317
AI　23
ALGOL　13
ALU　32, 164
ALUアーキテクチャ　164, 212
AM　346
AND　99
AND素子　101
ANSI/IEEE規準規格　91
ARP　365
ASCII　94
ASIC　17, 23
ATA　316

ATAPI　316
ATM　27, 349, 362
ATコマンド　335
BASIC　16
BCD　92
biquinaryコード　93
B-ISDN　331
Bluetooth　318
bps　337
BSC手順　352
C　16
C++　18
CA　367
CAM　243
CAS　232
CATV　332
CD　360
CDMA　345
CD-R　27, 239
CD-ROM　22, 239
CD-RW　27, 239
CISC　70
CLAA　175
COBOL　13
CPI　71
CPU　32
CRA　174
CRC　353
CRTディスプレイ　294
CSA　177
CSMA　360
CSMA/CA　367
CSMA/CD　360
Dフリップフロップ　109
DA変換　332
DAT　240, 251
DCE　333
DDR SDRAM　234
DHCP　381
DHCPサーバ　381
DMA　299, 310
DMAコントローラ　311

DRAM　18, 117, 226, 233
DSU　333
DTE　333
DVD　27, 239
EBCDIC　94
EDO DRAM　234
EEPROM　240
ENIAC　12
ESSID　367
EUC　96
Excess-3 コード　93
FCFS　146
FDDI　22, 362
FDM　344
FDMA　345
FIFO　242, 262, 277
FINUFO　277
FM　346
FORTRAN　13
FPGA　28, 120
FPLA　120
FSB　315
FTP　373
FTTH　332
GUI　19
HDLC 手順　353
i モード　27
IBM　12
IBM アーキテクチャ　91
IC　14
IC ディスク　238
IC メモリ　14, 224, 226
IDE　316
IEEE 802.11　367
IEEE 802.3　363
IEEE 1394　317
IMAP　373
I/O　32
IO アドレス　308
IO 空間　308
IP　368, 372, 380
IP アドレス　369

IP スイッチ　377
IP 接続　370, 380
IP トンネリング　382
IP ネットワーク　380
IP マスカレード　380
IP ルータ　378
IPS　11
IP-VPN　382
IrDA　317
ISA　7, 35
ISDN　330
ISP　381
IT　24
Java　24
JIS コード　95
JIS X0201　94
LAN　17, 354, 357
LAN アダプタ　370
LAN エミュレーション　362
LFU　277
LIFO　241
LLC　365
LRU　262, 277
LSb　80
LSI　14
MAC　360, 365
MAC アドレス　365
MAR　230
MDR　230
MIMD　215
M-M 形式　41
MMU　223, 230, 249
MNP　334
MO　22
MO ディスク　239
MOS　226
MP　335
M-R 形式　41
MSb　80
MT　239
NAND 素子　101
NAPT　380

NAT	379	RDRAM	234
NCR 304	13	RISC	16, 20, 70
NIC	370	R-M 形式	41
NOR 素子	101	ROM	118, 224
NOT	99	R-R 形式	41
NOT 素子	101	R-R-R 形式	41
OR	99	RS-232 C	317
OR 素子	101	SCSI	23, 316
OS	7, 9, 66, 142	SDRAM	24, 234
OSI	338	SIMD	215
OSI 参照モデル	338, 357, 372	SJF	146
PC	30	SMTP	373
PC カード	22, 240, 317	SNA	356
PC カードスタンダード	317	SNMP	373
PC クラスタ	25	SR フリップフロップ	109
PC 相対アドレス指定	52	SRAM	22, 117, 226, 228
PCB	145	STM	348
PCI	316	SVC	151
PCM	347	System 360	15
PDC	330	System 370	15
PDP-8	15	System 390	26
PHS	330	TCP	368, 373
PIAFS	330	TCP/IP	25, 357, 368, 380
PLA	120	TDM	344
PM	346	TDMA	345
POP	373	Telnet	373
PPP	335, 381	TLB	256
PPPoE	382	TLB ミス	151, 257
PROM	119	TPC	71
PSW	145	TPI	70
QAM	346	TRADIC	13
QIC	240	TSS	14
r の補数	83	UI	17
r の補数表現	83	Unicode	96
$(r-1)$ の補数	81	UNIVAC	12
$(r-1)$ の補数表現	81	UNIX	16, 18
r 進数	73	V シリーズ	334
R 丸め	208	VLAN	377
RAID	240	VLIW	27
RAM	224, 226	VPN	382
RAM ディスク	238	WAN	355, 373
RAS	232	WDM	345

WEP　368
Windows　18
WWW　19
xDSL　331

XMODEM　335
XNOR 素子　101
XOR 素子　101
ZMODEM　335

著者略歴

柴山　潔（しばやま　きよし）
1974 年　京都大学工学部卒業
1979 年　京都大学大学院工学研究科
　　　　博士後期課程単位修得退学
　　　　（京都大学工学博士）
2016 年　京都工芸繊維大学退職
　　　　（京都工芸繊維大学名誉教授）

　　　　http://shibayam.sakura.ne.jp/

主要著書

並列記号処理（コロナ社，1991）
ハードウェア入門（サイエンス社，1997）
コンピュータアーキテクチャ（オーム社，1997）
コンピュータサイエンスで学ぶ 論理回路とその設計（近代科学社，1999）
コンピュータサイエンスで学ぶ オペレーティングシステム—OS学—（近代科学社，2007）
コンピュータ工学への招待（近代科学社，2015）

改訂新版 コンピュータアーキテクチャの基礎

© 2003　柴山　潔　　　　Printed in japan

2003 年 4 月 30 日　初 版 発 行
2025 年 2 月 28 日　初版第21刷発行

著　者　柴　山　　　潔
発行者　大　塚　浩　昭
発行所　株式会社 近代科学社

〒 101-0051　東京都千代田区神田神保町1-105
お問合せ先：reader@kindaikagaku.co.jp
http://www.kindaikagaku.co.jp

協友社

ISBN978-4-7649-0304-3

定価はカバーに表示してあります。